编纂委员会

主　　任　罗成虎　刘常青

副 主 任　赵　兵　周　涛　田建文　刘　炜

编　　委　（按姓氏笔画排序）

马建华　王　盾　王占军　石志刚　曲继松
杜慧莹　李述成　李剑蓓　李振永　杨东昕
杨建国　余治家　沙新林　张利军　张建兴
张晓琴　张源沛　陈东升　陈宏灏　赵　健
郭文坤　蔡进军

主　　编　罗成虎　刘常青

副 主 编　赵　兵　刘　炜

参编人员　（按姓氏笔画排序）

王劲松　王建东　王喜刚　牛　艳　尹志荣
石　欣　石志刚　任小玢　刘玉龙　闫亚美
关雅静　汤　冬　安　钰　许　浩　杜慧莹
李　苗　李　季　李　昭　李　娜　李　新
杨　乐　杨炜迪　来幸樑　吴　瑞　张　瑞
张国辉　张治科　张维军　罗鹏征　岳海英
周　旋　柴雪峰　黄小晶　黄贵斌　雷金银
路　洁

——科研成果 见证征程——

宁夏农林科学院重大成果集

宁夏农林科学院 ● 编著

黄河出版传媒集团
阳光出版社

图书在版编目（CIP）数据

宁夏农林科学院重大成果集 / 宁夏农林科学院编著. -- 银川：阳光出版社，2023.8
ISBN 978-7-5525-7048-9

Ⅰ.①宁… Ⅱ.①宁… Ⅲ.①农业技术－科技成果－汇编－宁夏②林业－科技成果－汇编－宁夏 Ⅳ.①S-12②S7-124.3

中国国家版本馆CIP数据核字(2023)第208562号

| **宁夏农林科学院重大成果集** | 宁夏农林科学院　编著 |

责任编辑　马　晖
封面设计　赵　倩
责任印制　岳建宁

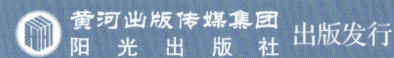出版发行

出　版　人	薛文斌
地　　　址	宁夏银川市北京东路139号出版大厦（750001）
网　　　址	http://www.ygchbs.com
网　上　书　店	http://shop129132959.taobao.com
电　子　信　箱	yangguangchubanshe@163.com
邮　购　电　话	0951-5047283
经　　　销	全国新华书店
印　刷　装　订	宁夏凤鸣彩印广告有限公司
印刷委托书号	（宁）0029668

开　　本	880 mm×1230 mm　1/16
印　　张	22.25
字　　数	400千字
版　　次	2023年8月第1版
印　　次	2023年8月第1次印刷
书　　号	ISBN 978-7-5525-7048-9
定　　价	268.00元

版权所有　翻印必究

序

时光荏苒，白驹过隙。宁夏农林科学院已走过 66 个春秋。

宁夏农林科学院成立于 1958 年，与宁夏回族自治区同龄，见证和参与了宁夏各项事业的发展和进步。在历届自治区党委和政府的坚强领导下，经过几代科研人员的共同努力，宁夏农林科学院已发展成为学科健全、人才汇聚、成果丰硕的全区唯一农林科研一类公益性事业单位。宁夏农林科学院现有在编科研人员占比 93.7%，院属公益性研究机构 11 个。有部省级以上科技创新平台 40 个，其中，国家工程技术研究中心 1 个、国家枸杞葡萄种质资源圃（银川）1 个、部委重点实验室（中心、站）6 个、国家现代农业产业技术体系岗站 15 个、国家农业野外科学观测站 3 个、国家农业环境银川观测实验站 1 个、自治区重点实验室（工程技术研究中心）13 个。已形成农作物育种与栽培、农业生物技术等 11 大学科 43 个研究领域，覆盖了宁夏大部分农业特色优势产业，建立起了具有明显区域特色和一定优势、能够基本适应和满足全区农业和农村经济发展的农业科技创新体系。

时光记录前行历程，岁月留下奋斗痕迹。立足不同时期农林发展需求，66 年来，一代代宁夏农科人紧紧围绕农业和农村经济发展中综合性、全局性、关键性科技问题建设科研平台、加强合作交流、开展科技攻关、推进成果转化、强化科技服务，为促进全区农业发展、农村进步、农民增收发挥了重要作用。党的十八大以来，宁夏农林科学院始终坚持以习近平新时代中国特色社会主义思想为指导，聚焦黄河流域生态保护和高质量发展先行区建设、种业振兴行动、自治区"六特"产业高质量发展和生态建设谋划实施项目，推动高水平农林科技自立自强。先后获得国家和自治区科技奖励130多项，审定（登记）新品种142个，制定标准372项，授权专利952件。首次破译红果枸杞全基因组，建成世界唯一枸杞种质资源圃和种质资源库，培育全国90%以上栽培的枸杞品种；滩羊杂交育种实现"两年三胎、平均1.5羔"，基因鉴定技术实现羊肉3小时内快速检测鉴定；母牛高效繁育技术研究实现"一母双犊"的"小群体、大规模"繁育一体化低成本养殖；选育的宁春系列春小麦在甘肃、内蒙古、新疆等地累计推广种植1.5亿亩，成为全国北方春小麦种植主打品种；自主培育的水稻"香优108"及合作选育的"闽宁1号"品质首次达到国家优质米一级标准。一大批重大科技成果竞相涌现，有效解决了一批全区农业生产难题，为自治区农业高质量发展提供了强有力的科技支撑。

  胸怀创新凌云志，奉献实干报国心。站在新的历史起点，为展示宁夏农林科学院发展历程和创新成果，展现农科人攻坚克难、勇攀高峰的精神，本书梳理了建院以来获奖科技成果、审定品种、标准、授权专利、专著及党的十八大以来登记科技成果和高质量论文并汇编成集。借此激励全院科技人员树立"从严治院、开放办院、自由发展"理念，坚持"四个面向"，紧盯世界农业科技前沿，坚持党建引领、科技创新、服务发展，秉持眼里有活、用心做事，身入基层、心到百姓，敢于担当、真心负责，勇攀高峰、放心托付的"四心"实干担当作风，自立自强、守正创新，踔厉奋发、勇毅前行，以新质科技力支撑农业新质生产力发展，努力争创西部一流农林科研院所，为全面建设社会主义现代化美丽新宁夏做出农科人应有的贡献！

  本书汇集成果是习近平新时代中国特色社会主义思想指导的结果，是自治区党委和政府坚强领导、社会各界大力支持的结果，是全院干部职工智慧和汗水的结晶。在此向长期以来关心和支持宁夏农林科学院发展的各级领导、兄弟院所和社会各界朋友表示衷心的感谢。

宁夏农林科学院党组副书记、院长 刘常青

前言

自 1958 年建院以来，在宁夏回族自治区党委和政府的坚强领导下，在社会各界的关心和支持下，在科研人员的共同努力下，宁夏农林科学院科技创新能力得到了显著提高，科研成果数量大幅增加、科研质量持续提升。为展示一代又一代宁夏农科人投身"三农"主战场、发挥农业科技主力军作用，为宁夏农业发展、农民增收和农村繁荣提供科技支撑的发展历程，特整理编辑《宁夏农林科学院重大成果集》，以总结工作，激励干劲。

本集梳理了建院以来，特别是党的十八大以来我院的重大科技成果，收录了建院以来获奖科技成果 493 项（参与完成 73 项），审定（登记）新品种 319 个、植物新品种保护权 58 项、国家（行业、地方、团体、企业）标准 469 项、授权专利 273 件、专著 178 部，2012—2023 年登记科技成果 762 项、高质量论文 1 109 篇，并收集了部分重大成果相关照片，力求做到图文并茂、研读相宜，为开展学术交流、提升研究水平、加快成果转化提供参考。

宁夏农林科学院党组、行政对此次成果集编纂工作高度重视，党组书记多次主持会议研究方案、修改完善，从院领导到每位普通职工集思广益、字斟句酌、精益求精。众人拾柴火焰高，本书能在较短时间高水平出版，凝结了全院干部职工的智慧和汗水。由于时间仓促，本书难免存在遗漏和不妥之处，请予谅解。

目录

第一部分　获奖科研成果 / 001

一、重要获奖科研成果简介 / 003

　　国家科学技术进步奖 / 003

　　宁夏回族自治区科学技术重大贡献奖 / 012

　　宁夏回族自治区科学技术进步奖 / 016

二、获奖科研成果名录 / 074

　　国家奖 / 074

　　国家部委奖 / 077

　　宁夏回族自治区科学技术重大贡献奖 / 085

　　宁夏回族自治区科学技术进步奖 / 086

第二部分　登记科研成果 / 133

第三部分　新品种 / 183

　　审定新品种 / 185

　　非主要农作物登记品种 / 196

　　植物新品种保护权 / 198

第四部分　标准 / 201

　　国家标准 / 203

　　行业标准 / 204

　　地方标准 / 205

　　团体标准 / 227

　　企业标准 / 232

第五部分　授权专利 / 233

　　国内发明专利 / 235

　　国际专利 / 249

第六部分　专著 / 253

第七部分　高质量论文 / 265

　　中文期刊刊发论文 / 267

　　英文期刊刊发论文 / 325

后记 / 344

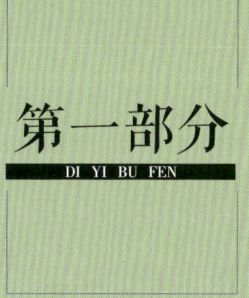

第一部分

获奖科研成果

建院以来,紧紧围绕农业和农村经济发展中综合性、全局性、关键性问题开展科技攻关,科研水平持续提升,科研成果竞相涌现。先后取得各类获奖成果493项(主持420项),其中国家级17项,部委级64项,自治区级412项,为自治区农业生产、农村进步、农民增收提供了有力支撑。

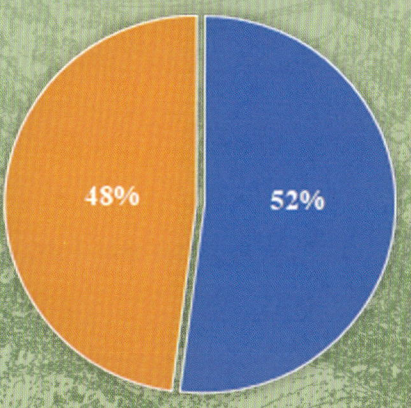

2019—2021年我院获奖数占全区农业获奖数的52%

一、重要获奖科研成果

国家科学技术进步奖

1 宁夏沙漠化土地综合治理及沙产业开发

——获 2008 年度国家科学技术进步奖二等奖

该项目由宁夏农林科学院荒漠化治理研究所主持,宁夏回族自治区林业局等单位参与,经过 15 年的研究与开发,在解决宁夏土地沙化、退化和保障社会、经济可持续发展方面取得了重大突破。该项目研究成果对我国及世界的防沙治沙具有典型示范与科技引领作用。创建的以政府主导、综合治理、科技支撑、工程拉动、政策扶持、经济互动、产业巩固、全社会参与为核心内容的防沙治沙运行机制和治沙模式,支撑了宁夏治沙进程,使宁夏沙化土地面积由 1989 年的 1.26 万 km^2 下降到 2007 年的 1.18 万 km^2,在全国率先实现了沙漠化逆转。宁夏治沙模式得到了国际社会的认可。2007 年 11 月 6 日,国家林业局在宁夏召开全国防沙治沙现场会,向全国推广防沙治沙"宁夏模式"。在 2008 年 1 月 24 日召开的防治荒漠化北京国际会议上,联合国副秘书长沙祖康向与会各国代表推荐防沙治沙"宁夏模式"。

项目针对宁夏土地沙化造成的环境恶化、植被退化、农业生产力低下、农民生活水平低等生态经济问题,以提高环境质量、改善人类生存与生产条件为目标,科学地提出了固沙型饲料灌木林概念和以土壤水分平衡为基础的灌木林草配置模式;研究建立了封育恢复与人工重建相结合的植被恢复技术、生态经济型草地畜牧业技术、节水高效的生态农业技术，开发了 5 个新兴沙产业，研发的 3 个柠条系列饲料产品缓解了中部干旱带封山禁牧后因饲草料不足影响畜牧业发展的难题；研发的特色沙生植物规范化种植技术及产品，催生了独特的宁夏沙生中药材产业；开发的沙地鲜食葡萄、沙地设施园艺等产业成为当地经济的新增长点。项目示范区累计治理沙化土地超过 40 万 hm²，造林 6.05 万 hm²，林地占土地面积由 9.5% 提高到 34.8%；治理沙化草地 14.54 万 hm²；农业总产值由 2 400 万元提高到 19 455 万元，人均收入由 283 元提高到 2 323 元，直接新增产值 201 735.2 万元。获得 4 件国家专利，2 个新药证书；制定 2 项国家标准，3 项地方标准。该成果为宁夏退化沙地综合治理和沙产业发展提供了科技支撑，助推宁夏率先在全国实现沙漠化的逆转。

图 1-1　多功能林业生态系统

图 1-2　防风固沙生态林

图 1-3　基于水分平衡的放牧型饲料林

图 1-4　基于水分平衡的林农间作模式

图 1-5　节水高效中药材农业-麻黄规范化种植

2 枸杞新品种选育及配套技术研究与应用

——获 2005 年度国家科学技术进步奖二等奖

该项目针对枸杞生产中品种良莠不一,基础研究薄弱,栽培不规范,病虫害防治技术不到位,深加工滞后等实际问题,由宁夏农林科学院主持,联合宁夏上实保健品有限公司、宁夏杞乡生物食品工程有限公司等企业参与开展多学科联合攻关,在品种选育、生理研究、栽培技术、产品开发等方面进行研究,实现了新品种及配套技术的原创性突破。

通过群体选优从地方品种中优选出宁杞 1 号、宁杞 2 号两个新品种,比对照分别增产 44.1% 和 31.64%,鲜果千粒重分别增加 20.58%、25.21%,主要营养成分含量均显著高于对照。新品种育出后,迅速在宁夏推广,面积以年平均 44.2% 的速度递

图 1-6　钟鉎元同志荣获国家科学技术进步二等奖

图 1-7　枸杞新品种宁杞 1 号选育

图 1-8　宁杞 1 号新品种示范园

增，2004年发展到32万亩，产量达到4 000万kg，枸杞年产值突破12亿元。同时还在内蒙古、新疆等20多个省(区、市)推广，面积占全国120万亩枸杞的60%以上。特别是在盐碱沙荒地区引种获得成功，为我国670万hm^2盐碱地的利用开发提供新的思路。

项目组研究宁杞1号枸杞新品种的生育规律、耐盐生理机制等内容，提出宁杞1号枸杞高产优质栽培的生态因子条件；围绕该品种适宜的环境条件、种苗繁育、栽培模式、整形修剪、肥水规律、病虫无公害防治、采收制干、包装与储藏等内容开展研究；将各种技术配套，形成了枸杞规范化种植技术体系并在宁夏32万亩枸杞产区推广应用，有效地提高枸杞质量和产量，实现成龄枸杞482.55 kg/亩的高产，节约农药成本26.75~36.75元/亩，节约肥料成本120~200元/亩，达到保护特产资源和生态环境，保证了枸杞产品达到无公害和绿色食品标准，实现了资源可持续利用。研制开发出6类7个深加工产品并投入生产，2002—2004年累计实现深加工产值23 562万元。制定2个国家标准、2个部颁标准、3个地方标准和7个企业标准，已通过相关的机构审批认证并实施。

项目的实施，促进了枸杞种植业发展，提升了以枸杞为核心的科研、加工、旅游、服务贸易等行业竞争能力，实现了农民增收，加速了产业结构调整和盐碱地的利用。

3 小麦黄矮病冬春麦区间流行关系及春麦区流行趋势预测的研究
——获1996年度国家科学技术进步奖二等奖

该项目由宁夏农林科学院植物保护研究所联合河南省农业科学院、中国科学院动物所等单位共同完成。该项目研究历时23年(1970—1993)，曾获宁夏回族自治区科技进步奖一等奖。20世纪60年代以来，麦蚜传播的小麦黄矮病成为威胁中国小麦生产重大病害，预测预报成为亟待解决的技术难题，当时依据春麦区当地蚜源毒源及气象因子进行的测报准确度不高，项目组提出了冬麦区麦蚜远迁传毒造成春麦区黄矮病流行的科研设想。经过多年科技攻关，对小麦黄矮病在冬春麦区间流行关系及春麦区流行趋势预测的研究上取得了重大成果。

项目组采用自然标记、高山捕捉、种群结构分析、带毒分析等方法,在国际上首次确定了在有本地蚜源的条件下存在外来蚜源,外来蚜源为主要传毒种群,揭示了麦蚜远距离迁飞传毒规律,阐明了冬春麦间黄矮病流行的内在联系。

项目组提出了国际上第一个定量化的预测预报方法,掌握了陇东、陕北、晋北等邻近冬麦区病情和蚜情,依据流行关键要素分析,明确了春麦拔节初期大量外来迁入的麦二叉蚜数量是春麦黄矮病流行的主导因子,气象条件不会成为病害流行的限制因子。

20多年来边研究边应用,对宁夏、内蒙古等春麦区小麦黄矮病进行了成功的预报,从源头上控制了小麦黄矮病的大发生,取得了显著的经济效益、社会效益及生态效益。

图1-9 小麦黄矮病田间调查

图1-10 小麦黄矮病田间症状

图1-11 麦二叉蚜

图1-12 麦长管蚜

4 全国农田氮磷面源污染监测技术体系创建与应用

——获 2017 年国家科学技术进步奖二等奖

该项目由中国农业科学院农业资源与农业区划研究所主持，湖北省农业科学院植保土肥研究所，北京市农林科学院，云南省农业科学院农业环境资源研究所，农业部环境保护科研监测所，宁夏农林科学院农业资源与环境研究所，浙江省农业科学院，农业部农业生态与资源保护总站配合，完成的"全国农田氮磷面源污染监测与减排技术体系创建及应用"获 2017 年度国家科学技术进步奖二等奖。

该成果突破了定量难、变异大等农田面源污染监测技术瓶颈，自主研发了以"单体式渗滤池"为核心的农田地下淋溶面源污染监测技术，创新了以"串联式径流池"为核心的地表径流面源污染监测技术，首创了全国农田面源污染监测平台，首次揭示了农田氮磷面源污染的激发效应和本底效应，创建了全国农田面源污染核算方法。首次摸清了全国农田氮磷面源污染的底数和重点区域，明确了主要农艺措施的减排效果，集成了农田面源污染减排技术模式并在全国大面积应用，社会、经济和生态效益显著。

宁夏农林科学院资源与环境研究所作为第六完成单位，发表论文 8 篇（SCI 收录 1 篇），制定地方标准 3 项，2013—2015 年，在银川市兴庆区、贺兰县、吴忠市等地菜田累计示范推广 3.60 万亩，其中，设施蔬菜 1.95 万亩；露地蔬菜 1.65 万亩；实现化肥减施 20%~40%，土壤硝态氮残留减少 20%，磷累积量减少 10% 以上，氮素损失降低 15%~27%；新增效益 4 437.8 万元，累计节本增效 9 380.0 万元。

图 1-13　农田氮磷面源污染田间监测

5 玉米田间种植系列手册与挂图

——获 2015 年国家科学技术进步奖二等奖

该项目针对宁夏区域生态特点和生产条件,由中国农业科学院作物科学研究所主持,宁夏农林科学院农作物研究所等单位参与完成。该项目研究"一增四改"高产栽培技术,制定了《引黄灌区玉米超高产栽培技术规程》(DB 64T 540—2009),改麦玉套种为单种玉米,生产示范推动了宁夏玉米单产水平大幅度提升,2010 年创造了亩产 1 314.3 kg 的宁夏玉米单产纪录和当年全国玉米单产最高水平,2011 年指导宁夏同心县河西镇整建制 79 754 亩玉米高产创建田平均亩产达到 979.27 kg。在此基础上,项目组编写了系列玉米高产技术挂图和种植手册,技术先进实用,图文并茂、易学易懂,其中《北方春玉米田间种植挂图与手册》(第二版)荣获第三届中国科普作家协会优秀科普作品奖(科普图书类)银奖,先后向宁夏 22 个市县发放技术资料 4.7 万份(册),向种植户推广现代玉米生产新理念、新技术,促进了宁夏玉米整体生产水平的提升,为西北区成为我国第四大玉米主产区发挥了重要作用。

图 1-14 玉米种植技术挂图

6　中国农作物种质资源收集保存评价与利用

——获 2004 年国家科学技术进步奖一等奖

该项目立足于我国作物种质资源丰富、变异类型多样的客观实际，综合集成作物生长、发育、遗传、演化等学科理论和系统分析方法，由中国农业科学院主持，宁夏农林科学院农作物研究所等全国 313 个单位的 1 125 名科技人员参与完成。项目按照"广泛收集、妥善保存、全面评价、深入研究、积极创新、充分利用"的原则，实施了持续 20 年的跨地区、跨部门、多学科的协作攻关，取得重要研究成果，具有突出的系统性、先进性和前瞻性。

该项目揭示了我国作物种质资源的地理分布规律，建立了确保入库种质遗传完整性的综合技术体系，并长期安全保存达 180 种作物共 33.2 万份种质资源；查明了我国作物种质资源分布规律和富集程度，新收集和引进新作物、新类型和名贵珍稀等各

图 1-15　小麦种质资源田间鉴定

图 1-16　作物种质资源野外收集

类种质 7.5 万份；发现并定位了 8 个新基因；创造携带优异基因的新种质 19 个；建立了高效转移外源基因技术体系，新建和规范种质资源品质、抗病虫和抗逆性鉴定方法 29 项，并鉴定作物种质 2 100 万份次，综合评价和改良创新出优异种质 1 475 份。研究成果有力地促进了作物育种、农业生产和生物技术的发展，推动了科技进步，产生了巨大的经济、社会和生态效益，同时蕴藏着巨大的潜在利用价值，具有更加广阔、深远的应用前景。

7 不同类型区域县级农村能源综合建设试点研究

——获 1991 年国家科学技术进步奖二等奖

该项目针对我国农村能源短缺难题，由农业部主持，宁夏农林科学院等单位参与完成项目研究，在全国首创"以软科学为指导，硬技术为基础，研究示范为手段，综合效益为目的"的研究路线，建立了一套农村能源综合建设规划方法和模型体系。在试点过程，形成了 12 项各具特色的建设模式，并总结出了一套行之有效的组织管理方法和经验，所有这些成果对形成具有中国特色农村能建设理论体系和方法体系具有重要作用和意义。其思路、模式、技术和管理体制为我国首创，总体成果处于同时期国际领先水平。

该项目以县级为单位，在综合建设试点中，除研究开发新技术外，还引用和改进国内外已有的先进适用的配套技术，结合课题研究成果，迅速转化为生产力，经济效益、社会效益和生态效益十分显著。该成果为推动全国农村能源建设提供了丰富的经验，起到了试点示范的作用，对缓解我国农村严重的能源问题和生态环境问题具有重要的理论和技术支撑作用。

图 1-17 获奖证书

宁夏回族自治区科学技术重大贡献奖

1 六盘山特困区特色产业精准扶贫关键技术集成应用

——获 2021 年度宁夏回族自治区重大贡献奖

该项目是科技部、宁夏回族自治区党委落实习近平总书记2016年视察宁夏重要讲话精神,组织宁夏农林科学院、中国农业大学等28家科研院所,聚焦草畜、小杂粮、冷凉蔬菜、中药材、马铃薯五个扶贫产业,实施"科技支宁"东西部协作行动专项,为打赢脱贫攻坚战提供有力科技支撑。实施期2018—2020年,总经费2 432.2万元。

为破解扶贫产业"卡脖子"技术难题,支撑产业提质增效,该项目引进筛选新品种46个,创新集成新技术56项,研发引进新产品34个、设备41台(套),构建实用新型生产技术体系31项。项目组创建的肉牛生殖调控"一母双犊"技术、母牛代育奶公犊为核心的肉牛高效养殖模式,实现了母牛繁殖效率倍增;引进渗水地膜波浪式穴播技术及谷子新品种张杂谷13号,创造旱地谷子713.1 kg新纪录;研发双覆膜新技术,旱地黄芩出苗率提高3倍;集成马铃薯粉垄耕作、精准施肥等四位一体技术,产量提高30.6%;引进西蓝花、娃娃菜等国产新品种,破解了种子过度依赖进口问题;创建科技扶贫新模式,加快科技成果转化应用。

项目组创建的小群体大规模"马沟模式",打造了草畜耦合肉牛养殖循环发展新业态;海原贾塘杂交谷子机艺融合超高产

模式,带动了新品种新技术大面积快速推广应用;原州区丰堡"龙头企业+贫困户"兜底托管标准化蔬菜生产模式,实现质效双增、企户双赢。项目的实施形成了部区推动、政产学研用协同、典型示范带动、部区县乡村五级联动的东西部合作科技扶贫"宁夏模式",成为全国科技扶贫典范。

该项目建立核心示范基地 58 个,培训 18 925 人次,推广新品种新技术 221.76 万亩,肉牛生态养殖 80 万头,实现生产效益 70.20 亿元,增收节支 13.26 亿元。获自治区脱贫攻坚先进集体、记大功等奖励 16 个;发表论文 70 篇,授权专利 22 件,软件著作权 6 项,制定标准 7 项,出版专著 3 部,登记成果 9 项。

图 1-18 "马沟模式"打造肉牛养殖循环发展新业态

图 1-19 马铃薯四位一体轻简化种植技术示范

图 1-20 谷子新品种渗水地膜技术示范

2 枸杞新品种选育及提质增效综合技术研究与示范

——获2018年度宁夏回族自治区重大贡献奖

该项目针对枸杞产业发展中"提质、增效"的重大需求,由宁夏农林科学院枸杞工程技术研究所主持,联合宁夏农林科学院植物保护研究所、宁夏农产品质量标准与检测技术研究所、宁夏农林科学院农业资源与环境研究所、宁夏农林科学院农业经济与信息技术研究所、中宁县枸杞产业发展服务局、宁夏中杞枸杞贸易集团有限公司、百瑞源枸杞股份有限公司、宁夏源乡枸杞产业发展有限公司和宁夏全通枸杞供应链管理股份有限公司共同开展枸杞新优品种培育及配套栽培技术、水肥一体化、深加工产品研发、枸杞质量标准体系建设等关键技术研究与示范。

该项目重点研究解决宁夏特色枸杞产业新品种缺乏、种苗繁育效率不高、质量标准体系不健全、精深加工产品少等瓶颈问题,创新合作机制,加快成果转化,为枸杞产业提质增效和示范引领服务。通过13年的不懈努力,获成果登记12项,授权专利30项,审定品种2个,获国家新品种保护权品种6个,10个新优系进入区试;制定地方标准14项,修订国家标准1项,行业标准1项;发表论文100余篇(SCI收录5篇),出版专著6部,建立示范基地9个;推广新品种及配套栽培技术30.06万亩,为宁夏特色枸杞产业发展做出重要贡献。

建立微型扦插繁育技术体系,加快良种种苗繁育速度。建成枸杞种源基地50亩,采穗圃200亩,在中宁天景山建立良种繁育基地1 000亩;研制应用了智能化控制系统,使微型扦插种苗成活率由30%提高到80%以上,确保种苗纯度和质量,累计繁育枸杞种苗1.2亿株,产值3.6亿元以上。

示范推广绿色生态规模化种植技术。将篱架栽培、肥水一体化、简化修剪、病虫害"五步法"防控等新技术进行集成,指导建成杞泰、源乡、大地生态、中杞、百瑞源、杞爱、金沙湾、润德、菊花台等9个枸杞科技生产示范展示基地,总面积

25 000 亩,技术辐射 20 万亩,肥料成本降低 30%。

创新枸杞病虫害"五步法"防控技术。打药次数由 10~12 次降低到 6 次,生产成本降低 30%;在全国大面积推广,提升了产品质量,产品达到欧陆出口标准,实现行业出口增长 30%。开发枸杞鲜汁饮料,枸杞保健酒,枸杞花、叶饮料,枸杞蜂花粉片剂,黑果枸杞精华素含片,枸杞明目胶囊,枸杞花青素面膜等深加工产品 10 个。该成果近 3 年累计实现产值 82.6 亿元、利润 21.3 亿元,社会经济效益显著。

图 1-21　规模化生产模式

图 1-22　高海拔种植基地(西藏日喀则白朗基地,海拔 3 800 米)

图 1-23　篱架高效栽培生产模式

宁夏回族自治区科学技术进步奖

1 枸杞基因组与重要农艺性状基因研究
——获 2021 年度宁夏回族自治区科学技术进步奖一等奖

该项目针对枸杞种质资源深度开发利用率低、功能基因与表达调控研究不系统、功效物质积累与代谢途径不清等瓶颈,由宁夏农林科学院枸杞科学研究所主持,联合福建农林大学、宁夏枸杞产业发展中心、北京林业大学、深圳华大基因科技服务有限公司和武汉迈特维尔生国科技有限公司等研究机构,在基因组和代谢组学等领域进行联合攻关,历经 10 年取得一批原创性科研成果。

建成世界唯一的国家枸杞种质资源圃 15 hm^2,收集保存了枸杞属 15 个种(变种)、27 个品种及 2 662 份中间育种材料;建立了枸杞种质资源标准化评价体系和信息化数据平台,为枸杞功能基因挖掘、新品种培育提供了基础保障。

创制出枸杞单倍体植株,为基因组测序提供了最佳材料,解决了枸杞基因组高度杂合组装难的问题。首次完成茄科枸杞属(木本)全基因组测序,获得枸杞全基因组数据库,基因组大小 1.67 Gb,注释基因 33 581 个。取得以下 6 个方面突破:

一是获得了一个染色体级的高质量枸杞参考基因组,其连续片段 Contigs N50 长度 10.75 Mb,基因组完整度达到 97.75%。二是通过枸杞属、茄科和双子叶植物基因组序列进化分析,发现枸杞曾发生过 2 次全基因组复制事件,揭示了枸杞的起源与演化路径。三是绘制平均遗传图距 0.21 cm 的枸杞高密度遗传图谱定位到与果形、叶形、果糖含量相关 QTL 位点 75 个。四是在 5 号染色体定位到参与黄酮合成的候选基因 3 个;挖掘出参与枸杞多糖合成的糖基转移酶基因家族 6 个和甲基转移酶基因家族 2 个;挖掘出调控果糖含量的候选基因 19 个,参与调控花色苷合成的转录因子 2 个,解析了枸杞花青素合成调控机制,构建了枸杞多糖合成模型。五是开发 630 974 个

SSR 标记,构建了枸杞种质 DNA 指纹图谱,制定出枸杞品种分子鉴定标准。六是克隆了枸杞花粉与柱头相互识别自交不亲和的 S-RNase 关键基因,发现自交亲和基因 S-BARB8,揭示'宁杞 1 号'和'宁杞 7 号'丰产机理。

应用基因组研究成果,建立了种类与数目最多的枸杞代谢物数据库(1 032 种);发现宁夏枸杞中有 88 种代谢物显著高于其他种质;开发出可作为产区识别的标志性代谢物 13 种,建立了杂交群体分子标记鉴定筛选体系,筛选出高自交亲和种质 6 份,高抗种质 12 份,高活性成分种质 14 份;创制高产优质新品系 5 份,国家新品种保护 5 个,并在生产中推广应用,为枸杞品质改良与代谢物开

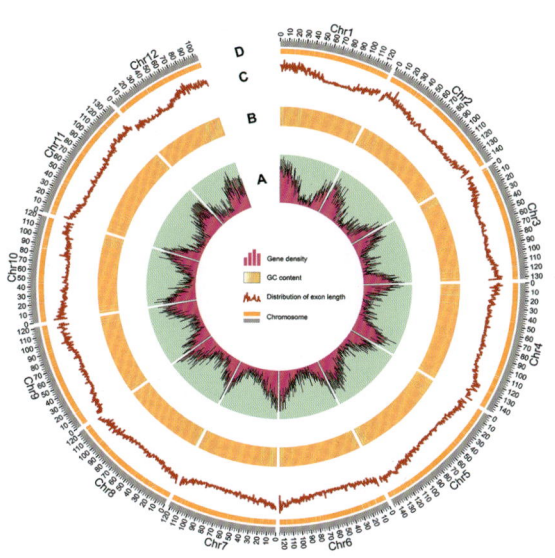

图 1-24　枸杞基因组物理图谱

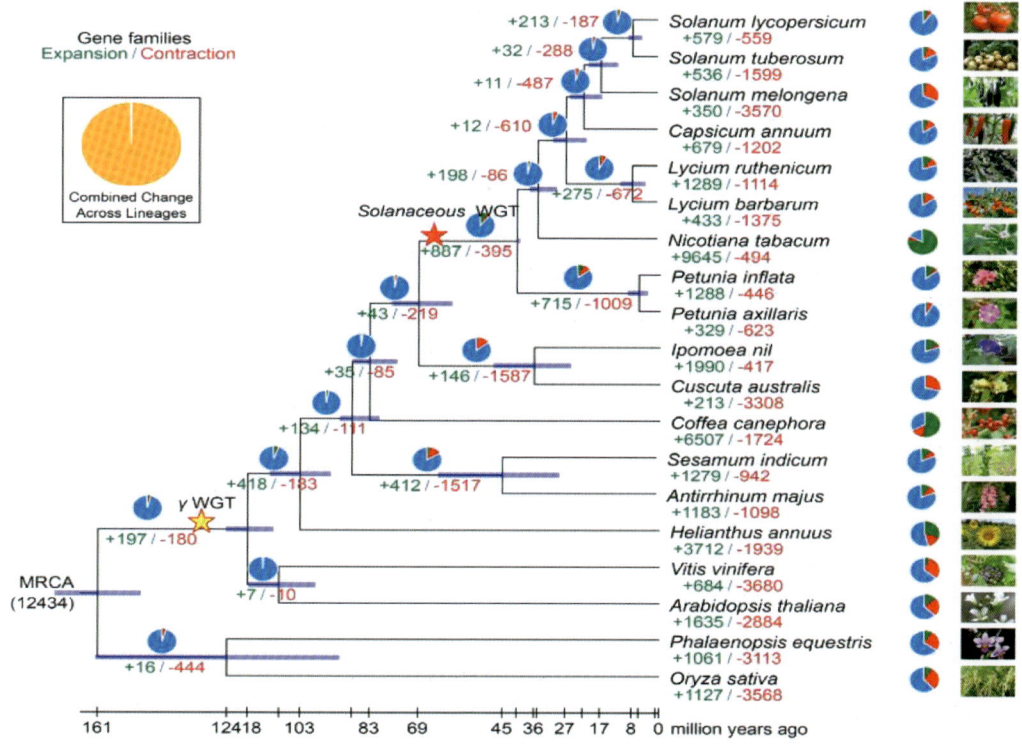

图 1-25　枸杞及其他茄科植物进化分析

发利用提供保障。

研究成果在 Nature 子刊 Communications Biology 上发表,首次用汉字"枸杞"在刊物中进行标注。在基础研究中发挥了重要作用,目前被引用 29 次。

项目登记成果 4 项,发表论文 40 篇,其中 SCI 论文 10 篇;制定标准 2 项,授权专利 7 项(发明专利 4 项);培养硕博士 7 人,青年拔尖等人才 6 人。通过枸杞基因组的破译,挖掘出与产量品质相关的重要功能基因,建立一套枸杞资源评价利用及新品种高效选育体系,培育出的新品系在生产中得到推广应用,支持了枸杞产业高质量发展,经济、社会效益显著。

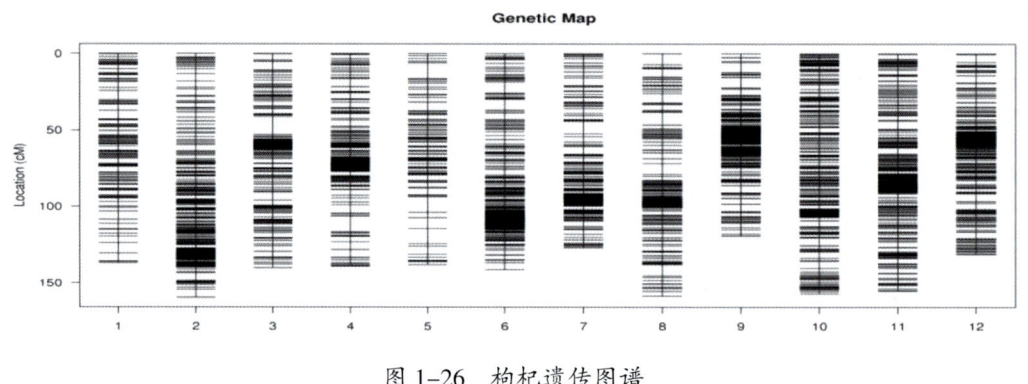

图 1-26 枸杞遗传图谱

2 宁夏特色瓜菜产业关键技术创新示范

——获 2020 年度宁夏回族自治区科学技术进步奖一等奖

该项目针对宁夏瓜菜品种特色优势不强、土壤连作障碍、设施结构和装备、精准管理及机械化生产水平不高等关键技术需求,由宁夏农林科学院种质资源研究所主持,联合宁夏农林科学院固原分院、彭阳县蔬菜产业发展服务中心、原州区农业技术推广服务中心等单位共同完成。项目取得一批重大创新成果并普及应用,对推进宁夏瓜菜产业技术升级和提质增效发挥了重要支撑作用。

项目构建了主要瓜菜种质资源鉴定评价及创新技术体系,育种攻关取得重大突破。引进国内外瓜菜种质资源 756 份,创制辣椒、番茄、西甜瓜新种质 108 份,筛选出辣椒多态性 SSR 引物 21 对,聚合抗病、耐盐碱、耐低温等性状新材料 50 份;培育辣椒雄性不育两用系1个,选育宁椒7号、宁甜1号等辣椒和甜瓜新品种5个,品种登记5项。其中宁椒3号Ve含量高,抗TMV,增产10.1%~11.5%。

新材料结构温棚,引领推动宁夏设施蔬菜向新型日光温室和越冬大拱棚转型升级。设计建造10 m、12 m跨装配式主动蓄热日光温室2种,引进新型温室2种,最低气温8 ℃,实现了环保建设;设计建造16 m跨主动蓄热越冬大拱棚2种,棚内平均最低夜温2.53 ℃;研发的保温被起落限停和风口开合自动控制系统,采光延长1 h,温度提高1.2 ℃。

拱棚辣椒栽培技术创新变革发展模式。设计建设内置可起落2层膜拱棚,早春晚秋气温提高3~4 ℃,地温提高5~6 ℃,推动拱棚辣椒向"春提早30天、秋延后45天"高产高效模式转变;探明了以Caulobacterales、Animal Paogen等阈值降低为指标的拱棚辣椒连作障碍机理,研究出4种消解技术,推广抗病高产品种4个,更换了应用10年的主栽品种,亩均增产2 298 kg,实现了持续增产增收。

突破了一批主要瓜菜高产优质栽培技术,支撑产业提质增效。研发设施和露地蔬菜水肥精准管理方案、日光温室无土栽培模式各5套,露地冷凉蔬菜高效轮作和机械化栽培模式7套、压砂西甜瓜保质增效栽培模式2套;示范推广瑞丽小香芹、中青15、金福娃2号等抗连作砧木和抗病高产蔬菜新品种20个;破解了高产优质与节水节肥协同难题,有效缓解了青花菜、压砂瓜连作障碍,显著提升了主栽瓜菜机械化水平,实现亩节水23.6%,节肥10.0%~21.1%,增产10.0%~22.0%,降低劳动力投入33.0%~69.2%,优质品率80%以上。

辣椒、大蒜本地规模化制种取得新突破,研究明确了辣椒拱棚制种父母本比例去雄和授粉方法,提出了大蒜适宜播期、密度、水肥量化指标等关键技术,辣椒种子产量较露地增产10.2%,种蒜创造亩产2 636 kg纪录,优质品率82%。

取得成果登记13项,出版著作4部,发表论文63篇,授权专利43件,制定地方标准22项,转让辣椒新品种使用权3个。建立试验示范基地12个共2 000亩建设新型温棚305座。培训农民4 766人次,新品种、新技术在区内外累计推广审核通过25.73万亩,增收节支5.4亿元,总产值20.83亿元。

2021年至今,辣椒、番茄、西甜瓜创制稳定目标性状、群系扩大、原原种繁育等水平得以显著提升,新登记的宁椒3号、宁樱红1号、宁甜1号等11个品种,累计在区内外推广种植 20 万亩以上；新材料大跨度装配式主动蓄热日光温室和越冬大拱棚，每年以 2 000 亩的规模稳步推进；技术攻关解决拱棚辣椒土壤连作障碍难题，支撑彭阳县设施蔬菜以 10% 的耕地创造全县 27% 的农业产值；设施和露地蔬菜水肥精准管理方案、露地冷凉蔬菜高效轮作和机械化及压砂西甜瓜保质增效栽培模式等适用技术，在宁夏冷凉蔬菜产业主栽县区中广泛应用，年应用面积占总面积的 35% 以上。

图 1-27 辣椒新品种宁椒 3 号

图 1-28 彭阳拱棚辣椒连作障碍消减技术示范

3 玉米调结构转方式优质高效生产关键技术研究与示范

——获 2020 年度宁夏回族自治区科学技术进步奖一等奖

该项目针对宁夏玉米生产品种单一、成本高、效率低、不优质等问题，由宁夏农林科学院农作物研究所主持，中国农业科学院作物科学研究所等单位参与。项目研究创制玉米骨干自交系 7 个，审定新品种 15 个（国审 1 个），为调结构转方式提供了品种支撑；制定地方标准 8 项，授权专利 7 项，登记成果 16 项；首次构建了玉米低水分籽粒直收技术模式，创新关键技术 7 项，丰富了现代玉米栽培理

论与技术,千亩示范平均亩产 1 073.3 kg,较对照增产 13.4%,亩节本 123.4 元;研究提出了青贮玉米"强品质、增能量、降风险"的品质提升关键技术,六盘山区生产示范平均亩产 5.50 t,较对照增产 12.1%,亩增收 262 元,支撑了草畜产业发展。近三年累计示范推广 439.6 万亩,节本增效 15.07 亿元,经济、社会和生态效益显著。

图 1-29　玉米新品种及低水分籽粒直收技术示范

4 优质广适小麦新品种选育与技术创新

——获 2019 年度宁夏回族自治区科学技术进步奖一等奖

该项目针对我国北方小麦产业发展中品种创新不足的问题,由宁夏农林科学院农作物研究所主持,永宁县农作物种子育繁所、宁夏大学、中国农业科学院作物科学研究所等单位参与,强化产学研用协同攻关和东西部合作,有力支撑了小麦产业高质量发展和供给侧改革。

构建种质精准鉴定和高效育种技术体系,种质创新取得突破。应用分子标记和碳同位素分辨率等新技术,明确了面筋蛋白、抗锈病、水分胁迫蛋白等基因组成和分布频率;构建了高密度抗逆(病)遗传图谱;定位 63 个耐热抗旱 QTL;开发 2 个矮秆基因分子标记;筛选出优质、抗逆(病)等种质 481 份;创制出抗病等多基因聚合材料 10 份和小麦-黑麦草及野大麦易位系 2 份。获登记成果 14 项、授权专利 3 项、品种保护权 4 个、地方标准 1 项;发表论文 46 篇,出版专著 3 部;培养硕、博士 5 人。

育成优新品种助推产业提质增效。育成品种 6 个,其中,国审宁 2038 高产广适,在西北春麦区广泛种植;宁春 55 号比宁春 4 号早熟且优质高产,刷新了宁夏春小麦高产纪录(656.1 kg),为复种饲草、油葵等增加有效积温,优化种植结构,实现了周年前作保粮后作增收,并且还入选2024年甘肃农作物主推品种;节水品种宁春56号,节水30%,比宁春4号增产13.6%。构建育繁推体系,促进成果转化应用。转让新品种4个,共建示范基地28个,科企合作扩繁原、良种1 476万kg。宁春55号累计推广296.81万亩,新增经济效益2.436亿元,社会和经济效益显著。选育的宁春系列春小麦在甘肃、内蒙古、新疆等地累计推广种植1.5亿亩、成为全国北方春小麦种植主打品种,巩固宁春系列北方春麦区主推品种地位和全国优质麦产区地位。

图1-30 节水抗旱小麦新品种宁春56号

图1-31 高产优质早熟小麦新品种宁春55号

⑤ 优质高产抗逆水稻新品种选育与应用

——获2018年度宁夏回族自治区科学技术进步奖一等奖

该项目针对宁夏水稻育种中种质资源鉴定评价和育种技术基础性、公益性科研创新不足,育种技术体系不健全,优异核心种质创制和功能基因发掘的数量少,选育的品种还不能满足生产上不同种植方式的需求,育繁推一体化育种模式尚未构建等问题,以自治区农业育种专项为依托,由宁夏农林科学院农作物研究所主持,宁夏大学等单位参与,产学研用协同攻关,取得了系列创新成果,构建了高效的育种体系,提升了创新能力。

该项目引进国内外优异种质资源755份,鉴选出优质、抗病、抗逆核心亲本69份,挖掘出品质、抗逆相关QTL34个,开发耐盐、抗病基因标记15个,创制特异新种质26份;明确了宁夏稻瘟病优势生理小种9个、抗性基因7个,确定宁夏稻瘟病菌鉴别寄主1套。育成新品系235份,审定优质高产抗逆新品种7个。建立优新品种展示示范基地23个,扩繁原、良种1 732.8万kg。

项目取得登记成果15项;授权发明专利2件、实用新型专利1件,获得植物新品种保护权1项;制定地方标准4项;发表论文42篇,其中SCI收录2篇;培养博士1名、硕士13名。新品种累计示范推广187.73万亩,创造经济效益7.11亿元,经济社会生态效益显著。在此基础上,自主培育的水稻新品种香优108及合作选育的闽宁1号新品种品质首次达到国家标准优质米一级。

图1-32 水稻新品种宁粳50号和宁粳48号

6 枸杞新品种宁杞7号选育及示范推广

——获2014年度宁夏回族自治区科学技术进步奖一等奖

该成果基于群体优选的原则，以产量、果粒大小等为初选指标，以自交亲和性、光合速率、功能成分含量等为复选指标，以区域适应性是否广泛为决选指标，由宁夏农林科学院枸杞工程技术研究所主持，联合宁夏农业综合开发办公室、宁夏林业产业发展中心共同筛选出的优良品种，采用嫩枝扦插的繁育技术体系扩繁并推广。

品种技术指标与特点：①自交亲和指数≥50%，可单一品种建园；②叶片光合速率较宁杞1号对照提升19.2%，蒸腾速率较对照下降5.3%；③枸杞多糖含量3.97 g/100 g、甜菜碱1.08 g/100 g、胡萝卜素1.385 g/kg，分别比对照增加10.9%、29.2%、12.6%；④1~4龄幼树期产量较对照增加29.5%，盛果期产量与对照相当，混等干果290粒/50 g，较对照350粒/50 g提高近一个等级，种植收益较对照提高30%以上。⑤每100 kg鲜果采摘用工量较对照节约20%。⑥具有很高的适应性和抗逆性，各个地区产量均能达到200 kg以上。

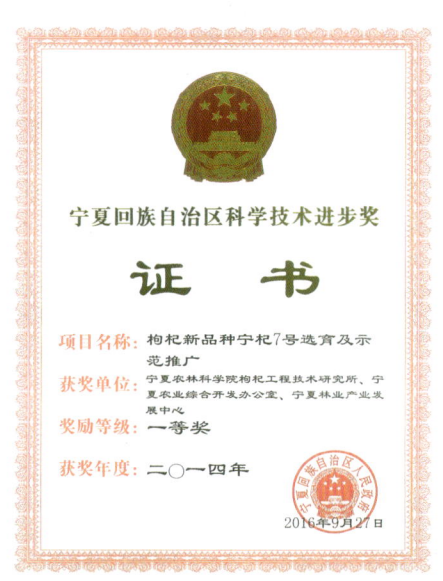

以枸杞产量的关键性状"自交亲和"为指标建立了一套完整的分子辅助育种体系，实现枸杞"自交亲和"性状早期评价和品种定向选育，实现了枸杞品种由"选"到"育"的技术突破；大胆将宁

图1-33 枸杞新品种宁杞7号田间长势

杞1号的"剪、截、留"三字法整形修剪改为"疏、截"二字法修剪,推广矮篱滴灌节水种植新技术,为枸杞的栽培技术提供了新模式;繁育方式创新:改低效的硬枝扦插繁育方式为可"规范、规模化"生产的嫩枝扦插繁育方式,5年繁育种苗1亿株以上,将品种推广速度提高5倍以上;实现了丰产与优质、稳产与高抗、稳产与广适的结合,实现了育种目标的均衡提升。

该品种的推广面积占近5年内全国枸杞新植面积的70%以上。2010—2015年,全区累计推广种植10.74万亩,销售种苗1.9亿株,累计增收节支5.03亿元;全国累计种植30.88万亩,新增利税节支合计9.7亿元。按枸杞经济有效收益期15年计算,30.88万亩经济有效期内预期全国可实现增收节支81.3亿元,宁杞7号的推广为我国的枸杞产业提质增效发挥支撑和引领作用。

7 半干旱黄土丘陵区退化生态系统恢复技术研究

——获 2012 年度宁夏回族自治区科学技术进步奖一等奖

该项目由宁夏农林科学院荒漠化治理研究所主持,中国科学院水土保持研究所等单位参与,在宁夏半干旱黄土丘陵区开展了退化生态系统恢复关键技术、协调水土保持和农村经济发展的土地利用格局、生态产业模式等研究与示范。经过5年攻关,揭示了宁夏半干旱黄土丘陵区土地利用时空格局演变规律,评价了不同尺度小流域土地质量与适宜性;摸清了宁夏半干旱黄土丘陵区降水运移规律和雨水资源潜力,提出了水资源高效利用技术体系;揭示了宁夏半干旱黄土丘陵区乡土树种蒸腾耗水与造林密度的内在关系,提出了小流域防护林树种配置比例及空间配置模式;揭示了人工林草建植后土壤结构、养分、水分等变化规律,提出了人工林草高效可持续利用技术体系;阐明了庭院循环生态农业发展模式的经营结构能流和价值流;提出了退化荒山植被恢复、退化耕地"减—增—提"地力恢复等5种退化生态系统恢复模式和灌草秸秆综合利用模式、特色杏为主的林果产业等5个生态产业发展模式。成果对同类地区土地利用格局优化、雨水资源化工程及生态系统恢复和生态产业开发具有指导意义。出版专著1部,发表论文91篇,制定标准4个,授权专利2件,培养研究生26名。

项目实施期间,建立了2个被誉为"中庄模式"和"上黄经验"的宁夏半干旱黄土丘陵区退化生态系统恢复和生态产业发展示范区 2 345 hm²;示范区植被覆盖率达到60%以上,土壤侵蚀模数从2005年的2 245 t/(km²·a)下降到了1 060 t/(km²·a);与2005年相比,示范区土地生产力提高了23%,农民人均纯收入提高到3 651~4 470元。截至2010年,成果辐射面积 6 901 hm²,推广 5.5 万 hm²,2012 年成果累计辐射面积达到 36.9 万 hm²,辐射推广区林草植被盖度达到 50%以上,治理度达到 75%~95%,土壤侵蚀模数下降 53%。累计增产粮食 19 980 万 kg,优质牧草 48 420 万 kg,经济作物 4 480 万 kg,优质林果 3 600 万 kg,累计实现经济效益 80 551 万元。项目构建的小流域防护林体系空间配置和退化荒山植被恢复等技术和模式在南部山区生态建设中大规模推广应用,为南部山区生态建设提供了科技支撑。

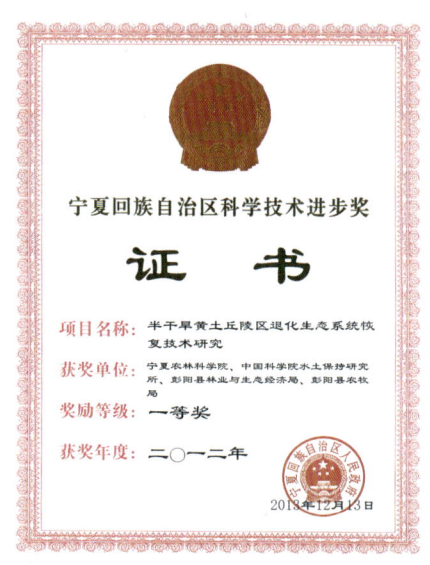

图 1-34 彭阳中庄小流域生态恢复成效对比

8 西部民族地区电子农务平台关键技术研究及应用
——获 2011 年度宁夏回族自治区科学技术进步奖一等奖

该项目以宁夏回族自治区省域信息化建设为试点,针对农村信息数据库建设与电子农务平台的关键技术进行研究和产品开发,并针对西部民族地区不同社会经济发展水平的典型代表区建立农村信息化示范区,由宁夏农林科学院主持,联合宁夏师范学院、北京农业信息技术研究中心、宁夏农牧厅信息中心等单位探索以科技特派员创业平台和农村信息化运行相结合的农村信息化应用模式。

项目构建了省域农村电子农务平台开发与部署，实现了 AgSo-So 搜索引擎在省域农业信息资源汇聚、整合与共享服务等应用。密切结合自治区新农村综合信息平台建设，依托西部电子农务网和宁夏农村综合信息网，建立了专用数据共享网络通道和前置数据交换服务器，实现信息资源多通道传送、快速更新和在线共享服务。整合 12396 信息平台、宁夏农业信息网和特色农业信息网等

图 1-35　获奖证书

门户网站，形成了"一网打天下"的全区农村信息统一管理体系,实现农业产业生产、加工和市场销售一体化信息服务,也提升宁夏农村综合信息网的功能。建立了 1 个省域中心数据库、42 个优势特色农业产业数据库和农村服务专题数据库建设，开发完成 39 个农业农村信息服务系统和 45 个属地化信息决策系统。同时,项目在城乡接合部、引黄灌区和山区建立了 61 个信息化核心示范点、357 个应用示范点和 1 945 个辐射示范点。建立起农村信息科技特派员队伍、农村信息化服务站、"三农"呼叫中心和星火科技 12396 相结合的信息化 应用体系，并探索了农村信息化推广应用模式和长效建设机制。而且,通过示范区建设的实践,探讨城乡结合型、灌区农业主导型、山区等三类信息化应用服务形式,形成了一批较为突出的典型案例,推动农村信息化整体发展。

9　优质高产冬小麦新品种宁冬 10 号、宁冬 11 号

——获 2010 年度宁夏回族自治区科学技术进步奖一等奖

宁冬 10 号、宁冬 11 号系宁夏农科院作物所经杂交选育而成的冬麦新品种。宁冬 10 号幼苗生长旺盛,返青快,株型紧凑,株高 83~92 cm,穗纺锤形,长芒,白壳,每穗粒数 27 粒,亩有效穗 44.56 万;籽粒长椭圆形、红粒、硬质,千粒重 44.0 g,容重 807 g;面粉蛋

白质 11.86%，湿面筋 27.4%，吸水率为 60.5%；区域试验两年平均亩产 466.98 kg。宁冬 11 号株高 86~93 cm，每穗粒数 26.4 粒，千粒重 42.9 g，容重 822 g；面粉蛋白 11.81%，湿面筋 27.5%，吸水率为 65.2%；两年区域试验平均亩产 460.68 kg，生产示范平均亩产 503.77 kg。两个品种适宜宁夏引黄灌区单种或套种，宁冬 10 号、11 号在宁夏引黄灌区种植面积累计超过 171.5 万亩，新增小麦 16 109.1 万 kg，累计新增经济效益 3.42 亿元以上。

图 1-36　优质丰产冬小麦宁冬 11 号

图 1-37　优质早熟冬小麦宁冬 10 号

10　有机枸杞生产树体保健和病虫可持续调控研究与示范

——获 2009 年度宁夏回族自治区科学技术进步奖一等奖

本项目由宁夏农林科学院种质资源研究所、宁夏农林科学院植物保护研究所主持，联合宁夏中宁县科学技术局、银川西夏区科学技术局、宁夏森林病虫防控检疫总站、宁夏早康枸杞有限公司、宁夏杞乡生物食品工程有限公司 5 家企事业单位，围绕有机枸杞生产的重大需求，以可持续发展理念，对枸杞产业提质增效、扩大出口有重要作用。采取"自主创新与转化应用相结合、重点突破与整体提升相结合、支撑发展与战略储备相结合"的研究思路,首次调整了研究策略,改变了传统的以农药防治为主的枸杞产品质量终端治理模式,以过程控制作为枸杞生产全程质量管理的保障和基础,提出了枸杞害虫可持续综合调控的理念,既强调病虫调控的可持续性,又兼顾环境生态的可持续性,更注重枸杞生产安全与产品质量安全及公众健康的可持续性。在研究方法上,变以往主要针对防治对象——病虫的杀灭,为如何增进保护对象——枸杞树体的群体健康,将有机枸杞生产中的"枸杞树体保健"作为抑制病虫危害的前提和基础,将病虫的"可

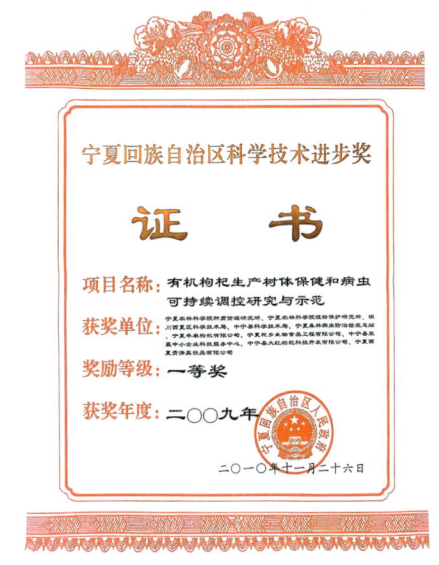

图 1-38 获奖证书

持续调控"作为技术内核,由"看病"向"看病人"转变,增进了枸杞产区经济、生态和社会效益的和谐一致,为枸杞生产中有害生物的非农药防治提供了新的技术途径和解决方法。开展了有机枸杞树体保健护理、病虫可持续调控、生物多样性培育及生态调控、生产基地建设等一系列技术攻关,研究掌握了制约有机枸杞产业发展的多项核心技术。针对宁夏枸杞不同产区、不同生长期、不同栽培方式及不同发展水平下主要病虫害种类、发生特点、危害规律的不同,创新、集成了有机枸杞生产的病虫可持续调控、树体保健、生物多样性培育及其生态调控、生产基地建设等关键技术。

多年来,项目提出的"枸杞害虫可持续综合调控的理念,既强调病虫调控的可持续性,又兼顾环境生态的可持续性,更注重枸杞生产安全与产品质量安全及公众健康的可持续性",成为有机枸杞产业发展的重要发展策略;项目提出的"以生产过程控制作为枸杞生产全程质量管理的保障和基础",成为有机枸杞行业进行产品质量控制的重要技术思路。在区内外有机枸杞种植区得到了广泛应用。

在技术方法上,将"增进保护对象——枸杞树体的群体健康"作为抑制病虫危害的前提和基础,创新、集成的有机枸杞生产的树体保健、生物多样性培育、生物防治及其生态调控等多项核心技术成为枸杞生产的关键技术,在区内外有机枸杞生产中得到持续广泛应用,促进了枸杞产业的高质量发展。

11 宁夏盐池城西滩扶贫扬黄新灌区生态农业建设技术研究与示范

——获 2008 年度宁夏回族自治区科学技术进步奖一等奖

该项目由宁夏农林科学院荒漠化治理研究所主持，宁夏盐池县农业局等单位参与，在盐池城西滩集成示范了土地资源优化、种植结构调整、农业节水高效利用、土壤培肥、良种良法配套、立体复合种植、设施种植及高效养殖等技术，示范建立了扬黄新灌区节水高效栽培模式、草畜一体化技术体系及发展模式。应用 311-A 最优回归设计等肥效试验研究方法，建立了适宜扬黄新灌区玉米、苜蓿氮磷钾最优配方施肥量化指标，集成水肥一体技术，突破了传统施肥方式。示范推广的"猪、沼、厕"三位一体与菌菇生产相结合模式，带动了生态环境改善和农业产业化结构调整。提出的以户为单位的城西滩扬黄新灌区生态农户发展经营模式，为促进和提升扶贫扬黄新灌区可持续高效发展开辟了一条新途径。示范推广了枣（灵武长枣）药（金银花）间作模式，开展了温室育苗大田移栽的枣树套袋移栽造林技术，使灵武长枣成活率由原来的 40% 提高到 85% 以上。

项目示范推广总面积 25.73 万亩，总产值 28 209.08 万元，新增经济效益 8 641.24 万元；农业生产总值由 2002 年的 3 666 万元提高到 2006 年的 9 868 万元，增长了 169.71%；人均纯收入由 840 元增加到 2 850 元，提高了 2.4 倍，经济、生态、社会效益显著。项目构建并推广了扬黄新灌区节水种植和草畜一体化等技术和模式，为沙地发展高效节水技术和生态产业提供了科技支撑。

图 1-39　玉米马铃薯间作田间调查

12 半干旱退化山区生态农业建设技术与示范

——获 2006 年度宁夏回族自治区科学技术进步奖一等奖

该项目由宁夏农林科学院荒漠化治理研究所主持，中国科学院水利部水土保持研究所等单位参与，针对我国半干旱退化山区的典型代表地区——宁夏南部山区普遍存在的干旱缺水、水土流失严重、农业生态与生产条件恶化、经济贫困等热点、难点问题，结合"恢复西部生态环境""全面建设小康社会"这一中心任务，以水土资源保育和高效利用为指导思想，以改善生态环境和增加农民收入为中心，主攻了广泛适用于我国半干旱退化山区的生态-生产耦合农业技术体系和模式，对山区雨水就地集蓄与高效利用技术、植被快速恢复与重建技术、生态防护林体系可持续经营技术、高效农林牧复合生态农业技术、坡地改造集水技术、特色资源植物开发和可持续利用技术等进行了系统深入的研究，在试验示范区内重点示范5大模式和5大技术体系，建成了

图 1-40　农林牧复合生态修复模式

图 1-41　模拟降雨试验

图 1-42　坡面集雨造林示范

2个综合型生态农业示范区,形成了8个各具特色的生态农业示范工程,为试验示范区群众提供了12项可操作性强、适用性好、经济效益高的实用技术,为国家在半干旱退化山区的生态恢复与农村经济发展提供了技术支撑。

通过项目实施,使示范区农民的生态环境意识和科技致富能力显著提高,78%的农户掌握了1~2门科技致富技术,科技示范面积1 483 hm²,推广总面积近10万hm²,生态、经济、社会效益分别比2001年提高了84.5%、99.4%、39.3%,通过在周边地区的推广应用,取得了巨大的效益,累计实现效益36 274.14万元。在本项目研究成果的直接影响下,2002年,自治区发改委在原州区东部推广上黄小流域治理模式,共推广治理小流域37条,科技普及率由过去的20%~40%提高到60%以上,水土流失基本得到治理,生态环境明显改善;2004年,自治区财政厅在南部山区启动了9个小流域综合治理示范项目,规划治理面积600 km²;2005年,自治区政府决定,用10年时间,实施"大六盘生态经济圈建设工程",工程规划区包括宁夏治区的5县1区83个乡(镇),面积1.68万hm²。项目研发的雨水资源化技高效利用和农林牧复合生态农业等技术和模式提高了水资源的利用率,助推了南部山区生态农业的发展。

13 肉羊杂交改良技术研究

——获2005年度宁夏回族自治区科学技术进步奖一等奖

该项目由宁夏农林科学院畜牧兽医研究所(有限公司)主持完成。研究成果提出宁夏肉羊杂交改良技术路线和肉羊新品种培育技术方案以及宁夏肉羊产业发展布局;研究表明,杂改后代六月龄及周岁胴体重、屠宰率、肉骨比与本地羊相比均有大幅度的提高,羊肉品质达到国际贸易惯例要求;针对国外引进肉用种羊开发出了以"全株玉米青贮+紫花苜蓿青干草+精料"为日粮的舍饲技术,制定了引进品种肉羊饲养管理技术规范和2项地方标准;完善了肉羊胚胎移植技术,制定了《肉羊胚胎移植技术规程》;开展了肉用种羊乏情期胚胎移植和同一配种季连续超数排卵技术研究,提高了肉用种羊的种用效率;调研摸清了宁夏规模养羊主要疫病的种类及危害程度,研究开发了规模养羊疫病防治综合技术方案;自主研制的绵羊肺炎霉形体苗可有效控制该病的流行和发生;开发了杂种肉羊的饲养和育肥技术、繁殖母羊饲养技术、羔羊早期补饲技术和羊痘疫的超前免疫方法,技术应用效果良好;开发了肉羊专用营养舔砖和添加剂预混料并申报4项国家专利。

项目实施期间,共向社会推广良种肉羊865只,其中胚胎移植产羔439只;示范接种绵羊肺炎霉形体疫苗5.26万头份,保护率达到85%以上;示范杂改本地羊5.35万只。新增产值4 674.4万元。举办肉羊杂交改良技术、羊人工授精技术、疫病防治技术等培训班45期,培训基层技术人员和养殖户5 000余人,进行羊人工授精技术培训和职业技能鉴定30余人。制作《肉羊改良高效养殖技术》《粗饲料加工调制与利用》科普VCD两部,编写《肉羊饲养技术与疫病防治》等技术专著3部,免费发放2 000余册(盘)。推广肉羊营养舔砖230 t。

图1-43 特克萨尔(♂)与小尾寒羊(♀)杂交二代　　图1-44 新西兰引入的萨福克纯繁个体

14 重点地道中药材开发技术研究

——获2005年度宁夏回族自治区科学技术进步奖一等奖

该项目由宁夏农林科学院荒漠化治理研究所主持,宁夏药物研究所(有限公司)等单位参与,对宁夏重点地道药材甘草、银柴胡、苦豆子规范化种植、质量控制、有效成分提取、新药开发等方面进行了创新性研究。首次建立了氮、磷、钾、微量元素锌锰及钙肥对甘草产量和质量的预测控制模型,形成了质量可控,丰产的甘草人工种植施肥技术体系。确定了人工甘草的合理灌溉制度,明确了不同水分条件对甘草质量的影响程度及土壤水分与灌溉定额的定量化指标。解决了银柴胡人工种植和育苗过程中死苗问题,制定了甘草、银柴胡人工种植 GAP 和 SOP。查清了宁夏甘草、银柴胡病虫害种类,提出了有效防治方法;建立了甘草酸及其盐类、甘草总黄酮、黄酮铬、甘草多糖等 10 多个产品的生产工艺、产品质量标准及测定方法,授权专利 4 件;研发了具有自主知识产权的苦参素胶囊,取得新药证书和生产批件,苦参碱、苦参素、苦豆子总碱的生产工艺上升为国家标准。

该项目建立沙生中药材人工种植基地 8 个,中药材种植户 860 户,新药生产线 2 条。人工种植沙生中药材 4.7 万亩,生产绿色沙生地道中药材 32 439.2 t,总产值达 9 731.7 万元,增加收入 5 031.71 元;建立沙生中药材初级加工厂 5 个,年加工能力 4.5 万 t,年总产值 1 125 万元,使植被覆盖度由原来的 30% 提高到 85%,有效控制了土地荒漠化。项目构建了宁夏重点地道中药材的高效栽培和管理技术体系,有效的支撑了宁夏中药材产业发展。

图 1-45 甘草规范化种植示范

15 宁夏优质专用玉米新品种及综合配套技术研究与推广

——获 2004 年度宁夏回族自治区科学技术进步奖一等奖

该项目由宁夏农林科学院农作物研究所主持,宁夏种子管理站等单位参与,从引进的 2 000 余份材料中,通过性状鉴定筛选出了 20 个优质专用玉米新品种,为宁夏实现玉米品种新一轮更新换代做出了积极贡献。

优质专用玉米新品种一系列配套栽培技术研究,为制定优质专用玉米配套栽培技术规程提供了有力的科技支撑;根据研究结果和生产实践检验,制定了以登海 3 号、沈单 16、屯玉 1 号、中单 9409 为主的《高秆大穗型玉米品种高产高效配套栽培技术规程》,宁南山区以登海 1 号、中单 5485、承 706 为主的《玉米高产高效配套栽培技术规程》《优质青贮玉米高产高效配套栽培技术规程》和《带棒玉米青贮技术规程》,为大面积玉米生产提供了技术保障。整体提升了全区玉米生产水平,增强了全区粮食生产可持续发展能力。

通过青贮玉米新品种的推广,提高了青贮玉米的营养品质、产量及奶牛产奶量;建立了政府引导,企业+科技+农户新的推广机制,促进了青贮玉米专业化生产、产业化经营的发展;登海 3 号、沈单 16、屯玉 1 号、高油 647、宁单 9 号、登海 1 号、承 706 等优质专用玉米新品种推广

图 1-45 玉米新品种及配套高产高效栽培技术示范

面积达 219.76 万亩,占全区玉米播种面积 264 万亩的 83.2%,代替了种植多年的掖单 13、19 号品种,实现了玉米品种的第五次更新换代。取得显著社会效益和经济效益,促进了农民增产增收。新品种累计面积 473.68 万亩,平均亩产 470.19 kg,较对照 412.94 kg 平均增产 13.86%。累计新增玉米总产 1.68 亿 kg,新增秸秆 14.45 亿 kg,新增产值 3.46 亿元;新增效益 3.27 亿元。

项目选育优质、专用、高效玉米新品种 20 个,实现了宁夏玉米第 5 次品种更新,初步实现了玉米生产区域布局、专业化生产、产业化经营;高油 647 带棒青贮,有力地促进了优质青贮玉米产业化经营和奶牛业发展;制定出了宁夏不同类型地区、不同专用品种高产、高效配套栽培技术规程,为新品种推广和青贮玉米专业化生产提供了技术支撑,创新了推广机制。

16 抗虫转基因白杨派杨树品种培育研究

——获 2003 年度宁夏回族自治区科学技术进步奖一等奖

为培育抗鞘翅目昆虫的优良抗虫杨树品种,由宁夏农林科学院农业生物技术研究中心主持,联合中国科学院微生物研究所、北京林业大学生物学院,针对宁夏杨树遭蛀干害虫——光肩星天牛危害严重的问题,采用分子生物学方法构建了携带抗鞘翅目昆虫外源目的基因 $Cry3A$ 的植物表达载体 $PBCry3$,利用植物转基因技术手段,首次建立了银河 I 号杨的遗传转化系统,将携带 $Cry3A$ 基因的植物表达载体 $PBCry3$ 对银河 I 号杨无菌叶片和茎段利用根癌土壤农杆菌 LBA4404 进行了转化,经过大量卡那霉素抗性培养基筛选和分子生物学检测(PCR 和 Southernblot)手段证实外源目的基因已在银河 I 号杨染色体上整合,获得了 44 个转基因株系,并将转基因株系成功移栽定植到隔离苗圃,进行了 2 年田间(苗圃)抗光肩星天牛成虫和蛀干害虫杨大透翅蛾幼虫的试验,发现有 4 个株系抗虫性明显较对照提高。对 44 个转基因株系进行了 2 年苗期生长性状调查,发现与对照银河 I 号杨基本相似,有些株系的生长量还超过对照,说明抗虫转基因银河 I 号杨的培育是成功的。该项目研究目的明确,研究手段先进,技术路线科学合理,缩短了育种周期,具有很大的创新性。在培育抗虫品种方面,

图 1-46 抗虫转基因白杨派杨树品种培育

具有重要的研究和应用价值。2005 年 6 月,国家林业局批准转基因银河杨进入田间中试。试验期间在银川、中宁两个试验区进行田间抗虫性试验筛选,营造试验林 40 亩,试验林表现良好,未发现光肩星天牛危害。

17 作物抗旱抗盐的生理学调控机制及其资源鉴定利用研究

——获 2003 年度宁夏回族自治区科学技术进步奖一等奖

该项目根据国家经济和社会发展对农业领域基础研究的重大需求,针对我国特别是西北地区水资源严重不足、土壤盐渍化严重等问题,由宁夏农林科学院联合中国农业大学、中国农业科学院,采用大田试验与室内控制试验相结合,植物生理学、土壤学与作物栽培、育种学相结合的研究方法,对特色药用植物枸杞、主要粮食作物春小麦和优质抗逆牧草三叶草抗旱抗盐的生理学调控机制及其资源鉴定进行了系统深入的研究。

该项目在国内外首次系统研究了枸杞抗盐的抗氧化保护机制、渗透调节机制和光合调节机制等生理学调控机制,发现了枸杞抗盐生理调控的关键因子及其抗盐性与品质的关系,确立了枸杞不同发育时期的耐盐阈值。

项目组系统研究了春小麦抗旱抗盐的渗透调节机制、光合调节机制和 K^+、Na^+ 离子选择性等生理学调控机制及其抗逆资源的鉴定筛选利用。发现了春小麦抗旱耐盐性在生理反应和调控机制方面的差异及土壤盐分与品质的关系,提出了春小麦抗旱抗盐鉴定的指标体系,鉴定出一批抗旱抗盐的种质资源。

项目组研究了外源 ABA 处理和水分胁迫对不同基因型三叶草生长的影响,发现了三叶草的耐旱性鉴定的有效指标,提出了鉴定方法,同时筛选出了抗旱性较强的三叶草品种。

该研究成果紧密结合宁夏农业区域特点,研究内容丰富,研究手段先进,填补了国内外在枸杞抗盐机理研究方面的空白,同时在基础理论研究与生产实践的结合上具有重要的创新。成果不仅丰富了作物抗逆性研究内容,同时为揭示宁夏枸杞"道地性"原因、进行质量检测和规范化种植以及作物优质抗逆育种和栽培提供了重要理论依据。

图 1-47　作物抗旱抗盐鉴定

研究发现的作物抗旱抗盐鉴定指标和抗性种质资源，目前已广泛应用于作物抗旱抗盐资源鉴定及抗逆育种等方面。

18 宁南山区脆弱生态系统恢复及可持续经营技术集成与示范

——获 2021 年度宁夏回族自治区科学技术进步奖二等奖

该项目由宁夏农林科学院荒漠化治理研究所主持，西北农林科技大学等单位参与，围绕全流域生态恢复和产业发展，在生态恢复理论、技术、产业、管理等方面形成了一系列重要创新性进展：揭示了宁南山区的生态恢复过程及驱动因素，提出了区域生态恢复的新理念与途径；阐明了流域土地利用、生态要素及服务功能的变化特征及耦合关系，基于生态系统服务价值进行了流域生态恢复设计，丰富了脆弱生态系统恢复的基础论理；揭示了区域典型林草植被耗水特征及其与环境因子间的关系，阐明了流

图 1-48 宁南山区脆弱生态恢复

域典型恢复模式水量平衡机制，支撑了典型植被配置模式的构建。项目组研发了人工林合理营建与结构调控技术，首次构建了"景观+生态+经济"的植物空间配置模式及技术体系，为宁南山区生态恢复提供了科学依据及技术支撑；系统研究了区域优势植物资源高效利用模式与技术工艺，实现了生态与产业的耦合和协同发展，破解了生态系统恢复与可持续经营难题；基于生态系统可持续经营管理技术，建成彭阳中庄和原州区上黄2个流域可持续管理试验示范区，为宁南山区生态恢复提供了科技示范样板，取得了突出的生态、经济和社会效益。

项目登记成果4项，出版专著4部（参编2部），发表论文49篇，其中SCI收录12篇，授权专利14件、制定地方标准4项，培养研究生32人；项目成果推广面积130万亩以上，新增利润1.42亿元，节约造林成本1.7亿元，对黄河流域黄土高原区生态保护和修复、民生改善具有重要意义。项目基于植被和水土资源的耦合关系，构建了人工林生长过程调控和优势植物资源高效利用技术，提高了生态建设水平，为南部山区生态系统可持续管理提供了科技支撑。

19 宁夏特色农业智能化生产关键技术研究与示范

——获2021年度宁夏回族自治区科学技术进步奖二等奖

该项目针对枸杞、肉牛产业发展中存在的智能装备缺乏、信息技术与农机农艺融合度低等问题，聚焦"模型—装备—系统—平台"智慧农业技术体系，由宁夏农林科学院农业经济与信息技术研究所主持，联合北京市农林科学院智能装备技术研究中心、宁夏农林科学院动物科学研究所、宁夏农林科学院枸杞研究所（有限公司）、宁夏同心县伊杨现代牧业有限公司、玺赞庄园枸杞有限公司及宁夏葡杞农业技术服务中心共同完成。

该项目首创枸杞病虫害高光谱遥感反演、生态位预测、智能识别等模型，实现枸杞蚜虫等主要病虫害星空地协同监测预警；率先构建肉牛神经网络称重模型，实现肉牛在行走状态下的动态称重。创制通用型水肥一体化智能设备，节水33%，节肥31%；研制系列农机智能管控部件，开沟机、定植机作业误差±2 cm/m，植保机、施肥机作业误差±3.5 L/100 L；集群式枸杞育苗智能装备节省用工46%；肉牛生理信息采集仪实现体温、脉搏、运动量等体征信息实时监测。创建物联网监控系统与大数据云平台，农机管理系统实现作业质量、田间工况等信息远程监管；质量溯源系统实现枸杞苗木产地与质量RFID、NFC多模一体追溯；肉牛健康饲养系统实现TMR设备协同工作、饲草料精准投放、牛舍环境智能调控等。

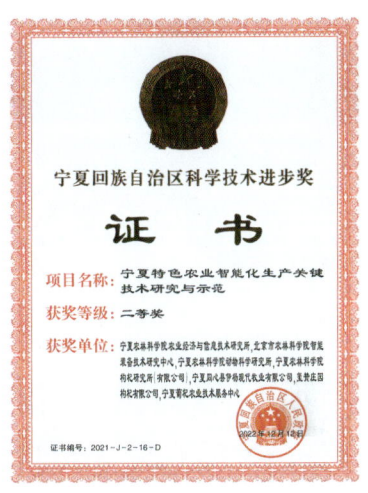

项目获科技成果5项、授权专利53件（发明专利5件）、软件著作权20件，发表论文31篇（SCI/EI收录4篇）。在全区32个种养基地推广智能装备与系统300余套，示范枸杞8.4万亩、肉牛1.1万头，新增产值3.34亿元，引领支撑特色农业智能化生产、精准化作业、数字化管理和网络化服务，社会经济生态效益显著。

图1-49　宁夏特色农业智能化生产"模型—装备—系统—平台"体系建设

20 西北地区马铃薯重大土传病害发病机理和综合治理技术研究与应用

——获 2021 年度宁夏回族自治区科学技术进步奖二等奖

该项目由宁夏农林科学院植物保护研究所主持，联合西北农林科技大学植物保护学院、甘肃省农业科学院植物保护研究所、宁夏职业技术学院、西吉县马铃薯产业服务中心、固原市原州区农业技术推广服务中心、新疆农业科学院核技术生物技术研究所 6 家科研院所，针对西北地区马铃薯重大土传病害发生机理不清、防治技术缺乏、危害日益严重的问题，开展了马铃薯根腐病、黑痣病、黄萎病病原菌及其遗传多样性、发病机制等研究，集成构建了综合治理技术体系并进行了示范应用，对推动西北地区乃至我国马铃薯产业高质量发展具有重要支撑作用。

该项目首次对西北地区马铃薯重大土传病害病原菌进行了系统研究：明确了马铃薯根腐病病原菌主要是镰刀菌属真菌，探明了各地区优势致病菌和病菌遗传多样性；确定了马铃薯黄萎病病原菌为大丽轮枝菌和非苜蓿轮枝菌，马铃薯黑痣病病原菌为立枯丝核菌融合群 3。

探索了马铃薯重大土传病害的发病机理：种薯带菌是主要初侵染源，土壤湿度、土壤微生物碳源利用能力与病害发生成正相关；明确了大丽轮枝菌初侵染源微菌核的形成、萌发、致病力等关键功能基因分子机制。

查明了宁夏青霉菌资源并评价了生防效果：发现新种 1 个，中国新记录种 2 个，宁夏新记录种 46 个；筛选出绳状青霉对马铃薯黑痣病菌具有高效拮抗作用。

实现了治理技术的突破：筛选抗病品种 16 个，建立作物间作病害生态调控模式 2 套，最佳播期、播种密度、底肥施用量等农业防病模式 1 套，研制黑痣病菌分子检测技术 1 套，构建以"抗病品种+病害监测+拌种剂+生态调控"为核心技术的马铃薯黑痣病综合治理技术和以"健康种薯+微生物菌肥+合理播期密度"为核心技术的根腐病综合治理技术体系 2 套，在西北地区建立示范基地 6 个，面积 4 256 亩，辐射应用 243.025 万亩，综合防效为 84.59%，挽回产量损失 25%，新增纯收益 6.62 亿元，经济、社会和生态效益显著。

研发新产品 3 种：防治黑痣病多功能拌种剂 1 种、防效达 55.34%、可兼防晚疫病、早疫病等；防治马铃薯黑痣病复合菌剂 1 种、对黑痣病防效达 68.88%，防治马铃薯根腐病专用菌肥 1 种,防效达 60.52%,近年示范区马铃薯重大土传病害防效 85% 以上,亩增产 20% 以上。

项目登记成果 4 项,授权专利 3 件,软件著作权 4 项;制定地方标准 2 项,出版专著 2 部,发表论文 33 篇(SCI 收录 5 篇);培养研究生 4 人,培训农户 3 454 人。

图 1-50　马铃薯重大土传病害防控技术示范

21 基于农林废弃物利用的蔬菜生产技术体系研究应用

——获 2021 年度宁夏回族自治区科学技术进步奖二等奖

该项目针对宁夏蔬菜栽培和育苗基质原料单一、数量不足、土壤连作障碍严重和农林废弃物资源化利用率低等问题,由宁夏农林科学院园艺研究所主持,联合北京市农林科学院智能装备技术研究中心、中国农业大学 2 家单位开展技术攻关。

项目发明了新型基质及其制备工艺。创制了基质发酵剂及其发酵方法,优选出高效微生物菌剂 3 种,揭示了农林废弃物高温快速发酵机理,并建立技术体系,明确了发酵物料初始 C/N 和湿度控制阈值。

创新了蔬菜基质育苗技术。明确了夏季黄瓜育苗水分调减培育壮苗的技术指标，创新了蔬菜育苗关键期水分管理技术，壮苗指数提高 26.3%；采用双砧嫁接和双根嫁接均可增加根际微生物多样性，有效缓解盐胁迫，提高黄瓜产量 15%~18%。

研发了土壤改良剂及改良方法。施用基于柠条枝条研发的土壤改良剂和生物质炭后，有效改善菜田耕层土壤质量，土传病害减少 28.5%、土壤贮水能力提高 12.3%、蔬菜增产 12%~18%。

创制了适宜基质栽培的配套装备。发明的具有通气装置的栽培系统，减少土传病害发生率 65%~80%；建立设施蔬菜无土栽培水肥一体化循环系统，可节水 40%；研发的内胆式发酵系统，有机液肥生产效率提高 80% 以上。

项目建立蔬菜基质栽培技术 6 项，登记成果 2 项；授权专利 8 件，颁布地方标准 8 项，发表论文 32 篇。培养博士 1 名、硕士 2 名。建成了年产 2 000 m² 的基质中试车间 1 个，示范推广 8.93 万亩，新增利润 1.3 亿元，生态、经济、社会效益显著。

2021 年至今，研发瓜菜温室栽培土壤连作障碍微生态调控技术，通过向土壤加入柠条、微生物菌剂等，使土壤呈现深度还原状态，消除土壤中致病菌，实现日光温室番茄连作不倒茬，亩均增产 25% 左右；在银川、吴忠、中卫、石嘴山持续开展示范推广，累计推广面积 11.3 万亩。

图 1-51　基质育苗及配套装备应用

22 水稻旱直播农机农艺关键技术创新与应用

——获2021年度宁夏回族自治区科学技术进步奖二等奖

该项目为解决水稻旱直播生产中存在的品种不适应、专用播种机械缺乏、播量大、保苗率低、除草难和病害倒伏等问题,由宁夏农林科学院农作物研究所主持,华南农业大学、中国水稻研究所等单位参与,以新品种、新机械、新技术为核心,基地为依托,选育熟期适宜的旱直播水稻品种,创制适宜的直播机械,构建基于农机农艺融合的旱直播栽培技术体系,实现了水稻轻简化高效生产,实现了水稻轻简化、绿色和高效优质生产,取得了显著的经济社会生态效益。成果引领了我国北方水稻旱直播技术的发展,并促进宁夏成为全国首个实现水稻生产全程机械化的省区。

该项目审定水稻新品种2个,鉴定通过水稻旱直播机4种,授权发明专利11件、实用新型专利10件;发表论文41篇,制定地方标准3项,出版专著4部,技术挂图3套。在宁夏、东北三省、内蒙古和新疆等稻区推广应用,节本、增效效果显著,引领我国北方水稻旱直播技术的发展,促进宁夏成为全国首个水稻生产全程机械化的省区。近三年,创制的播种机推广967台,推广规模526.9万亩,节本增收10.3亿元,节水7.11亿 m^3。

图1-52 水稻旱直播农机农艺技术示范

23 畜禽养殖废弃物资源化循环利用关键技术研究与示范

——获 2020 年度宁夏回族自治区科学技术进步奖二等奖

该项目针对规模化畜禽养殖粪污处理利用效率低下、堆肥工艺落后、低温发酵启动慢等问题,由宁夏农林科学院农业资源与环境研究所主持,联合宁夏大学、中国科学院南京土壤研究所、宁夏顺宝现代农业股份有限公司、宁夏骏华月牙湖农牧科技股份有限公司、宁夏壹泰牧业有限公司及宁夏丰享农业科技发展有限责任公司研究与示范。

成果完成宁夏畜禽粪污资源特征和耕地负荷分析评价,摸清了养殖粪污家底和本底;研制低温起曝促腐菌剂,提出保氮除臭发酵技术,建立封闭式好氧低温快速堆肥发酵工艺包,构建起固体粪便标准化快速堆肥技术体系;自主研发了畜禽养殖粪污厌氧处理太阳能双级增温保温关键技术,实现了粪污厌氧的高效处理;创新膜分离浓缩技术,构建液体粪污厌氧发酵–膜分离浓缩制肥成套工艺;研制多元化高值增效肥料系列产品,提出绿色安全施肥技术及套餐式施肥技术,建立规模化蛋鸡、奶牛"健康养殖—粪污制肥—饲草种植"的就地就近循环利用模式,实现粪污资源化利用率 95% 以上,特色产业提质增效 360 元/亩以上。项目获肥料登记证 17 个,授权专利 20 件(发明专利 1 件);出版专著 1 部,发表论文 27 篇(SCI 收录 2 篇、EI 收录 1 篇);获中国创新挑战赛优秀奖 1 项,培养研究生 4 名,

图 1-53 有机类肥堆肥发酵现场及有机肥产品

培训 620 人次。宁夏顺宝现代农业循环利用模式入选农业农村部综合利用典型模式。

成果目前在平罗县仁达生物科技有限公司、宁夏启远生物科技有限公司、宁夏科净富硒生物科技有限公司等多家企业规模化应用,新建标准化生产线 4 条,年处理粪污 52 万 t,年产微生物菌剂 100 t、有机肥、生物有机肥、有机无机复混肥共计 23 万 t,具有明显的生态、经济和社会效益。

24 枸杞质量标准及检测技术体系研究与应用

——获 2020 年度宁夏回族自治区科学技术进步奖二等奖

该项目由宁夏农产品质量标准与检测技术研究所主持,针对枸杞上农药残留检测技术、限量标准及功能性成分检测方法缺乏等问题开展研究攻关。明确了阿维菌素、乙基多杀菌素等 48 种农药残留物定义,建立了枸杞上农药母体及其代谢物的高效定量检测技术方法;探明了阿维菌素等 48 种农药的残留消解规律,明确了施用剂量、次数、安全间隔期等关键指标,为企业完成 48 个枸杞用农药产品登记提供了数据支撑;评估了 18 种农药慢性和急性膳食摄入

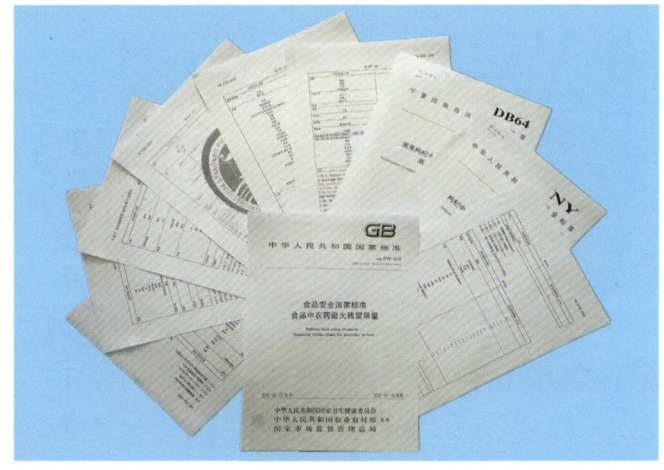

图 1-54 农药登记残留田间试验及相关标准

风险，确定了最大残留限量值；制定了枸杞黄酮测定行业标准和花青素测定地方标准；明确了硒、锌等4种微量元素在枸杞上的安全施用阈值。

项目制定的"枸杞中阿维菌素等5种农药最大残留限量"已列入《食品安全国家标准　食品中农药最大残留限量》（GB 2763—2019），乙基多杀菌素等13种农药最大残留限量通过国家标委会审定待发布，制定了行业标准《枸杞中黄酮类化合物的测定》（NY/T 3903—2021）1项，地方标准《黑果枸杞中花青素含量的测定　高效液相色谱法》（DB 64/T 1578—2018）1项；成果登记4项，发表论文33篇（其中SCI收录1篇）。

项目为企业申请"两品一标"认证检测枸杞产品39个，培训检测人员532人次。企业通过登记枸杞用农药新增产值1.08亿元。枸杞质量标准体系在主产区累计应用8.27万亩，节本增收720.8万余。

目前，《枸杞中黄酮类化合物的测定》（NY/T 3903—2021）已颁布实施，完成了21种农药在枸杞上残留试验报告，制定的"枸杞中阿维菌素等18种农药最大残留限量"已列入《食品安全国家标准　食品中农药最大残留限量》（GB 2763—2021），建立的枸杞质量标准及检测技术体系为枸杞检测及限量判定提供了依据，被广泛应用。

25　大豆新品种选育及高产高效技术集成与应用

——获2020年度宁夏回族自治区科学技术进步奖二等奖

该项目由宁夏农林科学院农作物研究所主持，中国农业科学院作物科学研究所、四川农业大学等单位参与完成。该成果创制了一批目标性状突出的新种质，构建了育种、炭疽病鉴定和生育期组划分等鉴定技术体系，丰富了宁夏大豆种质基因库；创新了宁夏大豆育种技术体系，选育并通过审定4个大豆品种；创新集成了大豆高产高效栽培技术，形成了区域栽培技术体系，研发《玉米间作大豆栽培技术规程》（DB 64/T 1621—2019）等3项新技术；"引黄灌区春大豆栽培技术"创造了宁夏大豆亩产331.9 kg的高产

图 1-55　大豆新品种及玉米大豆复合种植技术示范

纪录。

项目获国家授权发明专利 1 项,获神农中华农业科技二等奖 1 项,获登记成果 3 项;制定地方标准 2 项,出版专著 3 部,发表论文 43 篇。创建亩产 300 kg 以上的高产典型 2 个,累计推广应用 155 万亩,新增总产 3 750 万 kg,新增效益 1.509 5 亿元,取得了显著的经济效益、社会效益和生态效益。

26 新型资源化饲料产品研发及高效安全利用技术研究与示范

——获 2020 年度宁夏回族自治区科学技术进步奖二等奖

该项目针对宁夏农林废弃物资源化利用率低、养殖成本高、饲料安全使用不规范等突出问题,由宁夏农林科学院动物科学研究所主持,联合宁夏农林科学院畜牧兽医研究所(有限公司)和宁夏回族自治区兽药饲料监察所等单位共同开展协同攻关,研究成果为宁夏畜牧业绿色高质量发展提供了创新技术和产品支撑。

成果提出了枸杞、葡萄枝条,玉米工业加工副产物等 16 种废弃资源饲料化利用技术,研制出低成本颗粒型、发酵型日粮等 3 个系列 9 个产品,创新了利用方法,丰富了产品类型。研究揭示了枸杞粗多糖提高畜禽 IgG、IgA 等 3 种免疫球蛋白和 IL2、IL13、TNF-β 等 6 种细胞因子水平作用机理。利用枸杞残次果研发出免疫增强型新产品 6 种,提高畜禽免疫球蛋白水平 2.3%~66.4%,细胞因子水平 2.8%~90.6%,开拓了枸杞残次果功能化利用新途径。研发了马铃薯秧青贮技术,龙葵素降解率达 95% 以上。探明了其在牛瘤胃降解特性和安全使用参数,研制出3种收秧机械,解决了饲料化利用难题。创制了超微粉体饲料工艺技术,研制高效转化的超细型饲料系列新产品5个,提出经济日粮模式12套,降低饲料成本8.6%,日增重提高6.2%~23.7%。首次通过大数量、多指标检测分析,研究制定畜禽养殖环节饲料安全使用技术规范6项,健全饲料质量安全技术体系。获饲料新产品认证6个,制定地方标准6项、企业标准9项、授权专利4件,出版专著1部,发表论文35篇。全域示范推广551.6万羊单位、鸡748.3万羽,新增产值3.5亿元,经济、社会、生态效益显著。

图1-56 新型资源化饲料、营养舔砖产品研发

27 宁夏苜蓿优质高产关键技术研究与示范

——获2019年度宁夏回族自治区科学技术进步奖二等奖

该项目由宁夏农林科学院植物保护研究所主持,联合宁夏草原工作站、彭阳县草原工作站等单位优选出适宜宁夏不同区域种植的12个苜蓿品种。其中,皇冠、WL343HQ中苜3号、甘农4号等7个品种列入了宁夏2014—2019年苜蓿主导品种,解决了生产中优良品种缺乏的问题。

建立了苜蓿病虫草害安全防治技术,优化了苜蓿主要病虫害蚜虫、蓟马、褐斑病的预测模型,首次建立了苜蓿品种的抗蚜性鉴定方法,完成了9种化学药剂的安全性评价,筛选出 4 种高效生物农药和 6 个除草剂组合。研发出灌区苜蓿优质高产栽培关键技术。构建了苜蓿施肥模型,提出 1~3 年不同目标产量的推荐施肥量,氮肥减施量 47.37%;总结出苜蓿田轮作模式,干草亩产量达 1.3~1.5 t,效益增加 24.5%。集成建立了宁南山区苜蓿机械化生产技术体系。研制出适宜梯田的苜蓿小型刈割压扁机、平地镇压一体机及除草、施肥、收获加工等结合的农机农艺技术,解决了宁南山区苜蓿生产机械缺乏和产业效益低的问题。制定行业和地方标准 11 项,发表论文 23 篇,累计推广面积 40.7 万亩。

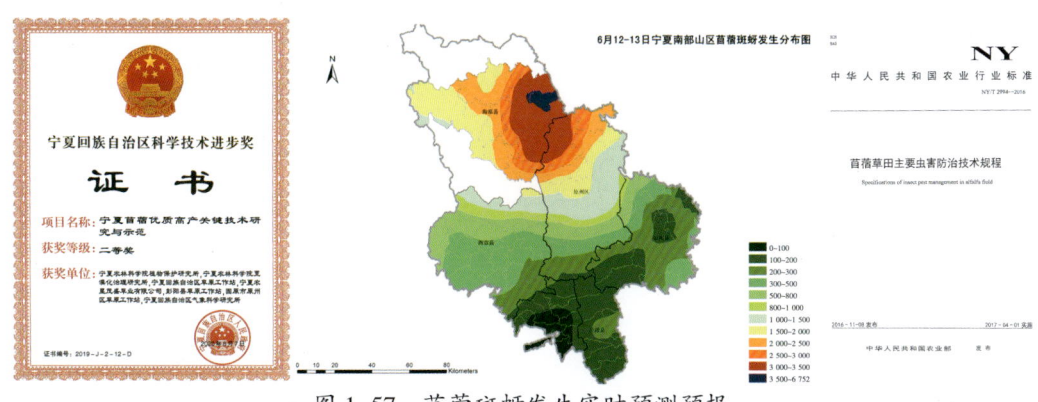

图 1-57　苜蓿斑蚜发生实时预测预报

图 1-58　苜蓿机械化生产技术示范

28　宁夏土地沙漠化动态监测与农田防护林体系优化

——获 2018 年度宁夏回族自治区科学技术进步奖二等奖

该项目由宁夏农林科学院荒漠化治理研究所主持,宁夏回族自治区林业调查规划院等单位参与。项目组针对制约宁夏经济社会发展的沙漠化问题,采取遥感解译和野外定位监测等方法,历时 11 年,摸清了宁夏典型沙化地貌风蚀和沙尘分布特征,判定出沙化土地敏感区，明确了典型防护林空间风速特征、防风效能等主要技术参数，明确了封沙育林育草、退耕还林还草、防护林与耕作优化等是风蚀防治有效手段。近 20 年宁夏沙化土地减少 13.15 万 hm²，损失降低 43.84%。建立长期定位站 12 个，集成总结 7 种风蚀监测技术和 5 种植被恢复模式，改进 1 种设备，提出 18 种防护林配置模式和 21 种营林技术。取得登记成果 4 项；制定标准 1 项，授权专利 1 件；出版专著 7 部，发表论文 50 篇，其中 EI/JST 收录 2 篇；培训 2 503 人次；获"全国防沙治沙先进"称号 4 次。成果对实施生态立区战略，构建祖国北方生态屏障意义重大。该项目构建了宁夏沙化土地监测预警和农田防护林结构优化技术，提高了沙漠化监测水平，增强了防护林稳定性，为沙漠化防治和农田防护林建设提供了科技支撑。

图 1-59　宁夏土地沙漠化动态野外监测

29　甘草规范化种植基地优化升级及系列产品综合开发研究

——获 2015 年度宁夏回族自治区科学技术进步奖二等奖

该项目由宁夏农林科学院荒漠化治理研究所主持，宁夏农林科学院植物保护研究所等单位参与。项目组围绕甘草标准化栽培与病虫害综合防治、药材质量及药效物质基础、新产品开发及产品生产工艺优化等全产业链的瓶颈技术开展攻关。选育出 3 个药效成分含量高的新品系；建立了基于土壤养分丰缺指标和优化施肥模型的高效施肥技术体系;研发出集机械、生态和化学防治相结合的杂草安全防除技术,研制出甘草移栽机;建立了甘草主要病虫害预测预报技术,建立了"三清一治"综合防控技术;创新了甘草黄酮类成分富集方法、甘草醇溶性提取部位 HPLC 指纹图谱、化学模式识别等分析方法;提升和完善了甘草质量和产地加工质量标准;优化了甘草次酸及衍生产品合成工艺,总收率超过 1.1%,制定了高于欧洲药典(6.0 版)的企业标准,建立了年产 30 t 生产线;提升了甘草酸单铵盐、甘草酸单钾盐等产品的生产工艺和质量标准;研发出乙酰甘草次酸含量 HPLC 测定方法;开发出甘草甜味素 R-21 等 4 个新产品。

项目在宁夏建立示范基地 13 个,面积 6.9 万亩,实现产值 26 981 万元;甘肃建立示范区 8 万亩。项目实施期间,生产甘草酸单钾盐 463.9 kg、甘草甜素产品 435.3 kg、甘草甜素片剂 546.84 万片,产值 86.43 万元;生产医用级甘草次酸共计 53.47 t,新增利润 637 万元,新增利税 1 069 万元。登记科技成果 4 项;编制 6 项企业标准,颁布 2 项地方标准,申报国家标准 1 项;申请专利 13 件,授权发明专利 6 件、实用新型专利 3 件。经济社会效益显著。该项目研发了甘草高效栽培技术体系,开发出 4 个新产品,为宁夏主要中药材甘草的栽培及产业发展提供了科技支撑。

图 1-60　甘草规范化种植基地

30　宁夏引黄灌区农业面源污染阻控技术研究与示范

——获2015年度宁夏回族自治区科学技术进步奖二等奖

该项目针对宁夏引黄灌区农用化肥过量和不合理施用、规模化养殖粪污无序排放等面源污染导致地下水水质破坏、农产品品质下降和耕地质量降低等农业环境问题，由宁夏农林科学院农业资源与环境研究所主持，联合中国农业科学院农业环境与可持续发展研究所、宁夏环境监测中心站、宁夏环境科学研究院等单位，以"减量化、无害化、资源化"的理念，提出了"源头控制—过程阻断—末端治理"的农业面源污染防控技术路线，构建起宁夏灌区农田氮磷环境阈值与主要作物清洁生产关键技术，形成了废弃物无害化处理和资源化利用的技术和产品，为宁夏面源污染负荷消减和农业清洁生产提供技术支撑。

项目组通过同位素标记和定位监测，阐明灌区典型作物农田退水过程中氮磷运移定量化特征，确定了农田尺度不同种植模式产排污系数，建立起灌区农业退水污染运移与污染负荷的基础数据库。

以农田减氮控磷和缓/控释生态施肥技术为核心，构建起主要作物减氮控磷清洁化生产关键技术模式5套，在国内率先研究建立起基于控/缓释肥料和环境友好的作物农机农艺融合清洁生产技术3套，形成了作物全程生产中肥料产品、机械和生产管理的一体化应用技术体系。

采用太阳能增温耦合沼气加热突破了宁夏冬季沼气工程无法运行的技术难题，利用沼气沼渣等研发了作物专用复合有机肥工艺包和产品，建立起规模化养殖废弃物处理与资源化利用技术体系和产品工艺。

制定了农田退水污染控制的整体规划和最佳管理措施方案（BMPs），累计示范推广农田清洁生产面积65.5万亩，其中纯氮用量减少20%，磷用量减少44%，项目累计节支增效1.4939亿元，极大提升了宁夏农业面源污染防控技术水平。

围绕面源污染相关技术，项目申报国家专利11件，发表论文21篇（其中SCI收录2篇），申报地方标准4项，培养博士研究生1名，建立起宁夏农业环境的知识产权集群和人才队伍。

成果构建了优质粮食作物农机农艺融合化肥减施增效绿色生产关键技术模式，在国内率先研究建立起基于缓/控释肥料和环境友好的作物农机农艺融合清洁生产综合技术体系,形成了作物生产中肥料研制、机械创制、关键技术集成创新、流域示范全过程联动的一体化应用技术体系,实现省肥、省工、优质、增效、环保的目标。该项目被农业部列为"2018 年、2019 年十项重大引领性农业技术",并与公司合作完成科技成果转化 3 项。

图 1-61　水稻侧条施肥试验示范

31 引黄灌区苹果优质丰产配套技术研究

——获 2014 年度宁夏回族自治区科学技术进步奖二等奖

该项目针对宁夏苹果产业发展中存在的成龄果园光能利用率低、水肥效率低下、病虫防控以化学农药为主等问题,由宁夏农林科学院种质资源研究所主持,联合西北农林科技大学园艺学院、宁夏林业产业发展中心、沙坡头区林业技术推广服务中心 3 家单位系统开展了引黄灌区苹果优质丰产配套关键技术的研究与示范。

项目建立了郁闭果园的评判标准与优质高效群体、个体结构的优化参数,制定了郁闭果园"五子登科"的改形技术,提质增效成效显著;引进优化的交替控灌技术较传统大水漫灌节水 60%~70%,并能显著减轻苹果黄叶病的发生;集成示范的行间生草行内覆黑膜、交替控灌的土肥水高效耦合技术模式,提高了肥水的利用效率;提出的有效吸引天敌的间作植物、"灯板螨带"配套为主的防控技术,实现了苹果病虫害生物生物、生态防治。

项目获实用新型专利 4 件,颁布地方标准 7 项;出版专著 1 部,发表论文 25 篇;培训 114 场次(5 584 人次),发放技术资料 2 万余份。在中卫等主产区建立核心示范区 2 500 亩,推广 10 余万亩。郁闭园改造后树冠透光率达到 25% 以上,优果率提高 15% 以上,亩产提高 0.3 t,亩均增收 1 000 元以上,果园综合生产成本降低 10%~20%,新增产值达 1.22 亿元,经济、社会、生态效益显著。

2014 年至今,获批中央财政林业技术推广项目 4 项,研发示范苹果高光整形修剪、水肥高效耦合一体化、病虫害生态防控等技术,节水节肥节药 15% 以上,省工 20% 以上,技术推广 12.5 万亩,累计培训农户 1.5 万人次,促进果业强、果乡美、果农富。

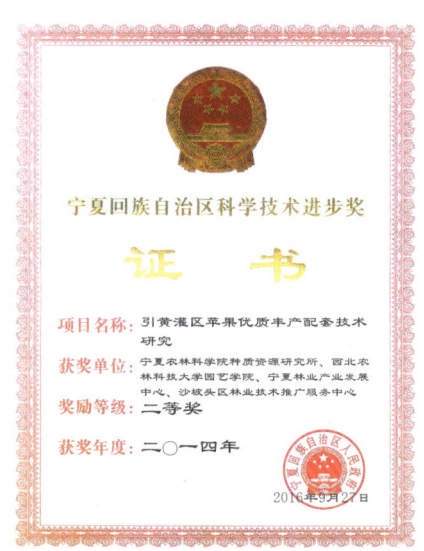

图 1-62　苹果主干圆柱形建园及乔化园树体改造

32　小麦新品种宁春 50 号选育、推广和育种技术创新

——获 2014 年度宁夏回族自治区科学技术进步奖二等奖

该项目针对优质粮食产业发展对高产优质、抗病广适春小麦新品种的需求,由宁夏农林科学院农作物研究所主持,中国农业科学院作物科学研究所等单位参与,采用宁春 4 号与地理及遗传背景远缘的法国硬粒小麦"卡姆"杂交、回交,综合应用

细胞工程等生物技术开展选育研究。改进了小麦花药培养、体细胞无性系变异等技术，单倍体愈伤组织诱导率和加倍率分别提高到10%和80%，在宁夏小麦育成品种中首次采用分子技术辅助选择鉴定，成功选育出高产优质、抗病广适春小麦新品种宁春50号，2010年通过宁夏品种审定。该品种在品质、抗病性、适应性较宁春4号有较大改良：面团稳定时间和评价值分别为10.7分钟和69分，比宁春4号显著提高（对照宁春4号为5.8分钟和57分），达到了优质强筋水平；中抗白粉病和条锈病，较宁春4号抗病；水分利用效率高，具有高产潜力，显现了常规育种技术与生物技术综合应用的成效。

项目授权国家发明专利2项，发表论文20余篇，出版专著2部。2014—2015年经农业部、自治区专家组测产验收，连续2年多点创造了631.1 kg/亩、649.8 kg/亩、598.7 kg/亩、614.5 kg/亩的高产。2012年至今累计推广面积177.5万亩，累计新增小麦2 415万kg，新增经济效益1.39亿元，经济社会效益显著。

图1-63 优质抗病广适小麦新品种宁春50号

33 中药材枸杞资源研究与特色产品开发

——获 2013 年度宁夏回族自治区科学技术进步奖二等奖

该项目由宁夏农林科学院枸杞工程技术研究所主持,联合宁夏大学、宁夏医科大学、宁夏沃福百瑞生物食品工程有限公司等单位选育出大果枸杞新品系 35 个,完成 1 个新品系"0616"的田间审定,审定枸杞新品种 2 个;形成枸杞规范化种植等新技术 6 个,建立 60 种农药残留和多种重金属同时检测的方法体系;提出了枸杞有害生物农药减量防治技术与有机枸杞生产技术。项目组提出了基于 GIS 的宁夏枸杞产地适宜性分析系统,制定了宁夏枸杞的不同适应等级区划图,完成宁夏枸杞有效成分及特征性成分的鉴别和测定方法,建立 4 种枸杞主要活性成分的分离和制备工艺,研发出以滋肝明目为主要功效的复方新药补青颗粒 1 个;开发出枸杞汁、枸杞鲜果汁饮料、枸杞果脯、枸杞保健饮料、枸杞保健油胶丸、枸杞颗粒冲剂等新产品 6 个,研发新工艺 6 项;研制出枸杞采摘机、色选机、肥药一体机、太阳能驱鸟器等新机械 4 台(套)在生

图 1-64 枸杞新品种宁杞 7 号选育及新产品开发

产中应用。项目申请专利 22 项,授权发明专利 3 件、实用新型 2 项,申请健字号产品 5 个,撰写标准 29 部,已颁布地方标准 8 部、国家药典标准 1 部、企业标准 13 部,发表论文 69 篇(2 篇 SCI)、出版专著 7 部。

项目建成枸杞种植科技示范基地 4 个共计 1 万亩,新品种宁杞 7 号千粒重提高 30%,产量提高 20%,亩均增收 3 000 元,已在全国推广 20 万亩。建成年产 4 000 t 全营养素枸杞原汁(浓缩汁)、年产 15 000 t 枸杞功能保健饮料、年产 800 t 枸杞功能保健果脯、年产 10 t 枸杞功能保健胶囊、年产 10 000 t 枸杞保健酒中试线 5 条,培育产值过亿元的自治区级龙头企业 3 家,辐射带动全区枸杞年产枸杞干果突破 10 万 t、产值超过 50 亿元,年带动 5 万户农民增收,增加 15 万人就业,经济、社会、生态效益显著。

34 玉米超高产栽培技术研究与示范

——获 2013 年度宁夏回族自治区科学技术进步奖二等奖

该项目由宁夏农林科学院农作物研究所主持,宁夏农业技术推广总站、中国农业科学院作物科学研究所等单位参与。项目集成了玉米超高产栽培技术模式和核心技术;引进鉴选新品种(组合)425 个,筛选出了适宜宁夏不同区域玉米超高产栽培配套品种正大 12、先玉 335 等,促进了宁夏玉米品种更新;建立玉米高产挖潜和超高产示范 54 个点次,其中 2010 年在同心县河西镇艾家湾村 7.5 亩创造了亩产 1 314.3 kg 的当年全国玉米单产最高水平;开展技术培训、组织现场观摩 143 场次,培训 1.14 万余人次,编发技术资料 7.47 万册(份),出版专著 7 部,编写《引/扬黄灌区玉米种植技术挂图》等科教挂图 3 套,发表论文 19 篇,形成技术规范 3 项,制定宁夏地方标准 1 部;建立了适宜不同生态类型区的玉米高产栽培理论与技术模式,其中 2 项技术模式被农业部确定为主推技术。

项目组利用超高产栽培技术,指导玉米高产创建示范,比农业部产量目标增 30% 以上;5 年累计示范推广面积达 490.32 万亩,平均单产提高 89.32 kg/亩,新增总产 43 794.98 万 kg,新增产值 128 892.4 万元,增产增收效果显著。

图 1-65　玉米超高产栽培技术试验示范

35 优质食味米宁粳 43 号选育及产业应用

——获 2012 年度宁夏回族自治区科学技术进步奖二等奖

该项目针对制约宁夏优质米产业市场竞争力"优质不高产、高产不优质"的关键技术问题,由宁夏农林科学院农作物研究所主持,宁夏农业技术推广总站、青铜峡市农业技术推广服务中心等单位参与开展了水稻新品种宁粳 43 号的选育研究、示范推广和产业化应用。

项目研究品种宁粳 43 号具有穗大粒多、丰产性好、米质优、食味佳、抗病性好等特点,在新品种选育

图 1-66　宁粳 43 号水稻品种及产品开发

方面处全国领先水平。宁粳 43 号大米品质达到国标优质米 1 级,食味全国领先,产量显著高于 2009 年以前宁夏种植的优质米品种宁粳 27 号和宁粳 38 号,一般 650~700 kg,高产可达 800 kg。全区累计推广种植宁粳 43 号 92.6 万亩,累计新增产量 2 837.9 万 kg,新增产值 4.6 亿元。项目的实施加快了优质品种更新速度,推动了宁夏优质米产业的快速发展,经济社会效益显著。

36　冬麦后茬复种玉米品种筛选与高效栽培技术研究与示范

——获 2012 年度宁夏回族自治区科学技术进步奖二等奖

该项目立足引黄灌区冬麦后茬复种玉米生产需要,由宁夏农林科学院农作物研究所主持,中国农业大学国家玉米改良中心等单位参与研究复种玉米优质高产高效栽培技术,筛选极早熟优质高产青贮型、蔬果型、粮饲兼用型玉米新品种,支撑产业发展。

项目组开展了引进国内外不同类型极早熟玉米种质资源 593 份,通过鉴定创新利用,建立了宁夏极早熟玉米育种平台;选育出系列早熟优质高产玉米新品种,其中,全株青贮玉米中夏玉 4 号(宁审玉 2012013)、彩色糯玉米中夏糯 68(宁审玉 2012012)通过了宁夏品种审定;系统开展了冬麦后茬复种玉米高产、优质、高效、生态、安全栽培技术与理论研究,制定了《冬麦后复种青贮玉米栽培技术规程》(DB64/T 542—2009)和《糯玉米优质高效栽培技术规程》(DB64/T 541—2009)2 项宁夏地方标准；集成技术生产示范，复种青贮玉米由亩产 3.50~4.00 t 增加到 4.48 t，其中，鲜产量增加 12.71%，干物质产量增加 16.32%；蔬果玉米亩产鲜食果穗>3 000 穗，粮饲兼用型玉米籽粒亩产突破 400 kg。该成果在确保粮食安全同时，解决了养殖业的饲草问题，解决了宁夏种植小麦效益低的问题，拓展了农民增收空间，促进了种养加协调发展；该项研究是对玉米栽培、育种理论的补充和完善，对同类型地区具有重要指导意义。项目发表相关论文 5 篇，合编专著 2 部。

项目在宁夏引黄灌区冬麦后茬复种示范 2.32 万亩，新增产量 10 140.65 万 kg，新增产值 1 814.02 万元。新品种中夏玉 4 号和中夏糯 68 不但适宜引黄灌区冬麦后复种，也适宜宁夏不同生态区春播，应用前景广阔。

图 1-67　中夏玉 4 号

图 1-68　中夏糯 68

37　滩羊种质资源保护开发利用和本品种选育

——获 2011 年度宁夏回族自治区科学技术进步奖二等奖

项目针对滩羊保护与发展的关键技术问题，首次提出产肉与裘皮结合的综合选择指数，育种核心群体重、体尺大幅提高，累计向社会提供优秀种公羊 2 400 余只；研究发现滩羊 GH 基因 AB 型具有生长优势,是滩羊分子育种重要候选基因;首次利用"呼吸代谢测热装置"开展了滩羊代谢参数测定,为制定滩羊饲养标准提供了依据;研究阐明了滩羊两年三产的关键因子,示范群两年三产率达 90% 以上;制定了《滩羊肉胴体分级标准》(DB 64/T 748—2008)地方标准,支撑了滩羊肉"精品化、高端化";开展滩羊肉胴体分割研究,提升了产品附加值;研究集成示范规模化养殖疫病防治关键技术;授权专利 3 件,发表论文 20 篇,新增产值为 10 178.81 万元,经济、生态、社会效益显著。

图 1-69　滩羊母羊理想个体

图 1-70　滩羊胴体分割产品

38　干旱风沙区设施结构优化及蔬菜关键技术体系研发与示范基地建设

——获 2011 年度宁夏回族自治区科学技术进步奖二等奖

针对宁夏干旱风沙区设施蔬菜产业发展关键技术有待提升的问题,由宁夏农林科学院种质资源研究所主持,联合北京农业智能装备技术研究中心、盐池县科学技术局、中国农业大学农学与生物技术学院、宁夏农林科学院植物保护研究所、盐池县农牧局、宁夏农业技术推广总站 7 家单位开展技术攻关。

项目开展了不同结构类型环境参数研究,修建温室的集雨和内保温幕装置,丰富了宁夏结构类型和设施装备,提出了日光温室适宜的组合模式和结构优化参数。研发以柠条粉为原料的新型蔬菜育苗及栽培基质，研发工厂化育苗专用温室及工厂化立体育苗床架，提高单位土地育苗经济效益 35% 以上。

筛选适宜干旱风沙区高产、高抗设施瓜菜优新品种 18 个，建立配套栽培技术体系；提出设施蔬菜生物与农艺节水技术体系，探明设施菜田氮素时空分布特征及运移规律；综合应用物理、生物防治措施来防控蔬菜病虫害的发生，提出立体防治的思路；发明日光温室暗管排盐装置，提出设施群可持续发展技术体系及冬灌处理的技术措施。

建立设施农业科技示范基地 1 个，主要有基本功能齐全的专家大院 1 000 m²、不同结构类型温室 14 栋、NKWS-Ⅲ 温室 2 栋、改良二代温室 20 栋、建成了具有自主知识产权的育苗中心 1 座，为当地设施农业发展起到了良好的科技示范作用。

项目获授权专利 6 件，颁布地方标准 4 项；发表学术文章 36 篇；培养博士 2 名，硕士 1 名，本科生 3 名。先后在盐池、永宁、孙家滩等地进行示范推广，5 年累计示范推广 19.99 万亩，新增产值 10.1 亿元，新增利税 6.3 亿元，节支总额 13.8 亿元。

2011 年至今，在盐池、红寺堡、同心等地进行示范推广，累计示范推广面积 20 余万亩，极大地推动了地方产业发展。

图 1-71　风沙区新型设施结构优化及辣椒基质栽培

39 旱作补水高效农业技术集成与示范

——获2010年度宁夏回族自治区科学技术进步奖二等奖

该项目针对宁夏中部干旱带水资源匮乏,人工抗旱补水成本高,水分利用效率低等问题,以水资源高效利用为目标,由宁夏农林科学院荒漠化治理研究所主持,同心县农牧局等单位参与,对旱作补水高效农业技术集成模式进行了系统地研究与示范,为中部干旱带发展高效旱作节水农业提供了技术支撑和示范。项目组引选出适应当地种植的马铃薯、西甜瓜、油葵等抗旱高产作物品种22个,确定了主要作物"一膜两用"保护性耕作蓄水保墒、窖窑集雨补灌、全覆膜膜上补灌、穴状覆膜集雨补灌,户用型移动式滴灌等集水补灌技术,建立了秋覆膜保墒耕作和多元轮作制,研究确定了优势作物肥料配方以及水肥耦合效应和关系,提出了基于"秋雨春用"为主导的5种集雨蓄水保墒高效用水栽培与调控技术集成模式。

项目授权实用新型专利4项、发明专利1项,制定地方标准4项;研制了2种3个型号的小型增乐补水机;在旱地马铃薯根区注射补水、西瓜"一穴三株"补灌等补水种植技术及其集成模式方面具有创新性。

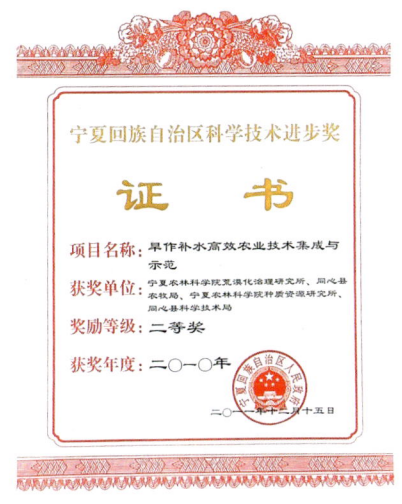

项目实施期间建立核心示范区1 170亩,示范补水机具2 159台,新建集雨水窖60眼;搭建移动温棚38亩;培训农民2 500人次,培养农民技术骨干160名;农民人均纯收入增加了1 200元;辐射

图1-72 马铃薯抗旱补水试验及向日葵旱作栽培技术示范

面积 14.3 万亩,新增产值 9 552.2 万元;经济、生态与社会效益显著。该项目开发了穴状覆膜集雨补灌等节水补灌技术和多元轮作等效种植技术有效地促进了中部干旱带节水技术的发展,为宁夏旱作农业发展提供了科技支撑。

40 村镇数字化技术研究与应用

——获 2010 年度宁夏回族自治区科学技术进步奖二等奖

该项目面向西部村镇数字化发展的需求,由宁夏农林科学院主持,联合宁夏农业综合开发办公室、中国农科院蔬菜花卉研究所、宁夏技术推广总站等单位开展信息技术应用示范,对数字技术促进村镇产业发展、提升基层政务管理效能和增强社区服务能力的数字化关键技术进行了研究和推广应用。项目组建立了空间地理、农业产业等 8 类 26 个数据库,构建农业产业、农村信息服务等数据库和 25 个农产品产业与市场管理、农产品质量溯源与产业链服务、农村招商引资等信息系统,应用了多项先进信息技术,提高了数据资源的享和信息系统定制能力,技术集成创新性明显。项目提升了农业产业规范化生产、农村政务、农产品市场决策分析和购销等服务功能,在宁夏、甘肃和云南等地区 14 个核心示范点、217 个应用示范点和 1 945 个辐射示范点进行了推广应用,并探索了不同地区农村信息化推广应用模式和长效建设机制。

基于项目提供的村镇数字化技术规范,构建 6 个区域的村镇空间基础地理信息数据库和产业/政务数据库等信息资源 8 类 26 个库。其中,宁夏示范区建成了宁夏村镇空间数据库、宁夏主要农业产业数据库和村镇综合服务数据库,在宁夏数字农业网和宁夏自然科技资源共享平台上发布共享。

图 1-73 获奖证书

41 宁夏真菌资源研究

——获 2009 年度宁夏回族自治区科学技术进步奖二等奖

该项目由宁夏农林科学院植物保护研究所主持,联合中国科学院微生物研究所、西北农林科技大学植物保护研究所共同完成。项目以宁夏为模式对省域植物病原真菌区系研究进行了探讨,从 18 个县(区、市)和 3 个自然保护区 365 种植物上共采集标本 4 452 份,整理贮存的腊叶标本 1 706 份。鉴定出植物病原真菌 98 属 391 种(含变种),其中,子囊菌门 34 属 94 种,担子菌门 14 属 86 种,壶菌门 1 属 1 种,接合菌门 1 属 1 种,无性态真菌 38 属 163 种,卵菌门 10 属 46 种。发现新种 7 个、国新寄主植物 16 种和宁夏新纪录属 44 个。对前人已发表的宁夏真菌属种进行了复核、订正和统计,共整理出 159 属 470 种真菌,结合本次鉴定结果,迄今宁夏已知真菌 203 属 665 种。项目组将宁夏植物病原真菌区系划分为贺兰山区、黄河灌溉区、盐同香山荒漠区、固原黄土高原区和六盘山区等 5 个分布区,对侵染豆科植物的链格孢菌进行了 ITS 序列分析。成果可为我国其他省(区、市)同类研究提供借鉴,并为宁夏真菌多样性的成因和生态学研究奠定了基础,为有害生物检疫和主要病害防治策略制定提供重要依据。

图 1-74　宁夏真菌资源标本采集及鉴定

42 枸杞和甘草害虫生物控制与安全防治技术体系的建立

——获 2009 年度宁夏回族自治区科学技术进步奖二等奖

本项目依托国家科技支撑计划课题"枸杞、甘草害虫综合防治关键技术研究",由宁夏农林科学院植物保护研究所主持,联合中国医学科学院药用植物研究所、宁夏农林科学院枸杞研究所等单位科研攻关,摸清了枸杞和甘草、甘草地天敌资源种类、种群数量及分布特征,明确了不同干扰条件下枸杞天敌亚群落与害虫亚群落之间相关性和动态关系,对不同干扰条件下的枸杞害虫发生进行了风险性评估,研发出具有自主产权的优势天敌多异瓢虫人工繁殖方法和田间释放关键技术,筛选出多种防治枸杞和甘草主要害虫高效安全的生物农药。研制出防治枸杞、甘草多靶标害虫的新型植物源复配制剂 3 个;提出了枸杞、甘草主要害虫防治农药的最大残留限量建议值、安全间隔期和安全使用技术规范;建立了枸杞病虫害"五阶段"协调控制技术,防效 90%以上,减少化学农药用量约 61%。建立了甘草整个生育期害虫生物控制和安全防治的协调控制技术体系,控制效果达到 80%以上,减少化学农药用量约 51%。建立示范 6 600 亩,推广应用 18 万亩,节约防治成本 1 579.24 万元,挽回产量损失 1.02 亿元,共增收节支 1.178 亿元,减少化学农药用量 243.32 t。项目成果为枸杞病虫害"五步法"绿色防控技术体系的建立奠定了良好基础,目前在全区广泛推广应用。

图 1-75　枸杞、甘草害虫生物防控田间试验及产品开发

43 蔬菜产业化发展关键技术研究与集成示范

——获 2009 年度宁夏回族自治区科学技术进步奖二等奖

本项目立足宁夏蔬菜产业发展过程中出现的各种制约因素,由宁夏农林科学院种质资源研究所主持,联合中国农业大学、石嘴山惠农区科技局等单位开展攻关,提出蔬菜优质高产、安全的现代化栽培技术体系,确保蔬菜产业在宁夏健康持续发展,是蔬菜产业发展迫切需要解决的重大问题。

通过设施蔬菜、脱水蔬菜,有机蔬菜三个方向进行科技攻关,研究设计建造了适宜宁夏发展的新型日光温室结构 NKWS-III,在全区建造 500 余栋;发明了适宜日光温室应用的新型热风炉新型专利应用情况前景好,目前已经在生产上应用 200 余台;提出了日光温室蔬菜高效栽培模式 3 种、脱水蔬菜间套种模式 4 种以及有机蔬菜生物多样性栽培模式;完善了适宜宁夏设施蔬菜高效模式化栽培技术体系和商品化质量标准体系、脱水蔬菜无公害生产技术与产业化加工技术体系、提出了适宜宁夏地区发展的有机蔬菜生产技术体系,解决了宁夏蔬菜产业发展技术体系的主要关键技术问题。

项目成果在实际生产中经过大面积应用验证,采用边研究边示范推广的措施,具有明显的科技效应和生产效应。在吴忠、永宁、中卫、盐池、银川、惠农区等地建立了设施蔬菜、脱水蔬菜、有机蔬菜生产基地累计示范推广面积 10.66 万亩,辐射推广面积 56.42 万亩,平均日光温室亩收入稳定在 2 万元,露地脱水蔬菜亩收入稳定在 0.18 万元以上,比项目实施前提高了 10.0%~18.5%。

2009 年至今,项目组在银川、吴忠、中卫、大武口、固原等地持续开展示范推广,累计示范面积 23.5 万亩,经济社会生态效益显著。

图 1-76 设施番茄高效栽培及脱水蔬菜套种示范

44 枸杞产业化关键技术研究与示范

——获 2008 年度宁夏回族自治区科学技术进步奖二等奖

该项目针对宁夏枸杞种植品种单一、经济性状退化、病虫害严重、化肥农药使用量大、环境污染严重、商品等级率低、产品成本高、质量不稳定等制约宁夏枸杞产业发展的关键技术难题,由宁夏枸杞工程技术研究中心主持,联合宁夏农林科学院植物保护研究所、宁夏农林科学院农业资源与环境研究所共同展开技术攻关,培育出千粒重超过 800 g 的枸杞新品系 5 个,繁育种苗 150 万株;完成 4 种主要枸杞病虫害的预测预报体系,筛选配制出防治效果在 95% 以上的生物农药制剂 4 种,制定出《枸杞病虫害生物防治技术规程》,使示范区产品无农药残留检出;研制出 2 个不同树龄枸杞专用肥配方,建立经济平衡施肥技术体系,制定出《宁夏引黄灌区枸杞经济平衡施肥术规程》,研制枸杞施肥样机 1 台;发表研究论文 16 篇,出版专著 1 部;举办培训班 32 期,培训技术骨干 1 200 余人,发放培训教材 11 000 余份。

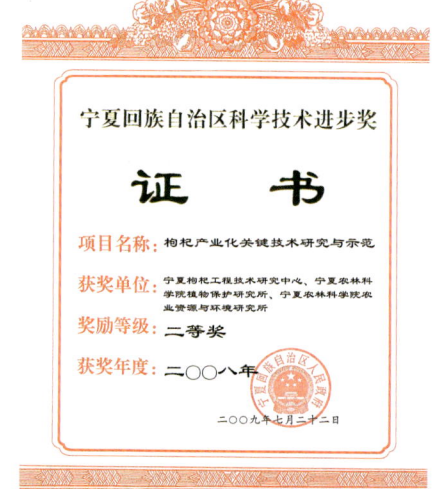

项目将病虫害生物防治技术和经济平衡施肥技术集成,在中宁县舟塔乡、惠农区、银川市西夏区累计示范 8 700 亩,辐射带动 41 000 亩。试验示范区每亩节本 397.5 元,新增产值 1 350 元,辐射带动区每亩节本 150 元,新增产值 500 元,累计经济效益 4 412.5 万元,经济社会效益显著。

图 1-77 枸杞新品系 0207 树体生长调查

图 1-78 经济平衡施肥技术培训

45 宁夏宜林地立地类型划分及造林适宜性评价

——获 2008 年度宁夏回族自治区科学技术进步奖二等奖

该项目由宁夏农林科学院荒漠化治理研究所主持，宁夏林业局等单位参与，调查研究了影响宁夏造林的各个立地因子，结合科研和生产实际，分析和评价各立地条件的宜林性质和潜在生产力，划分立地类型、确定适生造林树种；对全区宜林地立地类型进行了系统分类，针对各立地类型的立地特点，制定了相应的造林技术、宜林树种、栽植及抚育管理技术；提出了适于宁夏的宜林地立地类型评价模型，便于对全区所有林地和荒地进行造林适宜性评价；绘制了全区及各地级市宜林地立地类型分区图，为造林提供参考依据；建立了"宁夏宜林地立地类型划分及造林适宜性评价信息管理系统"软件；发表论文 6 篇。项目成果是环境保护与生态恢复的重要技术支撑，属国家重点支持的技术领域，在全区 20 多个市县林业部门推广应用，对自然条件类似的区域和省份也有一定的参考价值。项目构建了宁夏宜林地立地分类和立地质量评价技术体系，推荐了不同立地类型的主要造林技术，为宁夏林业建设提供了科技支撑。

图 1-79　宜林地造林技术示范

46 基于 GIS 苜蓿病虫害区域化预测预报技术研究与应用

——获 2008 年度宁夏回族自治区科学技术进步奖二等奖

本项目依托自治区科技攻关计划国际合作项目"基于 GIS 苜蓿病虫害区域化预测预报技术研究与应用",由宁夏农林科学院植物保护研究所主持,联合宁夏草原工作站、固原市草原工作站等单位攻关。项目建立并完善了苜蓿主要病虫害预测预报模型;以宁夏苜蓿重点种植区域固原市为核心研究区域,建立了行政区划(乡村级)、土地利用、气候、地貌、数字高程等空间地理数据库和苜蓿病虫属性数据库;将地统计学方法和 GIS 技术有机结合,创建了大尺度的基于 GIS 苜蓿主要病虫害区域化预测预报技术,确定了宁夏南部山区苜蓿害虫种群发生的适宜生境和最易暴发成灾区域;通过室内毒力测定、田间防效试验及对天敌安全性评价、生物多样性影响的系统研究,筛选出防治苜蓿斑蚜、蓟马和苜蓿褐斑病安全有效的生物药剂;采用实验种群繁殖特征生命表方法并结合田间抗性,评价了宁夏苜蓿主栽品种抗蚜性;完善了宁夏南部山区苜蓿病虫害监测预报体系;项目将区域化预测预报技术成功应用于宁夏南部山区苜蓿种植区,及时发布病虫害预测通报,预警准确率 96.6%;建立苜蓿病虫害生物防治技术示范基地 2 000 亩,累计防治面积 109 万亩,

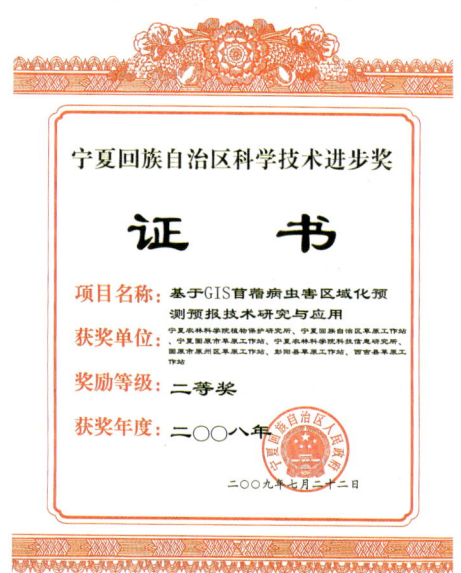

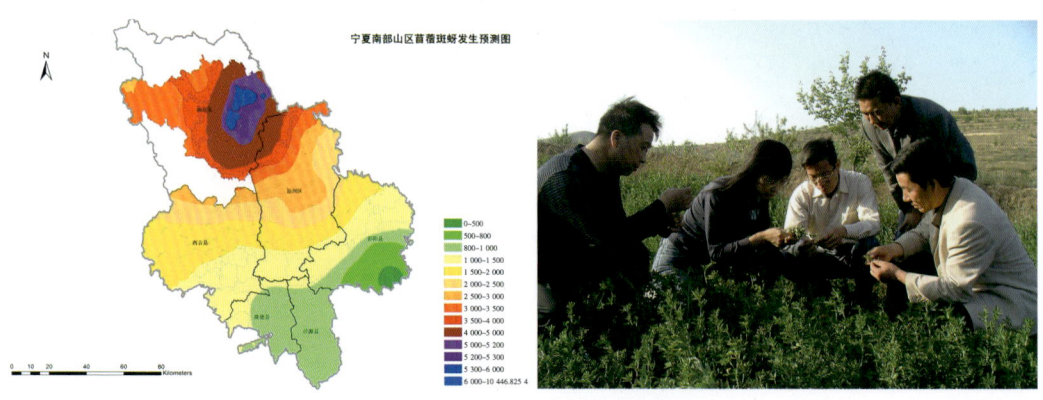

图 1-80 苜蓿病虫害田间调查

为宁南山区苜蓿种植户挽回经济损失 6 000 余万元;发表论文 5 篇。培训专业技术人员 240 人次,培养了一支南部山区牧草病虫害测报技术队伍。

在本项目研究成果的基础上,建成国内领先的具备智能监测、预测预报、综合管理多功能融合的监测预警信息化平台及应用技术体系,实现了监测预警由传统模式向信息化模式的转变,开展了宁夏全域枸杞病虫害常态化和实时动态监测预报。

47 宁夏优势农业产业智能化系统开发与应用
——获 2008 年度宁夏回族自治区科学技术进步奖二等奖

该项目采用国家 GAP 规范化生产技术,结合宁夏地区各产业最新科研成果实现知识库的属地化;采用间接输入系统提供相应的数据。项目组将计算机模拟实验与专家系统相结合,实现农业生产中部分环节管理的定量化;采用可单个也可灵活组合的技术手段,用户能根据具体条件进行数据库和模型参数的修改,使专家系统适应可能变化的情况,实现管理决策因资源条件的变动而变动。同时项目开发了酿酒葡萄、枸杞、设施蔬菜、脱水蔬菜、特色作物病虫害、特色作物平衡施肥和奶牛等信息服务系统,建立了相关知识库和数据库;探索建立"专家系统+服务组织+示范区+农户"等多种服务模式;在银川、吴忠、中宁、惠农建立 6 个智能化核心示范点和 11 个乡级示范区,推广面积 50 多万亩。项目与科技特派员行动等结合,采用流动和固定的形式进行专家系统的应用培训,建立了区、市、县、乡、村五级服务站和培训体系,加快了宁夏优势农业产业智能化发展的进程。

图 1-81 获奖证书

二、获奖科研成果名录

国家奖

序号	项目名称	获奖年度	授奖部门	奖励等级	主持/参与	主要获奖单位	主要获奖人员
1	宁夏沙漠化土地综合治理及沙产业开发	2008	中华人民共和国国务院	国家科学技术进步奖二等奖	主持	宁夏农林科学院、宁夏回族自治区林业局、宁夏博尔泰力药业股份有限公司、盐池县环境保护与林业局、宁夏林业研究所(有限公司)、宁夏回族自治区药品检验所、宁夏大学	戴秀章、蒋齐、王峰、李生宝、李明、张浩、冷晓红、于卫平、刘伟泽、温学飞、杨彩霞、左忠、王英华、潘占兵、张清云、王占军、牛长明
2	林木种苗工厂化繁育技术研究及产业化	2007	中华人民共和国国务院	国家科学技术进步奖二等奖	主持	宁夏林业研究所(有限公司)、宁夏回族自治区林业局、宁夏经济林技术推广服务中心、宁夏回族自治区新华桥种苗场、宁夏枸杞研究所(有限公司)、宁夏中宁县枸杞产业管理局、西北第二民族学院	李健、沈效东、王立英、李建国、时新宁、陶铮、胡忠庆、赵世华、王自新、余治家
3	枸杞新品种选育及配套技术研究与应用	2005	中华人民共和国国务院	国家科学技术进步奖二等奖	主持	宁夏农林科学院、宁夏上实保健有限公司、宁夏杞乡生物食品有限公司	钟鉎元、李润淮、许兴、李建国、张宗山、安巍、李树华、王锦秀、李健、焦恩宁、李锋、魏玉清、李云翔
4	小麦黄矮病冬春麦区间流行关系及春麦区流行趋势预测的研究	1996	中华人民共和国国务院	国家科学技术进步奖二等奖	主持	宁夏农林科学院植物保护研究所、河南省农业科学研究院、中国科学院动物所、宁夏农技推广总站、宁夏气象所、河南省灵宝县农科所、甘肃省镇原县农技中心	董庆周、李效禹、王兴邦、孟庆祥、董永祥、张宗山、吴炳全、钟铁森、张树波

续表

序号	项目名称	获奖年度	授奖部门	奖励等级	主持/参与	主要获奖单位	主要获奖人员
5	盐池沙地旱生灌木园的建立及其研究	1992	中华人民共和国国务院	国家科学技术进步奖三等奖	主持	宁夏农林科学院林业研究所、盐池县林业科	王北、于卫平、王谋、俞益民、狄开莲、袁世杰、李生宝、李新中、张介山
6	新红宝西瓜种植技术开发	1989	中华人民共和国国务院	国家星火奖四等奖	主持	宁夏农林科学院植物保护研究所	集体奖
7	户养奶牛配套技术开发	1988	中华人民共和国国务院	国家星火奖	主持	宁夏农林科学院畜牧兽医研究所	李景水
8	宁夏农业昆虫基本调查	1978	中华人民共和国国务院	全国科学大会奖	主持	宁夏农林科学院植物保护研究所、宁夏农学院	吴福桢、高兆宁、郭予元
9	宁夏灵武沙区固沙造林经验	1978	中华人民共和国国务院	全国科学大会奖	主持	宁夏农林科学院林业研究所	唐麓君、王北、马国骅
10	春小麦良种斗地1号	1978	中华人民共和国国务院	全国科学大会奖	主持	宁夏农林科学院作物所	赵仲修等
11	全国农田氮磷面源污染监测技术体系创建与应用	2017	中华人民共和国国务院	国家科学技术进步奖二等奖	参与	中国农业科学院农业资源与农业区划研究所、湖北省农业科学院植保土肥研究所、北京市农林科学院、云南省农业科学院农业环境资源研究所、农业部环境保护科研检测所、宁夏农林科学院农业资源与环境研究所、浙江省农业科学院	任天志、刘宏斌、范先鹏、邹国元、翟丽梅、胡万里、张富林、杜连凤、王洪媛、郑向群、张学军等
12	玉米田间种植系列手册与挂图	2015	中华人民共和国国务院	国家科学技术进步奖二等奖	参与	中国农业科学院作物科学研究所、宁夏农林科学院农作物研究所等	李少昆、薛吉全、高聚林、王永宏等
13	中国农作物种质资源收集保存评价与利用	2004	中华人民共和国国务院	国家科学技术进步奖一等奖	参与	中国农业科学院、宁夏农林科学院农作物研究所等	袁汉民、张富国、张振海、钱晓曦、范金萍

续表

序号	项目名称	获奖年度	授奖部门	奖励等级	主持/参与	主要获奖单位	主要获奖人员
14	不同类型区域县级农村能源综合建设试点研究	1991	中华人民共和国国务院	国家科学技术进步奖二等奖	参与	中国科学院、宁夏农林科学院科技情报研究所	谢守栋、董宏林
15	布氏菌羊型5号苗	1991	国家科学技术委员会	国家发明二等奖	参与	中国农业科学院哈尔滨兽医研究所、宁夏农林科学院科技情报研究所	谢守栋、陈祝三、陈竹兰、郑忠发、张孝勉
16	舒城等12县农村能源综合规划方法及其应用	1990	中华人民共和国国务院	国家科学技术进步奖三等奖	参与	中国科学院、宁夏农林科学院科技情报研究所	谢守栋、董宏林、张学俭
17	牛环形泰勒焦虫病裂殖体胶冻细胞疫苗	1978	中华人民共和国国务院	全国科学大会奖	参与	甘肃兽研所、宁夏农林科学院畜牧兽医所	张中行

国家部委奖

序号	项目名称	获奖年度	授奖部门	奖励等级	主持/参与	主要获奖单位	主要获奖人员
1	西北旱直播水稻肥药减施增效关键技术创新集成与应用	2023	中华人民共和国农业农村部	神农中华农业科技奖（科学研究类成果二等奖）	主持	宁夏农林科学院农业资源与环境研究所	张学军、刘汝亮、马洪文、李洪波等
2	六盘山深度贫困区特色优势种养业关键技术集成创新与示范推广	2022	中华人民共和国农业农村部	全国农牧渔业丰收奖（农业技术推广成果二等奖）	主持	宁夏农林科学院农业资源与环境研究所、宁夏农林科学院动物科学研究所、宁夏农林科学院园艺研究所、西吉县畜牧水产技术推广服务中心、西吉县马铃薯产业服务中心、西吉县农业技术推广服务中心、泾源县畜牧技术推广服务中心、固原市原州区农业技术推广服务中心	桂林国、李振永、何进勤、李聚才、郭松、施安、金建新、冯付军、刘东川、刘建军、于建勇、王晓煜、赵翔、王平、庞顺家、马慧、代国鹏、王必强、杨文亮、张荣升、马虎林、李东勤、李永峰、周良才、焦光军
3	肉羊高效养殖综合配套技术示范与推广	2016	中华人民共和国农业部	全国农牧渔业丰收奖（农业技术推广合作奖）	主持	宁夏农林科学院草畜工程技术研究中心、平罗县畜牧技术推广服务中心、石嘴山市畜牧水产技术推广服务中心、平罗县冉冉肉羊繁育专业合作社等	李颖康、柴君秀、谭俊、张国鸿、杨东风、李跃军、侯鹏霞、岳彩娟、徐占山、朱学荣、刘文玲、杨炜迪、尹建国、殷骥等
4	枸杞中药材规范化种植研究"九五"国家重点科技攻关计划优秀科技成果	2000	中华人民共和国科学技术部 中华人民共和国财政部 国家发展计划委员会 国家经济贸易委员会	优秀科技成果奖	主持	宁夏农林科学院枸杞工程技术研究所	集体奖
5	宁夏主要野生灌木资源利用调查研究	1996	中华人民共和国农业部	农业部科学技术进步奖三等奖	主持	宁夏农林科学院林业研究所	王北、于卫平、袁世杰、李生宝、狄开莲、范凌霞、王谋
6	宁夏沙地主要适生灌木良种繁殖栽培技术试验研究与推广	1995	中华人民共和国林业部	林业部科学技术进步奖三等奖	主持	宁夏农林科学院林业研究所、宁夏盐池县林业局	王北、李生宝、袁世杰、南炳辉、白永强、李兴中、张介山、刘伟泽、范聪

续表

序号	项目名称	获奖年度	授奖部门	奖励等级	主持/参与	主要获奖单位	主要获奖人员
7	盐渍化沙地适生树种选择及抗逆性造林试验	1995	中华人民共和国林业部	林业部科学技术进步奖二等奖	主持	宁夏农林科学院林业研究所	唐麓君、于卫平、刘志
8	春小麦新品种宁春16号	1994	中华人民共和国农业部	农业部科学技术进步奖三等奖	主持	宁夏农林科学院农作物研究所	刘育灿、郑雅芝、魏亦勤、马尚菲、马素琴、马维亮、方亮、曾宝安
9	黄土高原半干旱地区农村能源综合建设试点	1994	中华人民共和国农业部	农业部科学技术进步奖一等奖	主持	宁夏农林科学院林业研究所	戴秀章、梅曙光
10	中国饲料标准——胡麻饼（粕）饲料标准	1994	国家技术监督局	二等奖	主持	宁夏农林科学院畜牧兽医研究所	吴懋本
11	春小麦新品种宁春16号	1994	首届中国杨陵农科城技术成果博览会组织委员会	技术成果后稷金像奖	主持	宁夏农林科学院农作物研究所	刘育灿、郑雅芝等
12	刺槐无性系和次生种源的研究	1994	中华人民共和国林业部	林业部科学技术进步奖二等奖	主持	宁夏农林科学院林业研究所	马国骅
13	固原地区胡麻良种良法配套增产技术推广	1993	中华人民共和国农业部	丰收计划二等奖	主持	固原地区农业科学研究所	关友峰、岳国强、安维太、呼芸芸
14	宁夏引黄灌区70万亩小麦套种玉米高产模式栽培技术推广	1993	中华人民共和国农业部	农业部科学技术进步奖三等奖	主持	宁夏农林科学院土壤肥料研究所	罗代雄、王峰
15	三北地区主要野生灌木资源综合利用的研究	1992	中国林业科学研究院	科技成果二等奖	主持	宁夏农林科学院林业研究所	王北
16	白榆优良无性系选育研究	1992	中华人民共和国林业部	林业部科学技术进步奖二等奖	主持	宁夏农林科学院林业研究所	马国骅

续表

序号	项目名称	获奖年度	授奖部门	奖励等级	主持/参与	主要获奖单位	主要获奖人员
17	新红星苹果技术开发研究	1992	中华人民共和国农业部	农业部科学技术进步奖三等奖	主持	宁夏农林科学院园艺研究所	朱凤才、魏象廷
18	中华人民共和国《1:100万土地资源图》	1991	中国科学院	自然科学一等奖	主持	宁夏农林科学院土壤肥料研究所	梅成瑞
19	"燕麦畏"防除农田野燕麦配套技术研究	1991	中华人民共和国农业部	农业部科学技术进步奖二等奖	主持	宁夏农林科学院植物保护研究所	马骏生
20	滩羊生态及生产应用	1991	中国科学院	自然科学三等奖	主持	宁夏农林科学院畜牧兽医研究所	许百善
21	农田野燕麦发生规律及化学防除配套技术研究	1990	中华人民共和国农业部	农业部科学技术进步奖二等奖	主持	宁夏农林科学院植物保护研究所	马骏生
22	盐池沙地旱生灌木园的建立及研究	1990	国家科学技术委员会	国家科技成果三等奖	主持	宁夏农林科学院林业研究所	王北、于卫平、范凌霞、王谋、狄开莲、袁世杰、李生宝、李新中
23	计算机技术开发畜禽饲料数据库	1990	中华人民共和国农业部	农业部科学技术进步奖三等奖	主持	宁夏农林科学院畜牧兽医研究所	胡皋
24	宁夏主要乔、灌树种染色体的研究	1989	中华人民共和国林业部	林业部科学技术进步奖三等奖	主持	宁夏农林科学院林业研究所	冯显逵、宋玉霞、曹玉云、马红爱
25	宁夏西吉黄土地区水土流失综合试验	1988	中华人民共和国林业部	林业部科学技术进步奖一等奖	主持	宁夏农林科学院林业研究所	梅曙光
26	全国主要多年生草种栽培区划的研究	1988	中华人民共和国农业部	农业部科学技术进步奖二等奖	主持	宁夏农林科学院畜牧兽医研究所	刘升林、陆永华
27	大豆根瘤菌血清型鉴定和生物学特性	1988	中华人民共和国农业部	农业部科学技术进步奖二等奖	主持	宁夏农林科学院土壤肥料研究所	李力平
28	油松地理种源试验研究	1988	中华人民共和国林业部	林业部科学技术进步奖二等奖	主持	宁夏农林科学院林业研究所	梅曙光
29	西北黄土高原农业结构调整及效益研究	1988	中华人民共和国农业部	农业部科学技术进步奖三等奖	主持	固原地区农业科学研究所	李永平

续表

序号	项目名称	获奖年度	授奖部门	奖励等级	主持/参与	主要获奖单位	主要获奖人员
30	陕宁黄土高原农业结构调整及效益研究	1988	中华人民共和国农业部	农业部科学技术进步奖三等奖	主持	固原地区农业科学研究所	李永平、景继海
31	国外农作物冷害专题情报研究	1986	国家科学技术委员会	科技情报成果三等奖	主持	宁夏农林科学院情报室、宁夏农学院、中国农科院情报所、吉林省农科院	李泽蜀、汪一鸣、叶永保、竺万里、郭予元、孙昌其、潘铁夫、方展森
32	《元亨疗马集》重编、校正和注释	1986	中华人民共和国农牧渔业部	技术改进二等奖	主持	宁夏农林科学院畜牧兽医研究所	张孝勉
33	我国氮磷钾化肥的肥效演变和提高增产效益的主要途径	1985	中华人民共和国农牧渔业部	技术改进一等奖	主持	宁夏农林科学院土壤肥料研究所	罗学义
34	饲料消化能值的离体测定和PIF冻干粉的加工工艺技术	1985	中华人民共和国农牧渔业部	技术改进三等奖	主持	宁夏农林科学院畜牧兽医研究所	胡皋
35	枸杞叶面喷肥对防止落花、落果的作用及增产效益	1984	中华人民共和国农牧渔业部	技术改进二等奖	主持	宁夏农林科学院园艺研究所	钟鉎元
36	牛环形泰勒焦虫病疫苗生产工艺试验的中间试验	1984	中华人民共和国农牧渔业部	技术改进二等奖	主持	宁夏农林科学院畜牧兽医研究所	张中行、王度明、宋世荣、马玉琳、李作民、徐望平、刘正语
37	中国绿肥区划	1984	中华人民共和国农牧渔业部	技术改进二等奖	主持	宁夏农林科学院土壤肥料研究所	吕凤鸣
38	《中国亚麻品种资源目录》《中国亚麻品种志》	1984	中华人民共和国农牧渔业部	技术改进二等奖	主持	固原地区农业综合研究所	关友峰
39	我国西部地区黏虫越冬迁飞规律及预测预报体系	1983	中华人民共和国农牧渔业部	技术改进一等奖	主持	宁夏农林科学院植物保护研究所	高兆宁、杨彩霞
40	麦蚜远距离传毒飞迁规律研究	1983	中华人民共和国农牧渔业部	技术改进一等奖	主持	宁夏农林科学院植物保护研究所	董庆周、魏凯、孟庆祥

续表

序号	项目名称	获奖年度	授奖部门	奖励等级	主持/参与	主要获奖单位	主要获奖人员
41	全国微量元素硒含量分布的调查研究	1983	中华人民共和国农牧渔业部	技术改进二等奖	主持	宁夏农林科学院畜牧兽医研究所	刘升林、胡皋
42	中国饲料成分及营养价值	1983	中华人民共和国农牧渔业部	技术改进二等奖	主持	宁夏农林科学院畜牧兽医研究所	黄润森、吴懋本
43	奶山羊传染性无乳症研究	1983	中华人民共和国农牧渔业部	技术改进一等奖	主持	宁夏农林科学院畜牧兽医研究所	陈祝三、谢守栋
44	滩羊标准	1982	中华人民共和国农牧渔业部	技术改进四等奖	主持	宁夏农林科学院畜牧兽医研究所	崔重九
45	合作杨的推广	1982	国家农业委员会国家科学技术委员会	农业科技推广二等奖	主持	宁夏农林科学院林业研究所、青铜峡县树新林场、宁夏银川苗木试验场、宁夏新华桥种苗场、贺兰县林业站、永宁县机械化林场、中宁县种苗场	蔡玉成、马国骅、任玉芬、郭长庚
46	利用优良牛种采用冷配方式改良本地黄牛	1982	国家农业委员会国家科学技术委员会	农业科技推广二等奖	主持	宁夏农林科学院畜牧兽医研究所	张孝勉、汤治
47	布鲁氏弱毒羊型5号、猪型2号苗推广	1982	国家农业委员会国家科学技术委员会	农业科技推广三等奖	主持	宁夏农林科学院畜牧兽医研究所	谢守栋、陈竹兰
48	简易显微摄影装置	1981	中华人民共和国农牧渔业部	技术改进一等奖	主持	宁夏农林科学院林业研究所	冯显逵
49	宁夏引黄灌区水稻高产、稳产栽培技术的研究	1981	中华人民共和国农牧渔业部	技术改进一等奖	主持	宁夏农林科学院作物所	王德、张一尘、郭德威、李一兴、杨道中、曲文明

续表

序号	项目名称	获奖年度	授奖部门	奖励等级	主持/参与	主要获奖单位	主要获奖人员
50	水稻机械化直播技术合作创新与推广应用	2022	中华人民共和国农业农村部	全国农牧渔业丰收奖（农业技术推广合作奖）	参与	华南农业大学、中国水稻研究所、宁夏农林科学院农作物研究所、农业农村部农业机械化总站、安徽省农业科学院水稻研究所、黑龙江省农业科学院耕作栽培研究所	王在满、王丹英、张明华、殷延勃、罗锡文、张晓晨、臧英、王士梅等
51	宁夏玉米优质高效生产关键技术集成与示范推广	2022	中华人民共和国农业农村部	全国农牧渔业丰收奖（农业技术推广成果一等奖）	参与	宁夏回族自治区农业技术推广总站、宁夏农林科学院农作物研究所、平罗县农业技术推广服务中心、同心县农业技术推广服务中心、青铜峡市农业技术和农机化推广服务中心、宁夏润丰种业有限公司、宁夏钧凯种业有限公司、彭阳县农业技术推广服务中心	马自清、王彩芬、刘春光、赵如浪、张文杰、陈晓军、哈东兴、杨自建、陈彩芳、马步朝、任杨、王雪芳、景治忠、马广福、贾文、伍英、金龙、王立新、马力、马立新、张茜、王爽、李自文、刘珍琴、冯莉娥
52	玉米密植高产水肥精准调控技术研发与推广应用	2022	中华人民共和国农业农村部	全国农牧渔业丰收奖（农业技术推广成果一等奖）	参与	中国农业科学院作物科学研究所、新疆生产建设兵团农业技术推广总站、宁夏农林科学院农作物研究所、九圣禾种业股份有限公司、联合惠农农资（北京）有限公司、新疆生产建设兵团第六师奇台农场、疆生产建设兵团第四师七十一团、通辽市科尔沁左翼中旗农业技术推广中心	李少昆、王林、王永宏、梁晓玲、侯鹏、张万旭、刘志卓、白沙如拉、杜树海、黄立新、王锐、李翠莲、陈永生、张洪亮、姚振兴、国秀玲、李志伟、李博、徐喜俊、吴晓琴、马忠臣、李静、李中华、盛铁雍、黄东明
53	西北旱区糜子优质抗逆增效技术集成与推广	2022	中华人民共和国农业农村部	全国农牧渔业丰收奖（农业技术推广成果一等奖）	参与	西北农林科技大学、山西农业大学高寒区作物研究所、宁夏农林科学院固原分院、府谷县农业技术推广服务中心	冯佰利、王晨光、高小丽、李海、张晓莉、杨军学、杨璞

续表

序号	项目名称	获奖年度	授奖部门	奖励等级	主持/参与	主要获奖单位	主要获奖人员
54	西北旱区大豆新品种选育及配套栽培技术集成与应用	2019	中华人民共和国农业农村部 中国农学会	神农中华农业科技奖二等奖	参与	山西省农业科学院经济作物研究所、中国农业科学院作物科学研究所、甘肃省农业科学院旱地农业研究所、新疆农垦科学院作物研究所、宁夏农林科学院农作物研究所、延安市农业科学研究所、新疆农业科学院农作物品种资源研究所	刘学义、韩天富、张国宏、战勇、罗瑞萍、吴存祥、马俊奎、陈光荣、梁福琴、丛花、雍太文、孙石、赵志刚、宋雯雯、刘琦
55	调控林木抗旱性的多种分子机制研究与抗逆良种选育技术	2017	中国林学会	梁希科学技术进步奖二等奖	参与	宁夏农林科学院枸杞工程技术研究所	赵建华
56	宁蒙灌区农田退水污染全过程控制技术及应用	2017	中华人民共和国环境保护部	国家环境保护科学技术奖二等奖	参与	中国农业科学院农业环境与可持续发展研究所、宁夏农林科学院、内蒙古巴彦淖尔市水务局、宁夏环境监测中心站、中国农科院灌溉研究所	杨正礼、李友宏、赵忠、张学军、王芳、张炳宏、刘汝亮、洪瑜、吴海卿、张志山
57	西北黄灌区盐碱地高效利用关键技术	2017	中华人民共和国农业部	神农中华农业科技奖科研成果二等奖	参与	中国农业科学院农业资源与农业区划研究所、中国农业大学、北京理工大学、北京丹路实业公司、中国科学院武汉植物园、甘肃省农业科学院土壤肥料与节水农业研究所、宁夏农林科学院	逄焕成、李玉义、任天志、陈阜、王婧、张建丽、林淑华、杨思存、付金民、张永宏、赵永敢、刘景辉、靳存旺、严慧峻、魏由庆
58	宁夏玉米增产增效综合技术集成与示范	2016	中华人民共和国农业部	全国农牧渔业丰收二等奖	参与	宁夏农业技术推广总站、宁夏农林科学院农作物研究所	徐润邑、王永宏、马自清、田恩平、文玉琳、王峰、杨桂琴

续表

序号	项目名称	获奖年度	授奖部门	奖励等级	主持/参与	主要获奖单位	主要获奖人员
59	小麦高产创建及系列模式图	2017	中华人民共和国农业部 中国农学会	中国农学会神农中华农业科技奖科普奖	参与	中国农业科学院作物科学研究所、宁夏农林科学院农作物研究所等	赵广才、常旭虹、吕修涛、王德梅、杨玉双、陶志强、马少康、杨天桥、张凯、杨万深、陈兴武、叶彩华、李辉利、冯斌、柴守玺、高春保、李雁鸣、魏亦勤、何庆才、刘富启
60	全国农田面源污染监测技术体系创建与应用	2015	中华人民共和国农业部	神农中华农业科技奖科研成果一等奖	参与	中国农业科学院农业资源与农业区划研究所、湖北省农业科学院植保土肥研究所、北京市农林科学院、云南省农业科学院农业环境资源研究所、农业部农业生态与资源保护总站、吉林省农业科学院、重庆市农业环境监测站、北京市农业环境监测站、湖北省农业生态环境保护站、广东省农业科学院农业资源与环境研究所	任天志、刘宏斌、刘申、范先鹏、邹国元、雷宝坤、翟丽梅、张富林、彭畅、杜连凤、王洪媛、胡万里、欧阳喜辉、黄宏坤、李盟军、曾荣、甘小泽、成振华、张学军、周柳强
61	北方春玉米田间种植挂图与手册（第二版）	2014	中国科普作家协会	中国优秀科普作品奖银奖	参与	中国农业科学院作物科学研究所、宁夏农林科学院农作物研究所、河北农业大学、四川省农科院粮作所、内蒙古农业大学、西北农林科技大学	李少昆、王永宏、薛吉全、崔彦红、谢瑞芝、刘永红、高聚林、王俊河、王克如
62	不同类型区域县级农村能源综合建设工程研究	1992	中华人民共和国农业部	农业部科学技术进步奖一等奖	参与	宁夏农林科学院农业科技情报研究所	谢守栋、董宏林
63	发展中国家（地区）农业利用外资研究	1992	国家科学技术委员会	国家科技成果三等奖	参与	宁夏农林科学院农业科技情报研究所	孙尚贤
64	舒城等几个试点农村能源建设综合规划方法及其研究	1989	中华人民共和国农业部	农业部科学技术进步奖二等奖	参与	宁夏农林科学院农业科技情报研究所	谢守栋、董宏林、张学俭

宁夏回族自治区科学技术重大贡献奖

序号	名称	获奖年度	授奖部门	奖励等级	主持/参与	获奖单位	获奖人员
1	六盘山特困区特色产业精准扶贫关键技术集成应用	2021	自治区人民政府	重大贡献奖	主持	宁夏农林科学院、宁夏大学、中国农业大学、吉林农业大学、山西农业大学、宁夏回族自治区畜牧工作站	梁小军、程炳文、李明、何文寿、谢华、冯海萍、陈彦云、张新学、罗世武、曹兵海、封元、李凯、李海洋、杨树川、高晶霞、秦小军、陈智君、马子睿、姚建民、高云航
2	枸杞新品种选育及提质增效综合技术研究与示范	2018	自治区人民政府	重大贡献奖	主持	宁夏农林科学院枸杞工程技术研究所、宁夏农林科学院植物保护研究所、宁夏农产品质量标准与检测技术研究所、宁夏农林科学院农业资源与环境研究所、宁夏农林科学院农业经济与信息技术研究所、中宁县枸杞产业发展服务局、宁夏中杞枸杞贸易集团有限公司、百瑞源枸杞股份有限公司、宁夏源乡枸杞产业发展有限公司、宁夏全通枸杞供应链管理股份有限公司	曹有龙、张蓉、闫亚美、秦垦、石志刚、戴国礼、张艳、安巍、何军、何嘉、王晓菁、刘兰英、张学军、王芳、李晓莺、罗青、王亚军、张学俭、贾占魁、郝万亮

宁夏回族自治区科学技术进步奖

序号	名称	获奖年度	授奖部门	奖励等级	主持/参与	获奖单位	获奖人员
1	枸杞基因组与重要农艺性状基因研究	2021	自治区人民政府	一等奖	主持	宁夏农林科学院枸杞科学研究所、福建农林大学、宁夏枸杞产业发展中心、北京林业大学、深圳华大基因科技服务有限公司、武汉迈特维尔生物科技有限公司	曹有龙、李彦龙、赵建华、樊云芳、罗青、安巍、刘仲健、尹跃、王亚军、秦垦、戴国礼、陈金焕、何军、李越鲲、祁伟
2	宁夏特色瓜菜产业关键技术创新示范	2020	自治区人民政府	一等奖	主持	宁夏农林科学院种质资源研究所、宁夏农林科学院固原分院、彭阳县蔬菜产业发展服务中心、原州区农业技术推广服务中心、中卫市农业技术推广与培训中心、吴忠国家农业科技园区管理委员会、兴庆区农业技术推广中心、平罗县农业技术推广服务中心	谢华、王学梅、高晶霞、杨冬艳、冯海萍、田梅、赵云霞、裴红霞、桑婷、颜秀娟、刘声锋、张晓娟、陈德明、白生虎
3	玉米调结构转方式优质高效生产关键技术研究与示范	2020	自治区人民政府	一等奖	主持	宁夏农林科学院农作物研究所、中国农业科学院作物科学研究所、宁夏回族自治区农业技术推广总站、宁夏回族自治区种子工作站、宁夏农林科学院农业生物技术研究中心、宁夏农林科学院固原分院、宁夏钧凯种业有限公司、宁夏润丰种业有限公司、宁夏农垦贺兰山种业有限公司	王永宏、杨国虎、赵如浪、李少昆、张文杰、李新、杨桂琴、刘春光、沈静、陈亮、康建宏、王峰、关耀兵、佘奎军、蔡启明
4	优质广适小麦新品种选育与技术创新	2019	自治区人民政府	一等奖	主持	宁夏农林科学院农作物研究所、宁夏农林科学院农业生物技术研究中心、永宁县农作物种子育繁所、宁夏大学、中国农业科学院作物科学研究所、宁夏科泰种业有限公司、宁夏回族自治区原种场、宁夏法福来食品股份有限公司	魏亦勤、陈东升、李树华、李红霞、刘旺清、张双喜、李前荣、王掌军、张维军、亢玲、樊明、裴敏、白海波、何进尚、吕学莲

续表

序号	名称	获奖年度	授奖部门	奖励等级	主持/参与	获奖单位	获奖人员
5	优质高产抗逆水稻新品种选育与应用	2018	自治区人民政府	一等奖	主持	宁夏农林科学院农作物研究所、宁夏大学、宁夏农林科学院农业生物技术研究中心、宁夏科泰种业有限公司、宁夏回族自治区原种场、宁夏旱田种业有限公司、宁夏钧凯种业有限公司、宁夏穗丰种业有限公司、宁夏塞外香食品有限公司	刘炜、安永平、殷延勃、李培富、张振海、孙建昌、李树华、史延丽、强爱玲、杨生龙、马静、王彩芬、王坚、王昕、杨淑琴
6	枸杞新品种宁杞7号选育及示范推广	2014	自治区人民政府	一等奖	主持	宁夏农林科学院枸杞工程技术研究所、宁夏农业综合开发办公室、宁夏林业产业发展中心	秦垦、曹有龙、焦恩宁、刘俭、戴国礼、陈延、闫亚美、周旋、石志刚、何军、李瑞鹏、刘娟、蒙静、陈清平、李国
7	半干旱黄土丘陵区退化生态系统恢复技术研究	2012	自治区人民政府	一等奖	主持	宁夏农林科学院、中国科学院水土保持研究所、彭阳县林业与生态经济局、彭阳县农牧局	李生宝、赵世伟、蔡进军、潘占兵、安韶山、李壁成、董立国、王月玲、许浩、季波、马璠、李娜、张源润、徐福利、马永清
8	西部民族地区电子农务平台关键技术研究及应用	2011	自治区人民政府	一等奖	主持	宁夏农林科学院、宁夏师范学院、北京农业信息技术研究中心、宁夏大学北方民族大学、宁夏农牧厅信息中心、宁夏科技发展战略和信息研究所、宁夏农村科技发展中心	周涛、秦向阳、赵晖、魏青、梁锦秀、土元胜、保文星、王仍春、蔺勇、高玉琢、杨永贤、张天赐、王政峰、温淑萍、俞鸿雁、赫晓辉、王恒、韩强、赵晓明、吴霞、马琨
9	优质高产冬小麦新品种宁冬10号、宁冬11号选育及推广	2010	自治区人民政府	一等奖	主持	宁夏农林科学院农作物研究所、宁夏气象科学研究所	袁汉民、陈东升、王小亮、孙建昌、赵桂珍、张富国、范金萍、袁海燕、张维军、亢玲、来长凯、白冰、何进尚

续表

序号	名称	获奖年度	授奖部门	奖励等级	主持/参与	获奖单位	获奖人员
10	有机枸杞生产树体保健和病虫可持续调控研究与示范	2009	自治区人民政府	一等奖	主持	宁夏农林科学院种质资源研究所、宁夏农林科学院植物保护研究所、银川西夏区科学技术局、宁夏中宁县科学技术局、宁夏森林病虫防治检疫总站、宁夏早康枸杞有限公司	李锋、王春良、李芳、李秋波、楼玉梅、刘春光、孙海霞、马建国、马廷贵、王劲松、陈茜、李绍先、徐秀芳、陈洁、温学华、刘冬梅、康本国、黄博等
11	宁夏盐池城西滩扶贫扬黄新灌区生态农业建设技术研究与示范	2008	自治区人民政府	一等奖	主持	宁夏农林科学院荒漠化治理研究所、宁夏盐池县农业局、宁夏农林科学院种质资源研究所、宁夏盐池县环境保护与林业局等	王峰、温学飞、左忠、郭守金、郭永忠等
12	抗干旱观赏植物在园林绿化中的应用研究与示范	2007	自治区人民政府	一等奖	主持	宁夏林业研究所(有限公司)、国家经济林木种苗快繁工程技术研究中心	沈效东、王立英、白永强、李永华、叶小曲等
13	半干旱退化山区生态农业建设技术与示范	2006	自治区人民政府	一等奖	主持	宁夏农林科学院、中国科学院水利部水土保持研究所、彭阳县人民政府、固原市原州区人民政府、中国林业科学院林业研究所	李生宝、李壁成、蒋齐、赵世伟、张源润等
14	大银川城市绿化关键技术攻关与生态园林景观示范	2006	自治区人民政府	一等奖	主持	宁夏林业研究所(有限公司)、国家经济林木种苗快繁工程技术研究中心、银川市园林局	沈效东、李健、王国义、叶小曲、时新宁、徐晓潮等
15	肉羊杂交改良技术研究	2005	自治区人民政府	一等奖	主持	宁夏农林科学院畜牧兽医研究所(有限公司)	李颖康、许斌、吕建民、吴宗山、云华等
16	重点地道中药材开发技术研究	2005	自治区人民政府	一等奖	主持	宁夏农林科学院荒漠化治理研究所、宁夏药物研究所(有限公司)、宁夏大学、宁夏药品检验所、宁夏绿苑沙生药用植物研究所、宁夏农林科学院植保所、宁夏盐池县科技局	蒋齐、冷晓红、李明、刘纲、王英华等
17	宁夏优质专用玉米新品种及综合配套技术研究与推广	2004	自治区人民政府	一等奖	主持	宁夏农林科学院农作物研究所、宁夏种子管理站	许志斌、宿文军、常学文、王永宏、沈强云等

续表

序号	名称	获奖年度	授奖部门	奖励等级	主持/参与	获奖单位	获奖人员
18	作物抗旱抗盐的生理学调控机制及其资源鉴定利用研究	2003	自治区人民政府	一等奖	主持	宁夏农林科学院	许兴、李树华、魏玉清、惠红霞、米海莉、翁跃进、郑国琦、毛桂莲、何军、马雅琴、梁新华、龚红梅、董建力、杨涓
19	抗虫转基因白杨派杨树品种培育研究	2003	自治区人民政府	一等奖	主持	宁夏农林科学院、中国科学院微生物研究所、北京林业大学生物学院	宋玉霞、田颖川、郑彩霞、马洪爱、郭生虎、黄慧、李佳华
20	宁夏优质名牌枸杞基地建设	2000	自治区人民政府	一等奖	主持	宁夏农林科学院枸杞研究所	集体奖
21	兔瘟巴氏杆菌病、波氏杆菌病三联苗的研制与应用	1998	自治区人民政府	一等奖	主持	宁夏农林科学院畜牧兽医研究所	蔡葵蒸、张晓东
22	水稻新品种宁粳16号	1998	自治区人民政府	一等奖	主持	宁夏农林科学院农作物研究所	王兴盛、殷延勃、马骥、武绍湖、马洪文、安永平、李华、林克义
23	引种杂交提高土种山羊绒毛生产性能的研究与推广	1996	自治区人民政府	一等奖	主持	宁夏农林科学院畜牧兽医研究所	达文政、孙淑云
24	小麦黄矮病冬春麦区流行规律及流行趋势预测研究	1994	自治区人民政府	一等奖	主持	宁夏农林科学院植物保护研究所	董庆周、李效禹、张向才、周广和、罗瑞梧、孟庆祥、董永祥、王兴邦、张宗山
25	黄土高原半干旱地区西吉县农村能源综合建设试点	1992	自治区人民政府	一等奖	主持	宁夏农林科学院畜牧兽医所、宁夏农林科学院科技情报研究所、宁夏农林科学院林业研究所	张国荣、戴秀章、谢守栋、董宏林、梅曙光
26	枸杞新品种宁杞1号、宁杞2号的选育	1992	自治区人民政府	一等奖	主持	宁夏农林科学院枸杞研究所	钟鉎元等
27	春小麦优良品种宁春10号	1992	自治区人民政府	一等奖	主持	固原地区农业科学研究所	王嘉煜、王世祥、苏改凤、王效瑜、向国程、黄玉库、景继海

续表

序号	名称	获奖年度	授奖部门	奖励等级	主持/参与	获奖单位	获奖人员
28	兔瘟全血玻板快速诊断研究	1992	自治区人民政府	一等奖	主持	固原地区农业科学研究所	张永森、李克昌
29	水稻新品种宁粳9号选育	1990	自治区人民政府	一等奖	主持	宁夏农林科学院农作物研究所	马骥、王兴盛、李丁仁、殷延勃、肖思心、武绍湖等
30	新红宝西瓜技术开发	1989	自治区人民政府	一等奖	主持	宁夏农林科学院	灵提多、白生海、穆淑芸等
31	牛环形泰勒焦虫病疫苗生产工艺的中间试验	1984	自治区人民政府	一等奖	主持	宁夏农林科学院畜牧兽医研究所	张中行、王度明
32	农作物地膜覆盖栽培技术研究与示范推广	1984	自治区人民政府	一等奖	主持	宁夏农林科学院蔬菜研究所	李爽
33	宁夏黑猪新品种培育	1983	自治区人民政府	一等奖	主持	宁夏农林科学院畜牧兽医研究所	黄润森
34	水稻卷秧、小苗带土移栽技术的研究与推广	1981	自治区人民政府	一等奖	主持	宁夏农林科学院农作物研究所	李东树、潘清忻等
35	河套盐碱地生态治理及特色产业关键技术研究与示范	2020	自治区人民政府	一等奖	参与	宁夏大学、清华大学、宁夏农林科学院、华清农业开发有限公司、宁夏农垦集团有限公司、内蒙古农业大学、中国农业大学、石嘴山市农业技术推广服务中心	许兴、李彦、杨建国、刘嘉、王彬、肖国举、张俊华、张峰举、李跃进、班乃荣、张新华、屈晓雷、李贵桐、郭庆茹、罗昀
36	优质高产奶牛选育技术研究与应用	2019	自治区人民政府	一等奖	参与	宁夏回族自治区畜牧工作站、中国农业大学、宁夏大学、宁夏农林科学院动物科学研究所、宁夏农垦贺兰山奶业有限公司、宁夏职业技术学院、宁夏美加农生物科技发展股份有限公司、贺兰中地生态牧场有限公司、吴忠市利通区畜牧水产技术服务中心	温万、张胜利、王雅春、邵怀峰、脱征军、顾亚玲、宁晓波、郝峰、许立华、张秀陶、王玲、田佳、李艳艳、秦春华、李毓华

续表

序号	名称	获奖年度	授奖部门	奖励等级	主持/参与	获奖单位	获奖人员
37	宁夏贺兰山东麓葡萄酒产业技术体系创新与应用	2019	自治区人民政府	一等奖	参与	宁夏大学、宁夏贺兰山东麓葡萄产业园区管委会、西北农林科技大学、宁夏农林科学院种质资源研究所、银川产业技术研究院、宁夏西夏王葡萄酒业有限公司、中粮长城葡萄酒（宁夏）有限公司、宁夏志辉源石葡萄酒庄有限公司、宁夏立兰酒庄有限公司	李华、张军翔、赵世华、陈卫平、王锐、李玉鼎、俞惠明、王华、宋长冰、郭惠萍、马永明、王继杰、袁园、邵青松、王奉玉
38	压砂瓜水肥高效利用及压砂地持续利用研究与集成示范	2013	自治区人民政府	一等奖	参与	宁夏大学、宁夏农林科学院荒漠化治理研究所、中卫市压砂瓜研究所、中国科学院寒区旱区环境与工程研究所、宁夏金地来节水设备有限公司、宁夏气象科学研究所、中卫市科学技术局、中宁县科学技术局、中卫市天元锋农业机械制造有限责任公司、宁夏中青农业科技有限公司	田军仓、蒋齐、王占军、鲁长才、孙兆军、周海燕、李王成、马琨、李应海、何建龙、谭军利、张晓煜、沈晖、马波、孟清荣
39	设施蔬菜现代节水高效优新技术研究与集成示范	2010	自治区人民政府	一等奖	参与	宁夏大学、宁夏农林科学院种质资源研究所、西北农林科技大学、宁夏领鲜果蔬产业发展有限公司、银川籽润农林科技有限公司	李建设、谢华、孟焕文、孙权、高艳明、程智慧、王学梅、张光弟、崔静英、梁玉文、闫永胜、冯学梅、叶林、赵冰、曹云娥
40	宁南山区脆弱生态系统恢复及可持续经营技术集成与示范	2021	自治区人民政府	二等奖	主持	宁夏农林科学院荒漠化治理研究所、西北农林科技大学、宁夏农林科学院农业资源与环境研究所、彭阳县林业技术推广服务中心、原州区林木检疫站	蔡进军、赵世伟、董立国、郭永忠、安韶山、韩新生、余雕、雷丽萍、张国罗
41	宁夏特色农业智能化生产关键技术研究与示范	2021	自治区人民政府	二等奖	主持	宁夏农林科学院农业经济与信息技术研究所、北京市农林科学院智能装备技术研究中心、宁夏农林科学院动物科学研究所、宁夏农林科学院枸杞研究所（有限公司）、宁夏同心县伊杨现代牧业有限公司、玺赞庄园枸杞有限公司、宁夏葡杞农业技术服务中心	张学俭、李锋、王利春、陈学东、马菁、张建华、海云瑞、李永梅、马聪

续表

序号	名称	获奖年度	授奖部门	奖励等级	主持/参与	获奖单位	获奖人员
42	西北地区马铃薯重大土传病害发病机理和综合治理技术研究与应用	2021	自治区人民政府	二等奖	主持	宁夏农林科学院植物保护研究所、西北农林科技大学、甘肃省农业科学院植物保护研究所、宁夏职业技术学院、西吉县马铃薯产业服务中心、固原市原州区农业技术推广服务中心、新疆农业科学院核技术生物技术研究所	沈瑞清、郭成瑾、王喜刚、胡小平、张萍、刘东川、李继平、雷斌、王玲
43	基于农林废弃物利用的蔬菜生产技术体系研究应用	2021	自治区人民政府	二等奖	主持	宁夏农林科学院园艺研究所、北京市农林科学院智能装备技术研究中心、中国农业大学	曲继松、李银坤、张丽娟、朱倩楠、田永强、李友丽、孙维拓、黄灵丹、路洁
44	水稻旱直播农机农艺关键技术创新与应用	2021	自治区人民政府	二等奖	主持	宁夏农林科学院农作物研究所、华南农业大学、中国水稻研究所、宁夏农业技术推广总站、宁夏农业机械化技术推广站、平罗县农业技术推广服务中心	殷延勃、曾山、王昕、田建民、周建东、杨明进、贺奇、褚光、杨文武
45	畜禽养殖废弃物资源化循环利用关键技术研究与示范	2020	自治区人民政府	二等奖	主持	宁夏农林科学院农业资源与环境研究所、宁夏大学、中国科学院南京土壤研究所、宁夏顺宝现代农业股份有限公司、宁夏骏华月牙湖农牧科技股份有限公司、宁夏壹泰牧业有限公司、宁夏丰享农业科技发展有限责任公司	纪立东、孙权、王一明、司海丽、雷金银、杨洋、刘菊莲、纪静雯、吴涛
46	枸杞质量标准及检测技术体系研究与应用	2020	自治区人民政府	二等奖	主持	宁夏农产品质量标准与检测技术研究所	牛艳、王晓菁、吴燕、赵子丹、杨静、张锋锋、王彩艳、陈翔、刘霞
47	大豆新品种选育及高产高效技术集成与应用	2020	自治区人民政府	二等奖	主持	宁夏农林科学院农作物研究所、中国农业科学院作物科学研究所、四川农业大学、石嘴山市种子管理站、宁夏回族自治区农业技术推广总站、青铜峡市农业技术和农机化推广服务中心	罗瑞萍、赵志刚、姬月梅、连金番、吴存祥、刘章雄、吴国华、朱志明、雍太文

续表

序号	名称	获奖年度	授奖部门	奖励等级	主持/参与	获奖单位	获奖人员
48	新型资源化饲料产品研发及高效安全利用技术研究与示范	2019	自治区人民政府	二等奖	主持	宁夏农林科学院动物科学研究所、宁夏农林科学院畜牧兽医研究所(有限公司)、宁夏回族自治区兽药饲料监察所、宁夏回族自治区畜牧工作站、宁夏回族自治区饲料工作站	梁小军、王建东、刘自新、马吉锋、侯鹏霞、封元、李昕、何志军、高飞涛
49	宁夏苜蓿优质高产关键技术研究与示范	2019	自治区人民政府	二等奖	主持	宁夏农林科学院植物保护研究所、宁夏农林科学院荒漠化治理研究所、宁夏回族自治区草原工作站、宁夏农垦茂盛草业有限公司、彭阳县草原工作站、固原市原州区草原工作站、宁夏回族自治区气象科学研究所	马建华、王占军、朱猛蒙、魏淑花、成红、李东宁、张宇、王晓琴、高婷
50	宁夏土地沙漠化动态监测与农田防护林体系优化	2018	自治区人民政府	二等奖	主持	宁夏农林科学院荒漠化治理研究所、宁夏回族自治区林业调查规划院、国家林业局西北华北东北防护林建设局、宁夏哈巴湖国家级自然保护区管理局、盐池县林业局和草原局	左忠、温学飞、潘占兵、俞立民、许浩、王东清、魏永新、余殿、李浩霞
51	甘草规范化种植基地优化升级及系列产品综合开发研究	2015	自治区人民政府	二等奖	主持	宁夏农林科学院荒漠化治理研究所、宁夏农林科学院植物保护研究所、甘肃农业大学、宁夏医科大学、甘肃泛植生物科技有限公司、盐池县中药材技术服务站、宁夏金太阳药业有限公司	蒋齐、李明、张蓉、蔺海明、付雪艳、邱黛玉、陈宏灏、左忠、高颖
52	宁夏引黄灌区农业面源污染阻控技术研究与示范	2015	自治区人民政府	二等奖	主持	宁夏农林科学院农业资源与环境研究所、中国农业科学院农业环境与可持续发展研究所、宁夏环境监测中心站、宁夏环境科学研究院(有限责任公司)、兰州大学、利通区农业技术推广服务中心	王芳、张学军、刘汝亮、蒙静、洪瑜、李友宏、赵营、张炳宏、刘锦霞

续表

序号	名称	获奖年度	授奖部门	奖励等级	主持/参与	获奖单位	获奖人员
53	引黄灌区苹果优质丰产配套技术研究	2014	自治区人民政府	二等奖	主持	宁夏农林科学院种质资源研究所、西北农林科大学园艺学院、宁夏林业产业发展中心、沙坡头区林业技术推广服务中心	王春良、贾永华、李秋波、李晓龙、李丙智、李锋、李国、祁伟、吴宏
54	小麦新品种宁春50号选育、推广和育种技术创新	2014	自治区人民政府	二等奖	主持	宁夏农林科学院农作物研究所、中国农业科学院作物科学研究所	魏亦勤、叶兴国、刘旺清、沈强云、张双喜、李红霞、裘敏、樊明、方亮
55	中药材枸杞资源研究与特色产品开发	2013	自治区人民政府	二等奖	主持	宁夏农林科学院枸杞工程技术研究所、宁夏大学、宁夏医科大学、宁夏沃福百瑞生物食品工程有限公司、中宁县科学技术局、宁夏药品检验所、银川泰丰生物科技有限公司	曹有龙、石志刚、王俊、牛阳、潘泰安、安巍、韩义欣、张自萍、郝向峰
56	玉米超高产栽培技术研究与示范	2013	自治区人民政府	二等奖	主持	宁夏农林科学院农作物研究所、宁夏农业技术推广总站、中国农业科学院作物科学研究所	王永宏、徐润邑、赵健、王克如、柳伟祥、马自清、赵如浪、李华、杨桂琴
57	优质食味米宁粳43号选育及产业应用	2012	自治区人民政府	二等奖	主持	宁夏农林科学院农作物研究所、宁夏农业技术推广总站、青铜峡市农业技术推广服务中心、宁夏中航郑飞塞外香清真食品有限公司	王兴盛、刘炜、徐润邑、张俊杰、杨生龙、冯伟东
58	冬麦后茬复种玉米品种筛选与高效栽培技术研究与示范	2012	自治区人民政府	二等奖	主持	宁夏农林科学院、中国农业大学国家玉米改良中心	王永宏、赵健、王彩芬、陈绍江、王新红、韩继军、赵如浪、王双喜、汪仲良
59	滩羊种质资源保护开发利用和本品种选育	2011	自治区人民政府	二等奖	主持	宁夏农林科学院草畜工程技术研究中心、宁夏农林科学院畜牧兽医研究所(有限公司)、盐池县滩羊肉产品质量监检验站、宁夏畜牧工作站、宁夏职业技术学院、宁夏大学	李颖康、马青、许斌、黄玉邦、丁有仁、柴君秀、吕建民、梁小军、丁伟、周进勤、马乐天、殷冀、云华、顾亚玲、杨正义

续表

序号	名称	获奖年度	授奖部门	奖励等级	主持/参与	获奖单位	获奖人员
60	干旱风沙区设施结构优化及蔬菜关键技术体系研发与示范基地建设	2011	自治区人民政府	二等奖	主持	宁夏农林科学院种质资源研究所、盐池县科学技术局、国家农业智能装备工程技术研究中心、中国农业大学农学与生物技术学院、宁夏农林科学院植物保护研究所、盐池县农牧局、宁夏农业技术推广总站、宁夏农林科学院农业资源与环境研究所、宁夏领鲜果蔬产业发展有限公司	郭文忠、曲继松、杨冬艳、冯海萍、汪光孝、张丽娟、彭文栋、冒秀凤、陈青云、高丽红、乔晓军、查仙芳、王芳、俞风娟、吕志涛
61	旱作补水高效农业技术集成与示范	2010	自治区人民政府	二等奖	主持	宁夏农林科学院荒漠化治理研究所、同心县农牧局、宁夏农林科学院种质资源研究所、同心县科学技术局	王峰、左忠、郭永忠、杜建民、刘华、李海洋、温学飞、马国忠、郭守金、李浩霞、余峰、王振海、张耀奎、贾银录、杨晓忠、周丽娜、孙兆军、温淑红、陈林、赵伟
62	村镇数字化技术研究与应用	2010	自治区人民政府	二等奖	主持	宁夏农林科学院、宁夏大学、北方民族大学、宁夏农牧厅信息中心、宁夏科技发展战略和信息研究所	周涛、梁锦秀、鲍小明、保文星、俞鸿雁、刘立波、吴霞、李剑蓓、王琛、汪民、柯英、杨晓洁、郭鑫年、刘强、魏青、张天赐、赵功强、杨剑、王晓娥、王元胜、王恒
63	宁夏出口鲜食葡萄优质丰产栽培及贮运保鲜关键技术合作研究与示范	2010	自治区人民政府	二等奖	主持	国家经济林木种苗快繁工程技术研究中心、宁夏林业研究所股份有限公司、宁夏金沙林场、宁夏科冕实业有限公司、宁夏玉泉营农场	沈效东、时新宁、李永华、王锦秀、秦彬彬、王娅丽、张新宁、李宏科、何怀华
64	宁夏真菌资源研究	2009	自治区人民政府	二等奖	主持	宁夏农林科学院植物保护研究所、中国科学院微生物研究所、西北农林科技大学植物保护研究所	沈瑞清、查仙芳、王宽仓、南宁丽、卯晓岚、胡小平、郭成瑾、张萍、张怡、商文静、康萍芝、张丽荣、樊仲庆、张华普、陈宏灏

续表

序号	名称	获奖年度	授奖部门	奖励等级	主持/参与	获奖单位	获奖人员
65	枸杞和甘草害虫生物控制与安全防治技术体系的建立	2009	自治区人民政府	二等奖	主持	宁夏农林科学院植物保护研究所、中国医学科学院药用植物研究所、宁夏农林科学院枸杞研究所（有限公司）、浙江大学农药与环境毒理研究所、盐池县科学技术局	张蓉、张宗山、何嘉、张治科、王芳、孙明舒、南宁丽、李少南、刘春光、陈君、张怡、刘浩、李建国、刘伟泽、姜文胜、王文华、雷银山、杨彩霞、杨春清、赵紫华、岳健、钱锋利
66	蔬菜产业化发展关键技术研究与集成示范	2009	自治区人民政府	二等奖	主持	宁夏农林科学院种质资源研究所、中国农业大学农学与生物技术学院、石嘴山惠农区科技局、吴忠国家农业科技园区管理委员会、石嘴山惠农区农牧局	郭文忠、李程、王春良、杨冬艳、高丽红、赵国辉、徐新福、曲继松、徐学保、张丽娟、郭守金、冯海萍、马绍国、杨自强、吴恭信、王惠军、王星琦、杨常新、邹新蕊、张惠琴、冯志红、金徽、何斌、任天喜
67	优质专用型马铃薯新品种宁薯12号的选育及青薯2号和陇薯6号的引进推广	2009	自治区人民政府	二等奖	主持	固原市农业科学研究所	吴林科、王效瑜、呼芸芸、王收良、李淑英
68	枸杞产业化关键技术研究与示范	2008	自治区人民政府	二等奖	主持	宁夏枸杞工程技术研究中心、宁夏农林科学院植物保护研究所、宁夏农林科学院农业资源与环境研究所	曹有龙、沈瑞清、张学军、安巍、石志刚等
69	宁夏宜林地立地类型划分及造林适宜性评价	2008	自治区人民政府	二等奖	主持	宁夏农林科学院荒漠化治理研究所、宁夏林业局、宁夏林业调查规划院、彭阳县林业局等	张源润、蒋齐、张浩、李生宝、楼晓钦、许浩等
70	基于GIS苜蓿病虫害区域化预测预报技术研究与应用	2008	自治区人民政府	二等奖	主持	宁夏农林科学院植物保护研究所、宁夏回族自治区草原工作站、宁夏固原市草原工作站、宁夏农林科学院科技信息研究所等	张蓉、王洪波、朱猛蒙、先晨钟、马建华等
71	宁夏优势农业产业智能化系统开发与应用	2008	自治区人民政府	二等奖	主持	宁夏农林科学院	周涛、梁锦秀、刘立波、王琛、陶铮等

续表

序号	名称	获奖年度	授奖部门	奖励等级	主持/参与	获奖单位	获奖人员
72	肉苁蓉寄生生长机理及种质资源研究	2007	自治区人民政府	二等奖	主持	宁夏农业生物技术重点实验室、宁夏大学、中国科学院水利部水土保持研究所	宋玉霞、马永清、郭生虎、郑国琦、牛东玲、马洪爱、李苗、甘晓燕、陈晓军、李秀维、税军峰、吴忠兰、马学平、魏耀锋、田维荣、吕海军
73	黄河前套地区无公害蔬菜生产关键技术研究与产业化示范	2007	自治区人民政府	二等奖	主持	宁夏农林科学院种质资源研究所、宁夏吴忠国家农业科技园区管理委员会、吴忠市利通区蔬菜技术推广服务中心	郭文忠、徐新福、刘伟、刘团结、杨冬艳等
74	彭阳长城塬灌区节水高效农业技术体系研究与开发示范	2007	自治区人民政府	二等奖	主持	宁夏农林科学院农业资源与环境研究所、宁夏农林科学院农作物研究所、彭阳县科学技术局、彭阳县农牧与科学技术局等	桂林国、王平、王天宁、祁登明、陈洁
75	胡麻优良新品种宁亚16号、17号选育及推广应用	2007	自治区人民政府	二等奖	主持	固原市农业科学研究所	安维太、岳国强、秦爱红、呼芸芸等
76	牛羊特色饲料新产品开发研究与推广	2006	自治区人民政府	二等奖	主持	宁夏农林科学院畜牧兽医研究所(有限公司)	刘自新、梅宁安、马青、周桂云、许斌等
77	抗蚜虫枸杞新品种培育的研究	2006	自治区人民政府	二等奖	主持	宁夏农业生物技术重点实验室、中国科学院微生物研究所、宁夏枸杞发展工程技术研究中心	曹有龙、许兴、田颖川、罗青、曲玲、李晓莺、何军、巫鹏举、袁海静、贝盏林、张曦燕、米海莉、王林健、徐是雄
78	无公害蔬菜生产综合技术示范推广	2006	自治区人民政府	二等奖	主持	宁夏农林科学院种质资源研究所、吴忠国家农业科技园区管委会、中卫市农业技术推广中心、中卫新阳光农业科技有限责任公司、金凤区科技局	谢华、李程、王学梅、崔静英、徐福珍等
79	酿酒葡萄优质高效综合栽培技术研究	2006	自治区人民政府	二等奖	主持	宁夏农林科学院	周涛、王国珍、梁锦秀、陈卫平、宋长冰等

续表

序号	名称	获奖年度	授奖部门	奖励等级	主持/参与	获奖单位	获奖人员
80	宁夏扶贫扬黄红寺堡灌区高效农业技术体系研究与示范推广	2005	自治区人民政府	二等奖	主持	宁夏农林科学院农业资源与环境研究所、宁夏农林科学院农作物研究所、红寺堡开发区农牧局、盐池县农业局、盐池县畜牧局	桂林国、王世荣、蒋永前、戴生礼、宋立忠等
81	宁夏苜蓿产业开发技术研究	2005	自治区人民政府	二等奖	主持	固原市农业科学研究所、宁夏绿洲草业公司、宁夏农林科学院植物保护研究所、宁夏茂盛产业公司、宁夏固原市草原站、宁夏同心县科技局	赵功强、张蓉、何俊彦、赵萍、张新勤、先晨钟、王秉龙等
82	马铃薯专用新品种引进选育与示范	2005	自治区人民政府	二等奖	主持	固原市农业科学研究所	吴林科、王效瑜、王收良等
83	牛心朴子抗旱机制及其基因克隆研究	2004	自治区人民政府	二等奖	主持	宁夏农林科学院农业生物技术研究中心、中国农业大学	许兴、魏玉清、李树华、侯玉霞、米海莉、何军、王利勤、周俊、刘玉清、张源沛、张曦燕、赵天成、罗云、惠红霞
84	小麦全蚀病防治技术研究与推广	2004	自治区人民政府	二等奖	主持	宁夏农林科学院植物保护研究所、美国普渡大学、石嘴山市惠农区农业技术推广中心、美国孟山都公司	沈瑞清、Don M Huber、康萍芝、白小军、朱建祥、张丽荣、刘玉宏、哈金华、吴惠玲、南宁丽、李全新、张萍、李效禹
85	优质水稻新品种宁粳24号选育	2005	自治区人民政府	二等奖	主持	宁夏农林科学院农作物研究所	殷延勃、安永平、王兴盛、武绍湖、强爱玲、王昕、李华、张俊杰、张振海、马洪文、杨生龙、丁明、姚文东、杨建荣、雍忠
86	智能化农业信息处理系统—宁夏示范区	2003	自治区人民政府	二等奖	主持	宁夏农林科学院、宁夏康迪特电脑公司	陶铮、周涛、白桦、赵晓明、梁锦秀等
87	扬黄新灌区综合开发技术研究	2001	自治区人民政府	二等奖	主持	宁夏农林科学院土壤肥料研究所、盐池县人民政府等	罗代雄、陈雀民、桂林国、高富贵、吕国锋等

续表

序号	名称	获奖年度	授奖部门	奖励等级	主持/参与	获奖单位	获奖人员
88	北方旱农区域治理与综合发展研究	2001	自治区人民政府	二等奖	主持	固原地区农业科学研究所	李永平
89	高产抗病胡麻新品种宁亚14号15号选育推广	2001	自治区人民政府	二等奖	主持	固原地区农业科学研究所	安维太、岳国强、呼芸芸、常克勤、秦爱红、关耀兵
90	盐池县荒漠化综合整治及农业持续发展研究	2000	自治区人民政府	二等奖	主持	宁夏农林科学院土壤肥料研究所、宁夏农林科学院畜牧兽医所、宁夏农林科学院生物重点实验室	王峰等
91	宁夏黄土高原半干旱区综合治理与科技扶贫开发、示范研究	2000	自治区人民政府	二等奖	主持	固原地区农业科学研究所	马均伊
92	宁夏灌区冬小麦北移及耕作制度改制的研究	2001	自治区人民政府	二等奖	主持	宁夏农林科学院农作物研究所	袁汉民、张富国
93	中国西北干旱区宁夏持续农业体系的研究、示范、推广	1999	自治区人民政府	二等奖	主持	宁夏农林科学院土壤肥料研究所	马云瑞、惠开基等
94	宁夏灌区吨粮田大面积推广	1999	自治区人民政府	二等奖	主持	宁夏农林科学院农作物研究所	许志斌等
95	旱地春小麦新品种宁春20号	1999	自治区人民政府	二等奖	主持	固原地区农业科学研究所	景继海、苏改凤、王效瑜、杜艳萍、王收良
96	奶牛某些重要微量元素缺乏症的调查及防治方法研究	1998	自治区人民政府	二等奖	主持	宁夏农林科学院畜牧兽医研究所	韩博、许斌
97	猪瘟免疫程序的研究	1998	自治区人民政府	二等奖	主持	宁夏农林科学院畜牧兽医研究所	陈祝三、何存利
98	灌区丰产桑园建立及配套栽培技术研究	1998	自治区人民政府	二等奖	主持	宁夏农林科学院林业研究所	明方福、李学、徐万仁、谢联、王正义、朱学礼、朱海燕、赵全仁、徐晓潮、阎惠琴、王学才、张飞宇、王永峰、丁少军、钱晓曦
99	贺兰山东麓部分旱生、超旱生灌木形成解剖学研究	1998	自治区人民政府	二等奖	主持	宁夏农林科学院林业研究所	宋玉霞、胡正海、于卫平、马洪爱、王立英、张波

续表

序号	名称	获奖年度	授奖部门	奖励等级	主持/参与	获奖单位	获奖人员
100	盐池县沙漠化土地综合整治试验	1996	自治区人民政府	二等奖	主持	宁夏农林科学院畜牧兽医研究所	张国荣、冯建忠
101	绵羊肺炎支原体和猪细小病毒单克隆抗体技术的研究	1996	自治区人民政府	二等奖	主持	宁夏农林科学院畜牧兽医研究所	陈祝三、谢琴
102	宁夏荒漠草原昆虫种群、害情及区系研究	1996	自治区人民政府	二等奖	主持	宁夏农林科学院植物保护研究所	刘育钜、杨彩霞等
103	墨西哥国际玉米小麦改良中心小麦品种资源研究	1996	自治区人民政府	二等奖	主持	宁夏农林科学院农作物研究所	袁汉民、吴淑筠等
104	宁夏主要速生用材树种优良新品种选育的研究	1996	自治区人民政府	二等奖	主持	宁夏农林科学院林业研究所	马国骅、李桂华、刘颖、高程达、时新宁、宋玉霞、马晖、王国义、张振文
105	《宁夏农业昆虫图志》第二集	1994	自治区人民政府	二等奖	主持	宁夏农林科学院植物保护研究所	高兆宁、吴福桢等
106	桑树优良品种引进及繁种栽培技术研究	1994	宁夏人民政府	二等奖	主持	宁夏农林科学院林业研究所	明方福、张飞宇
107	GS宁糜九号新品种选育及推广应用	1994	自治区人民政府	二等奖	主持	固原地区农业科学研究所	王玉玺、马均伊、容霞
108	宁夏固原、彭阳、隆德小流域农业综合治理项目可行性研究	1994	自治区人民政府	二等奖	主持	固原地区农业科学研究所	黄玉库
109	家兔主要疫病调查与防治研究	1992	自治区人民政府	二等奖	主持	宁夏农林科学院畜牧兽医研究所	李作民、蔡葵蒸
110	宁黄3号(黄瓜)	1992	自治区人民政府	二等奖	主持	宁夏农林科学院蔬菜研究室	姜明仙、冯志红
111	银北盐荒地改良利用技术研究	1992	自治区人民政府	二等奖	主持	宁夏农林科学院林业研究所	汤明哲、麦积有

续表

序号	名称	获奖年度	授奖部门	奖励等级	主持/参与	获奖单位	获奖人员
112	宁夏森林	1992	自治区人民政府	二等奖	主持	宁夏农林科学院林业研究所	唐麓君、戴秀章、马国骅、王北、王希蒙、田原、刘与力、冯显逵、朱永元、陈加良、周克、林志韬、赵宁、梅曙光
113	兔瘟全血玻板快速诊断研究	1990	自治区人民政府	二等奖	主持	宁夏农林科学院畜牧兽医研究所	李作民、鲍嘉铭
114	黄花棘豆化学防除毒理及开发利用研究	1990	自治区人民政府	二等奖	主持	宁夏农林科学院植物保护研究所	马骏生、杜玉宁
115	宁夏扬黄灌区合理用水农林牧综合开发研究	1990	自治区人民政府	二等奖	主持	宁夏农林科学院土壤肥料研究所	汤子钧、罗代雄等
116	《宁夏土壤》与土壤系列图件	1990	自治区人民政府	二等奖	主持	宁夏农林科学院土壤肥料研究所	戴治稼、尚德义
117	盐池沙地旱生灌木园的建立及研究	1990	自治区人民政府	二等奖	主持	宁夏农林科学院林业研究所	王北、于卫平、范凌霞、王谋、狄开莲、袁世杰、李生宝、李新中
118	盐池县城郊沙地水分动态研究	1989	自治区人民政府	二等奖	主持	宁夏农林科学院林业研究所	俞益民、唐麓君、张介山
119	湖南稷子特性、特征与栽培技术的研究	1988	自治区人民政府	二等奖	主持	宁夏农林科学院畜牧兽医研究所	徐廷荣、刘升林
120	猪丹毒78（75）弱毒菌种的研究及冻干苗中间试验和区试	1988	自治区人民政府	二等奖	主持	宁夏农林科学院畜牧兽医研究所	陈祝三、蒲正鹬
121	水稻新品种宁粳6号的选育	1988	自治区人民政府	二等奖	主持	宁夏农林科学院农作物研究所	吴梁源等
122	水稻新品种宁糯1号选育	1988	自治区人民政府	二等奖	主持	宁夏农林科学院农作物研究所	吴梁源等
123	白榆种源选择的研究	1988	自治区人民政府	二等奖	主持	宁夏农林科学院林业研究所	马国骅、刘颖
124	牛瑟氏泰勒焦虫病防治方法研究	1986	自治区人民政府	二等奖	主持	宁夏农林科学院畜牧兽医研究所	刘正语、马玉琳

续表

序号	名称	获奖年度	授奖部门	奖励等级	主持/参与	获奖单位	获奖人员
125	麦种蝇研究与防治	1986	自治区人民政府	二等奖	主持	宁夏农林科学院植物保护研究所	刘育钜等
126	贺兰山东麓半荒漠草场改良利用综合试验	1986	自治区人民政府	二等奖	主持	宁夏农林科学院林业研究所	唐麓君、明方福
127	银×新优良无性系选育	1986	自治区人民政府	二等奖	主持	宁夏农林科学院林业研究所	王绍琰、伍光林、强晓媛
128	胡麻新品种宁亚10号	1986	自治区人民政府	二等奖	主持	固原地区农业科学研究所	关友峰、岳国强、陆孝睦
129	羊只布氏菌弱毒菌苗接种次数与免疫间隔的研究	1985	自治区人民政府	二等奖	主持	宁夏农林科学院畜牧兽医研究所	谢守栋、蒲正鹨
130	宁夏主要树种形态解剖图集	1985	自治区人民政府	二等奖	主持	宁夏农林科学院林业研究所	冯显逵
131	固原地区羊只寄生虫调查研究	1985	自治区人民政府	二等奖	主持	固原地区农业综合研究所	张永森、孔繁瑶、杨长林、刘彩玉
132	羊只消化道线虫调查及分类研究	1985	自治区人民政府	二等奖	主持	固原地区农业综合研究所	张永森、杨红星、李克昌
133	宁夏1/50万土地资源图和面积统计表编制	1984	自治区人民政府	二等奖	主持	宁夏农林科学院土壤肥料研究所	梅成瑞、王平武
134	盐池县城郊万亩样板林试验研究	1984	自治区人民政府	二等奖	主持	宁夏农林科学院林业研究所	唐麓君、俞益民
135	宁夏磷肥试验示范与推广	1982	自治区人民政府	二等奖	主持	宁夏农林科学院土壤肥料研究所	吴祖堂、罗学义等
136	宁夏六盘山、贺兰山木本植物图鉴	1980	自治区人民政府	二等奖	主持	宁夏农林科学院林业研究所	冯显逵
137	奶牛乳房炎综合预防措施示范推广	1992	自治区人民政府	二等奖	主持	宁夏农林科学院畜牧兽医研究所	梁俭、张孝勉
138	瓜菜种质资源创新与新品种选育（2015—2019年）	2021	自治区人民政府	二等奖	参与	宁夏大学、宁夏中青农业科技有限公司、宁夏农林科学院园艺研究所、宁夏泰金种业有限公司、宁夏巨丰种苗有限责任公司、宁夏平罗中青种业有限公司、宁夏泰金种业股份有限公司	王晓敏、高艳明、冯锡鸿、裴卓强、胡新华、刘声锋、王学梅、王彦刚、田梅

续表

序号	名称	获奖年度	授奖部门	奖励等级	主持/参与	获奖单位	获奖人员
139	宁夏全域多端一体化测土配方施肥云平台建设与应用	2018	自治区人民政府	二等奖	参与	宁夏农业技术推广总站、宁夏农林科学院农业经济与信息技术研究所、宁夏智图思创科技有限公司、永宁县农业技术推广服务中心、贺兰县农业技术推广服务中心、青铜峡市农业技术和农机化推广服务中心、中宁县农业技术推广服务中心	王明国、徐润邑、张学俭、李欣、海云瑞、尹学红、王生明、王翰、张丽
140	宁夏南部山区水源涵养林多功能管理技术	2018	自治区人民政府	二等奖	参与	中国林业科学研究院森林生态环境与保护研究所、宁夏农林科学院固原分院、固原市六盘山林业局、固原市原州区林业局	王彦辉、于澎涛、熊伟、余治家、胡永强、王绪芳、樊亚鹏、佘萍、李遇春
141	宁夏中部干旱带人工种植梭梭试验示范研究	2006	自治区人民政府	二等奖	参与	宁夏林业局、宁夏农业生物技术重点实验室、宁夏大学	张浩、宋玉霞等
142	宁南半干旱黄土丘陵区生态型草业技术产业化开发研究	2006	自治区人民政府	二等奖	参与	宁夏大学、固原市农业科学研究所、宁夏农林科学院、宁夏益科农业科技有限公司、盐池县农业科学研究所、彭阳县草原站	赵萍、王秉龙等
143	柠条饲料开发利用技术研究	2004	自治区人民政府	二等奖	参与	宁夏林业局、宁夏农林科学院荒漠化治理研究所	王峰、张浩、蒋齐、温学飞、左忠等
144	宁夏枸杞新品种与深加工技术开发	2004	自治区人民政府	二等奖	参与	宁夏上实保健品有限公司、宁夏农林科学院枸杞研究所(有限公司)、宁夏林业研究所(有限公司)、宁夏杞乡生物食品工程有限公司、中宁县科技局、宁夏芦复枸杞产业开发有限公司	李建国、李健、安巍、李军、王自贵等
145	应用授粉后外源DNA导入技术选育小麦抗条锈新品系	2003	自治区人民政府	二等奖	参与	宁夏大学、宁夏农林科学院	许兴、李树华等
146	无公害枸杞生产技术体系建设研究与示范	2002	自治区人民政府	二等奖	参与	自治区林业厅、宁夏农林科学院枸杞所	石志刚等

续表

序号	名称	获奖年度	授奖部门	奖励等级	主持/参与	获奖单位	获奖人员
147	宁夏半干旱地区及沙荒地蚕桑技术开发应用研究	2001	自治区人民政府	二等奖	参与	宁夏蚕业工作站、固原地区农业科学研究所	崔秀梅、吴国平、周皓蕾、王晓玲、杜占文、张玉兰
148	甜菜新品种及高产优质栽培技术推广	1996	自治区人民政府	二等奖	参与	宁夏甜菜糖业研究所、银川糖厂、宁夏农林科学院土肥所、平罗县糖厂、青铜峡糖厂、宁夏农垦科研所	李友宏等
149	盐池北部六乡沙漠化土地综合整治	1996	自治区人民政府	二等奖	参与	宁夏农林科学院林业研究所	戴秀章、王北
150	银北中低产田综合增产技术开发试验	1994	自治区人民政府	二等奖	参与	宁夏农林科学院农业科技情报研究所、宁夏农林科学院、宁夏农林科学院土壤肥料研究所、宁夏盐改站、平罗县人民政府、惠农县人民政府、宁夏林科所	董宏林、孙尚贤、罗代雄、汤明哲等
151	小麦套种玉米高产模式栽培技术推广	1994	自治区人民政府	二等奖	参与	宁夏农业厅、宁夏农林科学院土壤肥料研究所、青铜峡市、吴忠市农技推广中心、永宁县、惠农县农业局、中宁、灵武、银川郊区、陶乐县农广中心	罗代雄等
152	宁南半干旱地区节水型农业生产结构	1992	自治区人民政府	二等奖	参与	西北农业大学、固原地区农业科学研究所	李永平、景继海等
153	宁糯2号新品种选育	1990	自治区人民政府	二等奖	参与	宁夏农林科学院农作物研究所	吴梁源等
154	宁夏2000年人才与智力开发战略和对策	1988	自治区人民政府	二等奖	参与	宁夏农林科学院农业科技情报研究所	邝经邦
155	宁夏地区牛病毒性腹泻病毒(BVDV)遗传演化及疫病防控技术研究	2021	自治区人民政府	三等奖	主持	宁夏农林科学院动物科学研究所、中国农业科学院兰州兽医研究所	王建东、高闪电、康晓冬、邓占钊、常惠芸、施安、殷宏

续表

序号	名称	获奖年度	授奖部门	奖励等级	主持/参与	获奖单位	获奖人员
156	灌区优质苜蓿节水高效生产技术研究与示范	2021	自治区人民政府	三等奖	主持	宁夏农林科学院荒漠化治理研究所、宁夏农垦茂盛草业有限公司、宁夏回族自治区水利科学研究院、盐池县农牧科学研究所	杜建民、何建龙、马晓霞、周乾、吴旭东、马锋茂、王东清
157	宁夏南部典型生态移民迁出区植被、土壤演变及生态修复技术研究	2021	自治区人民政府	三等奖	主持	宁夏农林科学院荒漠化治理研究所、彭阳县林业技术推广服务中心	许浩、王月玲、万海霞、温淑红、陈克斌、翟红霞、薛新乐
158	小麦抗逆基因挖掘及功能型种质创新研究	2021	自治区人民政府	三等奖	主持	宁夏农林科学院农业生物技术研究中心	白海波、李苗、朱永兴、惠建、郑国保、吕学莲、董建力
159	宁夏现代农业产业及新型经营主体高质量发展研究	2021	自治区人民政府	三等奖	主持	宁夏农林科学院农业经济与信息技术研究所、宁夏回族自治区农村经济经营管理站、宁夏广银米业有限公司、宁夏杞乡生物食品工程有限公司、宁夏农垦贺兰山牛羊产业(集团)有限公司	温淑萍、张治华、王微、张静、黄亚玲、马莉莉、王琛
160	设施蔬菜土传病害生防木霉制剂研发及高效防控技术应用	2021	自治区人民政府	三等奖	主持	宁夏农林科学院植物保护研究所、银川市西夏区农业技术推广服务中心、固原市原州区农业技术推广服务中心、中卫市农业技术推广与培训中心、银川市兴庆区农业技术推广中心	康萍芝、马建华、白小军、吴晓燕、何建国、张治科、王雪
161	宁夏牛羊养殖模式及饲草料资源高效利用研究	2020	自治区人民政府	三等奖	主持	宁夏农林科学院动物科学研究所、宁夏科技发展战略和信息研究所、北方民族大学、宁夏回族自治区畜牧工作站、宁夏回族自治区饲料工作站	王秀琴、马小明、董丽华、康晓冬、马晓莉、张国坪、王琨
162	肉苁蓉人工控制寄生关键技术研究	2020	自治区人民政府	三等奖	主持	宁夏农林科学院农业生物技术研究中心	陈虞超、甘晓燕、张丽、宋玉霞、石磊、巩檑、聂峰杰

续表

序号	名称	获奖年度	授奖部门	奖励等级	主持/参与	获奖单位	获奖人员
163	宁夏设施蔬菜西花蓟马定殖及寄主定位嗅觉感受机制研究	2020	自治区人民政府	三等奖	主持	宁夏农林科学院植物保护研究所、中国农业科学院植物保护研究所	张治科、吴圣勇、雷仲仁、魏淑花、王海鸿、高玉林、杜玉宁
164	防治稻瘟病芽胞杆菌杀菌剂的研发与生防机制研究	2020	自治区人民政府	三等奖	主持	宁夏农林科学院植物保护研究所、中国农业大学、宁夏农林科学院农作物研究所、宁夏穗丰种业有限公司、平罗县农业技术推广服务中心	沙月霞、王琦、史延丽、任晓利、张怡、刘立峰、哈学虎
165	宁夏高品质枸杞植保关键技术研究示范	2020	自治区人民政府	三等奖	主持	宁夏农林科学院植物保护研究所、中国农业大学、宁夏农林科学院种质资源研究所	李锋、刘晓丽、刘亚佳、仲崇山、王一、李俐、李晓龙
166	枸杞病虫害防治高效精准用药技术研究与应用	2020	自治区人民政府	三等奖	主持	宁夏农林科学院植物保护研究所、宁夏枸杞产业发展中心、宁夏回族自治区农业技术推广总站、宁夏回族自治区草原工作站	王芳、何嘉、刘畅、祁伟、于丽、黄文广、张蓉
167	特色优势农产品功能成分检测技术标准研究与应用	2020	自治区人民政府	三等奖	主持	宁夏农产品质量标准与检测技术研究所、宁夏回族自治区食品检测研究院	杨春霞、张艳、马桂娟、石欣、王芳、李彩虹、开建荣
168	枸杞产地土壤环境质量评价和水肥高效利用技术研究与应用	2020	自治区人民政府	三等奖	主持	宁夏农林科学院农业资源与环境研究所、中国农业科学院农业资源与农业区划研究所、中宁县枸杞产业发展服务中心	张学军、耿宇聪、刘晓彤、雷秋良、罗健航、陈清平、田学霞
169	六盘山深度贫困典型区特色种养业关键技术研究与集成应用	2020	自治区人民政府	三等奖	主持	宁夏农林科学院农业资源与环境研究所、宁夏农林科学院动物科学研究所、西吉县马铃薯产业服务中心、西吉县畜牧水产技术推广服务中心	桂林国、李聚才、何进勤、金建新、施安、王自谦、马福莲
170	水稻、玉米专用缓/控释肥工艺技术研发与应用	2020	自治区人民政府	三等奖	主持	宁夏农林科学院农业资源与环境研究所、宁夏农林科学院植物保护研究所、银川稼宝农业科技有限公司	赵营、姜彩鸽、冒辛平、柯英、洪瑜、李凤霞、刘汝亮

续表

序号	名称	获奖年度	授奖部门	奖励等级	主持/参与	获奖单位	获奖人员
171	荞麦燕麦新品种信农1号、黔黑荞1号、燕科1号引育及推广	2020	自治区人民政府	三等奖	主持	宁夏农林科学院固原分院、盐池县嘉丰种业有限公司、宁夏兴鲜杂粮种植加工基地(有限公司)	常克勤、宋斌善、杜燕萍、穆兰海、杨崇庆、王建宇、尚继红
172	固原鸡选育及规模化生态养殖技术研究	2019	自治区人民政府	三等奖	主持	宁夏农林科学院动物科学研究所、宁夏农林科学院固原分院、宁夏万升实业有限责任公司	额尔和花、丁伟、王秉龙、岳彩娟、杨万升
173	枸杞属植物DNA条形码研制及种质资源遗传多样性研究	2019	自治区人民政府	三等奖	主持	宁夏农林科学院枸杞工程技术研究所	石志刚、万如、周旋、王亚军、李云翔、安巍、张曦燕
174	宁夏中北部地区生态系统林木固碳特征及碳储量研究	2019	自治区人民政府	三等奖	主持	宁夏农林科学院荒漠化治理研究所、宁夏回族自治区林业和草原局	许浩、季波、何建龙、许昊、汪泽鹏、王顺霞、张源润
175	宁夏马铃薯分子育种基础研究与技术创新	2019	自治区人民政府	三等奖	主持	宁夏农林科学院农业生物技术研究中心	张丽、甘晓燕、聂峰杰、宋玉霞、巩檑、陈虞超、石磊
176	宁夏农业特色优势产业发展中的"互联网+"融合现状及模式研究	2019	自治区人民政府	三等奖	主持	宁夏农林科学院农业经济与信息技术研究所、西部电子商务股份有限公司、百瑞源枸杞股份有限公司	刘俭、苗冠军、李晓瑞、李季、王微、牛彦文、沈静
177	宁夏农田杂草综合治理技术研究与应用	2019	自治区人民政府	三等奖	主持	宁夏农林科学院植物保护研究所、永宁县农业技术推广服务中心、固原市原州区农业技术推广服务中心、沙坡头区农业技术推广服务中心、沙坡头区林业技术推广服务中心	张怡、宋双、姜彩鸽、迟永伟、张玉龙、禹云霞、刘晓超
178	宁夏葡萄酒关键质量因子综合评价体系构建与创新应用	2019	自治区人民政府	三等奖	主持	宁夏农产品质量标准与检测技术研究所、西北农林科技大学、酩悦轩尼诗夏桐(宁夏)酒庄有限公司	葛谦、张艳、马婷婷、孙翔宇、苟春林、赵子丹、苏龙

续表

序号	名称	获奖年度	授奖部门	奖励等级	主持/参与	获奖单位	获奖人员
179	宁夏苹果主要病虫鸟害生态防控关键技术研究与示范	2019	自治区人民政府	三等奖	主持	宁夏农林科学院种质资源研究所、宁夏林权服务与产业发展中心、沙坡头区林业技术推广服务中心、吴忠林场、银川市河东生态园艺试验中心	李晓龙、贾永华、王春良、窦云萍、张国庆、张翠红、李秋波
180	西夏骄子、西夏嘉年华和西夏绿龙西瓜新品种的选育及示范	2019	自治区人民政府	三等奖	主持	宁夏农林科学院种质资源研究所、平罗县农业技术推广服务中心、贺兰县农业技术推广服务中心、南陵县农业技术中心、银川市金凤区农业技术推广服务中心	王志强、李程、郭松、刘声锋、张庆华、梁朴、王峻枫
181	宁夏灌区典型土壤微生物特征及其资源开发利用	2019	自治区人民政府	三等奖	主持	宁夏农林科学院农业资源与环境研究所、宁夏农林科学院荒漠化治理研究所	李凤霞、赵营、王长军、郭永忠、蔡进军、雷金银、樊丽琴
182	宁南山区小麦新品种宁春49号、宁冬13、16号选育及推广	2019	自治区人民政府	三等奖	主持	宁夏农林科学院固原分院	杨琳、邵千顺、王斐、王峰、童志强、陈世平
183	肉羊舍饲养殖标准化关键技术研究与示范	2018	自治区人民政府	三等奖	主持	宁夏农林科学院动物科学研究所、宁夏大学农学院、平罗县畜牧技术推广服务中心	梁小军、柴君秀、丁伟、岳彩娟、周玉香、张国鸿、沈明亮
184	宁夏特色优势农产品加工和品牌提升路径与实践	2018	自治区人民政府	三等奖	主持	宁夏农林科学院农业经济与信息技术研究所、宁夏红枸杞产业集团有限公司、宁夏沃福百瑞枸杞产业股份有限公司、宁夏回族自治区乡镇企业经济发展服务中心	温淑萍、张治华、潘泰安、崔振华、郭涵、郭荣、辛健
185	宁夏旱作区枣树蔬菜病虫害灾变规律和绿色防控技术研究及应用	2018	自治区人民政府	三等奖	主持	宁夏农林科学院植物保护研究所、宁夏职业技术学院、同心县农业技术推广服务中心、盐池县农业技术推广服务中心、中卫市林木检疫站	沈瑞清、康萍芝、查仙芳、张华普、张丽荣、杜玉宁、张萍

续表

序号	名称	获奖年度	授奖部门	奖励等级	主持/参与	获奖单位	获奖人员
186	宁南山区冷凉蔬菜产业优质高效生产关键技术研究与示范	2018	自治区人民政府	三等奖	主持	宁夏农林科学院农业资源与环境研究所、宁夏科泰种业有限公司、宁夏农产品质量标准与检测技术研究所、宁夏农林科学院种质资源研究所、宁夏农产品质量安全中心	桂林国、王学铭、李冬、何进勤、尹志荣、曲继松、郭松
187	规模化畜禽养殖粪污厌氧处理及资源化利用技术研究与示范	2018	自治区人民政府	三等奖	主持	宁夏农林科学院农业资源与环境研究所、宁夏农业环境保护监测站、宁夏农村能源工作站、西北农林科技大学、宁夏五丰农业科技有限公司	张学军、马建军、贾向峰、李云翔、马京军、邱凌、王金保
188	胡麻新品种宁亚20、21号选育及轻简高效种植新技术与示范推广	2018	自治区人民政府	三等奖	主持	宁夏农林科学院固原分院	曹秀霞、张炜、杨崇庆、钱爱萍、陆俊武、剡宽将、常富德
189	滩羊标准化生产关键技术研究与示范	2017	自治区人民政府	三等奖	主持	宁夏农林科学院动物科学研究所、宁夏盐池县鑫海食品有限公司、宁夏朔牧盐池滩羊繁育有限公司、宁夏农林科学院畜牧兽医研究所(有限公司)	马青、梁小军、周玉香、马丽娜、王锦、于洋、云华
190	宁农科1号、3号西瓜新品种选育与示范推广	2017	自治区人民政府	三等奖	主持	宁夏农林科学院种质资源研究所、宁夏科泰种业有限公司、中卫市农业技术推广和培训中心、中卫市沙坡头区农业技术推广服务中心、中宁县农业技术推广服务中心、宁夏卫农农业发展有限公司	刘声锋、于蓉、田梅、王志强、郭松、董瑞、马立明、吴龙军、李程、刘娟、黄莉、俞学辉、丁吉文、徐卫军、巨建民
191	优质稻宁粳41号宁粳45号选育及应用	2017	自治区人民政府	三等奖	主持	宁夏农林科学院农作物研究所、宁夏回族自治区原种场	安永平、王彩芬、马静、常学文、张文银、强爱玲、杨桂琴、史延丽、王坚、张俊杰、马金国、马鸣慧、澜保国

续表

序号	名称	获奖年度	授奖部门	奖励等级	主持/参与	获奖单位	获奖人员
192	枸杞果实重要营养物质形成分子机理及调控技术研究	2017	自治区人民政府	三等奖	主持	宁夏农林科学院枸杞工程技术研究所、北京林业大学、宁夏农林科学院荒漠化治理研究所、西南大学	赵建华、安巍、李浩霞、尹跃、席万鹏、周旋、李云翔、王华芳、李彦龙、王亚军、石志、修宇
193	宁夏草原虫害监测及防控技术研究与示范	2017	自治区人民政府	三等奖	主持	宁夏农林科学院植物保护研究所、宁夏回族自治区草原工作站	张蓉、魏淑花、朱猛蒙、黄文广、高立原、赵勇、于钊、马建华、马宏兴、何嘉、王芳、罗晓玲、吴晓燕、张宇、孙玉荣
194	优质粮食作物农机农艺融合化肥减施增效技术集成与示范	2017	自治区人民政府	三等奖	主持	宁夏农林科学院农业资源与环境研究所、中国农业科学院农业环境与可持续发展研究所、吴忠市利通区农业综合开发办公室、灵武市农业技术推广服务中心、吴忠市利通区农业技术推广服务中心、青铜峡市农业综合开发办公室、青铜峡市农业技术和农机化推广服务中心、贺兰县农业技术推广服务中心、青铜峡市民乐农业机械有限公司	王芳、张爱平、李友宏、刘汝亮、杨正礼、洪瑜、张新华、杨世琦、张晴雯、王成、田旭东、罗永峰、何继涛、李少杰、王佳
195	马铃薯新品种宁薯14号、15号、16号选育与示范推广	2017	自治区人民政府	三等奖	主持	宁夏农林科学院固原分院、宁夏马铃薯工程技术研究中心、固原天启薯业有限公司、宁夏佳立马铃薯产业有限公司	吴林科、王效瑜、张小川、王收良、张国辉、余帮强、颉瑞霞、张新学、苏林富、张建虎、魏国宁、王海燕、柳根生、禹彩虹
196	草地建植管理技术研究与示范	2015	自治区人民政府	三等奖	主持	宁夏农林科学院动物科学研究所、宁夏草原工作站、彭阳县草原工作站	高婷、赵勇、王川、赵萍、杨炜迪、李云、吴韶儒
197	滩羊分子标记技术开发及应用研究	2015	自治区人民政府	三等奖	主持	宁夏农林科学院动物科学研究所、盐池县畜牧技术推广服务中心、宁夏朔牧盐池滩羊繁育有限公司	马青、马丽娜、周进勤、刘彩凤、杨炜迪、云华、岳彩娟

续表

序号	名称	获奖年度	授奖部门	奖励等级	主持/参与	获奖单位	获奖人员
198	设施蔬菜生物活性物质应用技术研究与示范	2015	自治区人民政府	三等奖	主持	宁夏农林科学院种质资源研究所、北京农业智能装备技术研究中心、宁夏吴忠国家农业科技园区管理委员会、盐池县科学技术局、灵武市农业技术推广服务中心	曲继松、郭文忠、张丽娟、杨子强、张渊、王利春、朱倩楠
199	冷凉区拱棚辣椒连续丰产技术试验示范	2015	自治区人民政府	三等奖	主持	宁夏农林科学院种质资源研究所、彭阳县蔬菜产业发展服务中心	马守才、王学梅、谢华、海生广、马德俊、吴雪梅、李志仪
200	水稻新品种宁粳44号选育与示范	2015	自治区人民政府	三等奖	主持	宁夏农林科学院农作物研究所、宁夏种子工作站、宁夏农垦事业管理局农林牧技术推广服务中心	刘炜、史延丽、杨生龙、李玉红、王坚、路洁、李华
201	高产奶牛性控冻精产业化应用	2014	自治区人民政府	三等奖	主持	宁夏农林科学院动物科学研究所	梁小军、王秀琴、马吉锋、王建东、曹福顺、殷骥、李艳艳
202	基于土壤水分平衡的宁夏干旱风沙区植被恢复模式研究	2014	自治区人民政府	三等奖	主持	宁夏农林科学院荒漠化治理研究所、宁夏草原工作站、盐池县环境保护和林业局	王占军、何建龙、蒋齐、王顺霞、刘华、石惠书、潘占兵
203	利用DNA导入技术培育水稻抗逆新品种研究	2014	自治区人民政府	三等奖	主持	宁夏农林科学院农业生物技术研究中心、中国农业科学院作物科学研究所	李树华、杨庆文、吕学莲、白海波、朱永兴、马静、李华
204	宁夏扬黄灌区枸杞节水高效技术研究与示范	2014	自治区人民政府	三等奖	主持	宁夏农林科学院农业生物技术研究中心、红寺堡区农牧和科学技术局	张源沛、曹晓虹、郑国保、朱金霞、周丽娜、郑国琦、吴国华
205	植物源农药的研发与利用	2014	自治区人民政府	三等奖	主持	宁夏农林科学院植物保护研究所	张蓉、王芳、刘畅、南宁丽、何嘉、朱猛蒙、黄文广
206	宁夏引黄灌区稻田水肥耦合与生态调控的氮磷减排技术研究与示范	2014	自治区人民政府	三等奖	主持	宁夏农林科学院农业资源与环境研究所、宁夏农业技术推广总站、青铜峡农业技术推广服务中心、灵武市农业技术推广服务中心、平罗县农业技术推广服务中心	张学军、尹学红、陈晓群、罗健航、赵天成、刘汝亮、白建忠

续表

序号	名称	获奖年度	授奖部门	奖励等级	主持/参与	获奖单位	获奖人员
207	马铃薯种薯节水高效生产关键技术研究与集成示范	2014	自治区人民政府	三等奖	主持	宁夏农林科学院农业资源与环境研究所、西北农林科技大学、固原市农业机械化技术推广服务中心宁夏大学、西吉县农业技术推广服务中心	桂林国、杨福增、张权、陈智君、何进勤、王天宁、杨建国
208	奶牛繁殖障碍性疾病的病因与防治技术的研究	2013	自治区人民政府	三等奖	主持	宁夏农林科学院动物科学研究所	梁小军、薛伟、马吉锋、王建东、张俊丽、于洋、杨春莲
209	肉牛高效健康养殖技术体系建立及生产模式研究与集成示范	2013	自治区人民政府	三等奖	主持	宁夏农林科学院畜牧兽医研究所、宁夏农林科学院动物科学研究所、银川市西夏区农牧水务局	刘自新、李聚才、梅宁安、殷骥、张作义、王川、马小明
210	宁夏地区不同施氮量对水稻生产及田间温室气体排放的影响研究	2013	自治区人民政府	三等奖	主持	宁夏农林科学院农业生物技术研究中心	张源沛、孔德杰、朱金霞、郑国保、关雅静、刘宝山、聂峰杰
211	西部民族地区农业信息化集成创新模式研究与示范	2013	自治区人民政府	三等奖	主持	宁夏农林科学院农业经济与信息技术研究所	温淑萍、周蕾、王琛、张冬、赵晓明、蒙进军、王银惠
212	马铃薯种薯有害生物监测及综合防控技术研究与集成示范	2013	自治区人民政府	三等奖	主持	宁夏农林科学院植物保护研究所、西北农林科技大学、宁夏农林科学院农业生物技术研究中心、宁夏职业技术学院、西吉县农业技术推广服务中心	沈瑞清、郭成瑾、康萍芝、张丽荣、张华普、刘浩、张萍
213	宁夏引黄灌区耕地地力修复与养分综合管理关键技术研究与示范	2013	自治区人民政府	三等奖	主持	宁夏农林科学院农业资源与环境研究所、宁夏农业综合开发办公室、宁夏大学、青铜峡农业综合开发办公室、宁夏圣花米来生物工程有限公司	周涛、蒙静、梁锦秀、郭鑫年、王西娜、赵营、冯毅
214	肉羊杂交改良及新品种培育	2012	自治区人民政府	三等奖	主持	宁夏农林科学院草畜工程技术研究中心、平罗县畜牧技术推广服务中心、宁夏宇泊科技有限公司	柴君秀、李颖康、马小明、王秀清、谭俊、杨炜迪、张鑫荣

续表

序号	名称	获奖年度	授奖部门	奖励等级	主持/参与	获奖单位	获奖人员
215	奶牛隐性乳房炎病原微生物分离鉴定和防治技术的研究与示范	2012	自治区人民政府	三等奖	主持	宁夏农林科学院草畜工程技术研究中心	梁小军、马吉锋、黎玉琼、王建东、张俊丽、张淑萍、李艳艳
216	枸杞活性成分提取工艺研究及精深产品开发	2012	自治区人民政府	三等奖	主持	宁夏枸杞工程技术研究中心	曹有龙、刘兰英、李越鲲、闫亚美、李晓莺、米海莉
217	日光温室蔬菜滴灌施肥技术研究与滴灌专用复合肥研制	2012	自治区人民政府	三等奖	主持	宁夏农林科学院农业资源与环境研究所、银川市农业技术推广服务中心、宁夏农产品质量标准与检测技术研究所	杨建国、马晓红、白锦红、李淑玲、樊丽琴、纪立东、柯英
218	宁夏蚜虫及其天敌昆虫资源调查与研究	2012	自治区人民政府	三等奖	主持	宁夏农林科学院、中国林业科学研究院、森林生态环境与保护研究所、银川市园林局、银川市银西生态防护林管理处、宁夏森林病虫防治检疫总站	王建义、唐桦、徐庆林、杨真、曾健、邹敏、宝山
219	南部山区扬水补灌旱作高效节水农业配套技术集成与示范	2012	自治区人民政府	三等奖	主持	固原市农业科学研究所、海原县科技局	袁丕成、买自珍、蒋儒龄、陆俊武、杨琳、董凤林、崔建宗
220	胡麻新品种及丰产栽培综合配套技术研究与示范推广	2012	自治区人民政府	三等奖	主持	固原市农业科学研究所	安维太等
221	宁夏干旱区设施蔬菜综合节水技术研究与示范	2011	自治区人民政府	三等奖	主持	宁夏农林科学院农业生物技术研究中心、宁夏大学、宁夏水利科学研究所、原州区科学技术局、盐池县科学技术局	张源沛、鲍子云、王锐、郑国保、孔德杰、岳国军、仝炳伟、朱金霞、孙权、罗军林、郭文忠、曲继松、冯海萍、彭文栋、冒秀凤
222	农作物与经济植物分子育种	2011	自治区人民政府	三等奖	主持	宁夏农业生物技术重点实验室、宁夏农林科学院农作物研究所	宋玉霞、殷延勃、陈晓军、马洪文、甘晓燕、李苗、张丽、陈虞超、石磊、马洪爱、王敬东、关雅静、李琦、周晓燕

续表

序号	名称	获奖年度	授奖部门	奖励等级	主持/参与	获奖单位	获奖人员
223	荷兰马铃薯病虫害防治体系的引进和示范	2011	自治区人民政府	三等奖	主持	宁夏农林科学院植物保护研究所、荷兰瓦赫宁根大学、宁夏职业技术学院、宁夏西吉县农业技术推广服务中心、宁夏石嘴山市惠农区农业技术推广服务中心、宁夏同心县农业技术推广服务中心、宁夏固原市原州区农业技术推广服务中心、宁夏海原县科学技术局	沈瑞清、郭成瑾、张丽荣、张萍、康萍芝、刘浩、张华普、谢成君、朱建祥、孙发国、何建国、袁丕成、孔令笛、哈金华、B.Jones
224	压砂地病虫害监测预报及综合防控技术研究与示范	2011	自治区人民政府	三等奖	主持	宁夏农林科学院植物保护研究所、中卫市科学技术局、中宁县科学技术局	张蓉、张怡、陈宏灏、高立原、马建华、朱猛蒙、王芳、何嘉、白小军、刘晓丽、陈洁、雍建华、周宗杰、宋慧杰、孟清荣
225	精准农业养分管理技术应用研究	2011	自治区人民政府	三等奖	主持	宁夏农林科学院农业资源与环境研究所、兰州大学资源环境学院、宁夏吴忠国家农业科技园区管理委员会、吴忠市利通区东塔寺乡人民政府、灵武市良种示范繁殖农场、吴忠市利通区农业技术推广服务中心	王芳、李友宏、赵天成、陈晨、刘汝亮、洪瑜、冯鑫、张建明、王波、马学兵、徐新福、杨常新、王学英、王万国、刘建宁
226	宁夏枸杞雄性不育种质发现、鉴定及利用	2010	自治区人民政府	三等奖	主持	国家枸杞工程技术研究中心、银川育新枸杞种业有限公司、宁夏枸杞协会、中宁县科学技术局	曹有龙、秦垦、樊云芳、李彦龙、焦恩宁、石志刚、戴国礼、何军、李晓莺、刘元恒、张曦燕、罗青、巫鹏举、唐慧峰、文小强、王自贵、田英、康本国、吴广生、杨玲、王兵

续表

序号	名称	获奖年度	授奖部门	奖励等级	主持/参与	获奖单位	获奖人员
227	新垦农田作物病害自然防治系统建立技术	2010	自治区人民政府	三等奖	主持	宁夏农林科学院植物保护研究所、美国普渡大学、宁夏石嘴山市惠农区农技中心、宁夏石嘴山市平罗县农技中心、美国孟山都公司、宁夏职业技术学院	沈瑞清、康萍芝、张丽荣、张萍、郭成瑾、白小军、朱建祥、孔令笛、李建如、哈金华、吴惠玲、张华普、杨卫东、Don M Huber、Mark Healsey
228	玉米新品种宁单11号选育与示范推广	2010	自治区人民政府	三等奖	主持	宁夏农林科学院农作物研究所	许志斌、杨国虎、李新、罗湘宁、常学文、李华、王学铭、张俊杰、张增富、佘奎军、杨建功、赵卫、李耀宏、姜国先、杨金明、谭政华、吴春铃、王兆川、王平、吴瑞、李冬
229	美国优质牧草引种及在宁夏中部干旱带生态适应性研究	2009	自治区人民政府	三等奖	主持	宁夏农林科学院、宁夏益科农业科技有限公司、盐池县农牧科学研究所	高婷、张晓刚、朱建宁、纪立东、彭文栋、李凤霞、冯鑫
230	枸杞种质资源规范化描述评价及种质鉴定技术研究	2009	自治区人民政府	三等奖	主持	宁夏枸杞工程技术研究中心	安巍、许兴、石志刚、赵建华、王亚军、樊云芳、李云翔、焦恩宁、曹有龙、戴国礼、王春良、王文华、马新生、王孝
231	4ZGB-30型便携式枸杞采摘机的研制	2009	自治区人民政府	三等奖	主持	宁夏枸杞工程技术研究中心、宁夏吴忠绿源科技有限公司	曹有龙、叶力勤、何军、安巍、雷泽民、石志刚、宋春喜、赵永峰、李强、陈渐宁、巫鹏举
232	牛心朴子生物碱高效提取技术与无公害生物农药研制	2009	自治区人民政府	三等奖	主持	宁夏枸杞工程技术研究中心	曹有龙、米海莉、张曦燕、李越鲲、张宗山、罗青、巫鹏举、李晓莺、何军

续表

序号	名称	获奖年度	授奖部门	奖励等级	主持/参与	获奖单位	获奖人员
233	应用碳同位素分辨率鉴定技术选育小麦节水新品种的研究	2009	自治区人民政府	三等奖	主持	宁夏农业生物技术重点实验室、宁夏大学西北退化生态系统恢复与重建省部共建教育部重点实验室、固原市农业科学研究所	许兴、袁汉民、李树华、景继海、朱林、雍立华、赵佰图、董建力、白海波、王娜、杨琳、孔德杰、吕学莲、何军、王晓亮、惠红霞、张岩
234	宁夏沙生中药材种质资源利用和规范化种植技术研究与示范	2009	自治区人民政府	三等奖	主持	宁夏农林科学院荒漠化治理研究所、盐池县科学技术局、宁夏农林科学院植物保护研究所	蒋齐、李明、张清云、张治科、王占军、刘伟泽、龙澍普、杨彩霞、刘冰、安钰、康建宏、李生彬、何建龙、蔡俊、瞿捍择、温淑红、柳长春、郭新春、黄新国、南宁丽、杨朝霞、王锦芳、李永钢、鲍瑞、闫耀宗、纪庆文、张海波
235	设施果树优质高效综合配套栽培技术研究与应用	2009	自治区人民政府	三等奖	主持	宁夏农林科学院种质资源研究所、银川市天天鲜蔬菜果品有限责任公司、银川市小任果业有限责任公司、银川市德远设施示范场	梁玉文、岳海英、冯学梅、贾永华、李峰、张宁川、任爱民、李阿波、王正义、梁玉斌、纳文华、董宏远、李秋波、王星红、王学梅
236	宁南山区土壤团粒分形特征及其对植被恢复的响应	2009	自治区人民政府	三等奖	主持	宁夏农林科学院农业资源与环境研究所、西北农林科技大学水土保持研究所、中国科学院水利部水土保持研究所	杨建国、安韶山、李淑玲、黄懿梅、樊丽琴、刘梦云、尚红莺、王晗生、王长军、周丽娜、纪立东
237	宁南山区枸杞南移配套栽培技术研究与示范	2009	自治区人民政府	三等奖	主持	固原市农业科学研究所	崔秀梅、吴国平、徐开晴、张西民、杨治科、石绍泉、沙凤英、周皓蕾、张国罗、杨向红、金小平、杜占文

续表

序号	名称	获奖年度	授奖部门	奖励等级	主持/参与	获奖单位	获奖人员
238	宁夏枸杞有机生产技术研究与示范	2008	自治区人民政府	三等奖	主持	宁夏农林科学院枸杞研究所(有限公司)、宁夏老科学技术工作者协会、宁夏亚乐农业科技有限公司	李建国、王文华、姜文胜、马金平、李军等
239	宁夏优质农产品品牌创新战略及关键技术选择	2008	自治区人民政府	三等奖	主持	宁夏农林科学院农业科技信息研究所	温淑萍、赵晓明、郭荣、周蕾、梁小军等
240	应用性控冻精快繁高产奶牛技术研究与示范	2008	自治区人民政府	三等奖	主持	宁夏农林科学院种质资源研究所、银川市科学技术局、银川市生产力促进中心、宁夏贺清奶牛股份有限公司等	梁小军、董学礼、张振斌、刘祁、王长峰等
241	宁夏设施农业土壤与环境调控技术研究和示范	2008	自治区人民政府	三等奖	主持	宁夏农林科学院农业资源与环境研究所、宁夏农业技术推广总站、宁夏银川市金凤区农林技术推广服务中心	张学军、陈晓群、罗健航、赵营、杨俊等
242	宁夏春小麦品质及 HMW-GS 遗传效应在育种中的应用研究	2008	自治区人民政府	三等奖	主持	宁夏农林科学院农作物研究所	李红霞、曾宝安、董建力、张双喜、魏亦勤等
243	优质稻宁粳38号选育及应用	2008	自治区人民政府	三等奖	主持	宁夏农林科学院农作物研究所、中国农业科学院作物科学研究所	安永平、王彩芬、张文银、马静、强爱玲等
244	旱地春小麦优良新品种宁春36号、宁春45号选育及大面积推广应用	2008	自治区人民政府	三等奖	主持	固原市农业科学研究所	景继海、赵佰图、杨琳等
245	宁夏道地沙生中药材资源保护及可持续发展关键技术研究与示范	2007	自治区人民政府	三等奖	主持	宁夏农林科学院荒漠化治理研究所、宁夏药品检验所、中国医学科学院药用植物研究所、宁夏大学、宁夏农林科学院植保所、宁夏绿苑沙生药用植物研究所等	蒋齐、李明、邢世瑞、王英华、杨彩霞等
246	枣果保鲜剂开发及配套贮藏保鲜技术示范	2007	自治区人民政府	三等奖	主持	宁夏农林科学院农副产品贮藏加工研究所、灵武市临河镇二道沟长枣经济合作社、灵武市大泉林场、中宁县林业局	魏天军、窦云萍、王信、唐文林、祁伟、王淑梅

续表

序号	名称	获奖年度	授奖部门	奖励等级	主持/参与	获奖单位	获奖人员
247	精品无公害蔬菜规范化超高产栽培技术集成与示范	2007	自治区人民政府	三等奖	主持	宁夏农林科学院种质资源研究所、中卫市新阳光农业科技有限责任公司、中卫市科技局	谢华、崔静英、王学梅、利继东、刘声峰等
248	宁夏熊蜂驯化繁殖技术研究及授粉技术试验示范	2007	自治区人民政府	三等奖	主持	宁夏农林科学院种质资源研究所、盐池县科技局、盐池县农业局	冯志红、于蓉、王春、陈雀民、王学梅等
249	宁夏优质鲜食葡萄延迟栽培技术研究与示范	2007	自治区人民政府	三等奖	主持	宁夏农林科学院种质资源研究所、自治区科特办、宁夏银川市德远设施示范场	梁玉文、王春良、王正义、贾永华、岳海英等
250	糯性糜子新品种选育推广	2007	自治区人民政府	三等奖	主持	固原市农业科学研究所	程炳文、容霞、买自珍
251	高产优质马铃薯新品种宁薯10号、宁薯11号的选育推广	2007	自治区人民政府	三等奖	主持	固原市农业科学研究所	吴林科、王效瑜、王收良等
252	宁南山区水土流失及小流域综合治理经验与对策研究	2007	自治区人民政府	三等奖	主持	固原市农业科学研究所、固原市水务局水保站、宁夏科技信息研究所	赵萍、赵功强等
253	农业科技成果评价指标体系及智能化评审管理系统研究	2006	自治区人民政府	三等奖	主持	宁夏农林科学院农业科技信息研究所	温淑萍、董宏林、赵晓明、黄亚玲、杨晓洁等
254	枸杞红瘿蚊、蚜虫覆盖隔离物理防治技术研究	2006	自治区人民政府	三等奖	主持	宁夏农林科学院植物保护研究所、中宁县科学技术局	李锋、孙海霞、仵均祥、康本国、田建华等
255	生物农药系列产品的研制与开发	2006	自治区人民政府	三等奖	主持	宁夏农林科学院植物保护研究所、德国康斯坦茨大学、德国霍恩海姆大学	查仙芳、王宽仓、南宁丽、沈瑞清、张萍等
256	宁夏土壤供钾能力及钾肥高效施用技术研究与示范	2006	自治区人民政府	三等奖	主持	宁夏农林科学院农业资源与环境研究所、灵武市良繁场、石嘴山市惠农区农业局、同心县预旺镇人民政府、海原县农业局	李友宏、王芳、赵天成、陈晨、李海洋等
257	水稻新品种宁粳28号	2006	自治区人民政府	三等奖	主持	宁夏农林科学院农作物研究所	安永平、强爱玲、王兴盛、韩国敏、武绍湖等

续表

序号	名称	获奖年度	授奖部门	奖励等级	主持/参与	获奖单位	获奖人员
258	优质、高产、抗旱春小麦新品种宁春27号、宁春29号、宁春34号选育及配套栽培技术研究与推广	2006	自治区人民政府	三等奖	主持	固原市农业科学研究所	景继海、赵佰图等
259	荞麦莜麦新品种选育及应用推广	2006	自治区人民政府	三等奖	主持	固原市农业科学研究所	马均伊等
260	植物病害生防产品研制	2006	自治区人民政府	三等奖	主持	宁夏农林科学院植物保护研究所	查仙芳、王宽仓、南宁丽、丁桂荣、张怡、沈瑞清、田佳
261	盐池沙漠化土地综合治理技术示范推广	2005	自治区人民政府	三等奖	主持	宁夏农林科学院荒漠化治理研究所、盐池县环境保护与林业局、盐池县科技局、盐池县畜牧局	李生宝、王峰、蒋齐、温学飞、潘占兵等
262	灵武长枣品种特性及规范化栽培技术研究与示范	2005	自治区人民政府	三等奖	主持	宁夏农林科学院、灵武市林业局、灵武园艺试验场、宁夏林业局果树技术工作站	喻菊芳、朱连成、魏天军、刘廷俊、雍文等
263	粳型水稻杂种优势群的研究及其应用	2005	自治区人民政府	三等奖	主持	宁夏农林科学院农作物研究所	刘炜、史延丽、王坚、李自超、马洪文、张洪亮、刘亚
264	水稻新品种宁粳23号选育	2005	自治区人民政府	三等奖	主持	宁夏农林科学院农作物研究所	王兴盛、安永平、殷延勃、强爱玲、武绍湖、李华等
265	宁夏盐池沙区人工柠条灌木林对退化沙地改良效应的研究	2004	自治区人民政府	三等奖	主持	宁夏农林科学院荒漠化治理研究所	蒋齐、李生宝、徐荣、潘占兵、王占军、郭永忠等
266	瓢虫的工业化养殖技术	2004	自治区人民政府	三等奖	主持	宁夏农林科学院园艺研究所(有限公司)	王春良、靳力、李秋波、胡忠庆、李宪明等
267	无公害蔬菜生产技术开发研究	2004	自治区人民政府	三等奖	主持	宁夏农林科学院种质资源研究所、吴忠国家农业科技园区管理委员会、银川郊区昆仑农业高科技开发有限公司、银川市农牧局、银川市金凤区农牧局	郭文忠、徐新福、王学梅、王春良、刘声锋等

续表

序号	名称	获奖年度	授奖部门	奖励等级	主持/参与	获奖单位	获奖人员
268	中药现代化基地建设配套技术示范推广	2004	自治区人民政府	三等奖	主持	宁夏农林科学院农业资源与环境研究所、宁夏农林科学院畜牧研究所(有限公司)、宁夏隆德县农业技术推广中心	张源沛、赵天成、张守宗、朱建宁、苗济文等
269	马铃薯新品种宁薯七号	2004	自治区人民政府	三等奖	主持	固原市农业科学研究所	吴林科、赵永峰、杨琳、李淑英、王升华
270	中药材-宁夏枸杞规范化种植 GAP 研究	2003	自治区人民政府	三等奖	主持	宁夏农林科学院枸杞研究所	李润淮、安巍、李云翔、焦恩宁、石志刚
271	温室蔬菜生态基质栽培技术研究与示范	2003	自治区人民政府	三等奖	主持	宁夏农林科学院蔬菜花卉所	蒲盛凯、郭文忠、李程、何克朴、周华、晏绍芬、杨常新
272	BTA 生物农药及蔬菜基质栽培技术示范推广	2003	自治区人民政府	三等奖	主持	宁夏农林科学院蔬菜花卉所、惠农县科技局、中宁县农业局	谢华、王学梅、崔静英、周华、徐学宝等
273	外缘抗条锈基因导入春小麦的研究	2003	自治区人民政府	三等奖	主持	宁夏农林科学院、中国农科院作物育种栽培所	魏亦勤、叶兴国、李红霞、刘旺清、林志珊等
274	麻黄细胞悬浮培养分离提取次生代谢产物(麻黄碱及其有效盐类)的研究	2002	自治区人民政府	三等奖	主持	宁夏农业生物技术重点实验室	曹有龙、高晓原
275	鸡减蛋综合征与传染性支气管炎二联油佐剂灭活苗的研究	2002	自治区人民政府	三等奖	主持	宁夏农林科学院畜牧兽医研究所	王东、张文义、卢汉礼、张皓
276	菜用枸杞新品种选育研究	2002	自治区人民政府	三等奖	主持	宁夏农林科学院枸杞所	李润淮、安巍、李云翔、焦恩宁、石志刚
277	枸杞蚜虫(主要害虫)无害化防治技术研究	2002	自治区人民政府	三等奖	主持	宁夏农林科学院植物保护研究所、宁夏农林科学院枸杞研究所	张宗山、李锋、杨芳、张蓉、李云翔等
278	五谷虫中药材工厂化养殖及产品综合开发	2002	自治区人民政府	三等奖	主持	宁夏农林科学院植物保护研究所	张宗山、李锋、杨芳、南宁丽、吴炳泉等

续表

序号	名称	获奖年度	授奖部门	奖励等级	主持/参与	获奖单位	获奖人员
279	蔬菜良种高效种植技术示范	2002	自治区人民政府	三等奖	主持	宁夏农林科学院蔬菜花卉所	谢华、王学梅、崔静英
280	沙地甘草品种引育和人工种植甘草配套技术研究与推广	2001	自治区人民政府	三等奖	主持	宁夏农林科学院林业研究所	王北、南炳辉、白永强、王广山、王力、叶力勤、梁新华、冯禧、杨宝林、李文韩、彭洁华、郭海英
281	优质水稻新品种宁粳22号	2001	自治区人民政府	三等奖	主持	宁夏农林科学院农作物研究所	韩国敏等
282	宁夏固原地区农业可持续发展战略与对策研究	2001	自治区人民政府	三等奖	主持	固原地区农业科学研究所	何俊彦、安祯、安维太、任希贵
283	固原乌鸡改良选育及应用开发研究	2001	自治区人民政府	三等奖	主持	固原地区农业科学研究所	杨文清、杨红星、梁彩兰、朱新忠、钱爱萍、剡宽将、赵功强、王秉龙
284	彭阳果树基地建设及旱地果树栽培技术研究与示范	2000	自治区人民政府	三等奖	主持	宁夏农林科学院园艺研究所、彭阳县林业局	张一鸣、周军
285	水稻旱育秧(移栽灵)的试验示范与推广	2000	自治区人民政府	三等奖	主持	宁夏农林科学院农作物研究所	王兴盛、朱美静
286	牛地方性氟病的发病机理和防治对策研究	1999	自治区人民政府	三等奖	主持	宁夏农林科学院畜牧兽医研究所	韩博、马继东
287	牛环形泰勒焦虫裂殖体胶冻细胞苗的推广应用	1999	自治区人民政府	三等奖	主持	宁夏农林科学院畜牧兽医研究所	宋世荣、马继东、王秀琴
288	宁夏半干旱偏旱区农业综合发展研究	1999	自治区人民政府	三等奖	主持	宁夏农林科学院土壤肥料研究所	李友宏等
289	大豆新品种宁豆3号	1999	自治区人民政府	三等奖	主持	宁夏农林科学院农作物研究所	罗瑞萍、赵志刚
290	花卉组培繁殖技术及试管苗产业化研究	1999	自治区人民政府	三等奖	主持	宁夏农林科学院林业研究所	沈效东、张新宁、王立英、张生清、叶小曲、李永华、王国义、马洪爱、王瑛

续表

序号	名称	获奖年度	授奖部门	奖励等级	主持/参与	获奖单位	获奖人员
291	糜子新品种宁糜10号选育及推广应用	1999	自治区人民政府	三等奖	主持	固原地区农业科学研究所	王玉玺、程炳文、容霞
292	水稻新品种宁糯4号	1998	自治区人民政府	三等奖	主持	宁夏农林科学院农作物研究所	王兴盛、安永平、武绍湖、殷延勃、李华、强爱玲等
293	宁夏几种多发性鸡传染病多联异种动物抗血清的研制	1998	自治区人民政府	三等奖	主持	宁夏农林科学院畜牧兽医研究所	王守智、李景水
294	经口补液技术在动物界的应用研究	1998	自治区人民政府	三等奖	主持	宁夏农林科学院畜牧兽医研究所	李汝洲
295	农村奶牛高效养殖综合措施的研究与示范	1998	自治区人民政府	三等奖	主持	宁夏农林科学院畜牧兽医研究所	李吉明、孟军
296	宁南山区扶贫开发重大项目选择及政策措施研究	1998	自治区人民政府	三等奖	主持	宁夏农林科学院农业科技信息研究所	邝经邦、董宏林
297	宁夏辣椒疫病综合防治技术推广	1998	自治区人民政府	三等奖	主持	宁夏农林科学院植物保护研究所	鲁占魁、樊仲庆等
298	银川植物园建立及其综合效益的研究	1998	自治区人民政府	三等奖	主持	宁夏农林科学院林业研究所	唐麓君、于卫平、明方福、徐荣、李建新、伍光林、李长海、唐桦、王学才、刘志、付渭清、黄滨虹
299	马铃薯新品种宁薯5号、宁薯6号	1998	自治区人民政府	三等奖	主持	固原地区农业科学研究所	王升华、吴林科、赵永峰、杨琳
300	盐池半荒漠风沙区草畜资源协调发展研究	1996	自治区人民政府	三等奖	主持	宁夏农林科学院畜牧兽医研究所	张国荣、冯建忠
301	羊多头蚴病药物治疗试验	1996	自治区人民政府	三等奖	主持	宁夏农林科学院畜牧兽医研究所	张枋、李吉明
302	彭阳县果树基地开发技术研究	1996	自治区人民政府	三等奖	主持	宁夏农林科学院园艺所	张一鸣、王世平
303	银川郊区蔬菜规范化栽培及繁种技术研究	1996	自治区人民政府	三等奖	主持	宁夏农林科学院蔬菜研究室	李爽、蒲胜凯

续表

序号	名称	获奖年度	授奖部门	奖励等级	主持/参与	获奖单位	获奖人员
304	水稻新品种宁粳14号	1996	自治区人民政府	三等奖	主持	宁夏农林科学院农作物研究所	王兴盛、殷延勃、马洪文、林克义、李华、沈宏刚
305	扬黄新灌区省水高效农业综合开发研究	1996	自治区人民政府	三等奖	主持	宁夏农林科学院农作物研究所	蒋永前、丁有仁、勒力、殷骥、刘常青、麻作清、戴生礼
306	同工酶法在林木遗传育种中的应用研究	1996	自治区人民政府	三等奖	主持	宁夏农林科学院林业研究所	宋玉霞、李桂华、王立英
307	冷地型草坪草引选及草坪建植护技术的研究与推广	1996	自治区人民政府	三等奖	主持	宁夏农林科学院林业研究所	徐荣、蒋齐、唐桦、郭思加、罗文、马世光
308	利用天敌昆虫不育技术防治肩星天牛的研究	1996	自治区人民政府	三等奖	主持	宁夏农林科学院林业研究所	唐桦、刘益宁、王立英、王学才、陈桂松、张剑
309	平罗县永惠中低产田改造综合技术试验研究	1996	自治区人民政府	三等奖	主持	银北盐碱土改良试验站	李明、张铎
310	坡耕地改土截流蓄水保墒种植沟耕作技术研究	1996	自治区人民政府	三等奖	主持	固原地区农业科学研究所	李永平、秦爱红、安祯、马国政、穆兰海
311	固原鸡杂交改良试验研究	1996	自治区人民政府	三等奖	主持	固原地区农业科学研究所	杨红星、王秉龙、赵功强、杨文清、马克成、剡宽将、李明芳
312	荞麦优良新品种美国甜荞	1996	自治区人民政府	三等奖	主持	固原地区农业科学研究所	马均伊、王建宇、穆兰海
313	宁夏甜菜丛根病研究	1994	自治区人民政府	三等奖	主持	宁夏农林科学院植物保护研究所	白生海、周履谦等
314	宁夏引黄灌区春小麦白粉病初侵染源研究	1994	自治区人民政府	三等奖	主持	宁夏农林科学院植物保护研究所	陈企村
315	两粮一肥耕作制理论与综合农业技术体系研究	1994	自治区人民政府	三等奖	主持	宁夏农林科学院农副产品贮藏加工研究所	陈梅红、熊志勋
316	银川型节能日光温室的设计与推广	1994	自治区人民政府	三等奖	主持	宁夏农林科学院蔬菜研究室	李爽、蒲胜凯
317	枣树繁殖技术研究	1994	宁夏人民政府	三等奖	主持	宁夏农林科学院林业研究所	沈效东、陈宝香、高富贵

续表

序号	名称	获奖年度	授奖部门	奖励等级	主持/参与	获奖单位	获奖人员
318	水稻新品种宁粳11号选育	1994	自治区人民政府	三等奖	主持	宁夏农林科学院农作物研究所	吴梁源、栾茂亭、韩国敏、殷延勃、李建国、王效勇、林克义
319	水稻新品种宁粳12号	1994	自治区人民政府	三等奖	主持	宁夏农林科学院农作物研究所	马骥、吴梁源、李丁仁、林克义、王兴盛、武绍湖、张明华
320	银南灌区吨粮田栽培技术研究与示范	1994	自治区人民政府	三等奖	主持	宁夏农林科学院农作物研究所、银南地区农科所、吴忠市农技推广中心、青铜峡市农技推广中心、永宁县农业局	许志斌、程晋龙等
321	黑绒金龟甲生物学、生态学及防治研究	1992	自治区人民政府	三等奖	主持	宁夏农林科学院植物保护研究所	张宗山、李晓宏等
322	绵羊肺炎霉形体病调查及防治方法的研究	1992	自治区人民政府	三等奖	主持	宁夏农林科学院畜牧兽医研究所	陈廷和、陈竹兰
323	家畜弓形虫病的防治方法研究	1992	自治区人民政府	三等奖	主持	宁夏农林科学院畜牧兽医研究所	张启珩、徐望平、王秀琴
324	宁夏南部山区农业问题综合研究	1992	自治区人民政府	三等奖	主持	宁夏农林科学院农业科技情报研究所	邝经邦、谢守栋
325	彭阳县果树基地建设示范	1992	自治区人民政府	三等奖	主持	宁夏农林科学院园艺所	张一鸣、王世平
326	亚麻红花重要经济性状遗传规律及选择方法研究	1992	自治区人民政府	三等奖	主持	宁夏农林科学院农作物研究所	聂征、陈甫堂、施杏春
327	宁夏沙地立地分类平价及适地适树研究	1992	自治区人民政府	三等奖	主持	宁夏农林科学院林业研究所	王北、孙德祥、李生宝、朱灵益、唐麓君、袁世杰、姜崇元、于卫平、王谋、狄开莲、殷建华
328	杂粮新品种选育	1992	自治区人民政府	三等奖	主持	固原地区农业科学研究所	王玉玺、容霞、马均伊
329	宁夏主要栽培草种区划研究	1990	自治区人民政府	三等奖	主持	宁夏农林科学院畜牧兽医研究所	刘升林、陆永华
330	西吉县农村能源区划规划研究	1990	自治区人民政府	三等奖	主持	宁夏农林科学院农业科技情报研究所	谢守栋、董宏林

续表

序号	名称	获奖年度	授奖部门	奖励等级	主持/参与	获奖单位	获奖人员
331	宁夏2000年农业发展科技战略与对策研究	1990	自治区人民政府	三等奖	主持	宁夏农林科学院农业科技情报研究所	程华、谢守栋
332	宁夏蔬菜和经济作物病害种类及害情调查	1990	自治区人民政府	三等奖	主持	宁夏农林科学院植物保护研究所	王宽仓、陈朝英等
333	宁夏园林蚧类调查及综合防治的研究	1990	自治区人民政府	三等奖	主持	宁夏农林科学院林业研究所	王建义、王希蒙、赵玉龙、赵游丽、唐桦、孙德祥
334	宁夏水稻高产栽培模式研究	1990	自治区人民政府	三等奖	主持	宁夏农林科学院农作物研究所	曲文明、庄海、荣韫琛、温淑萍
335	小麦套种玉米栽培技术最佳模式研究	1990	自治区人民政府	三等奖	主持	宁夏农林科学院土壤肥料研究所、宁夏农林科学院作物所、中卫县、青铜峡市、灵武县、农技推广中心	罗代雄等
336	宁夏引黄灌溉农业合理结构与发展规模研究	1990	自治区人民政府	三等奖	主持	宁夏农林科学院农业科技情报研究所、宁夏农林科学院作物所、宁夏农林科学院土壤肥料研究所、宁夏水利厅唐徕渠管理处	邝经邦等
337	奶牛乳房炎综合防治措施研究	1988	自治区人民政府	三等奖	主持	宁夏农林科学院畜牧兽医研究所	梁俭、张孝勉
338	羊泰勒焦虫病防治方法研究	1988	自治区人民政府	三等奖	主持	宁夏农林科学院畜牧兽医研究所	李作民、郝有奎
339	六盘山自然保护区昆虫考察	1988	自治区人民政府	三等奖	主持	宁夏农林科学院植物保护研究所	高兆宁、杨彩霞、张宗山、查仙芳、赵晓明等
340	宁夏旱地农业类型分类分区及评价研究	1988	自治区人民政府	三等奖	主持	宁夏农林科学院土壤肥料研究所	梅成瑞、王连喜等
341	宁夏引黄灌区水稻施用锌肥效果研究	1988	自治区人民政府	三等奖	主持	宁夏农林科学院土壤肥料研究所	马云瑞、戴治稼等
342	水稻新品种宁粳8号选育	1988	自治区人民政府	三等奖	主持	宁夏农林科学院农作物研究所	吴梁源、栾茂亭、林克义、包大松、武绍湖
343	水稻新品种秋光的引进、鉴定、示范	1986	自治区人民政府	三等奖	主持	宁夏农林科学院农作物研究所	李东树、曲文明、宋艳萍、李丁仁

续表

序号	名称	获奖年度	授奖部门	奖励等级	主持/参与	获奖单位	获奖人员
344	枸杞系列新产品开发"枸杞果冻干工艺研究、枸杞茶研究"	1986	自治区人民政府	三等奖	主持	宁夏农林科学院畜牧兽医研究所	郑忠发、关福山
345	瘦肉型猪经济杂交的示范推广	1986	自治区人民政府	三等奖	主持	宁夏农林科学院畜牧兽医研究所	黄润森、胡诗德
346	枸杞保健茶的研制	1986	自治区人民政府	三等奖	主持	宁夏农林科学院枸杞研究所	关福山、武荣富
347	麦田养分丰缺指标研究与应用	1986	自治区人民政府	三等奖	主持	宁夏农林科学院农副产品贮藏加工研究所	熊志勋、陈梅红
348	实验性电离辐射白内障及微量元素研究	1986	自治区人民政府	三等奖	主持	宁夏农林科学院农副产品贮藏加工研究所	陈桂松
349	枸杞营养成分及有效成分的研究（枸杞多糖的分离提取）	1986	自治区人民政府	三等奖	主持	宁夏农林科学院土壤肥料研究所	李力平
350	灌淤土麦田养分丰缺指标研究及其应用	1986	自治区人民政府	三等奖	主持	宁夏农林科学院土壤肥料研究所、宁夏农技推广站、宁夏农林科学院原子能应用室、平罗县农技推广中心	吴祖堂、李友宏等
351	宁夏引黄灌区土壤微量元素含量分布规律的研究	1986	自治区人民政府	三等奖	主持	宁夏农林科学院土壤肥料研究所	戴治稼、朱子杰等
352	NOVA-840机稻麦品种资源数据库系统	1986	自治区人民政府	三等奖	主持	宁夏农林科学院农作物研究所	吴淑筠、冯中华、薛国屏、张吉生、林建堂、范晋康
353	提高中低产稻田水稻产量栽培技术的研究	1986	自治区人民政府	三等奖	主持	宁夏农林科学院农作物研究所	李东树、曲文明、袁汉民、宋艳萍
354	马铃薯茎尖脱毒技术应用研究	1986	自治区人民政府	三等奖	主持	固原地区农业科学研究所	灵提多、穆淑芸、郭康、朱奎林
355	春小麦新品种宁春六号选育及定西24号引进试验研究	1986	自治区人民政府	三等奖	主持	固原地区农业科学研究所	王嘉煜、向国程、王世祥
356	枸杞锈螨发生及其防治技术	1984	自治区人民政府	三等奖	主持	宁夏农林科学院植物保护研究所	刘美珍、李效禹

续表

序号	名称	获奖年度	授奖部门	奖励等级	主持/参与	获奖单位	获奖人员
357	牛精液冷冻配方筛选	1983	自治区人民政府	三等奖	主持	宁夏农林科学院畜牧兽医研究所	汤治、薛忠义
358	电针治疗奶牛持久黄体不孕症的研究	1983	自治区人民政府	三等奖	主持	宁夏农林科学院畜牧兽医研究所	杨蔚祯、梁俭
359	宁黄1、2号	1983	自治区人民政府	三等奖	主持	宁夏农林科学院蔬菜花卉研究所	姜明仙
360	水稻穗肥施用方法的效果和技术要点	1983	自治区人民政府	三等奖	主持	宁夏农林科学院土壤肥料研究所	罗代雄
361	引进绿肥品种——324箭舌豌豆和江川高稞油菜试验推广	1983	自治区人民政府	三等奖	主持	宁夏农林科学院土壤肥料研究所	吕凤鸣、徐菱华等
362	减轻$^{60}Co-\gamma$射线照射春小麦种子当代辐射损伤的研究	1983	自治区人民政府	三等奖	主持	宁夏农林科学院土壤肥料研究所	范晋康、洪凤英
363	春小麦辐照技术的研究	1983	自治区人民政府	三等奖	主持	宁夏农林科学院农副产品贮藏加工研究所	范晋康、洪凤英等
364	火炬树引种及形成特征研究	1983	自治区人民政府	三等奖	主持	宁夏农林科学院林业研究所	戴秀章、冯显逵
365	胡杨夸园蚧生活及防治研究	1983	自治区人民政府	三等奖	主持	宁夏农林科学院林业研究所	王建义、赵玉龙、盛红
366	宁粳3号	1981	自治区人民政府	三等奖	主持	宁夏农林科学院农作物研究所	冯中华、陈冠五、吴良源等
367	水稻品种资源的收集整理、研究与利用	1981	自治区人民政府	三等奖	主持	宁夏农林科学院农作物研究所	冯中华、陈冠五等
368	小麦田套种苏子	1981	自治区人民政府	三等奖	主持	宁夏农林科学院农作物研究所	汤子均、郭德威等
369	宁夏春小麦高产栽培技术研究	1981	自治区人民政府	三等奖	主持	宁夏农林科学院农作物研究所	荣清、吴祖堂等
370	宁夏盐池沙地立地条件划分及树种选择研究	1981	自治区人民政府	三等奖	主持	宁夏农林科学院林业研究所	唐麓君、俞益民、明方福、张介山
371	河北杨、合作杨、沙柳的生态特性研究	1981	自治区人民政府	三等奖	主持	宁夏农林科学院林业研究所	戴秀章、梅曙光

续表

序号	名称	获奖年度	授奖部门	奖励等级	主持/参与	获奖单位	获奖人员
372	沙柳生物学、生态学及造林技术研究	1981	自治区人民政府	三等奖	主持	宁夏农林科学院林业研究所	冯显逵、唐麓君
373	春小麦新品种——宁春2号3号	1981	自治区人民政府	三等奖	主持	固原地区农业综合研究所	王嘉煜、苏改凤、向国程
374	胡麻新品种——宁亚89号	1981	自治区人民政府	三等奖	主持	固原地区农业综合研究所	陆孝睦、关友峰
375	马铃薯环腐病发生规律及综合防治	1981	自治区人民政府	三等奖	主持	固原地区农业综合研究所	灵提多、郭康、朱奎林
376	特色林果业高效节水综合生产技术集成研究	2020	自治区人民政府	三等奖	参与	宁夏林权服务与产业发展中心、宁夏枸杞工程技术研究中心、宁夏农林科学院种质资源研究所、宁夏金葡萄农业科技有限公司	李国、张国庆、牛锦凤、陈智、李文超、王亚军、贾永华
377	葡萄种质资源引选与脱毒种苗示范推广	2019	自治区人民政府	三等奖	参与	宁夏林业研究院股份有限公司、宁夏农林科学院种质资源研究所、宁夏农垦西夏王实业有限公司葡萄苗木分公司、种苗生物工程国家重点实验室、宁夏贺兰山东麓葡萄产业园区管委会	徐美隆、牛锐敏、何金柱、谢军、刘玉娟、许泽华、章冉
378	宁夏肉牛高效生产关键技术研究集成与应用	2018	自治区人民政府	三等奖	参与	宁夏回族自治区畜牧工作站、中国农业大学、宁夏大学、宁夏农林科学院动物科学研究所、宁夏夏华肉食品股份有限公司	罗晓瑜、洪龙、封元、陈亮、张凌青、吴彦虎、王瑜
379	宁夏马铃薯晚疫病监测预警及综合防控技术集成推广项目	2018	自治区人民政府	三等奖	参与	宁夏农业技术推广总站、宁夏农林科学院植物保护研究所、固原市原州区农业技术推广服务中心、固原市西吉县农业技术推广服务中心、固原市彭阳县农业技术推广服务中心	杨明进、刘媛、杨宁权、沈瑞清、董凤林、何建国、王玲
380	贺兰山东麓酿酒葡萄优质高效栽培土肥水综合管理技术	2018	自治区人民政府	三等奖	参与	宁夏大学、宁夏润禾丰生物科技有限公司、宁夏国有林场和林木种苗工作总站、宁夏农林科学院农业资源与环境研究所、宁夏农垦玉泉营农场有限公司	孙权、王锐、孙纪元良、纪丽萍、纪静雯、黄越、何金柱

续表

序号	名称	获奖年度	授奖部门	奖励等级	主持/参与	获奖单位	获奖人员
381	宁夏干旱半干旱节水高效农业关键技术研究与示范	2015	自治区人民政府	三等奖	参与	宁夏水利科学研究院、宁夏农林科学院、宁夏大学、宁夏农村科技发展中心、宁夏农林科学院固原分院	杜历、徐利岗、蒋全熊、鲍子云、曲继松、杨勇军、汤英
382	基于GIS的中国北方酿酒葡萄生态区划	2014	自治区人民政府	三等奖	参与	宁夏气象科学研究所、宁夏农林科学院种质资源研究所、酩悦轩尼诗夏桐（宁夏）葡萄园有限公司、银川市气象局	张晓煜、李红英、张磊、王静、马国飞、苏龙、袁海燕
383	重大检疫性害虫苹果蠹蛾综合防控技术研究	2012	自治区人民政府	三等奖	参与	宁夏森林病虫害防治检疫总站、宁夏农林科学院植物保护研究所、宁夏农林科学院种质资源研究所、中卫市林木检疫站、青铜峡市林木检疫站	宝山、曹川建、李锋、唐杰、雷银山、杜小明、王锦林
384	西部沙樱等灌木资源引进及开发利用	2010	自治区人民政府	三等奖	参与	宁夏林业研究所股份有限公司、种苗生物工程国家重点实验室	于卫平、赵健、倪细炉、王姮、杨建平、朱强、刘晓刚
385	向日葵新品种引进及配套技术研究示范推广	2007	自治区人民政府	三等奖	参与	宁夏农业技术推广总站、宁夏农林科学院作物研究所、宁夏农垦事业管理局、圆周正午向日葵种质技术指导站、原州区、平罗县、惠农区、盐池县、中宁县、红寺堡开发区、同心县、海原县、彭阳县农业技术推广服务中心	马金虎、山军建、杨发等
386	宁南旱作农区集雨节水高效种植技术研究	2006	自治区人民政府	三等奖	参与	西北农林科技大学、固原市农业科学研究所	李永平、刘世新等
387	枸杞商品化储藏技术研究与开发	2004	自治区人民政府	三等奖	参与	宁夏果树技术工作站、宁夏农林科学院植物保护研究所、农业部枸杞质量监督检验测试中心	张蓉、苟金萍、刘浩、王小静、马建华、李锋
388	豆类新品种选育及配套栽培技术	2004	自治区人民政府	三等奖	参与	西吉县种子公司、固原地区农业科学研究所、区种子管理站、隆德县种子公司、泾源县种子公司、原州区种子公司	宋刚、徐玉明

续表

序号	名称	获奖年度	授奖部门	奖励等级	主持/参与	获奖单位	获奖人员
389	宁南山区种桑养蚕技术开发与示范	2004	自治区人民政府	三等奖	参与	宁夏蚕业工作站、固原市农业科学研究所、泾源县科技中心	崔秀梅、吴国平、杨志科
390	宁夏引黄灌区"兴果富民"工程果树优新品种引进及优质高效栽培技术推广	2001	自治区人民政府	三等奖	参与	宁夏农林科学院园艺研究所(有限公司)	陈邦俊、赵世华、王志新、王华荣、平吉成、王文举、靳力、梁玉文、王春良
391	宁夏旱区稳定型种植制度研究	2001	自治区人民政府	三等奖	参与	西北农林科技大学、固原地区农业科学研究所	李永平、常克勤
392	宁夏农民收入问题研究	1996	自治区人民政府	三等奖	参与	宁夏农林科学院农业科技信息研究所	邝经邦、董宏林
393	宁夏科技与经济信息系统建设研究	1996	自治区人民政府	三等奖	参与	宁夏农林科学院农业科技信息研究所	邝经邦
394	宁夏科技政策研究	1996	自治区人民政府	三等奖	参与	宁夏农林科学院农业科技信息研究所	邝经邦、黄亚玲
395	豌豆根腐病发生规律及防治方法研究	1996	自治区人民政府	三等奖	参与	宁夏农林科学院农业科技信息研究所	陈渐宁
396	惠农县暗管排水改良盐碱地技术示范推广	1996	自治区人民政府	三等奖	参与	惠农先农业综合开发项目办公室、宁夏水利科研所、宁夏农林科学院土肥研究所	苗济文等
397	水稻新品种藤系747	1996	自治区人民政府	三等奖	参与	中国农科院、宁夏农林科学院农作物研究所	李丁仁、张爱玲、曲文明、林克义、王学铭、王兆川、李云萍
398	宝中铁路沿线农业经济开发研究	1992	自治区人民政府	三等奖	参与	宁夏农林科学院农业科技情报研究所	邝经邦、黄亚玲
399	胡麻新品种宁亚11号的选育	1992	自治区人民政府	三等奖	参与	宁夏农林科学院农作物研究所	施杏春、邓宽、管敏轩、刘春芳、王鹏科
400	草地农业系统的建立与经济开发途径研究	1992	自治区人民政府	三等奖	参与	宁夏农林科学院林业研究所	王北、李生宝、袁世杰
401	宁夏引黄灌区农业合理结构与发展规模研究	1990	自治区人民政府	三等奖	参与	宁夏农林科学院情报所、宁夏农林科学院作物所、宁夏农林科学院土壤肥料研究所、宁夏水利厅唐徕渠管理处	梅成瑞、罗代雄等

续表

序号	名称	获奖年度	授奖部门	奖励等级	主持/参与	获奖单位	获奖人员
402	中低产田提高单位面积产量的综合试验示范	1988	自治区人民政府	三等奖	参与	宁夏农林科学院、宁夏农林科学院土壤肥料研究所、宁夏畜牧兽医站、宁夏农业情报所、银北综合试验站、宁夏林科所、宁夏作物所	王平武、谢守栋等
403	宁夏干旱半干旱地区深松耕法试验研究	1988	自治区人民政府	三等奖	参与	宁夏农机站、固原农机站、固原地区农业科学研究所	李顺昌、李永平、徐玉明、李淑英
404	固原半干旱旱作农区农业结构改革及优化方案	1986	自治区人民政府	三等奖	参与	西北农业大学、固原地区农业科学研究所	李顺昌、阎采苓、景继海、李永平、王升华、徐玉明
405	枸杞根腐病的发生及防治研究	1994	自治区人民政府	四等奖	主持	宁夏农林科学院植保所、芦花台园林场	鲁占魁等
406	宁夏引黄新灌区垦前昆虫调查及垦后病虫防治对策研究	1992	自治区人民政府	四等奖	主持	宁夏农林科学院植物保护研究所	刘育钜等
407	麦种蝇防治技术推广	1992	自治区人民政府	四等奖	主持	宁夏农林科学院植物保护研究所	刘育钜等
408	枸杞瘿蚊生活史及防治技术研究	1990	自治区人民政府	四等奖	主持	宁夏农林科学院植物保护研究所	刘美珍等
409	洋葱田化学除草技术研究	1990	自治区人民政府	四等奖	主持	宁夏农林科学院植物保护研究所、惠农县农技推广中心	李效禹等
410	宁夏水稻白叶枯病菌系研究与水稻品种(系)对疫病抗性鉴定	1990	自治区人民政府	四等奖	主持	宁夏农林科学院植物保护研究所	肖思心等

第二部分

DI ER BU FEN

登记科研成果

党的十八大以来,深入学习贯彻习近平总书记关于科技创新和"三农"工作的重要论述,始终坚持"四个面向",聚焦自治区农林产业高质量发展,做到吃透上情、摸清下情、掌握内情、了解外情"四情"结合谋划实施科研项目,先后取得各类科研成果762项,年均增长14.5%,推动高水平农林科技自立自强。

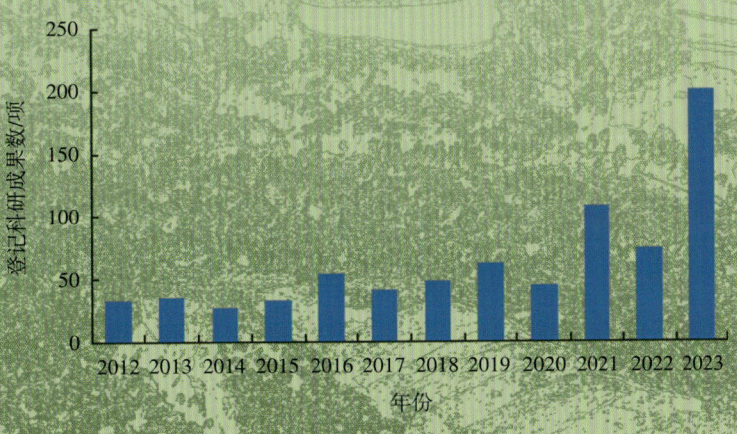

科研成果登记情况

登记科研成果

序号	成果名称	完成单位	第一完成人	成果登记日期
1	甘草次酸调控断奶羔羊应激的作用机理研究	宁夏农林科学院动物科学研究所	王 锦	2023
2	肉牛健康养殖及养殖场粪污无害化技术集成应用	宁夏农林科学院动物科学研究所	梁小军	2023
3	枸杞多糖拮抗环磷酰胺对雏鸡免疫抑制以及对机体保护性机制的研究	宁夏农林科学院动物科学研究所	王建东	2023
4	一种免疫增强组合物及其应用	宁夏农林科学院动物科学研究所	王建东	2023
5	一种牛支原体蛋白SBP-2及其应用	宁夏农林科学院动物科学研究所	郭亚男	2023
6	动态杠杆式羊羔养殖用颗粒饲料精准定量下料设备	宁夏农林科学院动物科学研究所	王秀琴	2023
7	中部干旱带草畜耦合技术研究与示范	宁夏农林科学院动物科学研究所	马吉锋	2023
8	舍饲滩羊个体鉴定及生产性能测定技术规范	宁夏农林科学院动物科学研究所	王 锦	2023
9	基于代谢组学研究黄芪甲苷对断奶应激下犊牛免疫功能的影响	宁夏农林科学院动物科学研究所	杨宇为	2023
10	南部山区生态肉牛肉羊草畜耦合关键技术研究示范	宁夏农林科学院动物科学研究所	丁 伟	2023
11	枸杞新品种宁农杞15号	宁夏农林科学院枸杞科学研究所	秦 垦	2023
12	枸杞新品种科杞6082	宁夏农林科学院枸杞科学研究所	曹有龙	2023
13	道地中药材枸杞绿色生态种植及活性物质精深加工关键技术研究	宁夏农林科学院枸杞科学研究所	曹有龙	2023
14	枸杞生产加工废弃物高值化利用关键技术开发及产业化	宁夏农林科学院枸杞科学研究所	安 巍	2023
15	枸杞品质对根际微生物多样性的响应机制研究	宁夏农林科学院枸杞科学研究所	李越鲲	2023
16	枸杞果实颜色遗传分析及基因初步定位	宁夏农林科学院枸杞科学研究所	尹 跃	2023
17	一种枸杞品种耐盐性的评价方法	宁夏农林科学院枸杞科学研究所	秦小雅	2023
18	一种黑果枸杞花青素合成相关的MYB转录抑制因子LrETC1及其应用	宁夏农林科学院枸杞科学研究所	樊云芳	2023
19	不同施氮量对枸杞根系构型及功能的影响	宁夏农林科学院枸杞科学研究所	梁晓婕	2023

续表

序号	成果名称	完成单位	第一完成人	成果登记日期
20	基于MNP标记法的枸杞品种鉴定及DNA身份证数据库建设	宁夏农林科学院枸杞科学研究所	樊云芳	2023
21	喷施钙延缓枸杞果实衰老生理机制研究	宁夏农林科学院枸杞科学研究所	黄　婷	2023
22	基于枸杞果实代谢的高效施肥技术研究	宁夏农林科学院枸杞科学研究所	石志刚	2023
23	黑果枸杞多酚对H_2O_2致PC12细胞损伤的功效物质基础研究	宁夏农林科学院枸杞科学研究所	曹有龙	2023
24	枸杞S-RNase基因高效鉴定体系研发与实践	宁夏农林科学院枸杞科学研究所	焦恩宁	2023
25	枸杞鲜果综合品质评价体系研究	宁夏农林科学院枸杞科学研究所	黄　婷	2023
26	枸杞鲜果采后病原菌的分离与鉴定	宁夏农林科学院枸杞科学研究所	李晓莺	2023
27	枸杞裂果的品种(系)差异研究	宁夏农林科学院枸杞科学研究所	李彦龙	2023
28	不同氮肥水平对枸杞根际微生物结构与功能的影响	宁夏农林科学院枸杞科学研究所	李越鲲	2023
29	枸杞表型图像信息标准化采集的研究	宁夏农林科学院枸杞科学研究所	巫鹏举	2023
30	枸杞高光效种质筛选及光合生理特性的研究	宁夏农林科学院枸杞科学研究所	何昕孺	2023
31	枸杞篱架生态栽培技术示范推广	宁夏农林科学院枸杞科学研究所	何昕孺	2023
32	枸杞专用苗木定植机	宁夏农林科学院枸杞科学研究所	石志刚	2023
33	枸杞采摘机用行走机构	宁夏农林科学院枸杞科学研究所	石志刚	2023
34	枸杞抗热栽培技术研发与应用	宁夏农林科学院枸杞科学研究所	秦　垦	2023
35	干旱风沙区多功能植被构建及管理技术与示范	宁夏农林科学院林业与草地生态研究所 宁夏哈巴湖国家级自然保护区管理局 宁夏农垦前进农场有限公司 宁夏农产品质量标准与检测技术研究所	左　忠	2023
36	氮磷添加对栽培甘草生态化学计量特征和养分重吸收效率的影响	宁夏农林科学院林业与草地生态研究所 宁夏大学	安　钰	2023
37	青贮利用型C4饲草带状间作光能利用特征对带比配置的响应机制	宁夏农林科学院林业与草地生态研究所	杜建民	2023

续表

序号	成果名称	完成单位	第一完成人	成果登记日期
38	引黄灌区优质牧草一年两熟种植模式研究	宁夏农林科学院林业与草地生态研究所 灵武市同心农业综合开发有限公司 宁夏回族自治区畜牧工作站	杜建民	2023
39	干旱区中药材、小杂粮抗旱栽培技术集成示范	宁夏农林科学院林业与草地生态研究所 宁夏农村科技发展中心 同心县预旺农业服务中心	马 斌	2023
40	黄土丘陵区人工林多功能经营技术研究与示范	宁夏农林科学院林业与草地生态研究所 宁夏农林科学院农业资源与环境研究所 彭阳县自然资源局	蔡进军	2023
41	模拟降雨及氮沉降对荒漠草原生态系统碳通量的影响研究	宁夏农林科学院林业与草地生态研究所	吴旭东	2023
42	中药材香椿、前胡设施环境调控及绿色生产关键技术研究	宁夏农林科学院林业与草地生态研究所 宁夏科大光伏农业研究院有限公司 宁夏农林科学院农业资源与环境研究所 宁夏农林科学院园艺研究所	董立国	2023
43	苜蓿种子生产关键技术研究与示范	宁夏农林科学院林业与草地生态研究所 宁夏农林科学院植物保护研究所 中国农业大学 宁夏千叶青农业科技发展有限公司	王占军	2023
44	欧李优新品种引选与区域化试验研究	宁夏农林科学院林业与草地生态研究所 宁夏林业研究院股份有限公司 宁夏农林科学院农业生物技术研究中心	王占军	2023
45	小茴香机械化覆膜精量穴播栽培技术规程	宁夏农林科学院林业与草地生态研究所	郭永忠	2023
46	黄花菜育苗技术规程	宁夏农林科学院林业与草地生态研究所 红寺堡区农业农村局 宁夏农业综合开发中心 银川市览山公园	张清云	2023
47	柠条全混合日粮发酵制作技术规程	宁夏农林科学院林业与草地生态研究所 宁夏大学 宁夏回族自治区农业机械化技术推广站 盐池县农业机械化推广服务中心	温学飞	2023
48	黄芪机械覆膜滴灌精量播种技术规程	宁夏农林科学院林业与草地生态研究所 宁夏拓明农业开发有限公司	张清云	2023
49	华北落叶松林缘更新调查方法	宁夏农林科学院林业与草地生态研究所 宁夏农林科学院农业资源与环境研究所 固原市六盘山林业局	郭永忠	2023
50	蒙古冰草种子扩繁及退化草原补播技术规程	宁夏农林科学院林业与草地生态研究所 宁夏盐池县农牧科学研究所 宁夏回族自治区草原工作站	王占军	2023

续表

序号	成果名称	完成单位	第一完成人	成果登记日期
51	一种膜荚黄芪的工厂化组培快繁方法	宁夏农林科学院农业生物技术研究中心 宁夏农林科学院林业与草地生态研究所	郭生虎	2023
52	一种获得高含量亚油酸水稻株系的方法	宁夏农林科学院农业生物技术研究中心	陈晓军	2023
53	马铃薯液泡膜单糖转运蛋白 StTMT2 基因在提高植物糖含量中的应用	宁夏农林科学院农业生物技术研究中心	巩 檑	2023
54	一种诱导马铃薯生成试管薯的液体培养基、培养方法及应用	宁夏农林科学院农业生物技术研究中心	刘 璇	2023
55	一种玉米耐盐基因及其应用	宁夏农林科学院农业生物技术研究中心（宁夏农业生物技术重点实验室） 中国农业科学院农业生物技术研究所	朱永兴	2023
56	盐碱地土壤胶体表面电荷与离子间相互作用研究	宁夏农林科学院农业生物技术研究中心	孔德杰	2023
57	桃儿七体细胞胚胎发生及其机理研究	宁夏农林科学院农业生物技术研究中心	郭生虎	2023
58	马铃薯 StCWIN1 等位基因多态性与块茎淀粉含量的关联分析研究	宁夏农林科学院农业生物技术研究中心	巩 檑	2023
59	宁夏引黄灌区乡村产业振兴路径研究	宁夏农林科学院农业经济与信息技术研究所	温淑萍	2023
60	大数据背景下宁夏财政支农研究	宁夏农林科学院农业经济与信息技术研究所	温淑萍	2023
61	基于机器视觉技术的黄花菜目标识别与定位方法研究	宁夏农林科学院农业经济与信息技术研究所	马 聪	2023
62	基于无人机平台的玉米植株含水量遥感反演及模型构建	宁夏农林科学院农业经济与信息技术研究所	杨淑婷	2023
63	基于日光阴阳温室的食用菌智能栽培系统及管理方法	宁夏农林科学院农业经济与信息技术研究所	陈学东	2023
64	枸杞固体施肥机智能检测设备及固体施肥监测方法	宁夏农林科学院农业经济与信息技术研究所	陈学东	2023
65	宁夏农业特色优势产业优化调整对策研究	宁夏农林科学院农业经济与信息技术研究所	张治华	2023
66	玉米长势多源多模态遥感监测研究	宁夏农林科学院农业经济与信息技术研究所	杨淑婷	2023
67	宁夏社会化服务组织模式选择与运作策略研究——以土地托管为例	宁夏农林科学院农业经济与信息技术研究所	张 静	2023
68	基于高光谱技术的枸杞树冠氮素监测研究	宁夏农林科学院农业经济与信息技术研究所	李永梅	2023

续表

序号	成果名称	完成单位	第一完成人	成果登记日期
69	宁夏直播稻田农药减施增效技术研究与示范	宁夏农林科学院植物保护研究所	王喜刚	2023
70	宁夏春麦化肥农药减施技术集成研究与示范	宁夏农林科学院植物保护研究所	郭成瑾	2023
71	压砂瓜农药减施增效与病虫害绿色防控技术集成示范	宁夏农林科学院植物保护研究所	康萍芝	2023
72	盐碱地玉米土传病害微生态制剂的研制与应用	宁夏农林科学院植物保护研究所	沙月霞	2023
73	贺兰山东麓葡萄霜霉病菌致病性分化与遗传多样性研究	宁夏农林科学院植物保护研究所	宋双	2023
74	宁夏不同葡萄种植区灰霉病菌对不同类型杀菌剂交互抗性关系研究	宁夏农林科学院植物保护研究所	姜彩鸽	2023
75	昆虫病原线虫对枸杞害虫侵染作用及致病机制	宁夏农林科学院植物保护研究所	王芳	2023
76	枸杞实蝇产卵器结构及产卵行为研究	宁夏农林科学院植物保护研究所	刘晓丽	2023
77	SYBRGreenl实时荧光定量PCR检测马铃薯炭疽病菌体系的建立与应用	宁夏农林科学院植物保护研究所	郭成瑾	2023
78	几种微生物菌剂对枸杞根际土壤微生态调控及应用	宁夏农林科学院植物保护研究所	何嘉	2023
79	一种基于哈茨木霉菌M-17厚垣孢子的可湿性粉剂组合物、制备方法及应用	宁夏农林科学院植物保护研究所	王喜刚	2023
80	苜蓿切叶蜂寄生蜂的诱杀方法	宁夏农林科学院植物保护研究所	张蓉	2023
81	苜蓿切叶蜂的人工繁育方法	宁夏农林科学院植物保护研究所	张蓉	2023
82	一种含硅藻土的矿物源农药制剂及其应用	宁夏农林科学院植物保护研究所	王芳	2023
83	一种提高农药生物活性的纳米助剂及其应用	宁夏农林科学院植物保护研究所	王芳	2023
84	一种防治稻瘟病的嗜碱假单胞菌菌株、菌剂及其应用	宁夏农林科学院植物保护研究所	沙月霞	2023
85	一株防治稻瘟病的荧光假单胞菌及其应用	宁夏农林科学院植物保护研究所	沙月霞	2023
86	一种防治玉米茎基腐病的微生物菌剂M2及其制备方法	宁夏农林科学院植物保护研究所	沙月霞	2023

续表

序号	成果名称	完成单位	第一完成人	成果登记日期
87	一种防治玉米茎基腐病的微生物菌剂 M1 及其应用	宁夏农林科学院植物保护研究所	沙月霞	2023
88	一种用于盐碱地玉米茎基腐病防治的微生物菌剂 JF 及其制备方法	宁夏农林科学院植物保护研究所	沙月霞	2023
89	一种有利于盐碱地玉米生长的微生物菌剂 YF 及其应用	宁夏农林科学院植物保护研究所	沙月霞	2023
90	一种耐盐碱的木霉菌菌株、分离筛选方法、培养方法、应用及使用方法	宁夏农林科学院植物保护研究所	郭成瑾	2023
91	枸杞病虫害综合防治技术规程	宁夏农林科学院植物保护研究所	何 嘉	2023
92	枸杞病虫害防治农药使用规范	宁夏农林科学院植物保护研究所	何 嘉	2023
93	一种枸杞实蝇性信息素及其提取方法和应用	宁夏农林科学院植物保护研究所	何 嘉	2023
94	宁夏枸杞质量监测及安全风险评估研究	宁夏农产品质量标准与检测技术研究所	苟春林	2023
95	马铃薯中龙葵素(α-茄碱及α-卡茄碱)的测定 高效液相色谱法	宁夏农产品质量标准与检测技术研究所	赵丹青	2023
96	一株植物乳杆菌 Lactobacillus plantarum 菌株 YC21 及其应用	宁夏农产品质量标准与检测技术研究所	葛 谦	2023
97	稳定同位素及矿物元素分析技术在枸杞产地识别中的应用研究	宁夏农产品质量标准与检测技术研究所	开建荣	2023
98	宁夏枸杞中典型农药多残留联合暴露风险评估研究	宁夏农产品质量标准与检测技术研究所	苟春林	2023
99	宁夏枸杞水提液抗氧化效应成分快速筛查及生物评价模型构建研究	宁夏农产品质量标准与检测技术研究所	石 欣	2023
100	一种基于美极梅奇酵母和酿酒酵母的混菌发酵工艺	宁夏农产品质量标准与检测技术研究所	路 洁	2023
101	嘧霉胺、烯酰吗啉在"赤霞珠"酿酒葡萄果实生长过程中代谢解析及对品质影响研究	宁夏农产品质量标准与检测技术研究所	闫 玥	2023
102	一种基于浅白球酵母和酿酒酵母的混菌发酵工艺	宁夏农产品质量标准与检测技术研究所	路 洁	2023
103	宁夏绿色、安全、优质农产品产区生产体系创建与路径研究	宁夏农产品质量标准与检测技术研究所	李月祥	2023

续表

序号	成果名称	完成单位	第一完成人	成果登记日期
104	宁夏地区食用菌中功能营养成分及风味物质积累研究	宁夏农产品质量标准与检测技术研究所	赵子丹	2023
105	高效液相色谱法测定酿酒葡萄及葡萄酒中单宁酸含量分析方法研究	宁夏农产品质量标准与检测技术研究所	刘 霞	2023
106	黄花菜种植用施肥装置	宁夏农林科学院园艺研究所	高晶霞	2023
107	黄花菜套种西瓜的种植方法	宁夏农林科学院园艺研究所	高晶霞	2023
108	黄花菜新品种引进及高质高产栽培技术研究	宁夏农林科学院园艺研究所	高晶霞	2023
109	日本甘薯优新品种引进试验示范及产业化开发	宁夏农林科学院园艺研究所	曲继松	2023
110	枸杞枝条基质化发酵氮素转化特征及微生物协同调控机制	宁夏农林科学院园艺研究所	曲继松	2023
111	日光温室秋冬茬基质栽培芹菜技术规程	宁夏农林科学院园艺研究所	曲继松	2023
112	一种羊肚菌栽培装置及栽培方法	宁夏农林科学院园艺研究所	张丽娟	2023
113	宁夏槽式温室建设技术规程	宁夏农林科学院园艺研究所	曲继松	2023
114	西瓜新品种宁农科8号的选育	宁夏农林科学院园艺研究所	于 蓉	2023
115	西瓜不同生育期对干旱胁迫的响应机制及抗旱性调控研究	宁夏农林科学院园艺研究所	于 蓉	2023
116	腐殖酸对灵武长枣氮素吸收特性研究	宁夏农林科学院园艺研究所	李 慧	2023
117	贺兰山东麓不同小产区酿酒葡萄果实次生代谢产物差异性研究	宁夏农林科学院园艺研究所	牛锐敏	2023
118	果/菇间作模式下根际土壤碳氮转化特征及微生物协同机制	宁夏农林科学院园艺研究所	李晓龙	2023
119	番茄新品种宁樱红1号的选育	宁夏农林科学院园艺研究所	赵云霞	2023
120	番茄新品种宁樱2号的选育	宁夏农林科学院园艺研究所	赵云霞	2023
121	西瓜果实网条突变体的遗传分析及基因初定位	宁夏农林科学院园艺研究所	王志强	2023
122	薄皮甜瓜雌雄异花同株遗传特性分析与基因定位的研究	宁夏农林科学院园艺研究所	田 梅	2023
123	银川羊角椒雄性不育两用系关键差异表达RNA对糖代谢调控机理研究	宁夏农林科学院园艺研究所	颜秀娟	2023

续表

序号	成果名称	完成单位	第一完成人	成果登记日期
124	辣椒新品种宁椒 12 号的选育	宁夏农林科学院园艺研究所	颜秀娟	2023
125	一种桃树用人工授粉器	宁夏农林科学院园艺研究所	岳海英	2023
126	葡萄新品种科玉无籽	宁夏农林科学院园艺研究所	梁玉文	2023
127	一种菌种培养基分装的装置	宁夏农林科学院园艺研究所	王海霞	2023
128	露地冷凉蔬菜优新品种引选及花椰高质高产栽培关键技术研究	宁夏农林科学院园艺研究所	谢 华	2023
129	基于三代全长转录组水平对草石蚕生物学特性的研究	宁夏农林科学院园艺研究所	李 程	2023
130	辣椒不同砧组合嫁接亲和性机理研究	宁夏农林科学院园艺研究所	高晶霞	2023
131	一种卷帘机精准限位控制系统及使用方法	宁夏农林科学院园艺研究所	黄 岳	2023
132	辣椒育性相关基因的克隆及分子标记开发	宁夏农林科学院园艺研究所	裴红霞	2023
133	一种微生物菌剂、生物有机肥及其制备方法	宁夏农林科学院园艺研究所	冯海萍	2023
134	压砂瓜种质资源创新与嫁接栽培关键技术集成示范	宁夏农林科学院园艺研究所	刘声锋	2023
135	双砧组合对压砂西瓜生理代谢及果实品质的影响研究	宁夏农林科学院园艺研究所	郭 松	2023
136	一种温室自动卷膜装置	宁夏农林科学院园艺研究所	岳海英	2023
137	宁夏典型农田肥药减施增效技术创新与流域示范	宁夏农林科学院农业资源与环境研究所	王 芳	2023
138	一种可调节播种施肥间距和深度的播种机	宁夏农林科学院农业资源与环境研究所	王 芳	2023
139	长期施用生物炭对灌淤土氮素转化的影响及机制研究	宁夏农林科学院农业资源与环境研究所	刘汝亮	2023
140	原位生成席夫碱引发自由基串联反应构建稠合喹啉骨架的研究	宁夏农林科学院农业资源与环境研究所	母养秀	2023
141	一种酸催化 2-吡唑苯胺衍生物与醚合成吡唑并喹啉化合物的方法	宁夏农林科学院农业资源与环境研究所	母养秀	2023
142	微塑料对旱作农田土壤团聚体稳定性的影响	宁夏农林科学院农业资源与环境研究所	雷晓婷	2023

续表

序号	成果名称	完成单位	第一完成人	成果登记日期
143	枸杞水肥一体化技术研发与示范	宁夏农林科学院农业资源与环境研究所	张学军	2023
144	黄河宁夏段泥沙钾素赋存形态及其颗粒组成时空变异性	宁夏农林科学院农业资源与环境研究所	赵营	2023
145	宁夏典型农田氮磷面源污染监测与防控技术研究及应用	宁夏农林科学院农业资源与环境研究所	张学军	2023
146	宁南山区降水资源高效利用与抗逆稳定性生产技术研究示范	宁夏农林科学院农业资源与环境研究所	郭鑫年	2023
147	宁夏土壤分类体系的构建与土壤质量演变研究应用	宁夏农林科学院农业资源与环境研究所	龙怀玉	2023
148	银北碱化土农田氮素利用效率的微生物调控机制	宁夏农林科学院农业资源与环境研究所	李凤霞	2023
149	提高盐碱土氮素利用的微生物菌剂及施用方法和制备装置	宁夏农林科学院农业资源与环境研究所	李凤霞	2023
150	春小麦新品种宁春63号选育	宁夏农林科学院农作物研究所	张双喜	2023
151	春小麦新品种宁春64号选育	宁夏农林科学院农作物研究所	樊明	2023
152	春小麦新品种宁春65号选育	宁夏农林科学院农作物研究所	李红霞	2023
153	春小麦新品种宁春67号选育	宁夏农林科学院农作物研究所	曾宝安	2023
154	春小麦新品种宁春66号选育	宁夏农林科学院农作物研究所	张双喜	2023
155	小麦新品种宁冬21号选育	宁夏农林科学院农作物研究所	张维军	2023
156	利用MS1大豆雄性核不育基因创制大豆新种质研究	宁夏农林科学院农作物研究所	姬月梅	2023
157	国外优异小麦种质资源引进评价与创新利用	宁夏农林科学院农作物研究所	张维军	2023
158	17TJ2水稻新品种选育	宁夏农林科学院农作物研究所	马静	2023
159	2016KF7水稻新品种选育	宁夏农林科学院农作物研究所	孙建昌	2023
160	花151水稻新品种选育	宁夏农林科学院农作物研究所	马静	2023
161	宁系44水稻新品种选育	宁夏农林科学院农作物研究所	孙建昌	2023
162	向日葵新品种宁赏葵4号选育	宁夏农林科学院农作物研究所	刘继霞	2023
163	向日葵新品种宁赏葵5号选育	宁夏农林科学院农作物研究所	刘继霞	2023
164	向日葵新品种宁赏葵6号选育	宁夏农林科学院农作物研究所	王平	2023
165	不同基因型大豆与青贮玉米复合种植研究	宁夏农林科学院农作物研究所	连金番	2023

续表

序号	成果名称	完成单位	第一完成人	成果登记日期
166	利用新型生物技术改良宁夏小麦品种白粉病抗性和品质研究	宁夏农林科学院农作物研究所	张双喜	2023
167	宁夏灌区不同基因型春小麦品种抗倒伏性状研究	宁夏农林科学院农作物研究所	樊 明	2023
168	水氮耦合对宁夏灌区早熟冬小麦返青期响应机理研究	宁夏农林科学院农作物研究所	何进尚	2023
169	玉豆间作混合青贮提质增效技术集成与示范	宁夏农林科学院农作物研究所	杨国虎	2023
170	基于 Wx 基因多态性的稻米食味相关指标研究	宁夏农林科学院农作物研究所	王 昕	2023
171	一种水稻栽培方法	宁夏农林科学院农作物研究所	王 昕	2023
172	大豆 $ms1$ 核不育基因创建高蛋白群体及在轮回选择育种中的应用	宁夏农林科学院农作物研究所	姬月梅	2023
173	水稻 ALS 突变型基因及其蛋白在抗除草剂方面的应用	宁夏农林科学院农作物研究所	王 坚	2023
174	大豆玉米复合种植青贮饲料品质的研究	宁夏农林科学院农作物研究所	连金番	2023
175	NCG 对母牛繁殖性能及相关激素分泌的影响研究	宁夏农林科学院固原分院	陈志龙	2023
176	紫花苜蓿胚性愈伤组织的诱导及体胚途径植株再生体系的建立	宁夏农林科学院固原分院	陈彩锦	2023
177	宁夏固原地区朝那鸡羽色相关基因的遗传多态性研究	宁夏农林科学院固原分院	杨雪瑶	2023
178	宁夏中部干旱带优势特色作物高效节水种植技术集成示范	宁夏农林科学院固原分院	陈智君	2023
179	饲用燕麦适应性评价及抗旱性初探	宁夏农林科学院固原分院	陈彩锦	2023
180	宁南山区主要针叶树种大规格苗木不浇水造林技术研究	宁夏农林科学院固原分院	余治家	2023
181	六盘山区香荚蒾等 15 种优良乡土树种繁育技术研究	宁夏农林科学院固原分院	贾宝光	2023
182	平枝栒子繁育技术研究	宁夏农林科学院固原分院	马 杰	2023
183	特色林木资源引种驯化、繁和栽培技术研究	宁夏农林科学院固原分院	余治家	2023
184	马铃薯新品种固薯 1 号选育	宁夏农林科学院固原分院	张国辉	2023

续表

序号	成果名称	完成单位	第一完成人	成果登记日期
185	马铃薯新品种宁薯20号选育	宁夏农林科学院固原分院	余帮强	2023
186	太空诱变对马铃薯性状的影响研究	宁夏农林科学院固原分院	余帮强	2023
187	宁南山区结球甘蓝、青萝卜适宜品种筛选及配套栽培技术研究与技术集成示范	宁夏农林科学院固原分院	买自珍	2023
188	百合定点栽植设备	宁夏农林科学院固原分院	杨彩玲	2023
189	露地冷凉蔬菜专用机械引进改制与栽培模式集成示范	宁夏农林科学院固原分院	张倩男	2023
190	播期后移对宁南冬小麦产量及品质的影响	宁夏农林科学院固原分院	邵千顺	2023
191	一种旱地两年三熟高效种植方法	宁夏农林科学院固原分院	杨琳	2023
192	胡麻良种繁育技术规程	宁夏农林科学院固原分院	张炜	2023
193	一种密植作物深开沟寻墒抗旱穴播机	宁夏农林科学院固原分院	曹秀霞	2023
194	鹰嘴豆新品种固鹰1号选育	宁夏农林科学院固原分院	赵永峰	2023
195	冬前播种对糜子产量、品质及水分利用效率的影响研究	宁夏农林科学院固原分院	李凯	2023
196	宁南山区谷子提质增效及产品加工工艺研究	宁夏农林科学院固原分院	李凯	2023
197	荞麦新品种固荞1号	宁夏农林科学院固原分院	常克勤	2023
198	燕麦新品种固燕1号	宁夏农林科学院固原分院	常克勤	2023
199	甜荞麦良种繁育技术规程	宁夏农林科学院固原分院	常克勤	2023
200	特色食用豆引进筛选与关键技术研究与示范	宁夏农林科学院固原分院	黄贵斌	2023
201	玉米新品种中夏玉6号选育	宁夏农林科学院农作物研究所 中国农业大学 吉林农业大学	王永宏	2022
202	高通量诱变抗除草剂的水稻筛选	宁夏农林科学院农作物研究所 福建农林大学	王坚	2022
203	向日葵新品种宁赏葵1号选育	宁夏农林科学院农作物研究所	刘继霞	2022
204	向日葵新品种宁赏葵2号选育	宁夏农林科学院农作物研究所	刘继霞	2022
205	向日葵新品种宁赏葵3号选育	宁夏农林科学院农作物研究所	王平	2022
206	一种基于蔓生饲草大豆提高青贮玉米饲料品质的方法	宁夏农林科学院农作物研究所	连金番	2022

续表

序号	成果名称	完成单位	第一完成人	成果登记日期
207	观赏向日葵种质资源引进创新及应用研究	宁夏农林科学院农作物研究所 银川市园林规划设计院	刘继霞	2022
208	宁夏杂草稻病原菌研究	宁夏农林科学院农作物研究所	史延丽	2022
209	西北中部灌区耐密高产抗旱玉米新品种培育	宁夏农林科学院农作物研究所 甘肃省农科院作物研究所 山东省农科院玉米所 甘肃省敦煌种业股份有限公司	赵　健	2022
210	粮饲通用型玉米新品种银玉6118选育	宁夏农林科学院农作物研究所 宁夏钧凯种业有限公司	张文杰	2022
211	宁夏中部干旱带黄花菜规范化栽培关键技术研究	宁夏农林科学院荒漠化治理研究所 盐池县中药材技术服务站	张清云	2022
212	水生植物组成型通气组织形成过程及细胞程序性死亡（PCD）的信号调控途径	宁夏农林科学院荒漠化治理研究所 宁夏大学	倪细炉	2022
213	黄土梁状丘陵区林草植被体系结构优化及杏产业关键技术与示范	宁夏农林科学院荒漠化治理研究所 西北农林科技大学 中国林业科学研究院森林生态环境与保护研究所 宁夏云雾山庄果品开发有限责任公司	蔡进军	2022
214	柠条生物发酵饲料加工及应用技术研究	宁夏农林科学院荒漠化治理研究所 北方民族大学生命科学与工程学院	温学飞	2022
215	黄花菜农机农艺技术融合研究与示范	宁夏农林科学院林业与草地生态研究所 上海电机学院	张清云	2022
216	压砂瓜种植对生态环境的影响及对策研究	宁夏农林科学院林业与草地生态研究所 宁夏大学 宁夏农林科学院植物保护研究所 宁夏气象科学研究所	蒋　齐	2022
217	自治区"十四五"中药材产业创新发展关键问题研究	宁夏农林科学院林业与草地生态研究所 宁夏农村科技发展中心 固原市科学技术局	马　斌	2022
218	玻利维亚藜麦新品种引进及推广技术	宁夏农林科学院荒漠化治理研究所	温淑红	2022
219	智能一体化食用菌栽培系统	宁夏农林科学院农业经济与信息技术研究所	陈学东	2022
220	一种筛选富硒香菇固体菌种的方法以及装置	宁夏农林科学院农业经济与信息技术研究所	任怡莲	2022
221	一种简易西瓜滴灌水净化装置	宁夏农林科学院园艺研究所	郭　松	2022
222	宁夏农林废弃物基质化利用关键技术研究与示范	宁夏农林科学院园艺研究所	曲继松	2022

续表

序号	成果名称	完成单位	第一完成人	成果登记日期
223	设施韭菜绿色高效生产关键技术研究与示范	宁夏农林科学院园艺研究所	曲继松	2022
224	功能膜装置的应用方法	宁夏农林科学院园艺研究所	李晓龙	2022
225	一种西瓜营养土栽培基质块的配方及制作方法	宁夏农林科学院园艺研究所	郭 松	2022
226	灵武长枣早熟优系(灵州枣1号)果实生理生化特性研究	宁夏农林科学院园艺研究所	李百云	2022
227	设施瓜菜优新品种引选与节水技术集成创新	宁夏农林科学院园艺研究所	曲继松	2022
228	西夏风雅甜瓜新品种的选育	宁夏农林科学院园艺研究所	王志强	2022
229	西夏印象西瓜新品种的选育	宁夏农林科学院园艺研究所	王志强	2022
230	西瓜品种宁农科花黛的选育	宁夏农林科学院园艺研究所	于 蓉	2022
231	宁夏农作物优新种质生物技术创新研究	宁夏农林科学院农业生物技术研究中心	关雅静	2022
232	宁夏枸杞低自交结实率的发生机制研究	宁夏农林科学院农业生物技术研究中心 北方民族大学 宁夏林业研究院股份有限公司	王翠平	2022
233	一种以鸡头黄精鳞茎为外植体的种苗快速繁殖方法(发明专利)	宁夏农林科学院农业生物技术研究中心	郭生虎	2022
234	一种马铃薯疮痂病抗性的鉴定方法(发明专利)	宁夏农林科学院农业生物技术研究中心	聂峰杰	2022
235	一种快速遗传转化苜蓿的方法(发明专利)	宁夏农林科学院农业生物技术研究中心	张 丽	2022
236	马铃薯液泡膜单糖转运蛋白$StTMT2$基因的应用(发明专利)	宁夏农林科学院农业生物技术研究中心	巩 檑	2022
237	一种马铃薯GATA转录因子及其克隆方法与应用(发明专利)	宁夏农林科学院农业生物技术研究中心	甘晓燕	2022
238	一种马铃薯KNOX转录因子$StKNOX1$基因、编码蛋白及其应用(发明专利)	宁夏农林科学院农业生物技术研究中心	甘晓燕	2022
239	一种利用花药培养获得马铃薯双单倍体植株的方法及其培养基(发明专利)	宁夏农林科学院农业生物技术研究中心	宋玉霞	2022
240	宁夏同心肉牛和滩羊高效养殖技术集成示范	宁夏农林科学院动物科学研究所	张俊丽	2022
241	枸杞脂质代谢与功能研究	宁夏农林科学院枸杞科学研究所	秦小雅	2022

续表

序号	成果名称	完成单位	第一完成人	成果登记日期
242	枸杞高密度遗传图谱构建及产量相关性状QTL定位	宁夏农林科学院枸杞科学研究所	尹 跃	2022
243	黑果枸杞加工技术与主要活性成分功能评价研究	宁夏农林科学院枸杞科学研究所 南京农业大学食品科技学院 宁夏医科大学实验动物中心 西安交通大学医学部	闫亚美	2022
244	枸杞主要活性成分提制、功能评价与加工技术研究	宁夏农林科学院枸杞科学研究所 南京农业大学食品科技学院 宁夏医科大学实验动物中心	曹有龙	2022
245	一种黑果枸杞花药培养获得紫色愈伤组织的方法	宁夏农林科学院枸杞科学研究所	罗 青	2022
246	西北水稻氮素需求与土壤、肥料供氮时空匹配规律	宁夏农林科学院农业资源与环境研究所	刘汝亮	2022
247	青铜峡灌区水稻、玉米化肥减施增效技术研究与示范	宁夏农林科学院农业资源与环境研究所 宁夏农林科学院植物保护研究所 宁夏农林科学院 宁夏职业技术学院	洪 瑜	2022
248	引黄灌区农业面源污染防控技术研究与示范	宁夏农林科学院农业资源与环境研究所 宁夏职业技术学院	王 芳	2022
249	宁南山区轮作休耕模式及地力提升技术研究与示范	宁夏农林科学院农业资源与环境研究所 宁夏农林科学院林业与草地生态研究所 彭阳县自然资源局 固原市原州区林木检疫站	蔡进军	2022
250	河套灌区粮田氮磷淋溶和农业废弃物污染综合防治技术模式示范	宁夏农林科学院农业资源与环境研究所 内蒙古农业大学 内蒙古自治区农牧业科学院 中国农业大学	张学军	2022
251	宁夏主要种养废弃物肥料化技术体系构建与循环利用	宁夏农林科学院农业资源与环境研究所 宁夏顺宝现代农业股份有限公司 宁夏荣华生物质新材料科技有限公司 宁夏回族自治区农村能源工作站 同心县农业技术推广服务中心 中宁县枸杞产业发展服务中心	纪立东	2022
252	基于自由基反应策略的功能有机分子关键杂环骨架构建方法研究	宁夏农林科学院农业资源与环境研究所	汤 冬	2022
253	扬黄灌区农田肥力建设与水肥一体化技术研究示范	宁夏农林科学院农业资源与环境研究所 宁夏农林科学院农作物研究所 宁夏农业综合开发中心 同心县农技推广服务中心	郭鑫年	2022

续表

序号	成果名称	完成单位	第一完成人	成果登记日期
254	农业面源污染减控与农田绿色清洁生产技术研究示范	宁夏农林科学院农业资源与环境研究所 中国农业科学院农业资源与区划研究所 中国农业科学院农业环境与可持续发展研究所 宁夏农林科学院园艺研究所	郭鑫年	2022
255	糜子新品种固 14-278	宁夏农林科学院固原分院 甘肃农业科学院作物研究所	王　勇	2022
256	糜子新品种固糜 23 号	宁夏农林科学院固原分院	杨军学	2022
257	糜子新品种固糜 24 号	宁夏农林科学院固原分院	杨军学	2022
258	糜子新品种固糜 25 号	宁夏农林科学院固原分院 甘肃农业科学院作物研究所	张尚沛	2022
259	高质高效便捷鱼鳞坑造林整地方法	宁夏农林科学院固原分院	余治家	2022
260	欧洲花楸引种繁育栽培技术研究与示范	宁夏农林科学院固原分院 中国林业科学研究院森林生态环境与自然保护研究所	余治家	2022
261	一种马铃薯主食化品种水肥一体化补水、施肥方法	宁夏农林科学院固原分院 宁夏农林科学院林业与草地生态研究所	余帮强	2022
262	土壤处理对微生物的影响	宁夏农林科学院植物保护研究所	沙月霞	2022
263	假单胞菌诱导水稻植株对盐胁迫的应激反应机理	宁夏农林科学院植物保护研究所	沙月霞	2022
264	白纹雏蝗灾变生态学机制	宁夏农林科学院植物保护研究所 宁夏回族自治区草原工作站	魏淑花	2022
265	防治枸杞害虫新型矿物源农药研发与利用	宁夏农林科学院植物保护研究所 宁夏钮盟科技有限公司 宁夏枸杞产业发展中心 宁夏回族自治区草原工作站	王　芳	2022
266	蔬菜和马铃薯连作障碍治理创新产品与技术研发和应用	宁夏农林科学院植物保护研究所 中国农业科学院植物保护研究所 北京启高生物科技有限公司	郭成瑾	2022
267	酿酒葡萄、葡萄酒生产中品质变化规律及质量安全评价研究	宁夏农产品质量标准与检测技术研究所	王晓菁	2022
268	宁夏不同枣品种品质评价	宁夏农产品质量标准与检测技术研究所	赵子丹	2022
269	螺虫乙酯、甲基硫菌灵、吡蚜酮在枸杞上残留限量标准研究	宁夏农产品质量标准与检测技术研究所	杨　静	2022
270	宁夏枸杞生长期矿物元素变化规律及溯源指标筛选研究	宁夏农产品质量标准与检测技术研究所 重庆市农业科学院 宁夏回族自治区农业综合开发中心	开建荣	2022

续表

序号	成果名称	完成单位	第一完成人	成果登记日期
271	基于矿质元素指纹图谱的葡萄酒原产地识别技术研究	宁夏农产品质量标准与检测技术研究所	李彩虹	2022
272	基于平衡诊断的宁夏春小麦植株营养调节及施肥技术研究	宁夏农产品质量标准与检测技术研究所	杨春霞	2022
273	黄花菜茎叶饲料化开发利用技术研究	宁夏农林科学院动物科学研究所	王秀琴	2022
274	奶牛胎衣不下症中兽药新药创制与示范	宁夏农林科学院动物科学研究所 中国农业科学院兰州畜牧与兽药研究所	黎玉琼	2022
275	智慧枸杞园关键技术集成示范	宁夏农林科学院枸杞工程技术研究所 宁夏农林科学院农业经济与信息技术研究所 百瑞源枸杞股份有限公司	石志刚	2021
276	枸杞春梢花芽分化规律及其碳氮动态变化研究	宁夏农林科学院枸杞工程技术研究所	张 波	2021
277	枸杞种质资源"分子身份证"构建及应用研究	宁夏农林科学院枸杞工程技术研究所	万 如	2021
278	枸杞生育进程气象预测指标研究	宁夏农林科学院枸杞工程技术研究所 宁夏回族自治区中宁县气象局 宁夏回族自治区中卫市气象局 宁夏回族自治区气象科学研究所	安 巍	2021
279	洋葱优质高产新品种筛选及轻简化栽培技术研究与集成示范	宁夏农林科学院固原分院 甘肃省嘉峪关市种子管理站	买自珍	2021
280	宁夏滩羊尾脂综合利用研究	宁夏农林科学院动物科学研究所 中国农科院农产品加工研究所	于 洋	2021
281	盐池滩羊肉品质特性及其调控机理研究	宁夏农林科学院动物科学研究所 甘肃省农业科学院畜草鱼绿色农业研究所 宁夏回族自治区兽药饲料监察所 固原市畜牧技术推广服务中心 宁夏大学 灵武市畜牧技术推广服务中心	马小明	2021
282	滩羊瘤胃营养调控及高效繁育养殖技术研究与示范	宁夏农林科学院动物科学研究所 内蒙古自治区农牧业科学院动物营养与饲料研究所 灵武市畜牧技术推广服务中心 盐池县畜牧技术推广服务中心 同心县畜牧技术推广服务中心 宁夏灵诚瑞源养殖专业合作社	李聚才	2021

续表

序号	成果名称	完成单位	第一完成人	成果登记日期
283	引黄灌区种养结合生态农业关键技术研究	宁夏农林科学院动物科学研究所 宁夏农林科学院园艺研究所 宁夏农林科学院植物保护研究所 平罗县畜牧技术推广服务中心 青铜峡市动物疾病预防控制中心 中卫市畜牧水产技术推广服务中心 银川市畜牧技术推广服务中心	李聚才	2021
284	马铃薯主食化品种目标性状分子聚合技术研究	宁夏农林科学院农业生物技术研究中心	甘晓燕	2021
285	基于CAS9基因编辑技术创制香稻种质资源研究	宁夏农林科学院农业生物技术研究中心	陈晓军	2021
286	一个新的编码水稻PHD锌指蛋白雄性不育基因MMS1的发现与功能解析	宁夏农林科学院农业生物技术研究中心	陈晓军	2021
287	小麦农艺水分利用效率相关性状的QTL定位	宁夏农林科学院农业生物技术研究中心	李树华	2021
288	基于水分-品质响应关系的宁夏枸杞综合品质评价模型研究	宁夏农林科学院农业生物技术研究中心 宁夏回族自治区药品检验研究院	郑国保	2021
289	枸杞品质形成对立地质量的响应机制研究	宁夏农林科学院枸杞科学研究所	王亚军	2021
290	枸杞专用枝条收集粉碎机	宁夏农林科学院枸杞科学研究所 宁夏科杞现代农业机械技术服务有限公司	石志刚	2021
291	枸杞专用双行风送式植保机	宁夏农林科学院枸杞科学研究所 宁夏科杞现代农业机械技术服务有限公司	石志刚	2021
292	枸杞专用自走式折叠双翼防风植保机	宁夏农林科学院枸杞科学研究所 宁夏科杞现代农业机械技术服务有限公司	石志刚	2021
293	枸杞基因组学研究与开发	宁夏农林科学院枸杞科学研究所 福建农林大学 四川大学	曹有龙	2021
294	枸杞果糖含量性状主效QTL定位及候选基因分析	宁夏农林科学院枸杞科学研究所 北京百迈客生物科技有限公司	赵建华	2021
295	枸杞果实品质代谢组学研究	宁夏农林科学院枸杞科学研究所 武汉迈特维尔生物科技有限公司	曹有龙	2021
296	坡面土壤有机碳迁移输出特征及其对保护性耕作的响应	宁夏农林科学院农业资源与环境研究所	雷金银	2021
297	宁夏平原盐碱地利用修复对土壤氮库及微生物的调控研究	宁夏农林科学院农业资源与环境研究所 宁夏农林科学院荒漠化治理研究所	李凤霞	2021
298	不同开垦年限淡灰钙土有机碳库组分差异及时空变化特征研究	宁夏农林科学院农业资源与环境研究所	何进勤	2021

续表

序号	成果名称	完成单位	第一完成人	成果登记日期
299	控释氮肥侧条施肥技术对宁夏灌区稻田氮素损失的影响机制	宁夏农林科学院农业资源与环境研究所 宁夏农林科学院植物保护研究所	刘汝亮	2021
300	地下水周年变化对灌区设施菜田土壤氮素损失的影响	宁夏农林科学院农业资源与环境研究所	刘晓彤	2021
301	西北旱直播稻区化肥农药减施增效关键技术集成与示范	宁夏农林科学院农业资源与环境研究所 宁夏农林科学院农作物研究所 中国农业科学院农业环境与可持续发展研究所 新疆农业科学院核技术生物技术研究所 宁夏绿先锋农业机械化服务有限公司	张学军	2021
302	优势粮食绿色丰产增效关键技术研究与示范	宁夏农林科学院农业资源与环境研究所 宁夏农林科学院农作物研究所 中国农业科学院作物科学研究所 宁夏大学 宁夏农垦事业管理局农林牧技术推广服务中心 宁夏农林科学院植物保护研究所	桂林国	2021
303	马铃薯主食化专用品种增产增效栽培技术研究与示范	宁夏农林科学院农业资源与环境研究所 宁夏农林科学院固原分院	桂林国	2021
304	针对多重耐药菌的新型内酰胺类抗生素研究	宁夏农林科学院农业资源与环境研究所	孙 健	2021
305	银北灌区节灌农艺改良盐碱地技术研究与示范	宁夏农林科学院农业资源与环境研究所 宁夏农林科学院农业生物技术研究中心	樊丽琴	2021
306	葡萄园土壤质量提升与水肥精准管理研究	宁夏农林科学院农业资源与环境研究所 宁夏农林科学院农业经济与信息技术研究所 宁夏大学农学院	雷晓婷	2021
307	深度贫困区中药材产业化关键技术集成示范与精准扶贫	宁夏农林科学院荒漠化治理研究所 同心县预旺农业服务中心 宁夏农林科学院植物保护研究所 宁夏农村科技发展中心 宁夏农林科学院固原分院	李 明	2021
308	土壤干燥化背景下黄土丘陵区农田覆盖措施土壤水分特征及评价	宁夏农林科学院荒漠化治理研究所 中国农业科学院农业环境与可持续发展研究所 宁夏农林科学院农业资源与环境研究所 宁夏彭阳县农业农村局	董立国	2021

续表

序号	成果名称	完成单位	第一完成人	成果登记日期
309	宁夏中药材基地建设关键技术创新与产业化应用	宁夏农林科学院荒漠化治理研究所 宁夏拓明农业开发有限公司 宁夏农林科学院植物保护研究所 平罗县四季丰科技有限公司 中卫市阳光沐场农牧有限公司 宁夏仁源药业有限公司	李明	2021
310	宁夏主要类型草地资源监测及综合评价研究	宁夏农林科学院荒漠化治理研究所 中国科学院地理科学与资源研究所 宁夏大学 宁夏回族自治区草原工作站 北方民族大学	蒋齐	2021
311	退化草地生态修复及管理技术研究与示范	宁夏农林科学院荒漠化治理研究所 宁夏大学饲料工程技术研究中心 盐池县农牧科学研究所 宁夏回族自治区草原工作站	王占军	2021
312	外源钙对栽培甘草生长发育与生理特性的影响	宁夏农林科学院荒漠化治理研究所	安钰	2021
313	抗旱型牧草种质资源引选及综合评价	宁夏农林科学院荒漠化治理研究所 内蒙古自治区农牧业科学院草原研究所	季波	2021
314	宁南山区红梅杏高效栽培关键技术研究与示范	宁夏农林科学院荒漠化治理研究所 宁夏农林科学院农业资源与环境研究所 宁夏农林科学院固原分院 宁夏农林科学院植物保护研究所 彭阳县自然资源局 固原市原州区林木检疫站	郭永忠	2021
315	现代人工草地高效利用关键技术研究与示范	宁夏农林科学院荒漠化治理研究所 中国农业大学动物科学技术学院 宁夏农林科学院植物保护研究所 甘肃农业大学草业学院	蒋齐	2021
316	设施蔬菜废弃物处理还田腐解及碳氮转化特征研究	宁夏农林科学院园艺研究所	杨冬艳	2021
317	一种引黄灌区设施桃树的栽培方法	宁夏农林科学院园艺研究所 吴忠市艺苗林果种植专业合作社	岳海英	2021
318	一种聚水集肥的垄作瓜类种植自动化沟渠注水装置	宁夏农林科学院园艺研究所	郭松	2021
319	一种果树大枝修剪方法及修剪用装置	宁夏农林科学院园艺研究所 中卫市沙坡头区林业技术推广中心 固原市彭阳县孟塬乡农业综合服务中心	贾永华	2021
320	设施桃树新品种引选及关键栽培技术研究	宁夏农林科学院园艺研究所	岳海英	2021

续表

序号	成果名称	完成单位	第一完成人	成果登记日期
321	菊苣周年软化栽培技术研究与集成	宁夏农林科学院园艺研究所 广州润绿农业发展公司	秦小军	2021
322	苹果集约高效栽培技术研究与示范	宁夏农林科学院园艺研究所 吴忠市富腾果品营销专业合作社 金沙湾现代农业综合开发有限公司 彭阳东昂农业科技有限公司	李晓龙	2021
323	半干旱区冷凉蔬菜高效栽培技术集成示范	宁夏农林科学院园艺研究所 宁夏恒通现代农业开发有限公司 西吉县绿发蔬菜种植专业合作社	冯海萍	2021
324	设施蔬菜耕作起垄机械选改配套农艺模式研究	宁夏农林科学院园艺研究所 中国农业大学 无锡悦田农业机械科技有限公司	杨冬艳	2021
325	鲜食枣杂交优系选育与压砂地骏枣提质增效关键技术研究及示范	宁夏农林科学院园艺研究所	魏天军	2021
326	设施葡萄品种引选及配套栽培技术研究	宁夏农林科学院园艺研究所	冯学梅	2021
327	西夏锦绣西瓜新品种的选育	宁夏农林科学院园艺研究所	王志强	2021
328	水稻新品种宁粳59号	宁夏农林科学院农作物研究所	杨生龙	2021
329	水稻新品种宁粳60号	宁夏农林科学院农作物研究所	史延丽	2021
330	水稻新品种宁粳61号	宁夏农林科学院农作物研究所	杨生龙	2021
331	一种制种菠菜套种大豆的高产种植方法	宁夏农林科学院农作物研究所	赵志刚	2021
332	一种利用大豆雄性不育材料选育春大豆新品种的方法	宁夏农林科学院农作物研究所	赵志刚	2021
333	宁夏春小麦淀粉品质特性研究	宁夏农林科学院农作物研究所	亢 玲	2021
334	新型小麦基因芯片的引进与利用	宁夏农林科学院农作物研究所	陈东升	2021
335	基于KASP技术的宁夏小麦种质资源鉴定评价	宁夏农林科学院农作物研究所	张维军	2021
336	油莎豆品种引进及配套技术研究与示范	宁夏农林科学院农作物研究所 中国农业科学院油料作物研究所 盐池县中药材技术服务站 吴忠市红寺堡区科学技术局 宁夏农垦平吉堡生态庄园有限公司	杨国虎	2021
337	海水稻巨型稻特种稻引进创新研究	宁夏农林科学院农作物研究所	张益民	2021

续表

序号	成果名称	完成单位	第一完成人	成果登记日期
338	向日葵新品种宁葵杂4号选育	宁夏农林科学院农作物研究所	刘继霞	2021
339	东北特优水稻品种引进及产业开发	宁夏农林科学院农作物研究所 宁夏钧凯种业有限公司 宁夏灵武兴唐米业有限公司	殷延勃	2021
340	农业生物灾害监测预警关键技术研究与应用	宁夏农林科学院植物保护研究所 中国农业大学植物保护学院 宁夏枸杞产业发展中心 银川海关 宁夏气象科学研究所	张 蓉	2021
341	宁夏草地有害生物演替规律及生态防控技术研究	宁夏农林科学院植物保护研究所 中国农业大学 宁夏回族自治区草原工作站	魏淑花	2021
342	马铃薯主要土传病害和田间杂草绿色防控技术研究	宁夏农林科学院植物保护研究所 西吉县马铃薯产业服务中心 西吉县农业技术推广服务中心 固原市原州区农业技术推广服务中心 宁夏职业技术学院 固原天启薯业有限公司	王喜刚	2021
343	西北地区马铃薯镰刀菌根腐病综合治理技术	宁夏农林科学院植物保护研究所 西吉县马铃薯产业服务中心 固原市原州区农业技术推广服务中心 西吉县农业技术推广服务中心 宁夏职业技术学院 宁夏农产品质量标准与检测技术研究所	郭成瑾	2021
344	宁夏西花蓟马主要寄主定位的信息化学物质及其嗅觉感受机制	宁夏农林科学院植物保护研究所	张治科	2021
345	六盘山特困区小杂粮精准扶贫技术集成示范	宁夏农林科学院固原分院 山西农业大学 中国农科院作物科学研究所 海原县农业技术推广服务中心	程炳文	2021
346	宁夏贫困区小杂粮高效种植技术示范与推广	宁夏农林科学院固原分院 海原县科学技术局 彭阳县科学技术局 同心县科学技术局 西吉县科学技术局 原州区科学技术局 盐池县科学技术局	程炳文	2021
347	百合种质资源引进与试验示范（固原市成果登记）	宁夏农林科学院固原分院	杨彩玲	2021

续表

序号	成果名称	完成单位	第一完成人	成果登记日期
348	六盘山区野生艾草驯化及品种引进（固原市成果登记）	宁夏农林科学院固原分院	张新学	2021
349	马铃薯主食化种质资源创制与专用品种筛选研究	宁夏农林科学院固原分院	颉瑞霞	2021
350	香荚蒁轻简化育苗方法	宁夏农林科学院固原分院	余治家	2021
351	欧洲花楸设施播种育苗方法	宁夏农林科学院固原分院	佘 萍	2021
352	贺兰山东麓酿酒葡萄产品质量安全评价研究	宁夏农产品质量标准与检测技术研究所	王晓菁	2021
353	葡萄酒及苹果中赭曲霉毒素A、氟硅唑等风险因子检测与安全性评价研究	宁夏农产品质量标准与检测技术研究所 西北农林科技大学	牛 艳	2021
354	几种特色食品香气特征解析与综合评价	宁夏农产品质量标准与检测技术研究所 西北农林科技大学	葛 谦	2021
355	优选非酿酒酵母对威代尔冰酒风味物质影响研究	宁夏农产品质量标准与检测技术研究所	葛 谦	2021
356	芒果汁和西瓜汁综合品质评价与货架期预测体系构建	宁夏农产品质量标准与检测技术研究所 西北农林科技大学	葛 谦	2021
357	宁夏葡萄酒关键香气物质结构解析及可视化指纹图谱构建	宁夏农产品质量标准与检测技术研究所	葛 谦	2021
358	盐池滩羊肉产地溯源技术研究	宁夏农产品质量标准与检测技术研究所 宁夏农林科学院动物科学研究所 中国农业科学院北京畜牧兽医研究所	苟春林	2021
359	马铃薯主食化品质分析及营养识别评价研究	宁夏农产品质量标准与检测技术研究所	张锋锋	2021
360	不同品种、产地葡萄酒中酚类物质差异性分析研究	宁夏农产品质量标准与检测技术研究所 西北农林科技大学	李彩虹	2021
361	宁夏藜麦中皂苷检测方法及含量分布规律的研究	宁夏农产品质量标准与检测技术研究所	王 芳	2021
362	宁夏草地资源可持续发展对策研究	宁夏农林科学院农业经济与信息技术研究所	王 薇	2021
363	酿酒葡萄病虫害绿色防控技术研究	宁夏农林科学院植物保护研究所 宁夏恒生西夏王酒业有限公司 宁夏贺兰山东麓葡萄酒产业园区管理委员会 银川市葡萄酒产业发展服务中心 宁夏农垦玉泉营农场有限公司 宁夏农垦玉泉营苗木繁育有限公司	张 怡	2021
364	不同种植方式对宁夏稻谷品质影响分析及优异种质筛选	宁夏农林科学院农作物研究所	孙建昌	2021

续表

序号	成果名称	完成单位	第一完成人	成果登记日期
365	春小麦新品种宁春62号选育	宁夏农林科学院农作物研究所	樊 明	2021
366	宁夏奶产业全产业链发展关键环节衔接问题研究	宁夏农林科学院农业经济与信息技术研究所	刘 俭	2021
367	酿酒葡萄种质资源创制与栽培生理研究	宁夏农林科学院园艺研究所 宁夏贺兰山东麓葡萄产业园区管委会 青铜峡市葡萄酒产业发展服务中心 固原市六盘山林业局林木良种繁育中心	牛锐敏	2021
368	六盘山肉牛高效选育及技术示范推广	宁夏农林科学院固原分院	蔡翠翠	2021
369	固原市"四个一"工程'一棵草'引种驯化与试验示范	宁夏农林科学院固原分院	陈彩锦	2021
370	宁夏草畜耦合与循环农业技术转化与示范	宁夏农林科学院动物科学研究所 吉林农业大学 宁夏回族自治区畜牧工作站 宁夏荣华农牧有限公司 宁羊农牧发展有限公司 宁夏向丰农牧业开发有限公司	梁小军	2021
371	滩羊肉品质调控研究	宁夏农林科学院动物科学研究所	张俊丽	2021
372	宁夏深度贫困区肉牛产业提质增效技术集成示范	宁夏农林科学院动物科学研究所 中国农业大学 宁夏畜牧工作站 山东省农科院奶牛研究中心	梁小军	2021
373	宁夏牛常见寄生虫性腹泻病流行规律和防治技术研究与示范	宁夏农林科学院动物科学研究所	黎玉琼	2021
374	贺兰山东麓葡萄酒质量安全评价及铜降解机制解析	宁夏农产品质量标准与检测技术研究所 西北农林科技大学	葛 谦	2020
375	基于离子组学的不同产地枸杞子差异性研究	宁夏农产品质量标准与检测技术研究所	开建荣	2020
376	枸杞中阿维菌素、吡虫啉、丙环唑残留限量标准研究	宁夏农产品质量标准与检测技术研究所	吴 燕	2020
377	宁夏地区苜蓿重金属及农药残留安全评价研究	宁夏农产品质量标准与检测技术研究所	王晓静	2020
378	宁夏地区不同品种枸杞中酚酸类化合物含量的比较研究	宁夏农产品质量标准与检测技术研究所	杨春霞	2020
379	宁夏牛病毒性腹泻病毒新亚型基因及变异性研究	宁夏农林科学院动物科学研究所	王建东	2020
380	美国抗性淀粉小麦种质资源引进及优选利用	宁夏农林科学院农业生物技术研究中心	李 苗	2020

续表

序号	成果名称	完成单位	第一完成人	成果登记日期
381	梭梭幼苗 $HaNAC1$ 响应干旱胁迫的分子调控机理研究	宁夏农林科学院农业生物技术研究中心	宋玉霞	2020
382	玉米调结构转方式优质高效生产关键技术研究与示范	宁夏农林科学院农作物研究所 中国农业科学院作物科学研究所 宁夏回族自治区农业技术推广总站 宁夏农林科学院固原分院	王永宏	2020
383	玉米新品种银玉439选育	宁夏农林科学院农作物研究所	王永宏	2020
384	水稻机械旱直播关键技术创新与应用	宁夏农林科学院农作物研究所 华南农业大学 中国水稻研究所 宁夏农业技术推广总站 宁夏农业机械化技术推广站 平罗县农业技术推广服务中心	殷延勃	2020
385	向日葵新品种宁葵杂5号选育	宁夏农林科学院农作物研究所	刘继霞	2020
386	小麦品质与抗逆性相关的多重PCR分子标记体系引进与利用	宁夏农林科学院农作物研究所 西北农林科技大学	陈东升	2020
387	小麦微核心种质引进评价及优异根系资源鉴选	宁夏农林科学院农作物研究所	张维军	2020
388	玉米新品种宁单52号选育	宁夏农林科学院农作物研究所 宁夏农林科学院农业生物技术研究中心	李　新	2020
389	玉米新品种宁单53号选育	宁夏农林科学院农作物研究所	杨国虎	2020
390	春小麦新品种宁3015选育	宁夏农林科学院农作物研究所	裘　敏	2020
391	春小麦新品种宁春58号选育	宁夏农林科学院农作物研究所	张双喜	2020
392	春小麦新品种宁春59号选育	宁夏农林科学院农作物研究所	曾宝安	2020
393	春小麦新品种宁春60号选育	宁夏农林科学院农作物研究所	樊　明	2020
394	春小麦新品种宁春61号选育	宁夏农林科学院农作物研究所	李红霞	2020
395	优质青贮玉米新品种银玉238选育	宁夏农林科学院农作物研究所 宁夏润丰种业有限公司	王彩芬	2020
396	大豆新品种宁豆7号的选育	宁夏农林科学院农作物研究所	姬月梅	2020
397	枸杞产地土壤环境质量评价和智能化水肥管理技术引进与应用	宁夏农林科学院农业资源与环境研究所 宁夏农林科学院农业经济与信息技术研究所 中国农业科学院农业资源与农业区划研究所	张学军	2020

续表

序号	成果名称	完成单位	第一完成人	成果登记日期
398	养殖废弃物资源化高效利用技术及生物产品研发与示范	宁夏农林科学院农业资源与环境研究所 中国科学院 南京土壤研究所 宁夏大学 宁夏顺宝现代农业股份有限公司	纪立东	2020
399	宁南山区马铃薯产业与草畜产业协同发展关键技术研发与集成应用	宁夏农林科学院农业资源与环境研究所 宁夏农林科学院动物科学研究所 西吉县马铃薯产业服务中心 西吉县畜牧水产技术推广服务中心	桂林国	2020
400	水稻、玉米专用缓——控释肥工艺技术	宁夏农林科学院农业资源与环境研究所 宁夏回族自治区农产品质量安全中心	赵营	2020
401	引黄灌区苜蓿草田地下滴灌灌溉水管理技术	宁夏农林科学院荒漠化治理研究所 宁夏农垦茂盛草业有限公司	杜建民	2020
402	柠条林的经营和可持续利用研究	宁夏农林科学院荒漠化治理研究所	温学飞	2020
403	盐池县沙生药材资源综合利用研究	盐池县中药材技术服务站 宁夏农林科学院荒漠化治理研究所 宁夏农林科学院植物保护研究所 扬州大学 宁夏拓明农业开发有限公司	刘华	2020
404	六盘山重点地道药材标准化栽培技术集成研究与示范	宁夏农林科学院荒漠化治理研究所 宁夏农林科学院植物保护研究所 宁夏大学西部生态与生物资源开发联合研究中心 宁夏农村科技发展中心 隆德县科学技术局 宁夏药品检验研究院	李明	2020
405	宁夏固沙植物根际土壤真菌多样性研究	宁夏农林科学院植物保护研究所 宁夏职业技术学院生命科技学院 宁夏农林科学院农业生物技术研究中心 宁夏农垦农林牧技术推广服务中心	郭成瑾	2020
406	防治稻瘟病假单胞菌的筛选及其生防机制研究	宁夏农林科学院植物保护研究所	沙月霞	2020
407	实蝇性诱剂引进及枸杞实蝇防控技术研究与示范	宁夏农林科学院植物保护研究所	李锋	2020
408	宁夏农业"1+4"产业新型经营主体及效益研究	宁夏农林科学院农业经济与信息技术研究所 宁夏回族自治区党委农村工作领导小组办公室秘书处 宁夏回族自治区农村经济经营管理站	温淑萍	2020

续表

序号	成果名称	完成单位	第一完成人	成果登记日期
409	宁夏农业特色产业大数据云平台建设与应用	宁夏农林科学院农业经济与信息技术研究所 玺赞庄园枸杞有限公司 宁夏遥感测绘勘查院 宁夏智图思创科技有限公司	海云瑞	2020
410	枸杞及设施瓜菜标准化种植智能控制技术研发应用	宁夏农林科学院农业经济与信息技术研究所 宁夏农林科学院枸杞研究所(有限公司) 国家农业信息化工程技术研究中心 宁夏计算机软件与技术服务有限公司	陈学东	2020
411	牛羊智慧养殖关键技术研究与应用	宁夏农林科学院农业经济与信息技术研究所 宁夏荣华牧业控股有限公司 同心县草畜产业商会 宁夏同心县伊杨现代牧业有限公司 宁夏农林科学院动物科学研究所 宁夏伊牧云农林牧科技开发有限公司	张建华	2020
412	枸杞苗木及干鲜果溯源技术集成创新与应用	宁夏农林科学院农业经济与信息技术研究所	杨淑婷	2020
413	枸杞病虫害区域化网络监测预警研究与应用	宁夏农林科学院农业经济与信息技术研究所 宁夏农林科学院植物保护研究所	马 菁	2020
414	乡村振兴战略下小农经济与农业现代化融合发展研究	宁夏农林科学院农业经济与信息技术研究所 西南科技大学 固原市农经站	王 薇	2020
415	设施果树新品种引进与优质高效栽培技术研究	宁夏农林科学院种质资源研究所 北方民族大学 宁夏农林科学院枸杞工程技术研究所 宁夏金岸特色农牧开发有限公司	梁玉文	2020
416	新型温棚构建及蔬菜高新栽培技术研究示范	宁夏农林科学院种质资源研究所 中卫市农业技术推广与培训中心 中卫市农牧局 中卫市新阳光农业科技有限责任公司 宁夏天瑞绿色种业有限公司	桑 婷	2020
417	特色蔬菜种质资源收集与创制	宁夏农林科学院种质资源研究所	裴红霞	2020
418	日光温室蔬菜精准管理栽培技术研究	宁夏农林科学院种质资源研究所 宁夏农林科学院植物保护研究所 吴忠国家农科科技园区管理委员会	杨冬艳	2020
419	拱棚辣椒标准化栽培试验示范	宁夏农林科学院种质资源研究所 彭阳县蔬菜产业发展服务中心	高晶霞	2020
420	西甜瓜特色种质资源鉴定培育及栽培展示	宁夏农林科学院种质资源研究所 中卫市农业农村局	田 梅	2020

续表

序号	成果名称	完成单位	第一完成人	成果登记日期
421	压砂地西瓜甜瓜优质高效生产技术应用	宁夏农林科学院种质资源研究所	于 蓉	2020
422	西瓜枯萎病抗性遗传规律分析	宁夏农林科学院种质资源研究所	王志强	2020
423	露地冷凉蔬菜高效低耗规模化栽培技术示范	宁夏农林科学院种质资源研究所 宁夏农林科学院固原分院 宁夏科泰种业有限公司 原州区农业技术推广服务中心	冯海萍	2020
424	美国枸杞种质资源的引进与鉴定	宁夏农林科学院枸杞工程技术研究所	何 军	2020
425	胡麻新品种宁亚23号	宁夏农林科学院固原分院	曹秀霞	2020
426	胡麻新品种宁亚24号	宁夏农林科学院固原分院	张 炜	2020
427	马铃薯秧饲料化利用技术研究与示范	宁夏农林科学院动物科学研究所 宁夏回族自治区畜牧工作站	梁小军	2020
428	小麦抗旱耐热性QTL的遗传重叠及其与环境互作效应研究	宁夏农林科学院农业生物技术研究中心 内蒙古自治区农牧业科学院作物育种与栽培研究所 新疆农业科学院粮食作物研究所	白海波	2019
429	马铃薯淀粉合成相关基因及抗逆转录因子分子基础研究	宁夏农林科学院农业生物技术研究中心	甘晓燕	2019
430	桃儿七离体繁育技术研究	宁夏农林科学院农业生物技术研究中心	郭生虎	2019
431	利用香味分子标记创制宁夏香稻种质	宁夏农林科学院农作物研究所 中国科学院遗传与发育生物学研究所	孙建昌	2019
432	鲜食甜糯玉米新品种宁甜糯1号选育	宁夏农林科学院农作物研究所 陕西省生物农业研究所	杨国虎	2019
433	春小麦新品种宁春57号选育	宁夏农林科学院农作物研究所	张双喜	2019
434	玉米新品种卫农998选育	宁夏农林科学院农作物研究所 宁夏卫农农业发展有限公司	李 新	2019
435	玉米新品种宁单51号选育	宁夏农林科学院农作物研究所 黑龙江省中邦农业有限公司	张文杰	2019
436	大豆新品种宁京豆7号选育	宁夏农林科学院农作物研究所 中国农业科学院作物科学研究所	罗瑞萍	2019
437	水稻新品种宁粳58号	宁夏农林科学院农作物研究所	安永平	2019
438	优质水稻新品种宁粳57号选育	宁夏农林科学院农作物研究所	殷延勃	2019
439	灌淤土土壤微生物及氮素转化的调控研究	宁夏农林科学院农业资源与环境研究所	李凤霞	2019
440	黄河上游泥沙中氮磷形态及其生物有效性	宁夏农林科学院农业资源与环境研究所	赵 营	2019

续表

序号	成果名称	完成单位	第一完成人	成果登记日期
441	引黄灌区稻田缓/控释肥料氮素运移及施用技术研究与示范	宁夏农林科学院农业资源与环境研究所	刘汝亮	2019
442	宁夏南部山区生态移民迁出区植被和土壤养分变化研究	宁夏农林科学院荒漠化治理研究所	许　浩	2019
443	宁夏中卫绿洲边缘植被恢复与生态资源开发技术集成示范	宁夏农林科学院荒漠化治理研究所 中卫沙坡头绿海环保技术研发有限公司 宁夏南山阳光果业有限公司 中卫市现代飞翔大漠生态农业有限公司	潘占兵	2019
444	宁南山区脆弱生态系统恢复及可持续经营技术集成与示范	宁夏农林科学院荒漠化治理研究所 西北农林科技大学 宁夏农林科学院资源与环境研究所	蔡进军	2019
445	宁夏中部草地资源评价及生产力提升技术集成示范	宁夏农林科学院荒漠化治理研究所 宁夏农林科学院植物保护研究所 盐池县自然资源局	王占军	2019
446	设施蔬菜重大害虫蓟马生态学特性及其与植物间的化学通讯机制研究	宁夏农林科学院植物保护研究所	张治科	2019
447	枸杞病虫害防治农药高效利用技术研究	宁夏农林科学院植物保护研究所	王　芳	2019
448	马铃薯土传病害生态调控技术研究	宁夏农林科学院植物保护研究所	郭成瑾	2019
449	宁夏农产品产业创新发展政策研究	宁夏农林科学院农业经济与信息研究所	刘　俭	2019
450	科技助推乡村振兴战略典型案例与模式研究——以宁夏农林科学院院地、院企合作基地和科技型企业为例	宁夏农林科学院农业经济与信息研究所	张治华	2019
451	西瓜新品种宁农科5号的选育	宁夏农林科学院种质资源研究所	于　蓉	2019
452	西瓜新品种宁农科6号的选育	宁夏农林科学院种质资源研究所	于　蓉	2019
453	辣椒新品种宁椒6号的选育	宁夏农林科学院种质资源研究所	王学梅	2019
454	辣椒新品种宁椒8号的选育	宁夏农林科学院种质资源研究所	王学梅	2019
455	辣椒新品种宁椒3号的选育	宁夏农林科学院种质资源研究所	王学梅	2019
456	辣椒新品种宁椒7号的选育	宁夏农林科学院种质资源研究所	王学梅	2019
457	辣椒新品种宁椒10号的选育	宁夏农林科学院种质资源研究所	王学梅	2019
458	甜瓜新品种宁甜2号的选育	宁夏农林科学院种质资源研究所	田　梅	2019
459	西夏骄子西瓜新品种的选育	宁夏农林科学院种质资源研究所	王志强	2019

续表

序号	成果名称	完成单位	第一完成人	成果登记日期
460	西夏嘉年华西瓜新品种的选育	宁夏农林科学院种质资源研究所	王志强	2019
461	西夏绿龙西瓜新品种的选育	宁夏农林科学院种质资源研究所	王志强	2019
462	西夏绿秀西瓜新品种的选育	宁夏农林科学院种质资源研究所	王志强	2019
463	野生蔬菜（荙葱）资源保存与驯化利用研究	宁夏农林科学院种质资源研究所	张丽娟	2019
464	中部干旱区设施蔬菜高效栽培技术集成示范	宁夏农林科学院种质资源研究所	曲继松	2019
465	宁夏旱作节水科技示范区设施蔬菜高效安全生产关键技术研究与示范	宁夏农林科学院种质资源研究所	曲继松	2019
466	生态因子对枸杞主要功效成分含量变化的影响研究	宁夏农林科学院枸杞工程技术研究所	曹有龙	2019
467	输送式枸杞厩肥施肥机的研制	宁夏农林科学院枸杞工程技术研究所 宁夏科杞现代农业机械技术服务有限公司	石志刚	2019
468	偏置多刀盘式开沟机的研制	宁夏农林科学院枸杞工程技术研究所 宁夏科杞现代农业机械技术服务有限公司	石志刚	2019
469	枸杞功效成分高效提制技术研究	宁夏农林科学院枸杞工程技术研究所	闫亚美	2019
470	花药离体培养及纯合二倍体DH系的构建	宁夏农林科学院枸杞工程技术研究所	罗青	2019
471	枸杞良种配套栽培技术及种苗繁育	宁夏农林科学院枸杞工程技术研究所	石志刚	2019
472	枸杞种质资源挖掘与评价	宁夏农林科学院枸杞工程技术研究所	安巍	2019
473	丰产优质枸杞新品种选育	宁夏农林科学院枸杞工程技术研究所	秦垦	2019
474	黄果枸杞优良种质资源筛选及新品种培育	宁夏农林科学院枸杞工程技术研究所	王亚军	2019
475	枸杞专用残枝粉碎还田机的研制	宁夏农林科学院枸杞工程技术研究所 宁夏科杞现代农业机械技术服务有限公司	石志刚	2019
476	枸杞专用双边除草机的研制	宁夏农林科学院枸杞工程技术研究所 宁夏科杞现代农业机械技术服务有限公司	石志刚	2019
477	枸杞专用风送式植保机的研制	宁夏农林科学院枸杞工程技术研究所 宁夏科杞现代农业机械技术服务有限公司	石志刚	2019
478	枸杞专用苗木定植机的研制	宁夏农林科学院枸杞工程技术研究所 宁夏科杞现代农业机械技术服务有限公司	石志刚	2019
479	枸杞专用整形剪枝机的研制	宁夏农林科学院枸杞工程技术研究所 宁夏科杞现代农业机械技术服务有限公司	石志刚	2019

续表

序号	成果名称	完成单位	第一完成人	成果登记日期
480	枸杞中乙基多杀菌素、乙螨唑、吡唑醚菌酯残留限量标准研究	宁夏农产品质量标准与检测技术研究所	牛 艳	2019
481	马铃薯新品种选育	宁夏农林科学院固原分院 宁夏农林科学院农业生物技术研究中心 宁夏马铃薯工程技术研究中心 固原天启薯业有限公司 宁夏佳立马铃薯产业有限公司	吴林科	2019
482	马铃薯新品种宁薯18号选育	宁夏农林科学院固原分院	王效瑜	2019
483	马铃薯新品种宁薯17号选育	宁夏农林科学院固原分院	张国辉	2019
484	盐柳1号引种研究与示范	宁夏科源农业综合开发有限公司 宁夏农林科学院 宁夏三林林业科技开发有限公司	李月祥	2019
485	防治稻瘟病芽孢杆菌的筛选及其生防机制研究	宁夏农林科学院植物保护研究所	沙月霞	2019
486	苜蓿新品种(系)选育	宁夏农林科学院动物科学研究所 宁夏农林科学院固原分院	高 婷	2019
487	滩羊串子花品系选育	宁夏农林科学院动物科学研究所 宁夏大学农学院 宁夏回族自治区盐池滩羊选育场	丁 伟	2019
488	滩羊肉裘兼用品系选育	宁夏农林科学院动物科学研究所 盐池县农业农村局	马 青	2019
489	滩羊多胎品系培育	宁夏农林科学院动物科学研究所	梁小军	2019
490	滩羊选育分子标记筛选研究	宁夏农林科学院动物科学研究所 宁夏回族自治区盐池滩羊选育场 宁夏朔牧盐池滩羊繁育有限公司	额尔和花	2019
491	紫薯脱毒种苗繁育技术研究与示范	宁夏农林科学院农业生物技术研究中心 宁夏农林科学院种质资源研究所 宁夏盛远农业开发有限公司	朱金霞	2018
492	橡胶草引种及有效成分提取技术研究	宁夏农林科学院农业生物技术研究中心 哈尔滨精鑫胶粘剂技术开发有限责任公司	张源沛	2018
493	小麦新品种宁春56号选育	宁夏农林科学院农业生物技术研究中心	李树华	2018
494	水稻新品种宁粳56号选育	宁夏农林科学院农业生物技术研究中心 中国农业科学院作物研究所	李树华	2018
495	宁粳55号选育	宁夏农林科学院农作物研究所 宁夏穗丰种业有限公司	安永平	2018
496	玉米新品种宁单40号选育	宁夏农林科学院农作物研究所	王永宏	2018

续表

序号	成果名称	完成单位	第一完成人	成果登记日期
497	玉米新品种宁单41号选育	宁夏农林科学院农作物研究所 宁夏科泰种业有限公司	李　新	2018
498	青贮玉米新品种宁单46号选育	宁夏农林科学院农作物研究所 宁夏润丰种业公司	杨国虎	2018
499	鲜食甜糯玉米新品种宁单47号选育	宁夏农林科学院农作物研究所 陕西省生物农业研究所	杨国虎	2018
500	大豆新品种宁豆6号选育	宁夏农林科学院农作物研究所	罗瑞萍	2018
501	小麦新品种选育	宁夏农林科学院农作物研究所 宁夏农林科学院农业生物技术研究中心 宁夏大学	魏亦勤	2018
502	水稻新品种选育	宁夏农林科学院农作物研究所	刘　炜	2018
503	小麦慢性病基因Lr34/Yr18/Pm38分子检测与抗性鉴定	宁夏农林科学院农作物研究所	亢　玲	2018
504	用于鉴别宁夏水稻品种的引物组合物及其应用	宁夏农林科学院农作物研究所	马　静	2018
505	宁夏酿酒葡萄、枸杞优势品种节水响应机理与评价	宁夏农林科学院农业资源与环境研究所	雷金银	2018
506	饲草产业高效节水综合生产技术集成研究	宁夏农林科学院荒漠化治理研究所 宁夏回族自治区草原工作站 宁夏大学	王占军	2018
507	优良适生抗旱植物引进与栽培技术研究	宁夏农林科学院荒漠化治理研究所	蔡进军	2018
508	宁夏干旱风沙区退耕还林生态效益监测研究	宁夏农林科学院荒漠化治理研究所 宁夏回族自治区退耕还林与三北工作站	左　忠	2018
509	基于稳定同位素技术的河东沙地植物水分利用研究	宁夏农林科学院荒漠化治理研究所	许　浩	2018
510	沙地葡萄、梭梭根灌节水关键技术研究	宁夏农林科学院荒漠化治理研究所 宁夏中卫沙坡头国家级自然保护区管理局	温学飞	2018
511	宁夏稻水象甲发生规律及防控技术研究与示范	宁夏农林科学院植物保护研究所 宁夏农业技术推广总站	赵晓明	2018
512	宁夏葡萄产业集群发展关键影响因素评价	宁夏农林科学院农业经济与信息技术研究所	王　微	2018
513	宁夏粮食生产经济效益及发展战略研究	宁夏农林科学院农业经济与信息技术研究所	张治华	2018
514	台湾名优果蔬品种引进及配套栽培技术研究示范	宁夏农林科学院种质资源研究所	谢　华	2018
515	宁夏非耕地日光温室沙培蔬菜技术研究	宁夏农林科学院种质资源研究所 中卫市沙坡头区农业技术推广服务中心 石嘴山市农业技术推广服务中心	谢　华	2018

续表

序号	成果名称	完成单位	第一完成人	成果登记日期
516	宁夏苹果主要病虫鸟害生态防控关键技术研究与示范	宁夏农林科学院种质资源研究所 中卫沙坡头区林业技术推广服务中心 银川市河东生态园艺试验中心	李晓龙	2018
517	西夏绿宝西瓜新品种的选育	宁夏农林科学院种质资源研究所 中卫市农业技术推广与培训中心	王志强	2018
518	柠条和果蔬废弃物资源化利用技术研究与示范	宁夏农林科学院种质资源研究所 宁夏大学 吴忠国家农业科技园区管理委员会	杨冬艳	2018
519	中宁枸杞优质高效栽培技术集成示范与推广	宁夏农林科学院枸杞工程技术研究所 宁夏农林科学院农业资源与环境研究所 宁夏农林科学院植物保护研究所	曹有龙	2018
520	枸杞追肥机研制	宁夏农林科学院枸杞工程技术研究所 宁夏农林科学院枸杞研究所(有限公司) 宁夏科杞现代农业机械技术服务有限公司	曹有龙	2018
521	枸杞株行间锄草机研制	宁夏农林科学院枸杞工程技术研究所 宁夏农林科学院枸杞研究所(有限公司) 宁夏科杞现代农业机械技术服务有限公司 宁夏智源农业装备有限公司	石志刚	2018
522	枸杞花色苷功能面膜研发	宁夏农林科学院枸杞工程技术研究所	曹有龙	2018
523	黑果枸杞活性保持技术及片剂研发	宁夏农林科学院枸杞工程技术研究所	闫亚美	2018
524	胼胝质酶基因表达调控与枸杞育性关系的研究	宁夏农林科学院枸杞工程技术研究所	李彦龙	2018
525	枸杞属植物DNA条形码研制及其物种的鉴定研究	宁夏农林科学院枸杞工程技术研究所	石志刚	2018
526	枸杞类胡萝卜素抗氧化组效关系研究	宁夏农林科学院枸杞工程技术研究所	闫亚美	2018
527	枸杞属野生种抗炭疽病相关基因的克隆和功能解析	宁夏农林科学院枸杞工程技术研究所	曲玲	2018
528	枸杞夏眠、萌发生理特征与根域温度相关性研究	宁夏农林科学院枸杞工程技术研究所	黄婷	2018
529	畜禽枸杞多糖免疫增效剂的研究	宁夏农林科学院动物科学研究所	梁小军	2018
530	宁夏羊产业经营主体现状与科技需求研究	宁夏农林科学院动物科学研究所 宁夏科学技术发展战略和信息研究所	马小明	2018
531	宁夏道地中药材重金属迁移规律及污染评价	宁夏农产品质量标准与检测技术研究所	李彩虹	2018

续表

序号	成果名称	完成单位	第一完成人	成果登记日期
532	宁夏稻米中有机态硒的检测方法研究	宁夏农产品质量标准与检测技术研究所	李 冬	2018
533	宁夏压榨胡麻油不饱和脂肪酸组成分析及贮藏使用过程中变化规律的研究	宁夏农产品质量标准与检测技术研究所	牛 艳	2018
534	宁南山区小杂粮种质资源研究及新品种选育	宁夏农林科学院固原分院	程炳文	2018
535	六盘山土石山区水源涵养林多功能经营技术研究与示范	宁夏农林科学院固原分院 六盘山林业局挂马沟林场	余治家	2018
536	欧洲花楸引进与繁殖试验研究	宁夏农林科学院固原分院	余治家	2018
537	防风式枸杞植保机研制	宁夏农林科学院枸杞研究所（有限公司） 宁夏农林科学院枸杞工程技术研究所 宁夏科杞现代农业机械技术服务有限公司	王 孝	2018
538	果园益草利用和杂草综合防治技术研究与示范	宁夏农林科学院植物保护研究所 中卫市沙坡头区林业技术推广中心 御马国际葡萄酒业（宁夏）有限公司	张 怡	2018
539	宁夏马铃薯田杂草多样性及演替规律研究	宁夏农林科学院植物保护研究所 河南农业大学植物保护学院 宁夏职业技术学院 宁夏固原市原州区农业技术推广服务中心	郭成瑾	2018
540	农田生态系统温室气体排放方法学构建	宁夏农林科学院农业生物技术研究中心 Arcadia Bioscience（美国阿凯迪亚生物科学公司）	张源沛	2017
541	玉米种质资源的引进、创新与利用	宁夏农林科学院农作物研究所 宁夏科泰种业有限公司 宁夏农林科学院固原分院	李 新	2017
542	优异抗旱小麦种质资源的挖掘与利用	宁夏农林科学院农作物研究所	张维军	2017
543	主要粮食作物调优栽培关键技术集成与示范	宁夏农林科学院农作物研究所 利通区农技推广中心	沈强云	2017
544	玉米全程机械化高产高效栽培技术研究与示范	宁夏农林科学院农作物研究所 中国农业科学院作科所	王永宏	2017
545	玉米密植引起的低氮干旱胁迫形成机制与调控途径研究	宁夏农林科学院农作物研究所 中国农业科学院作科所	王永宏	2017
546	大豆根瘤菌接种与施氮技术研究	宁夏农林科学院农作物研究所	姬月梅	2017
547	宁粳 54 号选育	宁夏农林科学院农作物研究所 宁夏中航郑飞塞外香清真食品有限公司	王彩芬	2017
548	冬小麦新品种宁冬 18 号选育	宁夏农林科学院农作物研究所 宁夏金润园农业科技有限公司	魏亦勤	2017

续表

序号	成果名称	完成单位	第一完成人	成果登记日期
549	春小麦新品种宁春55号选育	宁夏农林科学院农作物研究所	李红霞	2017
550	鲜食甜玉米新品种宁单37号选育	宁夏农林科学院农作物研究所 陕西省科学院生物农业研究所	杨国虎	2017
551	水稻新品种宁粳53号选育	宁夏农林科学院农作物研究所	王 坚	2017
552	基于粳稻杂种优势群的宁夏水稻优异资源创新研究	宁夏农林科学院农作物研究所	王 坚	2017
553	宁南山区冷凉蔬菜产业可持续发展关键技术研究与示范	宁夏农林科学院农业资源与环境研究所 宁夏科泰种业有限公司 宁夏农林科学院种质资源研究所 西吉县农业技术推广服务中心	桂林国	2017
554	宁南山区土地退化及生产力恢复关键技术研究与示范	宁夏农林科学院农业资源与环境研究所	雷金银	2017
555	宁南山区典型水土保持措施下土壤水分和养分变化特征及机理研究	宁夏农林科学院荒漠化治理研究所 宁夏彭阳县农业技术推广服务中心 宁夏彭阳县林业与生态经济局 宁夏回族自治区遥感测绘勘察院 彭阳县科技服务中心	董立国	2017
556	甘草种子繁育及提高种子成苗率的研究	宁夏农林科学院荒漠化治理研究所 宁夏农林科学院植保所 盐池县科学技术局	刘 华	2017
557	宁南山区生态产业培育技术集成与示范	宁夏农林科学院荒漠化治理研究所 宁夏国有林场和林木种苗工作总站 彭阳县农牧与科学技术局 彭阳县农业综合开发办公室	蔡进军	2017
558	宁夏高品质枸杞植物结合植保关键技术研究与示范	宁夏农林科学院植物保护研究所 中国农业大学信息与电气化学院 中国农业大学理学院	刘晓丽	2017
559	宁夏设施蔬菜西花蓟马发生规律种群特性研究	宁夏农林科学院植物保护研究所 宁夏农林科学院 宁夏农林科学院种质资源研究所	张治科	2017
560	基于高光谱遥感技术的水稻氮素诊断与监测研究	宁夏农林科学院农业经济与信息技术研究所	李永梅	2017
561	宁夏生态质量变化趋势测度研究	宁夏农林科学院农业经济与信息技术研究所	杜慧莹	2017
562	枸杞质量安全溯源编码体系设计	宁夏农林科学院农业经济与信息技术研究所	王 琛	2017
563	农业科技人员绩效工作管理E化平台建设	宁夏农林科学院农业经济与信息技术研究所	李建蓓	2017

续表

序号	成果名称	完成单位	第一完成人	成果登记日期
564	宁夏农业特色优势产业发展中的"互联网+"融合现状及模式研究	宁夏农林科学院农业经济与信息技术研究所 宁夏科技发展战略和信息研究所	刘 俭	2017
565	宁夏农业科技协同创新机制研究	宁夏农林科学院农业经济与信息技术研究所	杨晓洁	2017
566	提升我区农产品加工、流通及品牌水平研究	宁夏农林科学院农业经济与信息技术研究所 宁夏回族自治区农产品加工局 宁夏乡镇企业经济发展服务中心	温淑萍	2017
567	平菇机制创制及关键栽培技术研究与示范	宁夏农林科学院种质资源研究所 宁夏农业勘察设计院 灵武市林业局 灵武市佰川菌菇专业合作社	王海霞	2017
568	宁夏鲜食葡萄资源收集及筛选	宁夏农林科学院种质资源研究所	牛锐敏	2017
569	枣树雄性不育特性及育种技术研究	宁夏农林科学院种质资源研究所	李百云	2017
570	设施蔬菜高效栽培技术集成与示范	宁夏农林科学院种质资源研究所 宁夏吴忠国家农业科技园区管理委员会	杨冬艳	2017
571	酿酒葡萄水肥调控与简易防寒研究示范	宁夏农林科学院种质资源研究所 宁夏农林科学院枸杞研究所(有限公司) 宁夏圆润葡萄酒有限公司	陈卫平	2017
572	枸杞鲜果长季节栽培技术的研究与利用	宁夏农林科学院枸杞工程技术研究所	戴国礼	2017
573	不同酿酒葡萄品种有机酸成分分析及对品质的影响	宁夏农产品质量标准与检测技术研究所	杨春霞	2017
574	贺兰山东麓酿酒葡萄与葡萄酒花色苷相关性分析研究	宁夏农产品质量标准与检测技术研究所 西北农林科技大学食品科学与工程学院 中卫市农产品质量安全检验检测中心	葛 谦	2017
575	胡麻、苏子、向日葵种质资源及品种引进鉴定评价技术研究应用	宁夏农林科学院固原分院	曹秀霞	2017
576	宁夏地区奶牛子宫内膜炎主要病原菌分离鉴定及多重PCR检测方法的建立	宁夏农林科学院动物科学研究所	康晓冬	2017
577	固原鸡分子标记育种及规模化生态养殖技术研究	宁夏农林科学院草畜工程技术研究中心	额尔和花	2017
578	小麦碳同位素分辨率QTL定位及其与环境互作效应研究	宁夏农林科学院农业生物技术研究中心 西北农林科技大学	白海波	2016
579	马铃薯生物技术育种研究	宁夏农林科学院农业生物技术研究中心	宋玉霞	2016

续表

序号	成果名称	完成单位	第一完成人	成果登记日期
580	宁夏水稻特征指纹图谱构建及遗传多样性研究	宁夏农林科学院农作物研究所	马　静	2016
581	热激因子 TaHSF3 与热激蛋白 TaHSP70 互作表达增强小麦耐高温的机理研究	宁夏农林科学院农作物研究所 中国农业科学院作物科学所	张双喜	2016
582	小麦优质功能基因的鉴定与利用	宁夏农林科学院农作物研究所	陈东升	2016
583	水稻新品种宁粳 52 号选育	宁夏农林科学院农作物研究所 宁夏科泰种业有限公司	马　静	2016
584	春小麦新品种宁 2038 选育	宁夏农林科学院农作物研究所	魏亦勤	2016
585	利用 SKC1 基因建立 CAPS 标记创制水稻耐盐种质研究	宁夏农林科学院农作物研究所	王彩芬	2016
586	玉米新品种宁单 31 号选育	宁夏农林科学院农作物研究所 宁夏农垦局良种繁育经销中心	杨国虎	2016
587	春小麦抗白粉病基因的分子鉴定及对其品质的影响	宁夏农林科学院农作物研究所 宁夏大学	李红霞	2016
588	向日葵新品种宁葵杂 8 号选育	宁夏农林科学院农作物研究所	刘继霞	2016
589	向日葵新品种宁葵杂 9 号选育	宁夏农林科学院农作物研究所	马员春	2016
590	向日葵新品种宁葵杂 10 号选育	宁夏农林科学院农作物研究所	山军建	2016
591	宁夏灌区菜田面源污染监测预警和防控技术研究与集成示范	宁夏农林科学院农业资源与环境研究所 宁夏农业技术推广站 银川市兴庆区农业技术推广中心	张学军	2016
592	水稻侧条施肥技术引进及应用研究	宁夏农林科学院农业资源与环境研究所 中国农科院农业环境与可持续发展研究所 宁夏农业综合开发办公室	刘汝亮	2016
593	引进秸秆生物质炭技术对引黄灌区土壤肥力和氮素流失的影响	宁夏农林科学院农业资源与环境研究所	刘汝亮	2016
594	宁夏龟裂碱土节水抑盐与肥力提升技术研究与示范	宁夏农林科学院农业资源与环境研究所 宁夏农林科学院银北盐改试验站 宁夏平罗县林业和城市管理局 宁夏平罗县农业技术推广服务中心	张永宏	2016
595	宁夏耕地质量与生产力提升关键技术研究与应用	宁夏农林科学院农业资源与环境研究所 宁夏农业综合开发办公室 宁夏大学	周　涛	2016

续表

序号	成果名称	完成单位	第一完成人	成果登记日期
596	宁夏土地沙漠化动态监测及预警机制研究	宁夏农林科学院荒漠化治理研究所 自治区林业局调查规划院 银川铁路工务段	温学飞	2016
597	宁夏干旱风沙区人工灌木林碳储量特征及固碳潜力研究	宁夏农林科学院荒漠化治理研究所 宁夏罗山国家级自然保护区管理局 盐池县环境保护和林业局	王占军	2016
598	宁夏引黄灌区农田防护林体系优化研究	宁夏农林科学院荒漠化治理研究所	左 忠	2016
599	宁夏农田杂草综合防除技术研究与示范	宁夏农林科学院植物保护研究所 宁夏大学农学院 中卫市沙坡头区农牧科技局	张 怡	2016
600	旱作区作物有害生物可持续控制技术研究与示范	宁夏农林科学院植物保护研究所 同心县农业技术推广服务中心 固原市原州区农业技术推广服务中心	沈瑞清	2016
601	宁夏优质高产苜蓿标准化生产技术研究与示范	宁夏农林科学院植物保护研究所 宁夏农林科学院荒漠化治理研究所 宁夏农林科学院动物科学研究所	马建华	2016
602	枸杞病虫害监测预报及安全防控技术研究与示范	宁夏农林科学院植物保护研究所 宁夏农林科学院农业科技信息研究所 中宁县枸杞产业发展服务局 中宁县科学技术局	何 嘉	2016
603	宁夏马铃薯黑痣病发生规律及其防控技术研究与示范	宁夏农林科学院植物保护研究所 宁夏职业技术研究所 西吉县农业技术推广服务中心 固原市原州区农业技术推广服务中心	沈瑞清	2016
604	宁夏畜牧业科技需求现状与影响因素研究	宁夏农林科学院农业经济与信息技术研究所	周 蕾	2016
605	宁夏农业现代化的组织形式——家庭农场研究	宁夏农林科学院农业经济与信息技术研究所	董宏林	2016
606	设施果树裸根休眠果实春节成熟上市栽培技术研究应用	宁夏农林科学院种质资源研究所 自治区林业产业发展中心 宁夏农林科学院枸杞研究所 兰州市食品药品检验所	冯学梅	2016
607	拱棚韭菜高效栽培技术试验研究	宁夏农林科学院种质资源研究所	曲继松	2016
608	观赏蔬菜新品种引进及关键配套栽培技术研究	宁夏农林科学院种质资源研究所	张丽娟	2016
609	甜瓜新品种宁甜1号的选育	宁夏农林科学院种质资源研究所	刘声锋	2016
610	辣椒种质资源创新与新品种选育研究	宁夏农林科学院种质资源研究所 彭阳县蔬菜产业发展中心	王学梅	2016

续表

序号	成果名称	完成单位	第一完成人	成果登记日期
611	宁夏优质西瓜甜瓜种质资源收集、评价及种质创新研究	宁夏农林科学院种质资源研究所	于 蓉	2016
612	宁夏冷凉地区西芹种植机械研发与试验研究	宁夏农林科学院种质资源研究所 农业部南京农业机械化研究所	李 冬	2016
613	宁夏露地西瓜新品种选育及种质资源性状评价指标研究	宁夏农林科学院种质资源研究所	王志强	2016
614	宁南山区玛咖适应性栽培关键技术研究与示范	宁夏农林科学院种质资源研究所 宁夏隆德县农牧局	冯海萍	2016
615	黑果枸杞花色苷指纹图谱研究	宁夏枸杞工程技术研究中心 国家枸杞工程技术研究中心 宁夏农林科学院枸杞工程技术研究所	曹有龙	2016
616	枸杞SSR分子标记的开发及其在品种、杂交后代鉴定中的应用	宁夏农林科学院枸杞工程技术研究所 国家枸杞工程技术研究中心 宁夏枸杞工程技术研究中心	李彦龙	2016
617	影响枸杞鲜汁加工过程中活性成分变化关键因子研究	宁夏农林科学院枸杞工程技术研究所 国家枸杞工程技术研究中心	刘兰英	2016
618	枸杞果实糖代谢相关基因发掘及调控机理研究	宁夏农林科学院枸杞工程技术研究所 北京林业大学生物科技与技术学院 西南大学园艺园林学院	赵建华	2016
619	宁夏枸杞自交不亲和性研究与利用	宁夏农林科学院枸杞工程技术研究所 国家枸杞工程技术研究中心 宁夏枸杞工程技术研究中心	何 军	2016
620	清真牛羊肉产业发展中养殖模式及运行机制研究	宁夏农林科学院动物科学研究所	王秀琴	2016
621	化学除草剂在宁南山区针叶苗圃中的应用研究	宁夏农林科学院固原分院 固原市新科设施农业研究所	余治家	2016
622	抗旱节水一膜多用的高效轮作模式研究	宁夏农林科学院固原分院	买自珍	2016
623	宁薯16号	宁夏农林科学院固原分院	吴林科	2016
624	胡麻新品种宁亚22号	宁夏农林科学院固原分院	曹秀霞	2016
625	老龄酿酒葡萄园标准化改造提升技术研究示范	宁夏农林科学院枸杞研究所(有限公司)	马金平	2016
626	枸杞产品质量追溯系统建设及应用	宁夏农林科学院枸杞研究所(有限公司) 北方民族大学	马金平	2016
627	宁夏农业科技资源配置市场化机制研究	宁夏农林科学院 宁夏科技发展战略和信息研究所	刘 俭	2016
628	宁夏银北引黄灌区盐碱地耐盐牧草引进与示范	宁夏农林科学院草畜工程技术研究中心 宁夏农业综合开发办公室 平罗县农业综合开发办公室	张俊丽	2016

续表

序号	成果名称	完成单位	第一完成人	成果登记日期
629	河套灌区麦收后复种一年生苜蓿关键技术研究与示范	宁夏农林科学院草畜工程技术研究中心 宁夏农垦茂盛草业有限公司 吴忠市利通区农牧和科学技术局 宁夏农垦暖泉农场有限公司	李聚才	2016
630	滩羊肌脂沉积规律、品质特性及优质品生产技术集成与示范	宁夏农林科学院草畜工程技术研究中心	丁 伟	2016
631	滩羊标准化养殖关键技术研究、集成与示范	宁夏农林科学院动物科学研究所 宁夏大学农学院盐池县农牧局 宁夏塑牧盐池滩羊繁育有限公司	马 青	2016
632	舍饲生态养殖标准化关键技术研究及规模场装备研制	宁夏农林科学院草畜工程技术研究中心 宁夏大学农学院 平罗县畜牧技术推广服务中心 宁夏原草羊业有限公司	柴君秀	2015
633	植物源农药的研发与利用	宁夏农林科学院植物保护研究所 西北农林科技大学无公害农药研究服务中心	张 蓉	2015
634	药用濒危植物肉苁蓉人工控制寄生技术研究	宁夏农业生物技术重点实验室	宋玉霞	2015
635	宁夏马铃薯抗旱机制的转录组分析及关键基因功能验证	宁夏农林科学院农业生物技术中心	巩 檑	2015
636	宁夏杂草稻遗传多样性分析及生存传播习性研究	宁夏农林科学院农作物研究所 中国农业科学院作物科学研究所	孙建昌	2015
637	不同地理来源水稻种质资源的遗传评价研究	宁夏农林科学院农作物研究所 中国农业大学 宁夏农林科学院生物技术研究中心	史延丽	2015
638	水稻工厂化大棚育秧床土摊铺、精量播种、覆土及栽秧成套设备研究开发	宁夏农林科学院农作物研究所 宁夏大学机械工程学院 宁夏昊晟机械设备有限公司	冯伟东	2015
639	利用分子生物技术创制优质高产玉米新种质	宁夏农林科学院农作物研究所 宁夏农垦局良种繁育经销中心 宁夏科泰种业有限公司	杨国虎	2015
640	粒形与宁夏水稻产量、品质及耐逆性的关系研究	宁夏农林科学院农作物研究所 中国农业科学院作物科学研究所	孙建昌	2015
641	新型环保型缓释肥料在农业减排中的应用研究	宁夏农林科学院农业资源与环境研究所	王 芳	2015
642	甘草规范化种植基地优化升级及系列产品综合开发研究	宁夏农林科学院荒漠化治理研究所 宁夏农林科学院植物保护研究所 甘肃农业大学	蒋 齐	2015
643	中部干旱带生态移民区高效农业技术集成与示范	宁夏农林科学院荒漠化治理研究所 同心县农牧局 盐池县农牧局	王 峰	2015

续表

序号	成果名称	完成单位	第一完成人	成果登记日期
644	宁夏草原虫害监测及防控技术研究与示范	宁夏农林科学院植物保护研究所 宁夏草原工作站	张蓉	2015
645	同心圆枣病虫害绿色防控技术研究与示范	宁夏农林科学院植物保护研究所 宁夏职业技术学院 宁夏森林病虫防治检疫总站 宁夏中卫市林木检疫站 宁夏同心县林业局	沈瑞清	2015
646	宁夏农业科技成果转化途径研究	宁夏农林科学院 宁夏科技发展战略和信息研究所	刘俭	2015
647	宁夏苜蓿产业发展研究	宁夏科技发展战略和信息研究所	王秀琴	2015
648	冷凉区拱棚辣椒连续丰产技术研究示范	宁夏农林科学院种质资源研究所 彭阳县蔬菜产业发展中心	马守才	2015
649	生物炭在宁夏低质土壤改良中的应用研究	宁夏农林科学院种质资源研究所	李冬	2015
650	生物酶制剂在设施土壤改良和基质开发中的应用研究	宁夏农林科学院种质资源研究所	曲继松	2015
651	菌根菌等有益微生物对提高枸杞肥水利用及降解有害物的技术研究	宁夏枸杞工程技术研究中心 西北农林科技大学林学院	安巍	2015
652	枸杞花粉主要化学成分分析、提取及其产品研发	国家枸杞工程技术研究中心 宁夏农林科学院枸杞工程技术研究所 宁夏杞爱原生黑果枸杞股份有限公司	闫亚美	2015
653	环介导等温扩增技术（LAMP）快速诊断羊支原体性肺炎	宁夏农林科学院草畜工程技术研究中心	谢秀兰	2015
654	封山禁牧政策对宁夏羊产业发展的评价研究	宁夏农林科学院草畜工程技术研究中心	马小明	2015
655	宁夏农业科技创新体系构建研究	宁夏农林科学院农业科技信息研究所	周蕾	2015
656	铁、铜、锌配施对枸杞中有效成分、微量元素积累影响的研究	宁夏农产品质量标准与检测技术研究所	牛艳	2015
657	桃新品种选育及综合栽培技术的研究应用	宁夏农林科学院	岳海英	2015
658	宁夏黄灌区农业面源污染阻控技术研究与示范	宁夏农林科学院 宁夏环境科学研究院（有限责任公司） 兰州大学	李友宏	2015
659	玉米新品种宁单27号选育	宁夏农林科学院农作物研究所 宁夏科泰种业有限公司	杨国虎	2015
660	水稻新品种宁粳50号选育	宁夏农林科学院农作物研究所 宁夏科泰种业有限公司	安永平	2015

续表

序号	成果名称	完成单位	第一完成人	成果登记日期
661	高产优质水稻新品种宁粳48号选育	宁夏农林科学院农作物研究所 宁夏科泰种业有限公司	王　昕	2015
662	水稻新品种宁粳49号选育	宁夏农林科学院农作物研究所 宁夏科泰种业有限公司	张振海	2015
663	冬小麦新品种宁冬16号	宁夏农林科学院固原分院	杨　琳	2015
664	旱作玉米新品种富农340	宁夏农林科学院固原分院	王　斐	2015
665	胡麻新品种宁亚20号	宁夏农林科学院固原分院	曹秀霞	2015
666	胡麻新品种宁亚21号	宁夏农林科学院固原分院	曹秀霞	2015
667	甘草毛状根培养及再生体系建立的研究	宁夏农林科学院农业生物技术研究中心	郭生虎	2014
668	小麦节水种质创新与高产节水新品种聚合选育	宁夏农林科学院农业生物技术研究中心 宁夏大学 澳大利亚农业研究中心 固原市农业科学研究所	许　兴	2014
669	抗旱、耐盐碱植物功能基因挖掘与利用研究	宁夏农林科学院农业生物技术研究中心	宋玉霞	2014
670	肉苁蓉专性寄生外源信号物质作用研究	宁夏农业生物技术重点实验室	宋玉霞	2014
671	利用DNA导入技术培育水稻抗逆新品种	宁夏农林科学院农业生物技术研究中心 中国农业科学院	李树华	2014
672	屯河番茄连作持续高产关键技术研究与示范	宁夏农林科学院农业资源与环境研究所 宁夏农林科学院植物保护研究所 宁夏农林科学院种质资源研究所 石嘴山市惠农区农业技术推广服务中心 中粮屯河惠农新高农业开发有限公司 宁夏农产品质量标准与检测技术研究所 宁夏农林科学院枸杞工程技术研究中心	杨建国	2014
673	干旱风沙区旱作农业高效用水新技术集成示范	宁夏农林科学院荒漠化治理研究所 宁夏农林科学院农业资源与环境研究所 盐池县科学技术局	左　忠	2014
674	宁夏贺兰山自然保护区森林碳汇功能研究	宁夏农林科学院荒漠化治理研究所	张源润	2014
675	宁夏特色产业蓟马种类调查及综合防控技术研究	宁夏农林科学院植物保护研究所 中宁县枸杞产业管理办公室 宁夏农垦连湖农场双丰供港蔬菜服务中心	白小军	2014
676	甘草单孢锈菌[Uromyces glycyrrhizae (Raben.)Magn.]寄生性研究	宁夏农林科学院植物保护研究所	陈宏灏	2014

续表

序号	成果名称	完成单位	第一完成人	成果登记日期
677	蜡蚧轮枝菌、宁夏本地区菌株对枸杞蚜虫致病性研究	宁夏农林科学院植物保护研究所 哈巴湖国家级自然保护区 宁夏贺兰县林木检疫站 宁夏青铜峡市林业局林木检疫工作站 宁夏回族自治区森林病虫防治检疫总站	刘浩	2014
678	宁夏主要经济作物病害种类研究	宁夏农林科学院植物保护研究所 宁夏职业技术学院生物工程与制药系 固原市原州区农业技术推广服务中心 同心县农业技术推广服务中心 石嘴山市惠农区农业技术推广服务中心	沈瑞清	2014
679	沙漠设施外向型特色园艺可循环生态农业技术研究	宁夏农林科学院种质资源研究所 中卫市科技局 中卫市农业技术推广中心 中卫市丰甜农业科技有限公司 永宁县三鼎蚯蚓养殖厂	李程	2014
680	引黄灌区苹果优质丰产配套技术研究	宁夏农林科学院种质资源研究所 西北农林科技大学 宁夏葡萄花卉产业发展局 宁夏农林科学院植物保护研究所 宁夏仁存渡护岸林场 河东生态园艺试验中心 中卫市沙坡头区林业技术推广服务中心 中宁县林业局 青铜峡市林业局 吴忠林场 吴忠市利通区林业局	王春良	2014
681	西瓜甜瓜优质种质资源创新及新品种选育研究与示范	宁夏农林科学院种质资源研究所	刘声峰	2014
682	宁夏高端精品农业培育发展研究	宁夏农林科学院 宁夏农牧厅 宁夏唐来渠管理处 宁夏农业综合开发办公室	张治华	2014
683	西部农牧民致富之路——向江河湖库灌区收缩和分层次向农村城镇转移	宁夏农林科学院	董宏林	2014
684	宁夏沿黄经济区低碳农业发展战略及其对策研究	宁夏农林科学院农业科技信息研究所	黄亚玲	2014
685	宁夏枸杞中甜菜碱检测方法的研究	宁夏农产品质量标准与检测技术研究所	王晓菁	2014
686	草地建植管理技术研究与示范	宁夏农林科学院草畜工程技术研究中心 宁夏草原工作站 盐池县科技局固原市农科所	高婷	2014

续表

序号	成果名称	完成单位	第一完成人	成果登记日期
687	高产奶牛性控冻精产业化应用	宁夏农林科学院草畜工程技术研究中心	王秀琴	2014
688	优质高产水稻新品种宁粳47号引育	宁夏农林科学院农作物研究所 吉林省农科院水稻研究所 宁夏科泰种业有限公司	冯伟东	2014
689	玉米新品种宁单19号选育	宁夏农林科学院农作物研究所 宁夏科泰种业有限公司	李新	2014
690	向日葵新品种宁葵杂6号选育	宁夏农林科学院农作物研究所	山军建	2014
691	枸杞新品种宁农杞9号选育	宁夏农林科学院（国家枸杞工程技术研究中心） 宁夏百瑞源枸杞产业发展有限公司	曹有龙	2014
692	宁薯15号	固原市农业科学研究所	王效瑜	2014
693	扁豆新品种固扁2号	固原市农业科学研究所 隆德县种子管理站 鄂尔多斯市农牧业科学研究院 盐池县种子管理站 定西市旱作农业科研推广中心 甘肃省农业科学院作物研究所	宋刚	2014
694	灵武长枣品种选育及无病毒苗木培育技术研究	宁夏农林科学院种质资源研究所 宁夏大泉林场 中卫市林业生态建设局 灵武市金盛林果产业开发有限公司	魏天军	2013
695	宁夏农垦系统产业结构优化升级对策研究	宁夏农林科学院农业科技信息研究所	周蕾	2013
696	宁夏设施蔬菜连作障碍解除技术研究	宁夏农林科学院植物保护研究所 银川市西夏区农牧水务局 银川市兴庆区农牧局	马建华	2013
697	盐池县荒漠草原区植被恢复、水草畜平衡及可持续利用研究	宁夏农林科学院农业生物技术研究中心 盐池县科技局	张源沛	2013
698	宁夏扬黄灌区枸杞节水高效技术研究与示范	宁夏农林科学院农业生物技术研究中心 宁夏吴忠市红寺堡区科学技术和农牧局 宁夏石嘴山市种子管理站	张源沛	2013
699	离子色谱测定设施土壤盐分组成及含量的方法研究	宁夏农产品质量标准与检测技术研究所	杨春霞	2013
700	近自然农业技术在宁夏蔬菜生产中的引进与研究	宁夏农林科学院种质资源研究所	张丽娟	2013

续表

序号	成果名称	完成单位	第一完成人	成果登记日期
701	宁夏中部干旱风沙区甘草产业发展关键技术研究与示范	宁夏农林科学院荒漠化治理研究所 宁夏盐池县科学技术局	蒋 齐	2013
702	桑资源特色饲料开发及提高牛羊肉品质的研究与示范	宁夏农林科学院畜牧兽医研究所(有限公司) 宁夏对外科技交流中心	刘自新	2013
703	肉牛高效健康养殖技术体系建立及生产模式研究	宁夏农林科学院畜牧兽医研究所(有限公司) 宁夏农林科学院草畜工程技术研究中心	刘自新	2013
704	银川平原盐碱地土壤微生物特征及其对土壤改良的响应	宁夏农林科学院农业资源与环境研究所	李凤霞	2013
705	宁夏农民专业合作组织对推进农业产业作用	宁夏农林科学院	刘 俭	2013
706	宁夏设施蔬菜病虫害综合防控关键技术研究	宁夏农林科学院植物保护研究所	查仙芳	2013
707	宁夏引黄灌区稻田水肥耦合生态调控的氮磷减排技术研究与示范	宁夏农林科学院农业资源与环境研究所 宁夏农业技术推广总站 青铜峡、灵武市、平罗县、中卫沙坡头区、贺兰县农业技术推广中心	张学军	2013
708	玉米超高产栽培技术研究与示范	宁夏农林科学院农作物研究所 宁夏回族自治区农技推广总站 中国农业科学院作科所	王永宏	2013
709	中部干旱带旱地"一膜多季"低碳农业关键技术研究与示范	宁夏农林科学院荒漠化治理研究所 同心县农业技术推广中心	杜建民	2013
710	宁夏引黄灌区耕地地力修复与养分综合管理关键技术研究与示范	宁夏农林科学院农业资源与环境研究所 宁夏农业综合开发办公室 宁夏大学	梁锦秀	2013
711	规模化养殖污染控制与废弃物利用技术研究与集成示范	宁夏农林科学院农业资源与环境研究所 宁夏瑞威尔能源环境工程有限公司 宁夏农村能源工作站	张学军	2013
712	枸杞中农药多残留的色谱-串联质谱分析方法研究	宁夏农产品质量标准与检测技术研究所	王晓菁	2013
713	马铃薯种薯节水高效生产关键技术研究与集成示范	宁夏农林科学院 西北农林科技大学 固原市农业机械化技术推广服务中心 宁夏大学 固原市农业科学研究所 西吉县农业技术推广服务中心 同心县农业技术推广服务中心 原州区农业技术推广服务中心 彭阳县科技服务中心 海原县科技服务中心	桂林国	2013

续表

序号	成果名称	完成单位	第一完成人	成果登记日期
714	基于土壤水分平衡的宁夏干旱风沙区植被恢复模式研究	宁夏农林科学院荒漠化治理研究所 宁夏回族自治区草原工作站 宁夏盐池县环境保护和林业局	蒋 齐	2013
715	水稻超高产精确定量技术研究与示范	宁夏农林科学院农作物研究所 吴忠市农技推广服务中心 灵武市农技推广服务中心 青铜峡市农技推广服务中心	冯伟东	2013
716	BGA 土壤调理剂施用效果研究	宁夏农林科学院 宁夏大学 宁夏葡萄花卉产业发展局 北京绿天使科技有限公司	杨建国	2013
717	宁夏灌区盐碱地农业高效利用技术模式研究与示范	宁夏农林科学院农业资源与环境研究所 中国农业科学院农业资源与农业区划研究所 宁夏平罗县林业局 宁夏平罗县农业技术推广中心	张永宏	2013
718	特色畜种分子标记技术开发及应用	宁夏农林科学院草畜工程技术研究中心	李颖康	2013
719	宁粳 45 号选育	宁夏农林科学院农作物研究所	安永平	2013
720	优质稻宁粳 46 号选育	宁夏农林科学院农作物研究所	强爱玲	2013
721	水稻直播栽培技术集成研究及示范	宁夏农林科学院农作物研究所	马洪文	2013
722	粳稻核心种质的构建及主要农艺性状遗传效应分析	宁夏农林科学院农作物研究所	殷延勃	2013
723	宁夏甘草病虫害防控关键技术研究与示范	宁夏农林科学院植物保护研究所	张 蓉	2013
724	中药材枸杞资源研究与特色产品开发	国家枸杞工程技术研究中心	曹有龙	2013
725	冬油菜高效耕作模式关键技术研究与示范	宁夏农林科学院农作物研究所 泾源县农业技术推广服务中心 吴忠市利通区农业技术推广服务中心	许志斌	2013
726	奶牛繁殖障碍性疾病的病因与防治技术的研究	宁夏农林科学院草畜工程技术研究中心	梁小军	2013
727	蔬菜有机生产集成研究与示范	宁夏农林科学院种质资源研究所	冯志红	2013
728	新型高效植物源杀虫剂的研制与产品开发	宁夏农科院农业生物技术研究中心	郭生虎	2013
729	宁夏地区奶牛病毒性腹泻、黏膜病检测及防控措施研究	宁夏农林科学院草畜工程技术研究中心	康晓冬	2013

续表

序号	成果名称	完成单位	第一完成人	成果登记日期
730	冬小麦保护性耕作及机械装备关键技术的研究开发	宁夏农林科学院 青岛万农达花生机械有限公司 宁夏气象科学研究所 宁夏百利丰农贸有限公司	袁汉民	2012
731	半干旱黄土丘陵区退化生态系统恢复技术研究	宁夏农林科学院 中国科学院水土保持研究所 彭阳县林业与生态经济局 彭阳县农牧局	李生宝	2012
732	春小麦及麦套玉米持续增产技术研究与示范	宁夏农林科学院农作物研究所 宁夏大学农学院 吴忠市利通区农业技术推广中心 贺兰县农业技术推广中心 中卫市场沙坡头区良种繁殖场 永宁县农业技术推广中心 平罗县农业技术推广中心	沈强云	2012
733	冬麦后茬复种玉米品种筛选与高效栽培技术研究与示范	宁夏农林科学院 中国农业大学国家玉米改良中心	王永宏	2012
734	国际水稻研究所(IRRI)优异水稻种质引进及开发利用	宁夏农林科学院农作物研究所 宁夏农林科学院生物中心	史延丽	2012
735	两系法杂交小麦系统的应用研究	宁夏农林科学院农作物研究所	刘旺清	2012
736	宁夏地区不同施氮量对水稻生产及田间温室气体排放的影响研究	宁夏农林科学院农业生物技术研究中心 Arcadia Biosciences	张源沛	2012
737	宁夏引进美国黑核桃优良品系筛选研究	宁夏农业生物技术重点实验室 宁夏中宁县轿子山林场	宋玉霞	2012
738	宁夏农业特色产业发展重大科技问题研究	宁夏农林科学院	王劲松	2012
739	宁夏外来入侵有害生物预防与控制技术研究	宁夏农林科学院植物保护研究所 宁夏回族自治区森林病虫防治检疫总站 宁夏职业技术学院 贺兰县林木检疫站 中卫市林木检疫站 石嘴山林业技术推广服务中心 中宁县森林保护站 青铜峡市林木检疫站 哈巴湖国家自然保护区管理局 宁夏银川市林业(园林)有害生物检疫检验站	沈瑞清	2012
740	荒漠昆虫演替规律及主要害虫防控技术研究	宁夏农林科学院植物保护研究所 中卫市林业与生态建设局	张怡	2012

续表

序号	成果名称	完成单位	第一完成人	成果登记日期
741	耐盐植物对盐分的吸收、运移特征及其生物学响应	宁夏农林科学院农业资源与环境研究所	雷金银	2012
742	滩羊种质资源保护开发利用与本品种选育	宁夏农林科学院草畜工程技术研究中心 宁夏农林科学院畜牧兽医研究所(有限公司) 盐池县滩羊肉产品质量监检验站 宁夏畜牧工作站 宁夏职业技术学院 宁夏大学农学院	李颖康	2012
743	枸杞种质资源引进保存及生物学评价利用研究	宁夏枸杞工程技术研究中心	安巍	2012
744	基于ITS序列的枸杞属种质资源遗传多样性研究	国家枸杞工程技术研究中心	石志刚	2012
745	枸杞多糖化学指纹图谱研究及在质量控制中的应用	宁夏农林科学院农产品质量监测中心	苟春林	2012
746	宁夏设施园艺新品种引进与种质创新研究	宁夏农林科学院种质资源研究所 宁夏小任果业发展有限公司	王学梅	2012
747	宁粳45号	宁夏农林科学院农作物研究所	安永平	2012
748	宁粳46号	宁夏农林科学院农作物研究所	强爱玲	2012
749	中夏糯68(NDW68)	中国农业大学国家玉米改良中心 宁夏农林科学院农作物研究所	王永宏	2012
750	中夏玉4号(ND4)	中国农业大学国家玉米改良中心 宁夏农林科学院农作物研究所	王永宏	2012
751	宁葵杂4号(NS002)	宁夏农林科学院农作物研究所	刘继霞	2012
752	宁葵杂5号(NS003)	宁夏农林科学院农作物研究所	刘继霞	2012
753	富农821	甘肃富农高科技种业有限公司 固原市农科所 宁夏科泰种业公司		2012
754	贺兰山东麓葡萄病毒病检测技术规程研究	宁夏农林科学院院植物保护研究所 宁夏农垦西夏王实业有限公司 宁夏农林科学院枸杞所(有限)公司 宁夏农垦西夏王实业有限公司 黄羊滩农业分公司 御马国际葡萄酒业(宁夏)有限公司	王国珍	2012
755	植物抗逆基因克隆、功能分析及应用研究	宁夏农业生物技术重点实验室	宋玉霞	2012
756	肉羊杂交改良及新品种培育	宁夏农林科学院草畜工程技术研究中心	柴君秀	2012
757	马铃薯有害生物监测及综合防治技术研究与集成示范	宁夏农林科学院植物保护研究所	沈瑞清	2012

续表

序号	成果名称	完成单位	第一完成人	成果登记日期
758	枸杞中农药多残留快速检测技术体系引进及应用研究	农业部枸杞产品质量监督检验测试中心	张艳	2012
759	枸杞活性成分提取工艺研究及精深产品开发	宁夏枸杞工程技术研究中心	曹有龙	2012
760	新型微生物农药开发及应用	宁夏农林科学院植物保护研究所 西北农林科技大学 石嘴山市惠农区农技推广中心 中宁农技推广中心	康萍芝	2012
761	以色列设施蔬菜病虫害综合防治（IPM）技术引进和示范	宁夏农林科学院植物保护研究所 宁夏职业技术学院生物与制药技术系 以色列农业研究组织植物保护研究所	沈瑞清	2012
762	化学固沙剂治理退化沙地关键技术研究	宁夏农林科学院荒漠化治理研究所 宁夏大学机械工程学院 盐池县环境保护与林业局	温学飞	2012

第三部分

新品种

强化育种攻关在农业科技中的战略性、基础性地位,坚持技术创新和品种创新相结合,先后审定(登记)新品种319个、植物新品种保护权58项。选育的春系列春小麦在甘肃、内蒙古、新疆等地累计推广种植1.5亿亩,成为全国北方春小麦种植主打品种;自主培育的水稻"香优108"及合作选育的"闽宁1号"品质首次达到国家标准优质米一级,有力巩固全国优质小麦、水稻产区地位;全国90%以上栽培的枸杞品种由我院培育,一大批成果入选全国和自治区主导品种和主推技术,在种业振兴行动中展现了新担当新作为。

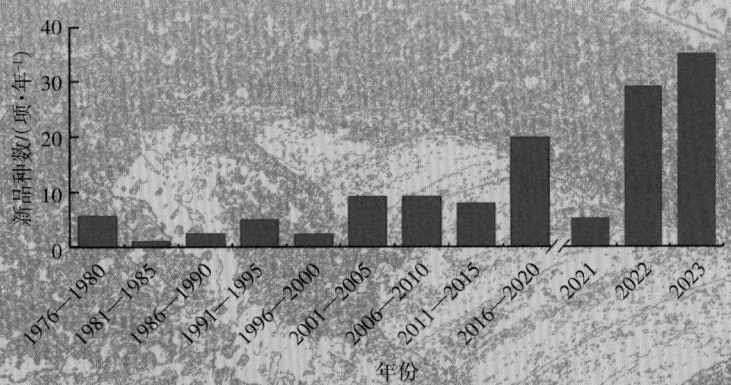

审定、登记品种及植物新品种保护权情况

审定新品种

序号	作物种类	品种(品系)名称	审定(认定)编号	主要选育单位
			国审(19)	
1	小麦	宁春59号	国审麦20220066	宁夏农林科学院农作物研究所
2	小麦	宁春58号	国审麦20220065	宁夏农林科学院农作物研究所
3	玉米	中夏玉6号	国审玉20210546	宁夏农林科学院农作物研究所
4	小麦	宁3015	国审麦20200040	宁夏农林科学院农作物研究所 新疆九立禾种业有限公司
5	玉米	银玉439	国审玉20200016	宁夏农林科学院农作物研究所
6	甜瓜	宁甜1号	国品鉴瓜2016005	宁夏农林科学院种质资源研究所
7	糜子	固糜22号	国品鉴杂2015005	宁夏农林科学院固原分院
8	春小麦	宁2038	国审麦2014021	宁夏农林科学院农作物研究所
9	糜子	固糜21号	国品鉴杂2013009	固原市农业科学研究所
10	扁豆	固扁2号	国品鉴杂2013006	固原市农业科学研究所
11	西瓜	宁农科3号	国品鉴瓜2011002	宁夏农林科学院种质资源研究所
12	扁豆	固扁1号	国品鉴杂2010006	固原市农业科学研究所
13	西瓜	宁农科1号	国品鉴瓜2010005	宁夏农林科学院种质资源研究所
14	玉米	辽单565	京审玉2008002	宁夏农林科学院农作物研究所
15	糜子	宁糜14号	国品鉴杂2006031	固原市农业科学研究所
16	糜子	宁糜15号	国品鉴杂2006028	固原市农业科学研究所
17	水稻	宁粳23号	国审稻2003025	宁夏农林科学院农作物研究所
18	春小麦	宁J210	国审麦2003022	宁夏农林科学院农作物研究所
19	马铃薯	宁薯5号	国审05003-1997	固原地区农业科学研究所
			区审(248)	
1	小麦	宁春69号	宁审麦20230001	宁夏农林科学院农作物研究所
2	水稻	宁粳73号	宁审稻20230001	宁夏农林科学院农作物研究所
3	水稻	宁粳74号	宁审稻20230002	宁夏农林科学院农作物研究所
4	水稻	宁粳75号	宁审稻20230003	宁夏农林科学院农作物研究所
5	水稻	宁粳77号(糯)	宁审稻2023Z005	宁夏农林科学院农作物研究所
6	玉米	宁单57	宁审玉20230001	宁夏农林科学院农作物研究所
7	玉米	宁禾790	宁审玉20230015	宁夏农林科学院农作物研究所

续表

序号	作物种类	品种(品系)名称	审定(认定)编号	主要选育单位
8	大豆	宁豆8号	宁审豆20230001	宁夏农林科学院农作物研究所
9	大豆	宁豆9号	宁审豆20230002	宁夏农林科学院农作物研究所
10	大豆	宁豆10号	宁审豆20230003	宁夏农林科学院农作物研究所
11	大豆	宁豆11号	宁审豆20230004	宁夏农林科学院农作物研究所
12	大豆	宁豆12号	宁审豆20230005	宁夏农林科学院农作物研究所
13	小麦	宁春63	宁审麦20220001	宁夏农林科学院农作物研究所
14	小麦	宁春64	宁审麦20220002	宁夏农林科学院农作物研究所
15	小麦	宁春65	宁审麦20220003	宁夏农林科学院农作物研究所
16	小麦	宁春66	宁审麦20220004	宁夏农林科学院农作物研究所
17	小麦	宁春67	宁审麦20220005	宁夏农林科学院农作物研究所
18	小麦	宁冬21	宁审麦2022Z007	宁夏农林科学院农作物研究所
19	水稻	宁粳64号	宁审稻20220001	宁夏农林科学院农作物研究所
20	水稻	宁粳66号	宁审稻20220003	宁夏农林科学院农作物研究所
21	水稻	宁粳67号	宁审稻20220004	宁夏农林科学院农作物研究所
22	水稻	宁粳71号	宁审稻2022Z009	宁夏农林科学院农作物研究所
23	玉米	宁单56号	宁审玉20220001	宁夏农林科学院农作物研究所
24	玉米	中夏玉6号	宁审玉20220002	宁夏农林科学院农作物研究所
25	玉米	银玉6118	宁审玉20220003	宁夏农林科学院农作物研究所
26	玉米	宁单40号	宁审玉20220031	宁夏农林科学院农作物研究所
27	枸杞	宁农杞15号	宁R-SV-LB-002-2022	宁夏农林科学院枸杞科学研究所
28	枸杞	科杞6082	宁R-SV-LB-002-2022	宁夏农林科学院枸杞科学研究所
29	小麦	宁春62号	宁审麦20210001	宁夏农林科学院农作物研究所
30	玉米	宁单54号	宁审玉2021001	宁夏农林科学院农作物研究所
31	玉米	宁单55号	宁审玉2021002	宁夏农林科学院农作物研究所
32	小麦	宁春58号	宁审麦20200001	宁夏农林科学院农作物研究所
33	小麦	宁春59号	宁审麦20200002	宁夏农林科学院农作物研究所
34	小麦	宁春60号	宁审麦20200003	宁夏农林科学院农作物研究所
35	小麦	宁春61号	宁审麦20200004	宁夏农林科学院农作物研究所

续表

序号	作物种类	品种(品系)名称	审定(认定)编号	主要选育单位
36	水稻	宁粳59号	宁审稻20200001	宁夏农林科学院农作物研究所
37	水稻	宁粳60号	宁审稻20200002	宁夏农林科学院农作物研究所
38	水稻	宁粳61号	宁审稻20200003	宁夏农林科学院农作物研究所
39	玉米	宁单52号	宁审玉20200001	宁夏农林科学院农作物研究所
40	玉米	宁单53号	宁审玉20200002	宁夏农林科学院农作物研究所
41	玉米	银玉238	宁审玉20200016	宁夏农林科学院农作物研究所
42	大豆	宁豆7号	宁审豆20200001	宁夏农林科学院农作物研究所
43	小麦	宁春57号	宁审麦20190001	宁夏农林科学院农作物研究所
44	水稻	宁粳58号	宁审稻20190001	宁夏农林科学院农作物研究所
45	玉米	宁单51号	宁审玉20190006	宁夏农林科学院农作物研究所 国家玉米产业技术体系银川综合试验站 黑龙江省中邦农业有限公司
46	玉米	宁甜糯1号	宁审玉20190020	宁夏农林科学院农作物研究所 陕西省生物农业研究所
47	玉米	卫农998	宁审玉2019L023	宁夏农林科学院农作物研究所 宁夏卫农农业发展有限公司
48	大豆	宁京豆7号	宁审豆20190001	宁夏农林科学院农作物研究所 中国农业科学院作物科学研究所
49	水稻	宁粳56号	宁审稻20180002	宁夏农林科学院农业生物技术研究中心
50	小麦	宁春56号	宁审麦20180001	宁夏农林科学院农业生物技术研究中心
51	春小麦	宁春55号	宁审麦20170001	宁夏农林科学院农作物研究所
52	冬小麦	宁冬18号	宁审麦20170002	宁夏农林科学院农作物研究所
53	水稻	宁粳53号	宁审稻20170001	宁夏农林科学院农作物研究所
54	水稻	宁粳54号	宁审稻20170002	宁夏农林科学院农作物研究所
55	玉米	宁单37号	宁审玉20170007	陕西省科学院酶工程研究所 宁夏农林科学院农作物研究所
56	水稻	宁粳52号	宁审稻20160002	宁夏农林科学院农作物研究所 宁夏科泰种业有限公司
57	玉米	宁单31号	宁审玉20160004	宁夏农林科学院农作物研究所 宁夏农垦局良种繁育经销中心
58	向日葵	宁葵杂8号	宁审葵20160001	宁夏农林科学院农作物研究所
59	向日葵	宁葵杂9号	宁审葵20160002	宁夏农林科学院农作物研究所

续表

序号	作物种类	品种(品系)名称	审定(认定)编号	主要选育单位
60	向日葵	宁葵杂10号	宁审葵20160003	宁夏农林科学院农作物研究所
61	胡麻	宁亚22号	宁审油2016001	宁夏农林科学院固原分院
62	马铃薯	宁薯16号	宁审薯20160001	宁夏农林科学院固原分院
63	冬小麦	宁冬16号	宁审麦2015003	宁夏农林科学院固原分院
64	水稻	宁粳48号	宁审稻2015001	宁夏农林科学院农作物研究所 宁夏科泰种业有限公司
65	水稻	宁粳49号	宁审稻2015002	宁夏农林科学院农作物研究所 宁夏科泰种业有限公司
66	水稻	宁粳50号	宁审稻2015003	宁夏农林科学院农作物研究所 宁夏科泰种业有限公司
67	玉米	宁单27号	宁审玉2015006	宁夏农林科学院农作物研究所 宁夏科泰种业有限公司
68	玉米	富农340	宁审玉2015009	宁夏农林科学院固原分院
69	胡麻	宁亚20号	宁审油2015001	宁夏农林科学院固原分院
70	胡麻	宁亚21号	宁审油2015002	宁夏农林科学院固原分院
71	柳树	盐柳1号	宁R-ETS-SP-002-2015	宁夏农林科学院银北盐碱土改良试验站 宁夏三林林业科技开发有限公司 宁夏农林科学院园艺研究所
72	枸杞	宁农杞9号	良种审定宁S-SC-LB-001-2014	宁夏农林科学院(国家枸杞工程技术研究中心) 中宁县百瑞源枸杞产业发展有限公司
73	水稻	宁粳47号	宁审稻2014001	宁夏农林科学院农作物研究所 吉林省农科院水稻研究所 宁夏科泰种业有限公司
74	玉米	宁单19号	审玉2014002	宁夏农林科学院农作物研究所 宁夏科泰种业有限公司
75	向日葵	宁葵杂6号	宁审葵2014001	宁夏农科院农作物研究所
76	马铃薯	宁薯15号	宁审薯2014001	宁夏农林科学院固原分院
77	枣	灵武长枣2号	宁S-SC-ZJ-001-2013	宁夏农林科学院
78	水稻	宁粳45号	宁审稻2012001	宁夏农林科学院农作物研究所
79	水稻	宁粳46号	宁审稻2012002	宁夏农林科学院农作物研究所
80	玉米	中夏糯68	宁审玉2012012	中国农业大学国家玉米改良中心 宁夏农林科学院农作物研究所

续表

序号	作物种类	品种(品系)名称	审定(认定)编号	主要选育单位
81	玉米	中夏玉 4 号	宁审玉 2012013	中国农业大学国家玉米改良中心 宁夏农林科学院农作物研究所
82	玉米	富农 821	宁审玉 2012018	甘肃富农高科技种业有限公司 固原市农业科学研究所 宁夏科泰种业公司
83	向日葵	宁葵杂 4 号	宁审油 2012001	宁夏农林科学院农作物研究所
84	向日葵	宁葵杂 5 号	宁审油 2012002	宁夏农林科学院农作物研究所
85	马铃薯	宁薯 14 号	宁审薯 2012001	固原市农业科学研究所
86	枸杞	宁杞 7 号	宁 S-SC-LB-009-2010	国家枸杞工程技术研究中心 宁夏枸杞工程技术研究中心 宁夏林业产业服务中心
87	春小麦	宁春 50 号	宁审麦 2010001	宁夏农林科学院农作物研究所
88	水稻	宁粳 44 号	宁审稻 2010001	宁夏农林科学院农作物研究所
89	向日葵	LD67	宁审葵 2010003	宁夏农林科学院农作物研究所 北京凯福瑞农业科技发展有限公司
90	向日葵	NX440	宁审油 2010004	宁夏农林科学院农作物研究所
91	向日葵	S606	宁审葵 2010005	宁夏农林科学院农作物研究所 北京凯福瑞农业科技发展有限公司
92	胡麻	宁亚 19 号	宁审油 2010006	固原市农业科学研究所
93	春小麦	宁春 49 号	宁审麦 2009002	固原市农业科学研究所
94	冬小麦	宁冬 13 号	宁审麦 2009004	固原市农业科学研究所
95	水稻	宁粳 43 号	宁审稻 2009001	宁夏农林科学院农作物研究所
96	苦荞	黔黑荞 1 号	宁荞审 2009045	固原市农业科学研究所
97	糜子	宁糜 17 号	宁审糜 2009002	固原市农业科学研究所
98	枸杞	宁杞 5 号	宁 S-SC-LB-001-2009	宁夏枸杞工程技术研究中心 银川育新枸杞种业有限公司 宁夏枸杞协会
99	春小麦	宁春 46 号	宁审麦 2008001	宁夏农林科学院农作物研究所
100	春小麦	宁春 47 号	宁审麦 2008002	宁夏农林科学院农作物研究所
101	水稻	宁粳 42 号	宁审稻 2008001	宁夏农林科学院农作物研究所
102	玉米	中农大青贮 67	宁审玉 2008004	宁夏农林科学院农作物研究所
103	豌豆	中豌 5 号	宁审豆 2008001	固原市农业科学研究所
104	甜荞	信农 1 号	宁种审 2008036	固原市农业科学研究所

续表

序号	作物种类	品种(品系)名称	审定(认定)编号	主要选育单位
105	燕麦	燕科 1 号	宁种审 2008037	固原市农业科学研究所
106	春小麦	宁春 43 号	宁审麦 2007001	宁夏农林科学院农作物研究所
107	春小麦	宁春 45 号	宁审麦 2007003	固原市农业科学研究所
108	冬小麦	宁冬 10 号	宁审麦 2007004	宁夏农林科学院农作物研究所
109	冬小麦	宁冬 11 号	宁审麦 2007005	宁夏农林科学院农作物研究所
110	水稻	宁粳 40 号	宁审稻 2007001	宁夏农林科学院农作物研究所
111	水稻	宁粳 41 号	宁审稻 2007002	宁夏农林科学院农作物研究所
112	水稻	吉粳 105	宁审稻 2007003	宁夏农林科学院农作物研究所
113	水稻	吉特 623	宁审稻 2007004	宁夏农林科学院农作物研究所
114	玉米	宁单 11 号	宁审玉 2007001	宁夏农林科学院农作物研究所
115	玉米	青试 01	宁审玉 2007004	宁夏农林科学院农作物研究所
116	玉米	金穗 2021	宁审玉 2007007	宁夏农林科学院农作物研究所
117	马铃薯	宁薯 12 号	宁审薯 2007001	固原市农业科学研究所
118	糜子	宁糜 16 号	宁审糜 2007001	固原市农业科学研究所
119	小麦	宁春 42 号	宁审麦 2006001	宁夏农业生物技术重点实验室
120	水稻	宁粳 35 号	宁审稻 2006001	宁夏农林科学院农作物研究所
121	水稻	宁粳 37 号	宁审稻 2006003	宁夏农林科学院农作物研究所
122	水稻	宁粳 38 号	宁审稻 2006004	宁夏农林科学院农作物研究所
123	水稻	天井 5 号	宁审稻 2006005	宁夏农林科学院农作物研究所
124	春小麦	宁春 37 号	宁审麦 2005001	宁夏农林科学院农作物研究所
125	水稻	宁粳 33 号	宁审稻 2005003	宁夏农林科学院农作物研究所
126	水稻	宁粳 34 号	宁审稻 2005004	宁夏农林科学院农作物研究所
127	大豆	晋遗 30	宁审豆 2005001	宁夏农林科学院农作物研究所
128	豌豆	中豌 4 号	宁审豆 2005003	固原市农业科学研究所
129	扁豆	宁扁 1 号	宁审豆 200504	固原市农业科学研究所
130	胡麻	宁亚 17 号	宁审油 2005001	固原市农业科学研究所
131	苦荞	宁荞 2 号	宁荞审 2005001	固原市农业科学研究所
132	枣	灵武长枣	宁 S-SC-ZJ-003-2005	宁夏农林科学院

续表

序号	作物种类	品种(品系)名称	审定(认定)编号	主要选育单位
133	春小麦	宁春35号	宁审麦2003001	宁夏农林科学院农作物研究所
134	春小麦	宁春36号	宁审麦2003002	固原市农业科学研究所
135	水稻	宁粳28号	宁审稻2003004	宁夏农林科学院农作物研究所
136	水稻	宁粳29号	宁审稻2003005	宁夏农林科学院农作物研究所
137	水稻（杂交稻）	宁优3号	宁审稻2003006	宁夏农林科学院农作物研究所
138	玉米	农大647	宁审玉2003007	宁夏农林科学院农作物研究所
139	玉米	中单9409	宁审玉2003009	宁夏农林科学院农作物研究所
140	玉米	宁单10号	宁审玉20030010	宁夏农林科学院农作物研究所
141	大豆	承豆6号	宁审豆2003003	宁夏农林科学院农作物研究所
142	豌豆	宁豌4号	宁审豆2003005	固原市农业科学研究所
143	马铃薯	宁薯10号	宁审薯2003001	固原市农业科学研究所
144	马铃薯	宁薯11号	宁审薯2003002	固原市农业科学研究所
145	春小麦	宁春32号	宁审麦200201	宁夏农林科学院作物所
146	春小麦	宁春34号	宁审麦200203	固原市农业科学研究所
147	冬小麦	宁冬6号	宁审麦200204	宁夏农林科学院农作物研究所
148	水稻	宁粳23号	宁审稻200201	宁夏农林科学院农作物研究所
149	水稻	宁粳24号	宁审稻200202	宁夏农林科学院农作物研究所
150	水稻	宁糯5号	宁审稻200206	宁夏农林科学院农作物研究所
151	水稻	宁糯6号	宁审稻200207	宁夏农林科学院农作物研究所
152	水稻	牡丹江20	宁审稻200209	宁夏农林科学院农作物研究所
153	玉米	宁单9号	宁种审200201	宁夏农林科学院农作物研究所
154	扁豆	定选1号	宁审豆200203	固原地区农业科学研究所
155	蚕豆	临蚕2号	宁审豆200204	固原地区农业科学研究所
156	胡麻	宁亚16号	宁审油200201	固原地区农业科学研究所
157	蓖麻	淄蓖2号	宁审油200203	宁夏农林科学院盐改站
158	蓖麻	淄蓖5号	宁审油200204	宁夏农林科学院盐改站
159	糜子	宁糜13号	宁审糜200201	固原地区农业科学研究所
160	甜荞	宁荞1号	宁审荞200201	固原地区农业科学研究所

续表

序号	作物种类	品种(品系)名称	审定(认定)编号	主要选育单位
161	枸杞	宁杞3号	宁 S-SC-LB-001-2001	宁夏农林科学院枸杞工程技术研究中心 国家枸杞工程技术研究中心
162	胡麻	宁亚15号	宁种审2020	宁夏农林科学院固原分院
163	春小麦	宁春29号	宁种审2007	固原市农业科学研究所
164	春小麦	宁春30号	宁种审2008	宁夏农林科学院农作物研究所
165	水稻	宁粳21号	宁种审2002	宁夏农林科学院农作物研究所
166	水稻	宁粳22号	宁种审2003	宁夏农林科学院农作物研究所
167	水稻	通35	宁种审2004	宁夏农林科学院农作物研究所
168	油葵	SH3322	宁种审2019	宁夏农林科学院农作物研究所
169	春小麦	宁春27号	宁种审9806	固原地区农业科学研究所
170	水稻	宁粳19号	宁种审9802	宁夏农林科学院农作物研究所
171	水稻	宁稻216	宁种审9803	宁夏农林科学院农作物研究所
172	大豆	宁豆4号	宁种审9816	宁夏农林科学院农作物研究所
173	糜子	宁糜11号	宁种审9812	固原地区农业科学研究所
174	糜子	宁糜12号	宁种审9813	固原地区农业科学研究所
175	燕麦	宁莜1号	宁种审9814	固原地区农业科学研究所
176	甜荞	岛根荞麦	宁种审9815	宁夏回族自治区种子工作站 固原地区农业科学研究所
177	马铃薯	宁薯7号	宁种审9821	固原地区农业科学研究所
178	胡麻	宁亚14号	宁种审9824	固原地区农业科学研究所
179	春小麦	宁春22号	宁种审9502	宁夏农林科学院农作物研究所
180	春小麦	宁春23号	宁种审9503	宁夏农林科学院农作物研究所
181	春小麦	宁春24号	宁种审9504	固原地区农业科学研究所
182	水稻	宁粳15号	宁种审9507	宁夏农林科学院农作物研究所
183	水稻	宁粳16号	宁种审9508	宁夏农林科学院农作物研究所
184	水稻	宁粳17号	宁种审9509	宁夏农林科学院农作物研究所
185	水稻	宁糯4号	宁种审9510	宁夏农林科学院农作物研究所
186	水稻	藤747	宁种审9512	宁夏农林科学院农作物研究所
187	水稻	87-9	宁种审9511	宁夏农林科学院农作物研究所

续表

序号	作物种类	品种(品系)名称	审定(认定)编号	主要选育单位
188	玉米	掖单19号	宁种审9513	宁夏农林科学院农作物研究所
189	玉米	掖单42号	宁种审9514	宁夏农林科学院农作物研究所
190	大豆	宁豆3号	宁种审9515	宁夏农林科学院农作物研究所
191	春小麦	宁春20号	宁种审9403	固原地区农业科学研究所
192	水稻（杂交稻）	京优6号	宁种审9408	宁夏农林科学院农作物研究所
193	水稻（杂交稻）	宁优1号	宁种审9409	宁夏农林科学院农作物研究所
194	啤酒大麦	贝赖勒斯	宁种审9411	宁夏农林科学院农作物研究所
195	马铃薯	宁薯6号	宁种审9420	固原地区农业科学研究所
196	马铃薯	宁薯5号	宁种审9419	固原地区农业科学研究所
197	糜子	宁糜10号	宁种审9418	固原地区农业科学研究所
198	春小麦	宁春16号	宁种审9201	宁夏农林科学院农作物研究所
199	春小麦	宁春17号	宁种审9202	宁夏农林科学院农作物研究所
200	水稻	宁粳13号	宁种审9203	宁夏农林科学院农作物研究所
201	水稻	宁粳14号	宁种审9204	宁夏农林科学院农作物研究所
202	春小麦	宁春14号	宁种审9002	宁夏农林科学院农作物研究所
203	春小麦	宁春15号	宁种审9003	宁夏农林科学院农作物研究所
204	水稻	宁粳11号	宁种审9010	宁夏农林科学院农作物研究所
205	水稻	宁粳12号	宁种审9011	宁夏农林科学院农作物研究所
206	水稻	宁糯3号	宁种审9012	宁夏农林科学院农作物研究所
207	玉米	宁单7号	宁种审9013	宁夏农林科学院农作物研究所
208	水稻	宁粳9号	宁种审8806	宁夏农林科学院农作物研究所
209	胡麻	宁亚11号	宁种审8818	宁夏农林科学院农作物研究所
210	啤酒大麦	甘木二条	宁种审8811	宁夏农林科学院农作物研究所
211	水稻	宁粳8号	宁种审8604	宁夏农林科学院农作物研究所
212	水稻	宁糯1号	宁种审8605	宁夏农林科学院农作物研究所
213	水稻	宁粳6号	宁种审8408	宁夏农林科学院农作物研究所
214	水稻	秋光	宁种审8409	宁夏农林科学院农作物研究所

续表

序号	作物种类	品种(品系)名称	审定(认定)编号	主要选育单位
215	水稻（杂交稻）	秀优57	宁种审8410	宁夏农林科学院农作物研究所
216	春小麦	宁春7号	宁种审8304	宁夏农林科学院农作物研究所
217	春小麦	宁春609	宁种审8109	宁夏农林科学院农作物研究所
218	春小麦	连丰	宁种审7924	宁夏农林科学院农作物研究所
219	春小麦	墨卡	宁种审7925	宁夏农林科学院农作物研究所
220	春小麦	宁春304	宁种审7926	宁夏农林科学院农作物研究所
221	春小麦	白芒麦	宁种审7928	宁夏农林科学院农作物研究所
222	春小麦	红芒麦	宁种审7929	宁夏农林科学院农作物研究所
223	春小麦	劲麦1号	宁种审7930	宁夏农林科学院农作物研究所
224	春小麦	阿玉2号	宁种审7923	宁夏农林科学院农作物研究所
225	春小麦	斗地1号	宁种审7922	宁夏农林科学院农作物研究所
226	春小麦	宁春1号	宁种审7902	宁夏农林科学院农作物研究所
227	水稻	宁粳3号	宁种审7907	宁夏农林科学院农作物研究所
228	水稻	宁粳4号	宁种审7909	宁夏农林科学院农作物研究所
229	水稻	京引39号	宁种审7935	宁夏农林科学院农作物研究所
230	水稻	早丰	宁种审7936	宁夏农林科学院农作物研究所
231	水稻	合交5602	宁种审7937	宁夏农林科学院农作物研究所
232	水稻	牡交23	宁种审7938	宁夏农林科学院农作物研究所
233	玉米	宁单1号	宁种审7939	宁夏农林科学院农作物研究所
234	玉米	宁单2号	宁种审7940	宁夏农林科学院农作物研究所
235	玉米	宁单3号	宁种审7941	宁夏农林科学院农作物研究所
236	玉米	宁单4号	宁种审7910	宁夏农林科学院农作物研究所
237	玉米	宁单6号	宁种审7911	宁夏农林科学院农作物研究所
238	高粱	晋杂5号	宁种审7943	宁夏农林科学院农作物研究所
239	高粱	忻杂52号	宁种审7944	宁夏农林科学院农作物研究所
240	糜子	宁糜2号	宁种审7945	宁夏农林科学院农作物研究所
241	糜子	宁糜5号	宁种审7946	宁夏农林科学院农作物研究所
242	糜子	宁糜6号	宁种审7947	宁夏农林科学院农作物研究所

续表

序号	作物种类	品种(品系)名称	审定(认定)编号	主要选育单位
243	胡麻	宁亚 5 号	宁种审 7919	宁夏农林科学院农作物研究所
244	胡麻	宁亚 1 号	宁种审 7958	宁夏农林科学院农作物研究所
245	胡麻	宁亚 2 号	宁种审 7959	宁夏农林科学院农作物研究所
246	糜子	宁糜 8 号	种审证字第 614 号	固原市农业科学研究所
247	糜子	宁糜 9 号	种审证字第 717 号	固原市农业科学研究所
248	谷子	宁谷 1 号	种审证字第 112 号	固原市农业科学研究所

非主要农作物登记品种

序号	作物种类	品种(系)名称	登记编号	第一选育单位
1	西瓜	宁农科 8 号	GPD 西瓜（2023）640035	宁夏农林科学院园艺研究所
2	番茄	宁樱红 1 号	GPD 番茄（2023）640057	宁夏农林科学院园艺研究所
3	番茄	宁樱 2 号	GPD 番茄（2023）640058	宁夏农林科学院园艺研究所
4	辣椒	宁椒 12 号	GPD 辣椒（2023）640069	宁夏农林科学院园艺研究所
5	辣椒	宁椒 15 号	GPD 辣椒（2023）640302	宁夏农林科学院园艺研究所
6	辣椒	宁椒 16 号	GPD 辣椒（2023）640303	宁夏农林科学院园艺研究所
7	向日葵	宁赏葵 4 号	GPD 向日葵（2023）640041	宁夏农林科学院农作物研究所
8	向日葵	宁赏葵 5 号	GPD 向日葵（2023）640042	宁夏农林科学院农作物研究所
9	向日葵	宁赏葵 6 号	GPD 向日葵（2023）640043	宁夏农林科学院农作物研究所
10	向日葵	NX440	GPD 向日葵（2023）640036	宁夏农林科学院农作物研究所
11	马铃薯	宁薯 19 号	GPD 马铃薯（2023）640049	宁夏农林科学固原分院
12	马铃薯	宁薯 21 号	GPD 马铃薯（2023）640026	宁夏农林科学固原分院
13	马铃薯	固薯 2 号	GPD 马铃薯（2023）640050	宁夏农林科学固原分院
14	马铃薯	宁薯 20 号	GPD 马铃薯（2022）640100	宁夏农林科学院固原分院
15	马铃薯	固薯 1 号	GPD 马铃薯（2022）640110	宁夏农林科学院固原分院
16	向日葵	宁赏葵 1 号	GPD 向日葵（2022）640004	宁夏农林科学院农作物研究所
17	向日葵	宁赏葵 2 号	GPD 向日葵（2022）640005	宁夏农林科学院农作物研究所
18	向日葵	宁赏葵 3 号	GPD 向日葵（2022）640006	宁夏农林科学院农作物研究所
19	西瓜	西夏印象	GPD 西瓜（2022）640176	宁夏农林科学院园艺研究所
20	甜瓜	西夏风雅	GPD 甜瓜（2022）640151	宁夏农林科学院园艺研究所
21	西瓜	宁农科花黛	GPD 西瓜（2022）640240	宁夏农林科学院园艺研究所
22	西瓜	西夏锦绣	GPD 西瓜（2021）640171	宁夏农林科学院园艺研究所
23	胡麻	宁亚 23 号	GPD 亚麻（胡麻）（2020）640012	宁夏农林科学院固原分院
24	胡麻	宁亚 24 号	GPD 亚麻（胡麻）（2020）640013	宁夏农林科学院固原分院
25	向日葵	宁葵杂 4 号	GPD 向日葵（2020）640355	宁夏农林科学院农作物研究所
26	向日葵	宁杂葵 5 号	GPD 向日葵（2020）640277	宁夏农林科学院农作物研究所
27	向日葵	宁杂葵 6 号	GPD 向日葵（2020）640278	宁夏农林科学院农作物研究所

续表

序号	作物种类	品种(系)名称	登记编号	第一选育单位
28	马铃薯	宁薯17号	GPD 马铃薯(2019)640047	宁夏农林科学院固原分院
29	马铃薯	宁薯18号	GPD 马铃薯(2019)640048	宁夏农林科学院固原分院
30	向日葵	宁葵杂8	GPD 向日葵(2019)640242	宁夏农林科学院农作物研究所
31	向日葵	宁葵杂9	GPD 向日葵(2019)640241	宁夏农林科学院农作物研究所
32	向日葵	宁葵杂10	GPD 向日葵(2019)640243	宁夏农林科学院农作物研究所
33	西瓜	西夏绿秀	GPD 西瓜(2019)640189	宁夏农林科学院种质资源研究所
34	马铃薯	宁薯14号	GPD 马铃薯(2018)640090	宁夏农林科学院固原分院
35	马铃薯	宁薯15号	GPD 马铃薯(2018)640091	宁夏农林科学院固原分院
36	马铃薯	宁薯16号	GPD 马铃薯(2018)640092	宁夏农林科学院固原分院
37	辣椒	宁椒3号	GPD 辣椒(2018)641592	宁夏农林科学院种质资源研究所
38	辣椒	宁椒6号	GPD 辣椒(2018)641593	宁夏农林科学院种质资源研究所
39	辣椒	宁椒7号	GPD 辣椒(2018)641594	宁夏农林科学院种质资源研究所
40	辣椒	宁椒8号	GPD 辣椒(2018)641472	宁夏农林科学院种质资源研究所
41	辣椒	宁椒10号	GPD 辣椒(2018)641591	宁夏农林科学院种质资源研究所
42	甜瓜	宁甜1号	GPD 甜瓜(2018)640761	宁夏农林科学院种质资源研究所
43	甜瓜	宁甜2号	GPD 甜瓜(2018)640810	宁夏农林科学院种质资源研究所
44	西瓜	宁农科1号	GPD 西瓜(2018)641208	宁夏农林科学院种质资源研究所
45	西瓜	宁农科3号	GPD 西瓜(2018)641207	宁夏农林科学院种质资源研究所
46	西瓜	宁农科6号	GPD 西瓜(2018)641209	宁夏农林科学院种质资源研究所
47	西瓜	西夏绿龙	GPD 西瓜(2018)641204	宁夏农林科学院种质资源研究所
48	西瓜	西夏嘉年华	GPD 西瓜(2018)641205	宁夏农林科学院种质资源研究所
49	西瓜	西夏骄子	GPD 西瓜(2018)641206	宁夏农林科学院种质资源研究所
50	西瓜	宁农科5号	GPD 西瓜(2018)641100	宁夏农林科学院种质资源研究所
51	西瓜	西夏绿宝	GPD 西瓜(2017)640204	宁夏农林科学院种质资源研究所

植物新品种保护权

序号	种类	品种(系)名称	品种权号	品种权人
1	枸杞	宁农杞16号	20230132	宁夏农林科学院枸杞科学研究所
2	枸杞	宁农杞17号	20230136	宁夏农林科学院枸杞科学研究所
3	枸杞	宁农杞18号	20230135	宁夏农林科学院枸杞科学研究所
4	枸杞	宁农杞19号	20230157	宁夏农林科学院枸杞科学研究所
5	枸杞	宁农杞20号	20230167	宁夏农林科学院枸杞科学研究所
6	枸杞	宁杞菜2号	20230176	宁夏农林科学院枸杞科学研究所
7	枸杞	宁杞菜3号	20230175	宁夏农林科学院枸杞科学研究所
8	枸杞	宁杞菜4号	20230177	宁夏农林科学院枸杞科学研究所
9	枸杞	宁农杞15号	20220593	宁夏农林科学院枸杞科学研究所
10	玉米	宁禾790	CNA20221003717	宁夏农林科学院农作物研究所
11	水稻	宁系47	CNA20201005656	宁夏农林科学院农作物研究所
12	水稻	宁粳58号	CNA20201006373	宁夏农林科学院农作物研究所
13	水稻	17TJ2	CNA20201005540	宁夏农林科学院农作物研究所
14	玉米	宁单53号	CNA20201001476	宁夏农林科学院农作物研究所 内蒙古蒙龙种业科技有限公司
15	玉米	宁禾1632	CNA20201001306	宁夏农林科学院农作物研究所
16	小麦	宁硕3号	CNA20191002829	宁夏农林科学院农作物研究所
17	小麦	宁硕4号	CNA20191002830	宁夏农林科学院农作物研究所
18	水稻	节15	CNA20191000051	宁夏农林科学院农作物研究所
19	水稻	HR10	CNA20191000329	宁夏农林科学院农作物研究所
20	冬小麦	Z022821	CNA20191000815	宁夏农林科学院固原分院
21	枸杞	宁农杞6号	20190101	宁夏农林科学院枸杞工程技术研究中心
22	枸杞	宁农杞7号	20190074	宁夏农林科学院枸杞工程技术研究中心
23	辣椒	宁椒3号	CNA20191000710	宁夏农林科学院种质资源研究所
24	西瓜	宁农科5号	CNA20191000237	宁夏农林科学院种质资源研究所
25	西瓜	宁农科6号	CNA20191003160	宁夏农林科学院种质资源研究所
26	西瓜	宁农科10号	CNA20191004655	宁夏农林科学院种质资源研究所
27	小麦	宁春59	CNA20191000396	宁夏农林科学院农作物研究所
28	小麦	宁春60	CNA20191000332	宁夏农林科学院农作物研究所
29	小麦	宁春62	CNA20191005761	宁夏农林科学院农作物研究所

续表

序号	种类	品种(系)名称	品种权号	品种权人
30	小麦	宁春63	CNA20191005757	宁夏农林科学院农作物研究所
31	小麦	宁春66	CNA20191006009	宁夏农林科学院农作物研究所
32	小麦	13ZM553	CNA20191000391	宁夏农林科学院农作物研究所
33	小麦	宁春61号	CNA20184709.2	宁夏农林科学院农作物研究所
34	小麦	M7902	CNA20184710.9	宁夏农林科学院农作物研究所
35	枸杞	宁农杞4号	20180060	宁夏农林科学院枸杞工程技术研究中心
36	枸杞	宁农杞5号	20180061	宁夏农林科学院枸杞工程技术研究中心
37	枸杞	宁农杞8号	20180324	宁夏农林科学院枸杞工程技术研究中心
38	枸杞	宁农杞10号	20180114	宁夏农林科学院枸杞工程技术研究中心
39	枸杞	科杞6081	20180325	宁夏农林科学院枸杞工程技术研究中心
40	枸杞	科杞6082	20180326	宁夏农林科学院枸杞工程技术研究中心
41	玉米	宁单46号	CNA20172758.7	宁夏农林科学院农作物研究所 宁夏润丰种业有限公司
42	西瓜	西夏绿宝	CNA20170470.8	宁夏农林科学院园艺研究所
43	葡萄	科玉无籽	CNA20172903.1	宁夏农林科学院园艺研究所
44	葡萄	科玉无籽	CNA20172903.1	宁夏农林科学院园艺研究所
45	小麦	宁春55	CNA20160626.2	宁夏农林科学院农作物研究所
46	小麦	H4266	CNA20150885.9	宁夏农林科学院
47	小麦	HJ190	CNA20150886.8	宁夏农林科学院
48	小麦	HJ209	CNA20150887.7	宁夏农林科学院
49	枸杞	宁农杞3号	20150121	宁夏农林科学院枸杞工程技术研究中心
50	玉米	宁单27号	CNA20140815.5	宁夏农林科学院农作物研究所 宁夏科泰种业有限公司
51	水稻	宁资218	CNA20140752.0	宁夏农林科学院
52	枸杞	宁农杞1号	20140107	宁夏农林科学院枸杞工程技术研究中心
53	枸杞	宁农杞2号	20140108	宁夏农林科学院枸杞工程技术研究中心
54	小麦	H3014	CNA20130407.0	宁夏农林科学院
55	小麦	N2038	CNA20120448.2	宁夏农林科学院
56	玉米	宁禾0709	CNA20121306.1	宁夏农林科学院 宁夏农垦局良种繁育经销中心
57	水稻	宁粳33	CNA20050516.5	宁夏农林科学院
58	水稻	2002WX-913	CNA20050786.9	宁夏农林科学院

第四部分

标　准

聚焦农林科技的快速发展和现代农业的发展需要，通过持续深入研究和广泛应用，形成了一系列重要的技术标准共469项，其中国标3项、行标8项、地标385项、团标65项、企标8项。这些标准在提升宁夏农业生产效率、保障农产品质量、推动农业现代化进程中发挥了重要作用。

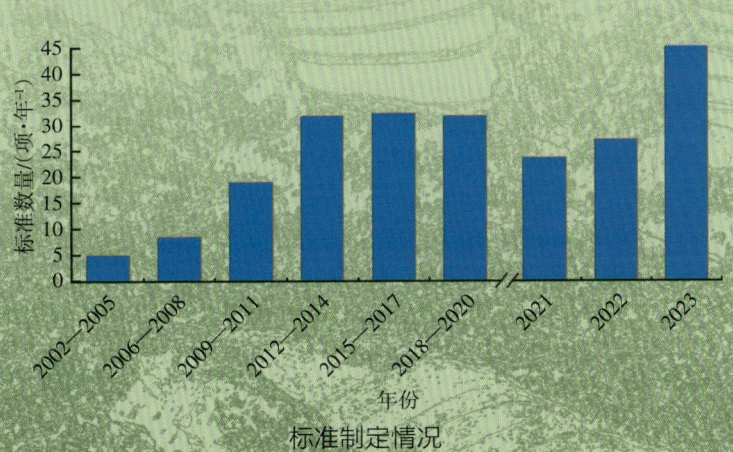

标准制定情况

国家标准

序号	标准名称	标准类型	标准号	第一起草人	第一起草单位
1	枸杞	国家标准	GB/T 18672—2014	张 艳	宁夏农产品质量标准与检测技术研究所
2	枸杞栽培技术规程	国家标准	GB/T 19116—2003	李润淮	宁夏农林科学院枸杞研究所
3	枸杞(枸杞子)	国家标准	GB/T 18672—2002	程淑华	宁夏农林科学院农副产品贮藏加工研究所

行业标准

序号	标准名称	标准类型	标准号	第一起草人	第一起草单位
1	枸杞中黄酮类化合物的测定	行业标准	NY/T 3903—2021	王晓菁	宁夏农产品质量标准与检测技术研究所
2	枸杞中甜菜碱含量的测定 高效液相色谱法	行业标准	NY/T 2947—2016	王晓菁	宁夏农产品质量标准与检测技术研究所
3	苜蓿草田主要虫害防治技术规程	行业标准	NY/T 2994—2016	张 蓉	宁夏农林科学院植物保护研究所
4	植物新品种特异性、一致性和稳定性测试指南 芦荟	行业标准	NY/T 2575—2014	查仙芳	宁夏农林科学院植物保护研究所
5	绿色食品 枸杞及枸杞制品	行业标准	NY/T 1051—2014	张 艳	宁夏农产品质量标准与检测技术研究所
6	绿色食品 枸杞	行业标准	NY/T 1051—2006	苟金萍	农业部枸杞产品质量监督检验测试中心
7	无公害食品 枸杞	行业标准	NY 5248—2004	苟金萍	农业部枸杞产品质量监督检验测试中心
8	无公害食品 枸杞生产技术规程	行业标准	NY/T 5249—2004	苟金萍	宁夏农林科学院农副产品贮藏加工研究所

地方标准

序号	标准名称	标准类型	标准号	第一起草人	第一起草单位
畜牧兽医(36)					
1	舍饲滩羊个体鉴定及生产性能测定技术规范	地方标准	DB 64/T 1891—2023	王 锦	宁夏农林科学院动物科学研究所
2	滩湖杂交母羊饲养管理技术规程	地方标准	DB 64/T 1892—2023	侯鹏霞	宁夏农林科学院动物科学研究所
3	牛胎衣不下中兽医防治技术规程	地方标准	DB 64/T 1893—2023	黎玉琼	宁夏农林科学院动物科学研究所
4	林下养鸡技术规程	地方标准	DB 64/T 1937—2023	额尔和花	宁夏农林科学院动物科学研究所
5	马铃薯秧混贮技术规程	地方标准	DB 64/T 1856—2022	梁小军	宁夏农林科学院动物科学研究所
6	引黄灌区麦后复种紫花苜蓿生产技术规程	地方标准	DB 64/T 1741—2020	施 安	宁夏农林科学院动物科学研究所
7	地理标志产品盐池滩羊	地方标准	DB 64/T 1545—2020	王 锦	宁夏农林科学院动物科学研究所
8	安格斯适繁母牛饲养管理技术规程	地方标准	DB 64/T 1711—2020	马吉锋	宁夏农林科学院动物科学研究所
9	牛轮状病毒抗体竞争性酶联免疫吸附试验操作规程	地方标准	DB 64/T 1725—2020	康晓冬	宁夏农林科学院动物科学研究所
10	淘汰母牛育肥技术规程	地方标准	DB 64/T 1732—2020	马吉锋	宁夏农林科学院动物科学研究所
11	安格斯适繁母牛饲养管理技术规程	地方标准	DB 64/T 1711—2020	马吉锋	宁夏农林科学院动物科学研究所
12	宁夏奶牛球虫病诊断和防治技术规范	地方标准	DB 64/T 1723—2020	黎玉琼	宁夏农林科学院动物科学研究所
13	滩羊纯度 PCR—mtDNA 鉴定技术操作规程	地方标准	DB 64/T 1638—2019	马丽娜	宁夏农林科学院动物科学研究所
14	TaqMan MGB 探针实时荧光定量 PCR 检测牛鹦鹉热嗜衣原体方法	地方标准	DB 64/T 1599—2019	梁小军	宁夏农林科学院动物科学研究所
15	羊小反刍兽疫免疫接种技术规程	地方标准	DB 64/T 1604—2019	康晓东	宁夏农林科学院动物科学研究所
16	牛病毒性腹泻/粘膜病酶联免疫吸附试验操作规程	地方标准	DB 64/T 1605—2019	康晓东	宁夏农林科学院动物科学研究所
17	羔羊早期补饲技术规程	地方标准	DB 64/T 1619—2019	丁 伟	宁夏农林科学院动物科学研究所

续表

序号	标准名称	标准类型	标准号	第一起草人	第一起草单位
18	南部山区马铃薯套种饲用高粱栽培技术规程	地方标准	DB 64/T 1600—2019	李聚才	宁夏农林科学院动物科学研究所
19	朝那鸡生态养殖技术	地方标准	DB 64/T 1280—2016	额尔和花	宁夏农林科学院动物科学研究所
20	甜高粱青贮饲料制作技术规程	地方标准	DB 64/T 1105—2015	丁伟	宁夏农林科学院草畜工程技术研究中心
21	肉用犊牛饲养管理技术规程	地方标准	DB 64/T 1089—2015	李聚才	宁夏农林科学院草畜工程技术研究中心
22	尿素、硫酸铵、糖蜜复合处理秸秆饲料调制技术规程	地方标准	DB 64/T 1090—2015	李聚才	宁夏农林科学院草畜工程技术研究中心
23	全株玉米、饲用高粱、苜蓿混合青贮饲料调制技术规程	地方标准	DB 64/T 1091—2015	李聚才	宁夏农林科学院草畜工程技术研究中心
24	杜泊杂种绵羊育肥技术规程	地方标准	DB 64/T 1006—2014	柴君秀	宁夏农林科学院草畜工程技术研究中心
25	杜泊杂种绵羊高频繁殖饲养技术规程	地方标准	DB 64/T 1007—2014	柴君秀	宁夏农林科学院草畜工程技术研究中心
26	滩羊主要血液生化指标与测定方法	地方标准	DB 64/T 1008—2014	梁小军	宁夏农林科学院草畜工程技术研究中心
27	高产奶牛饲养管理技术规程	地方标准	DB 64/T 883—2013	梁小军	宁夏农林科学院草畜工程技术研究中心
28	荷斯坦奶牛主要血液生化指标与测定方法	地方标准	DB 64/T 884—2013	梁小军	宁夏农林科学院草畜工程技术研究中心
29	奶牛繁殖障碍的判定和防治	地方标准	DB 64/T 885—2013	梁小军	宁夏农林科学院草畜工程技术研究中心
30	杜泊杂种羔羊、育成羊饲养技术规程	地方标准	DB 64/T 784—2012	柴君秀	宁夏农林科学院草畜工程技术研究中心
31	滩羊肉胴体分级标准	地方标准	DB 64/T 748—2008	李颖康	宁夏农林科学院草畜工程技术研究中心
32	奶牛性控冷冻精液人工授精技术规程	地方标准	DB 64/T 528—2008	梁小军	宁夏农林科学院草畜工程技术研究中心

续表

序号	标准名称	标准类型	标准号	第一起草人	第一起草单位
33	营养舔砖	地方标准	DB 64/T 529—2008	刘自新	宁夏农林科学院畜牧兽医研究所（有限公司）
34	特克萨尔种羊	地方标准	DB 64/T 415—2005	李颖康	宁夏农林科学院畜牧兽医研究所（有限公司）
35	萨福克种羊	地方标准	DB 64/T 414—2005	李颖康	宁夏农林科学院畜牧兽医研究所（有限公司）
36	羊胚胎移植技术规程	地方标准	DB 64/T 416—2005	许斌	宁夏农林科学院畜牧兽医研究所（有限公司）
枸杞（18）					
1	枸杞（果用）品种评价技术规范	地方标准	DB 64/T 1908—2023	秦垦	宁夏农林科学院枸杞科学研究所
2	宁杞7号枸杞栽培技术规程	地方标准	DB 64/T 772—2018	秦垦	宁夏农林科学院枸杞工程技术研究所
3	枸杞子甜菜碱含量的测定高效液相色谱-蒸发光散射法	地方标准	DB 64/T 1577—2018	刘兰英	宁夏农林科学院枸杞工程技术研究所
4	宁农杞9号枸杞栽培技术规程	地方标准	DB 64/T 1568—2018	曹有龙	宁夏农林科学院枸杞工程技术研究所
5	枸杞篱架栽培技术规程	地方标准	DB 64/T 1212—2016	戴国礼	宁夏农林科学院枸杞工程技术研究所
6	枸杞鲜果秋延后栽培技术规程	地方标准	DB 64/T 1205—2016	张波	宁夏农林科学院枸杞工程技术研究所
7	枸杞优质苗木繁育技术规程	地方标准	DB 64/T 1210—2016	安巍	宁夏农林科学院枸杞工程技术研究所
8	枸杞品种鉴定技术规程 SSR分子标记法	地方标准	DB 64/T 1203—2016	安巍	宁夏农林科学院枸杞工程技术研究所
9	枸杞滴灌高效节水技术规程	地方标准	DB 64/T 1160—2015	石志刚	宁夏枸杞工程技术研究中心
10	枸杞促早栽培技术规程	地方标准	DB 64/T 1141—2015	戴国礼	宁夏枸杞工程技术研究中心
11	宁夏枸杞栽培技术规程	地方标准	DB 64/T 940—2013	何军	宁夏枸杞工程技术研究中心

续表

序号	标准名称	标准类型	标准号	第一起草人	第一起草单位
12	枸杞热风制干技术规程	地方标准	DB 64/T 678—2013	石志刚	宁夏枸杞工程技术研究中心
13	宁杞7号枸杞栽培技术规程	地方标准	DB 64T 772-2012	秦 垦	宁夏农林科学院枸杞工程技术研究所
14	宁杞5号枸杞栽培技术规程	地方标准	DB 64/T 771—2012	秦 垦	宁夏枸杞工程技术研究中心
15	枸杞苗木质量	地方标准	DB 64/T 676—2010	石志刚	宁夏枸杞工程技术研究中心
16	清水河流域枸杞规范化种植技术规程	地方标准	DB 64/T 677—2010	石志刚	宁夏枸杞工程技术研究中心
17	引黄灌区菜用马铃薯生产技术规程	地方标准	DB 64/T 561—2009	李丁仁	宁夏枸杞工程技术研究中心
18	有机枸杞生产技术规程	地方标准	DB 64/T 500—2007	李建国	宁夏农林科学院枸杞研究所（有限公司）
林业与草业（34）					
1	柠条全混合日粮发酵制作技术规程	地方标准	DB 64/T 1896-2023	温学飞	宁夏农林科学院林业与草地生态研究所
2	黄花菜育苗技术规程	地方标准	DB 64/T 1880-2023	张清云	宁夏农林科学院林业与草地生态研究所
3	蒙古冰草种子扩繁及退化草原补播技术规程	地方标准	DB 64/T 1906-2023	王占军	宁夏农林科学院林业与草地生态研究所
4	黄芪机械覆膜滴灌精量播种技术规程	地方标准	DB 64/T 1717—2020	张清云	宁夏农林科学院荒漠化治理研究所
5	小茴香机械覆膜精量穴播栽培技术规程	地方标准	DB 64/T 1735—2020	郭永忠	宁夏农林科学院荒漠化治理研究所
6	引黄灌区苜蓿草田轮作技术规程	地方标准	DB 64/T 1624—2019	王占军	宁夏农林科学院荒漠化治理研究所
7	苜蓿地下滴灌技术规程	地方标准	DB 64/T 1597—2019	杜建民	宁夏农林科学院荒漠化治理研究所
8	黄花菜制干技术规程	地方标准	DB 64/T 1589—2019	张清云	宁夏农林科学院荒漠化治理研究所
9	宁夏干旱风沙区退化草原质量提升技术规程	地方标准	DB 64/T 1233—2016	王占军	宁夏农林科学院荒漠化治理研究所
10	柴胡栽培技术规程	地方标准	DB 64/T 1227—2016	刘 华	宁夏农林科学院荒漠化治理研究所

续表

序号	标准名称	标准类型	标准号	第一起草人	第一起草单位
11	秦艽栽培技术规程	地方标准	DB 64/T 1228—2016	安 钰	宁夏农林科学院荒漠化治理研究所
12	掌叶大黄栽培技术规程	地方标准	DB 64/T 1229—2016	张清云	宁夏农林科学院荒漠化治理研究所
13	宁夏黄土丘陵区山杏高接换种技术规程	地方标准	DB 64/T 535—2016	蔡进军	宁夏农林科学院荒漠化治理研究所
14	宁夏沙区飞播造林技术规程	地方标准	DB 64/T 1142—2015	蒋 齐	宁夏农林科学院荒漠化治理研究所
15	欧李(Cerasus humilis)嫩枝扦插育苗技术规程	地方标准	DB 64/T 1138—2015	王占军	宁夏农林科学院荒漠化治理研究所
16	樟子松沙地育苗技术规程	地方标准	DB 64/T 1001—2014	蒋 齐	宁夏农林科学院荒漠化治理研究所
17	宁夏黄土丘陵区油松育苗技术规程	地方标准	DB 64/T 1002—2014	张源润	宁夏农林科学院荒漠化治理研究所
18	宁夏黄土丘陵区青海云杉育苗技术规程	地方标准	DB 64/T 1003—2014	蔡进军	宁夏农林科学院荒漠化治理研究所
19	银柴胡栽培技术规程	地方标准	DB 64/T 927—2013	李 明	宁夏农林科学院荒漠化治理研究所
20	动力增压注水机	地方标准	DB 64/T 559—2009	张益民	宁夏农林科学院
21	旱地人力移动式增压补水机	地方标准	DB 64/T 518—2008	王 峰	宁夏农林科学院荒漠化治理研究所
22	旱地马铃薯补水种植技术规范	地方标准	DB 64/T 519—2008	王 峰	宁夏农林科学院荒漠化治理研究所
23	旱地西瓜补水种植技术规范	地方标准	DB 64/T 520—2008	王 峰	宁夏农林科学院荒漠化治理研究所
24	宁夏南部土石质山区造林技术规程	地方标准	DB 64/T 203—2007	张源润	宁夏农林科学院荒漠化治理研究所
25	宁夏南部土石质山区华北落叶松造林技术规程	地方标准	DB 64/T 497—2007	李生宝	宁夏农林科学院荒漠化治理研究所
26	乌拉尔甘草栽培技术规程	地方标准	DB 64/T 513—2007	李 明	宁夏农林科学院荒漠化治理研究所
27	平原城镇绿地植物景观种植设计规程	地方标准	DB 64/T 484—2007	沈效东	宁夏林业研究所(有限公司)
28	平原城镇园林绿化种植工程技术规程	地方标准	DB 64/T 485—2007	沈效东	宁夏林业研究所(有限公司)
29	绿色食品 鲜食葡萄栽培技术规程	地方标准	DB 64/T 491—2007	沈效东	宁夏林业研究所(有限公司)
30	林木工厂化育苗技术规程	地方标准	DB 64/T 479—2006	李 健	宁夏林业研究所(有限公司)

续表

序号	标准名称	标准类型	标准号	第一起草人	第一起草单位
31	宁夏黄土丘陵区杏树栽培技术规程	地方标准	DB 64/T 422—2006	张源润	宁夏农林科学院荒漠化治理研究所
32	宁夏黄土丘陵区梨树栽培技术规程	地方标准	DB 64/T 420—2005	蒋 齐	宁夏农林科学院荒漠化治理研究所
33	宁夏黄土丘陵区造林技术规程	地方标准	DB 64/T 421—2005	李生宝	宁夏农林科学院荒漠化治理研究所
34	柠条铡粉机械	地方标准	DB 64/T 299—2004	王 峰	宁夏农林科学院荒漠化治理研究所
农业生物技术(17)					
1	水稻发芽期和苗期抗旱性形态指标鉴定方法	地方标准	DB 64/T 1623—2019	刘 炜	宁夏农林科学院
2	紫薯脱毒原原种繁育技术规程	地方标准	DB 64/T 1620—2019	朱金霞	宁夏农林科学院农业生物技术研究中心
3	水稻发芽期和苗期耐盐性鉴定方法——形态指标法	地方标准	DB 64/T 1255—2016	李树华	宁夏农林科学院农业生物技术研究中心
4	小麦苗期抗旱性鉴定方法——形态指标法	地方标准	DB 64/T 1268—2016	吕学莲	宁夏农林科学院农业生物技术研究中心
5	橡胶草种苗组培快繁技术规程	地方标准	DB 64/T 1253—2016	张源沛	宁夏农林科学院农业生物技术研究中心
6	静态箱法测定小麦田温室气体技术规程	地方标准	DB 64/T 1119—2015	张源沛	宁夏农林科学院农业生物技术研究中心
7	静态箱法测定玉米田温室气体技术规程	地方标准	DB 64/T 1120—2015	张源沛	宁夏农林科学院农业生物技术研究中心
8	马铃薯脱毒种薯(苗)生育期病毒(类病毒)检测技术规程	地方标准	DB 64/T 1020—2014	宋玉霞	宁夏农林科学院农业生物技术研究中心
9	脱毒马铃薯种薯(苗)病毒分子监测技术规程	地方标准	DB 64/T 711—2011	宋玉霞	宁夏农林科学院农业生物技术研究中心
10	美国黑核桃人工造林技术规程	地方标准	DB 64/T 709—2011	宋玉霞	宁夏农林科学院农业生物技术研究中心
11	美国黑核桃育苗技术规程	地方标准	DB 64/T 724—2011	宋玉霞	宁夏农林科学院农业生物技术研究中心

续表

序号	标准名称	标准类型	标准号	第一起草人	第一起草单位
12	静态箱法测定水稻田温室气体技术规程	地方标准	DB 64/T 725—2011	张源沛	宁夏农林科学院农业生物技术研究中心
13	宁夏干旱区设施蔬菜节水灌溉工程技术规程	地方标准	DB 64/T 714—2011	张源沛	宁夏农林科学院农业生物技术研究中心
14	草莓脱毒种苗培养及繁育技术规程	地方标准	DB 64/T 536—2009	宋玉霞	宁夏农林科学院农业生物技术研究中心
15	脱毒草莓种苗病毒分子检测技术规程	地方标准	DB 64/T 537—2009	宋玉霞	宁夏农林科学院农业生物技术研究中心
16	宁夏中部干旱带梭梭树种育苗技术规程	地方标准	DB 64/T 480—2006	宋玉霞	宁夏农林科学院农业生物技术研究中心
17	宁夏中部干旱带梭梭树种造林技术规程	地方标准	DB 64/T 481—2006	宋玉霞	宁夏农林科学院农业生物技术研究中心
	植物保护（74）				
1	枸杞病虫害综合防治技术规程	地方标准	DB 64/T 1877—2023	何 嘉	宁夏农林科学院植物保护研究所
2	枸杞病虫害防治农药使用规范	地方标准	DB 64/T 1213—2023	何 嘉	宁夏农林科学院植物保护研究所
3	贺兰山东麓酿酒葡萄园有害生物绿色防控技术规范	地方标准	DB 64/T 1950—2023	张 怡	宁夏农林科学院植物保护研究所
4	草原蝗虫综合防控技术规范	地方标准	DB 64/T 950—2023	魏淑花	宁夏农林科学院植物保护研究所
5	宁夏水稻稻瘟病综合防控技术规程	地方标准	DB 64/T 1850—2022	王喜刚	宁夏农林科学院植物保护研究所
6	马铃薯干腐病综合防治技术规程	地方标准	DB 64/T 1855—2022	郭成瑾	宁夏农林科学院植物保护研究所
7	葡萄斑叶蝉测报调查及防治技术规程	地方标准	DB 64/T 1025—2021	张华普	宁夏农林科学院植物保护研究所
8	食品安全地方标准 枸杞干果中农药最大残留限量	地方标准	DBS64/ 005—2021	张 蓉	宁夏农林科学院植物保护研究所
9	设施蔬菜蓟马测报调查规范	地方标准	DB 64/T 1601—2019	张治科	宁夏农林科学院植物保护研究所
10	马铃薯田杂草综合防治技术规程	地方标准	DB 64/T 1602—2019	沈瑞清	宁夏农林科学院植物保护研究所

续表

序号	标准名称	标准类型	标准号	第一起草人	第一起草单位
11	设施黄瓜枯萎病防治技术规程	地方标准	DB 64/T 1618—2019	康萍芝	宁夏农林科学院植物保护研究所
12	苹果园生草技术规程	地方标准	DB 64/T 1569—2018	张 怡	宁夏农林科学院植物保护研究所
13	枸杞品种抗性鉴定枸杞瘿螨	地方标准	DB 64/T 1575—2018	何 嘉	宁夏农林科学院植物保护研究所
14	枸杞虫害生态调控技术规程	地方标准	DB 64/T 1576—2018	张 蓉	宁夏农林科学院植物保护研究所
15	枸杞实蝇绿色防控技术规程	地方标准	DB 64/T 1211—2016	刘晓丽	宁夏农林科学院植物保护研究所
16	酿酒葡萄病虫害防治技术规程	地方标准	DB 64/T 1218—2016	张 怡	宁夏农林科学院植物保护研究所
17	马铃薯黑痣病综合防治技术规程	地方标准	DB 64/T 1239—2016	沈瑞清	宁夏农林科学院植物保护研究所
18	苜蓿主要害虫调查技术规范	地方标准	DB 64/T 1258—2016	朱猛蒙	宁夏农林科学院植物保护研究所
19	苜蓿田杂草防除技术规程	地方标准	DB 64/T 1259—2016	张 蓉	宁夏农林科学院植物保护研究所
20	黄土丘陵区紫花苜蓿生产技术规程	地方标准	DB 64/T 1260—2016	马建华	宁夏农林科学院植物保护研究所
21	甘草茎叶部主要病虫害防治技术规程	地方标准	DB 64/T 1261—2016	陈宏灏	宁夏农林科学院植物保护研究所
22	设施韭菜根蛆综合防治技术规程	地方标准	DB 64/T 1273—2016	查仙芳	宁夏农林科学院植物保护研究所
23	枸杞病虫害防治农药安全使用规范	地方标准	DB 64/T 1213—2016	何 嘉	宁夏农林科学院植物保护研究所
24	枣瘿蚊防治技术规程	地方标准	DB 64/T 1070—2015	沈瑞清	宁夏农林科学院植物保护研究所
25	枣叶斑病防治技术规程	地方标准	DB 64/T 1071—2015	沈瑞清	宁夏农林科学院植物保护研究所
26	同心圆枣主要有害生物防治技术规程	地方标准	DB 64/T 1072—2015	沈瑞清	宁夏农林科学院植物保护研究所
27	枣瘿蚊测报调查规范	地方标准	DB 64/T 1073—2015	张华普	宁夏农林科学院植物保护研究所
28	甘草种子害虫防治技术规程	地方标准	DB 64/T 1099—2015	陈宏灏	宁夏农林科学院植物保护研究所
29	苜蓿籽蜂防治技术规程	地方标准	DB 64/T 1100—2015	朱猛蒙	宁夏农林科学院植物保护研究所
30	苜蓿蓟马监测预测技术规程	地方标准	DB 64/T 946—2014	朱猛蒙	宁夏农林科学院植物保护研究所

续表

序号	标准名称	标准类型	标准号	第一起草人	第一起草单位
31	苜蓿褐斑病监测预报技术规程	地方标准	DB 64/T 947—2014	朱猛蒙	宁夏农林科学院植物保护研究所
32	沙蒿金叶甲防治技术规程	地方标准	DB 64/T 948—2014	魏淑花	宁夏农林科学院植物保护研究所
33	宁夏草原昆虫调查技术规范	地方标准	DB 64/T 949—2014	张 蓉	宁夏农林科学院植物保护研究所
34	草原蝗虫防控技术规程	地方标准	DB 64/T 950—2014	张 蓉	宁夏农林科学院植物保护研究所
35	苜蓿蚜虫监测预报技术规程	地方标准	DB 64/T 951—2014	张 蓉	宁夏农林科学院植物保护研究所
36	苜蓿主要害虫防治技术规程	地方标准	DB 64/T 952—2014	张 蓉	宁夏农林科学院植物保护研究所
37	葡萄种条病毒检测方法	地方标准	DB 64/T 956—2014	王国珍	宁夏农林科学院植物保护研究所
38	葡萄缺节瘿螨防治技术规程	地方标准	DB 64/T 957—2014	王国珍	宁夏农林科学院植物保护研究所
39	葡萄霜霉病防治技术规程	地方标准	DB 64/T 1024—2014	张 怡	宁夏农林科学院植物保护研究所
40	葡萄斑叶蝉防治技术规程	地方标准	DB 64/T 1025—2014	王国珍	宁夏农林科学院植物保护研究所
41	设施辣椒疫病防治技术规程	地方标准	DB 64/T 1052—2014	沈瑞清	宁夏农林科学院植物保护研究所
42	设施西瓜枯萎病防治技术规程	地方标准	DB 64/T 1053—2014	康萍芝	宁夏农林科学院植物保护研究所
43	设施甜瓜白粉病防治技术规程	地方标准	DB 64/T 1054—2014	康萍芝	宁夏农林科学院植物保护研究所
44	设施西(甜)瓜美洲斑潜蝇防治技术规程	地方标准	DB 64/T 1055—2014	沈瑞清	宁夏农林科学院植物保护研究所
45	设施辣椒白粉病防治技术规程	地方标准	DB 64/T 830—2013	查仙芳	宁夏农林科学院植物保护研究所
46	设施番茄灰霉病防治技术规程	地方标准	DB 64/T 831—2013	查仙芳	宁夏农林科学院植物保护研究所
47	设施黄瓜靶斑病防治技术规程	地方标准	DB 64/T 832—2013	查仙芳	宁夏农林科学院植物保护研究所
48	设施黄瓜根结线虫病防治技术规程	地方标准	DB 64/T 833—2013	杜玉宁	宁夏农林科学院植物保护研究所
49	枸杞病害防治技术规程	地方标准	DB 64/T 850—2013	何 嘉	宁夏农林科学院植物保护研究所
50	枸杞虫害防控技术规程	地方标准	DB 64/T 851—2013	张 蓉	宁夏农林科学院植物保护研究所

续表

序号	标准名称	标准类型	标准号	第一起草人	第一起草单位
51	枸杞病虫害监测预报技术规程	地方标准	DB 64/T 852—2023	张　蓉	宁夏农林科学院植物保护研究所
52	枸杞蓟马防治农药安全使用技术规程	地方标准	DB 64/T 853—2013	何　嘉	宁夏农林科学院植物保护研究所
53	甘草主要病虫害调查技术规范	地方标准	DB 64/T 935—2013	陈宏灏	宁夏农林科学院植物保护研究所
54	甘草胭珠蚧防控技术规程	地方标准	DB 64/T 936—2013	张　蓉	宁夏农林科学院植物保护研究所
55	苜蓿生产技术规程	地方标准	DB 64/T 937—2013	马建华	宁夏农林科学院植物保护研究所
56	苜蓿收获加工技术规程	地方标准	DB 64/T 938—2013	马建华	宁夏农林科学院植物保护研究所
57	马铃薯脱毒苗污染控制技术规程	地方标准	DB 64/T 769—2012	沈瑞清	宁夏农林科学院植物保护研究所
58	马铃薯种薯有害生物防治技术规程	地方标准	DB 64/T 770—2012	沈瑞清	宁夏农林科学院植物保护研究所
59	比利时CARAH马铃薯晚疫病测报方法应用技术规程	地方标准	DB 64/T 773—2012	沈瑞清	宁夏农林科学院植物保护研究所
60	马铃薯黑胫病防治技术规程	地方标准	DB 64/T 774—2012	沈瑞清	宁夏农林科学院植物保护研究所
61	马铃薯小地老虎防治技术规程	地方标准	DB 64/T 775—2012	沈瑞清	宁夏农林科学院植物保护研究所
62	马铃薯金针虫防治技术规程	地方标准	DB 64/T 776—2012	沈瑞清	宁夏农林科学院植物保护研究所
63	马铃薯金龟甲防治技术规程	地方标准	DB 64/T 777—2012	沈瑞清	宁夏农林科学院植物保护研究所
64	马铃薯脱毒种薯（苗）病毒分子检测技术规程	地方标准	DB 64/T 711—2011	宋玉霞	宁夏农业生物技术重点实验室
65	马铃薯蚜虫防治技术规程	地方标准	DB 64/T 722—2011	沈瑞清	宁夏农林科学院植物保护研究所
66	马铃薯早疫病防治技术规程	地方标准	DB 64/T 723—2011	沈瑞清	宁夏农林科学院植物保护研究所
67	有机枸杞主要害虫综合防控技术规范	地方标准	DB 64/T 737—2011	李　锋	宁夏农林科学院植物保护研究所
68	枸杞病虫害防治农药雾化技术规程	地方标准	DB 64/T 738—2011	李　锋	宁夏农林科学院植物保护研究所
69	压砂地主要病虫害监测预报技术规程	地方标准	DB 64/T 610—2010	张　蓉	宁夏农林科学院植物保护研究所
70	压砂地西瓜蚜虫防治农药安全使用技术规程	地方标准	DB 64/T 611—2010	张　蓉	宁夏农林科学院植物保护研究所

续表

序号	标准名称	标准类型	标准号	第一起草人	第一起草单位
71	压砂地西瓜枯萎病防治农药安全使用技术规程	地方标准	DB 64/T 612—2010	张 怡	宁夏农林科学院植物保护研究所
72	压砂地西瓜叶螨防治农药安全使用技术规程	地方标准	DB 64/T 613—2010	张 怡	宁夏农林科学院植物保护研究所
73	枸杞蚜虫防治农药安全使用技术	地方标准	DB 64/T 562—2009	张 蓉	宁夏农林科学院植物保护研究所
74	枸杞瘿螨防治农药安全使用技术	地方标准	DB 64/T 563—2009	张 蓉	宁夏农林科学院植物保护研究所
农产品质量与安全(7)					
1	黑果枸杞中花青素含量的测定 高效液相色谱法	地方标准	DB 64/T 1578—2018	赵子丹	宁夏农产品质量标准与检测技术研究所
2	葡萄及葡萄酒中花色苷的测定 高效液相色谱法	地方标准	DB 64/T 1511—2017	葛 谦	宁夏农产品质量标准与检测技术研究所
3	枸杞中总黄酮含量的测定 高效液相色谱法	地方标准	DB 64/T 1139—2015	王晓菁	宁夏农产品质量标准与检测技术研究所
4	枸杞中二氧化硫快速测定方法	地方标准	DB 64/T 675—2010	张 艳	宁夏农林科学院农产品质量监测中心
5	无公害食品 枸杞芽菜生产技术规程	地方标准	DB 64/T 403—2005	钟鉎元	宁夏农林科学院农副产品贮藏加工研究所
6	无公害食品 枸杞产地环境条件	地方标准	DB 64/251—2002	苟金萍	宁夏枸杞协会
7	无公害食品 枸杞	地方标准	DB 64/250—2002	苟金萍	农业部枸杞产品质量监督检验测试中心
园艺(99)					
1	宁夏槽式温室建设技术规程	地方标准	DB 64/T 1854—2022	曲继松	宁夏农林科学院园艺研究所
2	苹果矮砧密植成龄园栽培技术规程	地方标准	DB 64/T 1817—2021	贾永华	宁夏农林科学院园艺研究所
3	多层覆盖内置保温被日光温室建造技术规程	地方标准	DB 64/T 1713—2020	赵云霞	宁夏农林科学院园艺研究所
4	装配式日光温室建造技术规程	地方标准	DB 64/T 1743—2020	赵云霞	宁夏农林科学院园艺研究所

续表

序号	标准名称	标准类型	标准号	第一起草人	第一起草单位
5	日光温室秋冬茬基质栽培芹菜技术规程	地方标准	DB 64/T 1728—2020	曲继松	宁夏农林科学院园艺研究所
6	宁南山区露地西葫芦栽培技术规程	地方标准	DB 64/T 1721—2020	冯海萍	宁夏农林科学院园艺研究所
7	拱棚辣椒间作甘蓝复种菠菜一年三茬栽培技术规程	地方标准	DB 64/T 1715—2020	高晶霞	宁夏农林科学院园艺研究所
8	日光温室立体架草莓栽培技术规程	地方标准	DB 64/T 1727—2020	赵云霞	宁夏农林科学院园艺研究所
9	装配式双层拱棚建造技术规程	地方标准	DB 64/T 1736—2020	赵云霞	宁夏农林科学院园艺研究所
10	越冬桥式大棚建造技术规程	地方标准	DB 64/T 1742—2020	赵云霞	宁夏农林科学院园艺研究所
11	日光温室秋冬茬基质栽培辣椒-芹菜间作生产技术规程	地方标准	DB 64/T 1631—2019	张丽娟	宁夏农林科学院种质资源研究所
12	苍葱种苗组培操作技术规程	地方标准	DB 64/T 1632—2019	张丽娟	宁夏农林科学院种质资源研究所
13	有机食品 露地芹菜生产技术规程	地方标准	DB 64/T 1629—2019	朱倩楠	宁夏农林科学院种质资源研究所
14	有机食品 露地胡萝卜生产技术规程	地方标准	DB 64/T 1628—2019	朱倩楠	宁夏农林科学院种质资源研究所
15	绿色食品(A级)沙地辣(甜)椒生产技术规程	地方标准	DB 64/T 1636—2019	刘声锋	宁夏农林科学院种质资源研究所
16	绿色食品压砂地嫁接西瓜生产技术规程	地方标准	DB 64/T 1622—2019	于 蓉	宁夏农林科学院种质资源研究所
17	绿色食品压砂地西瓜地膜覆盖生产技术规程	地方标准	DB 64/T 564—2019	郭 松	宁夏农林科学院种质资源研究所
18	绿色食品压砂地甜瓜地膜覆盖生产技术规程	地方标准	DB 64/T 566—2019	郭 松	宁夏农林科学院种质资源研究所
19	绿色食品压砂地西瓜质量标准	地方标准	DB 64/T 565—2019	田 梅	宁夏农林科学院种质资源研究所
20	日光温室薄皮甜瓜栽培技术规程	地方标准	DB 64/T 1606—2019	赵云霞	宁夏农林科学院种质资源研究所
21	日光温室嫁接黄瓜长季节栽培技术规程	地方标准	DB 64/T 1590—2019	杨冬艳	宁夏农林科学院种质资源研究所
22	绿色食品(A级)日光温室菜豆栽培技术规程	地方标准	DB 64/T 1591—2019	杨冬艳	宁夏农林科学院种质资源研究所
23	果菜类蔬菜秸秆好氧堆肥技术规程	地方标准	DB 64/T 1592—2019	杨冬艳	宁夏农林科学院种质资源研究所
24	宁南山区露地松花菜栽培技术规程	地方标准	DB 64/T 1593—2019	杨冬艳	宁夏农林科学院种质资源研究所

续表

序号	标准名称	标准类型	标准号	第一起草人	第一起草单位
25	宁南山区露地甘蓝栽培技术规程	地方标准	DB 64/T 1594—2019	刘　炜	宁夏农林科学院
26	宁南山区露地蒜苗复种娃娃菜栽培技术规程	地方标准	DB 64/T 1595—2019	冯海萍	宁夏农林科学院种质资源研究所
27	韭菜育苗技术规程	地方标准	DB 64/T 1634—2019	曲继松	宁夏农林科学院种质资源研究所
28	装配式（NK—Ⅰ型）塑料拱棚设计与建造技术规程	地方标准	DB 64/T 1633—2019	曲继松	宁夏农林科学院种质资源研究所
29	日光温室基质栽培嫁接茄子平茬生产技术规程	地方标准	DB 64/T 1627—2019	曲继松	宁夏农林科学院种质资源研究所
30	发酵料袋栽平菇技术规程	地方标准	DB 64/T 1609—2019	王海霞	宁夏农林科学院种质资源研究所
31	拱棚辣椒制种技术规程	地方标准	DB 64/T 1603—2019	王学梅	宁夏农林科学院种质资源研究所
32	日光温室嫁接辣椒有机基质栽培技术规程	地方标准	DB 64/T 1607—2019	王学梅	宁夏农林科学院种质资源研究所
33	熟料袋栽平菇技术规程	地方标准	DB 64/T 1608—2019	王海霞	宁夏农林科学院种质资源研究所
34	盆栽葡萄栽培技术规程	地方标准	DB 64/T 1541-2018	冯学梅	宁夏农林科学院种质资源研究所
35	桃树主干型密植栽培技术规程	地方标准	DB 64/T 1564-2018	岳海英	宁夏农林科学院种质资源研究所
36	温室盆栽灵芝技术规程	地方标准	DB 64/T 1484—2017	王海霞	宁夏农林科学院种质资源研究所
37	有机食品　露地芥蓝生产技术规程	地方标准	DB 64/T 1843—2017	杨冬艳	宁夏农林科学院种质资源研究所
38	有机食品　露地菜心生产技术规程	地方标准	DB 64/T 1842—2017	杨冬艳	宁夏农林科学院种质资源研究所
39	有机食品　露地洋葱生产技术规程	地方标准	DB 64/T 1245—2016	张丽娟	宁夏农林科学院种质资源研究所
40	旱砂地低效枣园高接换种丰产栽培技术规程	地方标准	DB 64/T 1195—2016	魏天军	宁夏农林科学院种质资源研究所
41	有机食品　露地甘蓝生产技术规程	地方标准	DB 64/T 1284—2016	朱倩楠	宁夏农林科学院种质资源研究所
42	酿酒葡萄干红原料适时采收技术规程	地方标准	DB 64/T 1214—2016	陈卫平	宁夏农林科学院种质资源研究所
43	绿色食品（A级）露地南瓜生产技术规程	地方标准	DB 64/T 1283—2016	田　梅	宁夏农林科学院种质资源研究所

续表

序号	标准名称	标准类型	标准号	第一起草人	第一起草单位
44	草本秸秆生产园艺基质技术规程	地方标准	DB 64/T 1246—2016	曲继松	宁夏农林科学院种质资源研究所
45	绿色食品（A）级拱棚韭菜生产技术规程	地方标准	DB 64/T 1243—2016	曲继松	宁夏农林科学院种质资源研究所
46	绿色食品（A级）露地苦瓜生产技术规程	地方标准	DB 64/T 1244—2016	于 蓉	宁夏农林科学院种质资源研究所
47	日光温室秋冬茬番茄-冬春茬西瓜沙培技术规程	地方标准	DB 64/T 1285—2016	赵云霞	宁夏农林科学院种质资源研究所
48	日光温室秋冬茬辣椒-冬春茬黄瓜沙培技术规程	地方标准	DB 64/T 1286—2016	赵云霞	宁夏农林科学院种质资源研究所
49	日光温室鲜食芦笋栽培技术规程	地方标准	DB 64/T 1287—2016	崔静英	宁夏农林科学院种质资源研究所
50	甜瓜嫁接育苗生产技术规程	地方标准	DB 64/T 1242—2016	田 梅	宁夏农林科学院种质资源研究所
51	设施西瓜甜瓜昆虫授粉技术规程	地方标准	DB 64/T 1247—2016	于 蓉	宁夏农林科学院种质资源研究所
52	酿酒葡萄"厂字形"整形技术规程	地方标准	DB 64/T 1092—2015	陈卫平	宁夏农林科学院种质资源研究所
53	苹果幼树越冬综合管理技术规程	地方标准	DB 64/T 1143—2015	王春良	宁夏农林科学院种质资源研究所
54	设施桃树主干形栽培技术规程	地方标准	DB 64/T 1144—2015	岳海英	宁夏农林科学院种质资源研究所
55	日光温室西瓜沙培水肥一体化技术规程	地方标准	DB 64/T 1027—2014	裴红霞	宁夏农林科学院种质资源研究所
56	日光温室辣椒沙培水肥一体化技术规程	地方标准	DB 64/T 1028—2014	高晶霞	宁夏农林科学院种质资源研究所
57	日光温室黄瓜沙培水肥一体化技术规程	地方标准	DB 64/T 1029—2014	秦小军	宁夏农林科学院种质资源研究所
58	日光温室番茄沙培水肥一体化技术规程	地方标准	DB 64/T 1030—2014	崔静英	宁夏农林科学院种质资源研究所
59	日光温室茄子沙培水肥一体化技术规程	地方标准	DB 64/T 1031—2014	赵云霞	宁夏农林科学院种质资源研究所
60	苹果主干圆柱形整形修剪技术规程	地方标准	DB 64/T 904—2013	冯 骦	宁夏农林科学院种质资源研究所
61	苹果树腐烂病防治技术规程	地方标准	DB 64/T 905—2013	王春良	宁夏农林科学院种质资源研究所
62	桃小食心虫防治技术规程	地方标准	DB 64/T 906—2013	王春良	宁夏农林科学院种质资源研究所
63	梨小食心虫防治技术规程	地方标准	DB 64/T 907—2013	王春良	宁夏农林科学院种质资源研究所

续表

序号	标准名称	标准类型	标准号	第一起草人	第一起草单位
64	番茄集约化穴盘育苗技术规程	地方标准	DB 64/T 890—2013	裴红霞	宁夏农林科学院种质资源研究所
65	辣椒集约化穴盘育苗技术规程	地方标准	DB 64/T 891—2013	王学梅	宁夏农林科学院种质资源研究所
66	甜瓜集约化穴盘育苗技术规程	地方标准	DB 64/T 892—2013	秦小军	宁夏农林科学院种质资源研究所
67	西瓜集约化穴盘育苗技术规程	地方标准	DB 64/T 893—2013	秦小军	宁夏农林科学院种质资源研究所
68	黄瓜集约化穴盘育苗技术规程	地方标准	DB 64/T 894—2013	崔静英	宁夏农林科学院种质资源研究所
69	辣椒嫁接穴盘育苗技术规程	地方标准	DB 64/T 895—2013	谢 华	宁夏农林科学院种质资源研究所
70	茄子嫁接穴盘育苗技术规程	地方标准	DB 64/T 896—2013	高晶霞	宁夏农林科学院种质资源研究所
71	日光温室番茄熊蜂授粉技术规程	地方标准	DB 64/T 928—2013	于 蓉	宁夏农林科学院种质资源研究所
72	绿色食品(A级)露地甘薯生产技术规程	地方标准	DB 64/T 929—2013	曲继松	宁夏农林科学院种质资源研究所
73	灌木枝条制作基质技术规程	地方标准	DB 64/T 930—2013	冯海萍	宁夏农林科学院种质资源研究所
74	日光温室秸秆还田技术规程	地方标准	DB 64/T 931—2013	杨冬艳	宁夏农林科学院种质资源研究所
75	塑料拱棚西瓜套种洋葱和甘薯栽培技术规程	地方标准	DB 64/T 932—2013	张丽娟	宁夏农林科学院种质资源研究所
76	绿色食品(A级)干旱风沙区日光温室西芹栽培技术规程	地方标准	DB 64/T 760—2012	冯海萍	宁夏农林科学院种质资源研究所
77	绿色食品(A级)大拱棚薄皮甜瓜生产技术规程	地方标准	DB 64/T 717—2011	田 梅	宁夏农林科学院种质资源研究所
78	绿色食品(A级)大拱棚西瓜生产技术规程	地方标准	DB 64/T 719—2011	董 瑞	宁夏农林科学院种质资源研究所
79	绿色食品(A级)露地早熟大白菜栽培技术规程	地方标准	DB 64/T 731—2011	谢 华	宁夏农林科学院种质资源研究所
80	绿色食品(A级)冷凉区露地西芹栽培技术规程	地方标准	DB 64/T 733—2011	秦小军	宁夏农林科学院种质资源研究所
81	日光温室蔬菜一年二茬栽培技术规程	地方标准	DB 64/T 641—2010	崔静英	宁夏农林科学院种质资源研究所
82	日光温室茄子长季节再生栽培技术规程	地方标准	DB 64/T 637—2010	王学梅	宁夏农林科学院种质资源研究所
83	日光温室蔬菜土壤培肥保育及快速缓苗定植技术规程	地方标准	DB 64/T 639—2010	谢 华	宁夏农林科学院种质资源研究所

续表

序号	标准名称	标准类型	标准号	第一起草人	第一起草单位
84	设施杏促成栽培技术规程	地方标准	DB 64/T 666—2010	梁玉文	宁夏农林科学院种质资源研究所
85	甜瓜杂交制种技术规程	地方标准	DB 64/T 634—2010	刘声锋	宁夏农林科学院种质资源研究所
86	西瓜甜瓜杂交种子贮藏技术规程	地方标准	DB 64/T 633—2010	刘声锋	宁夏农林科学院种质资源研究所
87	西瓜杂交制种技术规程	地方标准	DB 64/T 632—2010	刘声锋	宁夏农林科学院种质资源研究所
88	银川型二代节能日光温室建设标准	地方标准	DB 64/T 640—2010	谢 华	宁夏农林科学院种质资源研究所
89	绿色食品(A级)露地西瓜生产技术规程	地方标准	DB 64/T 716—2011	于 蓉	宁夏农林科学院种质资源研究所
90	绿色食品(A级)无籽西瓜质量标准	地方标准	DB 64/T 636—2010	刘声锋	宁夏农林科学院种质资源研究所
91	绿色食品(A级)无籽西瓜生产技术规程	地方标准	DB 64/T 635—2010	刘声锋	宁夏农林科学院种质资源研究所
92	半冷式温棚葡萄促成栽培技术规程	地方标准	DB 64/T 668—2010	梁玉文	宁夏农林科学院种质资源研究所
93	绿色食品(A级)压砂地甜瓜	地方标准	DB 64/T 567—2009	刘声锋	宁夏农林科学院种质资源研究所
94	绿色食品(A级)压砂地甜瓜地膜覆盖及小拱棚生产技术规程	地方标准	DB 64/T 566—2009	刘声锋	宁夏农林科学院种质资源研究所
95	绿色食品(A级)压砂地西瓜	地方标准	DB 64/T 565—2009	刘声锋	宁夏农林科学院种质资源研究所
96	绿色食品(A级)压砂地西瓜地膜覆盖及小拱棚生产技术规程	地方标准	DB 64/T 564—2009	刘声锋	宁夏农林科学院种质资源研究所
97	NKWS-Ⅲ标准日光温室设计建造技术规程	地方标准	DB 64/T 539—2009	郭文忠	宁夏农林科学院种质资源研究所
98	灵武长枣栽培技术规程	地方标准	DB 64/T 418—2005	雍 文	宁夏农林科学院
99	鲜灵武长枣	地方标准	DB 64/T 419—2005	魏天军	宁夏农林科学院
农业资源与环境(35)					
1	畜禽粪便封闭强制曝气堆肥技术规程	地方标准	DB 64/T 1853—2022	纪立东	宁夏农林科学院农业资源与环境研究所
2	宁夏盐碱地玉米高效栽培技术规程	地方标准	DB 64/T1737—2020	樊丽琴	宁夏农林科学院农业资源与环境研究所

续表

序号	标准名称	标准类型	标准号	第一起草人	第一起草单位
3	芹菜压砂穴播覆膜滴灌水肥一体化技术规程	地方标准	DB 64/T 1612—2019	尹志荣	宁夏农林科学院农业资源与环境研究所
4	水稻旱穴播侧条施肥技术规程	地方标准	DB 64/T 1617—2019	王 芳	宁夏农林科学院农业资源与环境研究所
5	主要粮食作物缓/控释肥料应用技术规程	地方标准	DB 64/T 1615—2019	王 芳	宁夏农林科学院农业资源与环境研究所
6	稻田生物质炭施用技术规程	地方标准	DB 64/T 1616—2019	王 芳	宁夏农林科学院农业资源与环境研究所
7	马铃薯间作饲用玉米种植技术规程	地方标准	DB 64/T 1611—2019	何进勤	宁夏农林科学院农业资源与环境研究所
8	生物有机肥发酵技术规范	地方标准	DB 64/T 1635—2019	张学军	宁夏农林科学院农业资源与环境研究所
9	引黄灌区制种玉米施肥技术规程	地方标准	DB 64/T 1610—2019	赵 营	宁夏农林科学院农业资源与环境研究所
10	旱作玉米垄膜沟种机械化栽培技术规程	地方标准	DB 64/T 1613—2019	韩清芳	宁夏农林科学院农业资源与环境研究所
11	宁夏干旱半干旱区红枣间作西瓜、红葱栽培技术规程	地方标准	DB 64/T 1281—2016	王天宁	宁夏农林科学院农业资源与环境研究所
12	宁夏盐碱地综合培肥技术规程	地方标准	DB 64/T 1279—2016	黄建成	宁夏农林科学院农业资源与环境研究所
13	盐碱湿地种苇养鱼技术规程	地方标准	DB 64/T 1272—2016	雷金银	宁夏农林科学院农业资源与环境研究所
14	日光温室草莓滴灌栽培技术规程	地方标准	DB 64/T 1248—2016	金建新	宁夏农林科学院农业资源与环境研究所
15	枸杞水肥一体化技术规程	地方标准	DB 64/T 1204—2016	张学军	宁夏农林科学院农业资源与环境研究所
16	露地秋茬大白菜施肥技术规程	地方标准	DB 64/T 1121—2015	张学军	宁夏农林科学院农业资源与环境研究所

续表

序号	标准名称	标准类型	标准号	第一起草人	第一起草单位
17	露地春茬花椰菜施肥技术规程	地方标准	DB 64/T 1122—2015	张学军	宁夏农林科学院农业资源与环境研究所
18	枸杞微咸水滴灌节水控盐技术规程	地方标准	DB 64/T 889—2013	尹志荣	宁夏农林科学院农业资源与环境研究所
19	引黄灌区日光温室番茄黄瓜轮作水肥管理技术规程	地方标准	DB 64/T 849—2013	张学军	宁夏农林科学院农业资源与环境研究所
20	基于水稻叶绿素仪诊断值推荐施氮肥技术规程	地方标准	DB 64/T 897—2013	张学军	宁夏农林科学院农业资源与环境研究所
21	水稻沼渣复混肥施用技术规程	地方标准	DB 64/T 898—2013	张学军	宁夏农林科学院农业资源与环境研究所
22	中部干旱带马铃薯种薯繁育膜下滴灌技术规程	地方标准	DB 64/T 780—2012	桂林国	宁夏农林科学院农业资源与环境研究所
23	南部山区马铃薯种薯机械生产技术规程	地方标准	DB 64/T 781—2012	桂林国	宁夏农林科学院农业资源与环境研究所
24	中部干旱带马铃薯种薯垄作覆膜机械生产技术规程	地方标准	DB 64/T 782—2012	桂林国	宁夏农林科学院农业资源与环境研究所
25	盐碱土壤紫花苜蓿栽培技术规程	地方标准	DB 64/T 734—2012	李凤霞	宁夏农林科学院农业资源与环境研究所
26	燃煤烟气脱硫物改良盐碱土壤种植红豆草技术规程	地方标准	DB 64/T 601—2010	班乃荣	宁夏农林科学院农业资源与环境研究所
27	燃煤烟气脱硫物改良盐碱土壤种植高丹草技术规程	地方标准	DB 64/T 602—2010	班乃荣	宁夏农林科学院农业资源与环境研究所
28	燃煤烟气脱硫物改良盐碱土壤种植苇状羊茅技术规程	地方标准	DB 64/T 604—2010	班乃荣	宁夏农林科学院农业资源与环境研究所
29	燃煤烟气脱硫物改良盐碱土壤种植蓖麻技术规程	地方标准	DB 64/T 605—2010	班乃荣	宁夏农林科学院农业资源与环境研究所
30	燃煤烟气脱硫物改良盐碱土壤种植汉麻技术规程	地方标准	DB 64/T 606—2010	班乃荣	宁夏农林科学院农业资源与环境研究所

续表

序号	标准名称	标准类型	标准号	第一起草人	第一起草单位
31	旱地覆膜油葵栽培技术规程	地方标准	DB 64/T 508—2007	桂林国	宁夏农林科学院农业资源与环境研究所
32	宁夏南部山区旱地早春覆膜玉米栽培技术规程	地方标准	DB 64/T 509—2007	桂林国	宁夏农林科学院农业资源与环境研究所
33	宁夏南部山区水浇地玉米垄作沟灌栽培技术规程	地方标准	DB 64/T 510—2007	桂林国	宁夏农林科学院农业资源与环境研究所
34	宁夏南部山区水浇地冬小麦栽培技术规程	地方标准	DB 64/T 511—2007	桂林国	宁夏农林科学院农业资源与环境研究所
35	宁夏南部山区水浇地胡萝卜栽培技术规程	地方标准	DB 64/T 512—2007	桂林国	宁夏农林科学院农业资源与环境研究所
农作物(28)					
1	玉米低水分籽粒直收生产技术规程	地方标准	DB 64/T 1882—2023	王永宏	宁夏农林科学院农作物研究所
2	宁南山区露地蒜苗复种西兰花栽培技术规程	地方标准	DB 64/T 1720—2020	王学铭	科泰种业
3	春小麦复种全株青贮玉米技术规程	地方标准	DB 64/T 1712—2020	王永宏	宁夏农林科学院农作物研究所
4	南部山区露地大蒜栽培及复种芹菜技术规程	地方标准	DB 64/T 1596—2019	王学铭	宁夏科泰种业有限公司
5	引黄灌区夏播大豆栽培技术规程	地方标准	DB 64/T 1637—2019	赵志刚	宁夏农林科学院农作物研究所
6	玉米间作大豆栽培技术规程	地方标准	DB 64/T 1621—2019	罗瑞萍	宁夏农林科学院农作物研究所
7	灌区玉米轻简高效栽培技术规程	地方标准	DB 64/T 1614—2019	王永宏	宁夏农林科学院农作物研究所
8	制种菠菜复种青贮玉米技术规程	地方标准	DB 64/T 1598—2019	王永宏	宁夏农林科学院农作物研究所
9	稻瘟病病菌生理小种鉴定技术规范	地方标准	DB 64/T 1270—2016	史延丽	宁夏农林科学院农作物研究所
10	稻田杂草综合防控技术规程	地方标准	DB 64/T 1240—2016	冯伟东	宁夏农林科学院农作物研究所
11	水稻工厂化育秧基地建设规范	地方标准	DB 64/T 1145—2015	冯伟东	宁夏农林科学院农作物研究所
12	水稻机械精量穴直播栽培技术规程	地方标准	DB 64/T 1146—2015	殷延勃	宁夏农林科学院农作物研究所

续表

序号	标准名称	标准类型	标准号	第一起草人	第一起草单位
13	宁夏引黄灌区春小麦套种玉米栽培技术规程	地方标准	DB 64/T 1059—2015	沈强云	宁夏农林科学院农作物研究所
14	宁夏引黄灌区春小麦高产栽培技术规程	地方标准	DB 64/T 1060—2015	沈强云	宁夏农林科学院农作物研究所
15	宁夏灌区西瓜套种大豆栽培技术规程	地方标准	DB 64/T 1048—2014	赵志刚	宁夏农林科学院农作物研究所
16	宁夏水稻品种真实性鉴定SSR标记法	地方标准	DB 64/T 1009—2014	孙建昌	宁夏农林科学院农作物研究所
17	水稻工厂化育秧大棚建设规范	地方标准	DB 64/T 887—2013	冯伟东	宁夏农林科学院农作物研究所
18	水稻工厂化育秧技术规程	地方标准	DB 64/T 888—2013	冯伟东	宁夏农林科学院农作物研究所
19	宁夏玉米种子生产技术规程	地方标准	DB 64/T 810—2012	杨国虎	宁夏农林科学院农作物研究所
20	宁夏冬油菜栽培技术规程	地方标准	DB 64/T 793—2012	许志斌	宁夏农林科学院农作物研究所
21	冬油菜后茬复种玉米栽培技术规程	地方标准	DB 64/T 794—2012	许志斌	宁夏农林科学院农作物研究所
22	水稻保墒旱直播栽培技术规程	地方标准	DB 64/T 735—2011	殷延勃	宁夏农林科学院农作物研究所
23	宁夏干旱区设施蔬菜节水灌溉工程技术规程	地方标准	DB 64/T 714—2011	张源沛	宁夏农林科学院生物技术研究中心
24	引黄灌区玉米超高产栽培技术规程	地方标准	DB 64/T 540—2009	王永宏	宁夏农林科学院农作物研究所
25	糯玉米优质高效栽培技术规程	地方标准	DB 64/T 541—2009	王永宏	宁夏农林科学院农作物研究所
26	冬麦后复种青贮玉米栽培技术规程	地方标准	DB 64/T 542—2009	王永宏	宁夏农林科学院农作物研究所
27	宁夏引黄灌区优质小麦垄作节水高产栽培技术规程	地方标准	DB 64/T 538—2009	袁汉民	宁夏农林科学院农作物研究所
28	青贮玉米饲料	地方标准	DB 64/T 477—2006	王永宏	宁夏农林科学院
旱作农业(37)					
1	胡麻良种繁育技术规程	地方标准	DB 64/T 1885—2023	张　炜	宁夏农林科学院固原分院
2	甜荞麦良种繁育技术规程	地方标准	DB 64/T 1886—2023	常克勤	宁夏农林科学院固原分院

续表

序号	标准名称	标准类型	标准号	第一起草人	第一起草单位
3	粟(谷子)、黍(糜子)覆膜精量穴播种植技术规程	地方标准	DB 64/T 1884—2023	罗世武	宁夏农林科学院固原分院
4	宁南山区多功能水源涵养林营造技术规范	地方标准	DB 64/T 809—2023	王正安	宁夏农林科学院固原分院
5	樟子松造林技术规程	地方标准	DB 64/T 1816—2021	余治家	固原分院
6	宁南山区芹菜机械化精播丰产栽培技术规程	地方标准	DB 64/T 1722—2020	张晓娟	宁夏农林科学院固原分院
7	宁南山区春菠菜机械化精播丰产栽培技术规程	地方标准	DB 64/T 1719—2020	张晓娟	宁夏农林科学院固原分院
8	旱地裸燕麦覆膜穴播栽培技术规程	地方标准	DB 64/T 1716—2020	常克勤	宁夏农林科学院固原分院
9	宁夏引黄灌区复种糜子栽培技术规程	地方标准	DB 64/T 1724—2020	程炳文	宁夏农林科学院固原分院
10	裸燕麦无公害栽培技术规程	地方标准	DB 64/T 1630—2019	常克勤	宁夏农林科学院固原分院
11	油葵膜下滴灌种植技术规程	地方标准	DB 64/T 1625—2019	陈智君	宁夏农林科学院固原分院
12	芹菜机械化栽培与管理技术规程	地方标准	DB 64/T 1469—2017	邱继科	宁夏农林科学院固原分院
13	马铃薯生全粉加工技术规程	地方标准	DB 64/T 1497—2017	黄志福	宁夏农林科学院固原分院
14	马铃薯起垄覆膜集雨垄沟栽培技术规程	地方标准	DB 64/T 1267—2016	张国辉	宁夏农林科学院固原分院
15	马铃薯杂交育种技术规程	地方标准	DB 64/T 1251—2016	余帮强	宁夏农林科学院固原分院
16	宁夏中部干旱带西瓜套种油葵种植技术规程	地方标准	DB 64/T 1234—2016	陈智君	宁夏农林科学院固原分院
17	宁南山区无公害甜荞麦标准化生产技术规程	地方标准	DB 64/T 1238—2016	常克勤	宁夏农林科学院固原分院
18	欧洲花楸育苗技术规程	地方标准	DB 64/T 1185—2016	余治家	宁夏农林科学院固原分院
19	洋葱高效节水栽培技术规程	地方标准	DB 64/T 1130—2015	杨彩玲	宁夏农林科学院固原分院
20	洋葱育苗技术规程	地方标准	DB 64/T 1131—2015	杨彩玲	宁夏农林科学院固原分院
21	胡麻田杂草化学防除技术规程	地方标准	DB 64/T 1095—2015	张 炜	宁夏农林科学院固原分院

续表

序号	标准名称	标准类型	标准号	第一起草人	第一起草单位
22	胡麻套种玉米栽培技术规程	地方标准	DB 64/T 1096—2015	杨崇庆	宁夏农林科学院固原分院
23	胡麻白粉病防治技术规程	地方标准	DB 64/T 1097—2015	曹秀霞	宁夏农林科学院固原分院
24	胡麻套种向日葵栽培技术规程	地方标准	DB 64/T 1098—2015	曹秀霞	宁夏农林科学院固原分院
25	谷子侧膜节水栽培技术规程	地方标准	DB 64/T 1078—2015	程炳文	宁夏农林科学院固原分院
26	宁夏旱作区糜子栽培技术规程	地方标准	DB 64/T 1079—2015	程炳文	宁夏农林科学院固原分院
27	旱地丰产坑一膜三用种植模式西瓜(第1茬)栽培技术规程	地方标准	DB 64/T 1061—2015	买自珍	宁夏农林科学院固原分院
28	旱地丰产坑一膜三用种植模式玉米(第2茬)栽培技术规程	地方标准	DB 64/T 1062—2015	买自珍	宁夏农林科学院固原分院
29	旱地丰产坑一膜三用种植模式向日葵(第3茬)栽培技术规程	地方标准	DB 64/T 1063—2015	买自珍	宁夏农林科学院固原分院
30	旱地集雨聚肥丰产坑技术规程	地方标准	DB 64/T 1064—2015	买自珍	宁夏农林科学院固原分院
31	无公害胡麻(亚麻)生产技术规程	地方标准	DB 64/T 815—2012	安维太	宁夏农林科学院固原分院
32	胡麻垄膜集雨沟播栽培技术规程	地方标准	DB 64/T 816—2012	曹秀霞	宁夏农林科学院固原分院
33	富硒胡麻籽生产技术规程	地方标准	DB 64/T 817—2012	曹秀霞	宁夏农林科学院固原分院
34	胡麻品种宁亚19号	地方标准	DB 64/T 818—2012	安维太	宁夏农林科学院固原分院
35	窖水微灌技术规程	地方标准	DB 64/T 805—2012	买自珍	宁夏农林科学院固原分院
36	宁夏中南部地区西瓜垄作覆膜沟灌节水技术规程	地方标准	DB 64/T 806—2012	买自珍	宁夏农林科学院固原分院
37	砂田拱棚甜瓜多层覆盖栽培技术规程	地方标准	DB 64/T 807—2012	买自珍	宁夏农林科学院固原分院

团体标准

序号	标准名称	标准类型	标准号	第一起草人	第一起草单位
1	规模化肉牛场牛支原体病诊断与防治技术规程	团体标准	T/NAASS 056—2023	郭亚男	宁夏农林科学院动物科学研究所
2	非浓缩还原欧李汁加工技术规程	团体标准	T/NXFSA 060-2023	王占军	宁夏农林科学院林业与草地生态研究所
3	肉苁蓉	团体标准	T/NXFSA 061—2023	张 丽	宁夏农林科学院农业生物技术研究中心
4	玉米杂交种宁单54号制种技术规程	团体标准	T/NAASS 072—2023	李 新	宁夏农林科学院农业生物技术研究中心
5	玉米杂交种宁单55号制种技术规程	团体标准	T/NAASS 073—2023	李 新	宁夏农林科学院农业生物技术研究中心
6	枸杞中碳、氮稳定同位素比值的测定 稳定同位素分析仪法	团体标准	T/NAIA 0208—2023	开建荣	宁夏农产品质量标准与检测技术研究所
7	枸杞中稀土元素的测定 电感耦合等离子体质谱法	团体标准	T/NAIA 0209—2023	开建荣	宁夏农产品质量标准与检测技术研究所
8	食用菌中游离氨基酸的测定 液相色谱-质谱联用法	团体标准	T/NAIA 0206—2023	赵子丹	宁夏农产品质量标准与检测技术研究所
9	酿酒葡萄及葡萄酒中有机酸的测定 液相色谱-质谱法	团体标准	T/NAIA 0207—2023	陈 翔	宁夏农产品质量标准与检测技术研究所
10	水稻中噁唑酰草胺及其代谢物残留量的测定 液相色谱-质谱/质谱法	团体标准	T/NAIA 0210—2023	杨 静	宁夏农产品质量标准与检测技术研究所
11	肉牛副产品加工利用技术规范	团体标准	T/NSFST 004—2023	王晓静	宁夏农产品质量标准与检测技术研究所
12	枸杞中氯酸盐和高氯酸盐的测定 液相色谱-质谱/质谱法	团体标准	T/NAIA 0237—2023	杨春霞	宁夏农产品质量标准与检测技术研究所
13	青贮饲料中9种真菌毒素的测定液相色谱-质谱/质谱法	团体标准	T/NAIA 0220—2023	刘 霞	宁夏农产品质量标准与检测技术研究所
14	宁夏引黄灌区玉米氮磷淋失防控技术规程	团体标准	T/NAASS 063—2023	张学军	宁夏农林科学院农业资源与环境研究所

续表

序号	标准名称	标准类型	标准号	第一起草人	第一起草单位
15	宁夏引黄灌区露地菠菜氮磷淋失防控技术规程	团体标准	T/NAASS 064—2023	赵 营	宁夏农林科学院农业资源与环境研究所
16	宁夏南部山区露地芹菜氮磷淋失防控技术规程	团体标准	T/NAASS 065—2023	赵 营	宁夏农林科学院农业资源与环境研究所
17	宁夏枸杞根际机械追施技术规程	团体标准	T/NAASS 066—2023	张学军	宁夏农林科学院农业资源与环境研究所
18	宁夏菜心氮磷淋失防控技术规程	团体标准	T/NAASS 067—2023	刘晓彤	宁夏农林科学院农业资源与环境研究所
19	宁夏设施秋冬茬梅豆氮磷淋失防控技术规程	团体标准	T/NAASS 068—2023	刘晓彤	宁夏农林科学院农业资源与环境研究所
20	宁南山区旱地玉米化肥减施替代技术规程	团体标准	T/NAASS 069—2023	赵 营	宁夏农林科学院农业资源与环境研究所
21	桑黄日光温室生产技术规程	团体标准	T/NSFST 021—2022	朱金霞	宁夏农林科学院农业生物技术研究中心
22	灵芝日光温室绿色生产技术规程	团体标准	T/NSFST 022—2022	朱金霞	宁夏农林科学院农业生物技术研究中心
23	金莲花穴盘育苗技术规程	团体标准	T/NXFSA 020—2022	郭生虎	宁夏农林科学院农业生物技术研究中心
24	沙蓬人工种植技术规程	团体标准	T/NXFSA 019—2022	甘晓燕	宁夏农林科学院农业生物技术研究中心
25	金莲花茶加工技术规程	团体标准	T/NXFSA 029—2022	郭生虎	宁夏农林科学院农业生物技术研究中心
26	肉苁蓉糖果片（压片糖果）	团体标准	T/NXFSA 030—2022	张 丽	宁夏农林科学院农业生物技术研究中心
27	日光温室大球盖菇生产技术规程	团体标准	T/NSFST 009—2022	朱金霞	宁夏农林科学院农业生物技术研究中心
28	羊肚菌日光温室安全生产技术规程	团体标准	T/NSFST 010—2022	朱金霞	宁夏农林科学院农业生物技术研究中心

续表

序号	标准名称	标准类型	标准号	第一起草人	第一起草单位
29	沙米	团体标准	T/NXFSA 032—2022	甘晓燕	宁夏农林科学院农业生物技术研究中心
30	沙米饼干加工技术规程	团体标准	T/NXFSA 035—2022	田莉	宁夏农林科学院农业生物技术研究中心
31	沙米加工技术规程	团体标准	T/NXFSA 031—2022	田莉	宁夏农林科学院农业生物技术研究中心
32	沙米粉加工技术规程	团体标准	T/NXFSA 033—2022	张丽	宁夏农林科学院农业生物技术研究中心
33	沙米即食代餐粉加工技术规程	团体标准	T/NXFSA 034—2022	张丽	宁夏农林科学院农业生物技术研究中心
34	枸杞中呋虫胺及其代谢物残留量的测定 液相色谱-质谱联用法	团体标准	T/NAIA 0118—2022	赵子丹	宁夏农产品质量标准与检测技术研究所
35	酿酒葡萄及葡萄酒中单宁酸含量的测定 高效液相色谱法	团体标准	T/NAIA 0120—2022	刘霞	宁夏农产品质量标准与检测技术研究所
36	枸杞中螺虫乙酯及其代谢物残留量的测定 液相色谱-质谱/质谱法	团体标准	T/NAIA 0119—2022	杨静	宁夏农产品质量标准与检测技术研究所
37	土壤中砷、汞同时测定原子荧光光谱法	团体标准	T/NAIA 0115—2022	李彩虹	宁夏农产品质量标准与检测技术研究所
38	植物中砷、汞同时测定原子荧光光谱法	团体标准	T/NAIA 0116—2022	李彩虹	宁夏农产品质量标准与检测技术研究所
39	枸杞中40种农药残留量的测定 气相色谱-质谱联用法	团体标准	T/NAIA 0180—2022	吴燕	宁夏农产品质量标准与检测技术研究所
40	肉苁蓉超微粉加工技术规程	团体标准	T/NXFSA 015S—2021	聂峰杰	宁夏农林科学院农业生物技术研究中心
41	肉苁蓉片加工技术规程	团体标准	T/NXFSA 016S—2021	甘晓燕	宁夏农林科学院农业生物技术研究中心
42	葡萄酒中黄烷醇类物质含量的测定 高效液相色谱法	团体标准	T/ NAIA 085—2021	张静	宁夏农产品质量标准与检测技术研究所

续表

序号	标准名称	标准类型	标准号	第一起草人	第一起草单位
43	葡萄酒中挥发性醇类组分的测定 顶空–固相微萃取–气相色谱–质谱法	团体标准	T/ NAIA 081—2021	张 静	宁夏农产品质量标准与检测技术研究所
44	枸杞中酚酸化合物含量的测定 高效液相色谱法	团体标准	T/ NAIA 034—2021	杨春霞	宁夏农产品质量标准与检测技术研究所
45	枸杞中二氧化硫含量的测定 离子色谱法	团体标准	T/ NAIA 035—2021	杨春霞	宁夏农产品质量标准与检测技术研究所
46	植物干样中汞的测定 水浴热浸提–原子荧光光谱法	团体标准	T/NAIA 069—2021	李彩虹	宁夏农产品质量标准与检测技术研究所
47	植物全碳含量的测定	团体标准	T/NAIA 070—2021	杨春霞	宁夏农产品质量标准与检测技术研究所
48	藜麦中齐墩果酸含量的测定 高效液相色谱法	团体标准	T/NAIA 068—2021	王 芳	宁夏农产品质量标准与检测技术研究所
49	葡萄酒中黄酮醇类物质含量的测定 高效液相色谱法	团体标准	T/ NAIA 082—2021	闫 玥	宁夏农产品质量标准与检测技术研究所
50	枸杞中乙基多杀菌素及其代谢物残留量的测定 液相色谱–质谱/质谱法	团体标准	T/ NAIA 032—2021	牛 艳	宁夏农产品质量标准与检测技术研究所
54	贺兰山东麓酿酒葡萄质量安全控制技术规程	团体标准	T/ NAIA 033—2021	牛 艳	宁夏农产品质量标准与检测技术研究所
52	亚麻籽油中脂肪酸的测定 气相色谱法	团体标准	T/NAIA 066—2021	牛 艳	宁夏农产品质量标准与检测技术研究所
53	枣中环磷酸腺苷的测定 高效液相色谱法	团体标准	T/NAIA 067—2021	赵子丹	宁夏农产品质量标准与检测技术研究所
54	葡萄酒中羟基苯甲酸及其酯类物质含量的测定 高效液相色谱法	团体标准	T/ NAIA 083—2021	葛 谦	宁夏农产品质量标准与检测技术研究所
55	葡萄酒中羟基肉桂酸类物质含量的测定 高效液相色谱法	团体标准	T/ NAIA 084—2021	葛 谦	宁夏农产品质量标准与检测技术研究所
56	富硒畜产品富硒肉羊生产技术规程	团体标准	T/NAASS 001—2020	李聚才	宁夏农林科学院动物科学研究所

续表

序号	标准名称	标准类型	标准号	第一起草人	第一起草单位
57	黄渠桥羊羔肉羔羊生产技术规程	团体标准	T/NAASS 002—2020	李聚才	宁夏农林科学院动物科学研究所
58	引黄灌区麦后复种高丹草和饲用高粱生产技术规程	团体标准	T/NAASS 003—2020	张俊丽	宁夏农林科学院动物科学研究所
59	引黄灌区羊草育苗及盐碱地移栽生产技术规程	团体标准	T/NAASS 004—2020	张俊丽	宁夏农林科学院动物科学研究所
60	富硒羊肉及可食内脏硒含量要求	团体标准	T/NSFST 001—2020	李聚才	宁夏农林科学院动物科学研究所
61	地理标志产品 黄渠桥羊羔肉	团体标准	T/NSFST 002—2020	李聚才	宁夏农林科学院动物科学研究所
62	育肥柠条全混合日粮调制技术规程	团体标准	T/NSFST 005—2020	李聚才	宁夏农林科学院动物科学研究所
63	玉米芯饲料加工调制技术规程	团体标准	T/NSFST 006—2020	李聚才	宁夏农林科学院动物科学研究所
64	羊粪有机肥生产技术规程	团体标准	T/NSFST 007—2020	李聚才	宁夏农林科学院动物科学研究所
65	黄渠桥爆炒羊羔肉	团体标准	T/NSFST 003—2020	李聚才	宁夏农林科学院动物科学研究所

企业标准

序号	标准名称	标准类型	标准号	第一起草人	第一起草单位
1	菌渣饲料育肥滩羊（羔羊）技术规范	企业标准	Q/640106NXNL 001—2023	冯锐	宁夏农林科学院农业经济与信息技术研究所
2	菌渣基质西瓜育苗技术规程	企业标准	Q/640106NXNL 002—2023	冯锐	宁夏农林科学院农业经济与信息技术研究所
3	菌渣有机肥制备技术规范	企业标准	Q/640106NXNL 003—2023	冯锐	宁夏农林科学院农业经济与信息技术研究所
4	桑叶颗粒配合饲料	企业标准	Q/NKX 024—2011	刘自新	宁夏农林科学院畜牧兽医研究所
5	家禽浓缩饲料	企业标准	Q/NKX 016—2009	梅宁安	宁夏农林科学院畜牧兽医研究所
6	猪浓缩饲料	企业标准	Q/NKX 017—2009	梅宁安	宁夏农林科学院畜牧兽医研究所
7	牛浓缩饲料	企业标准	Q/NKX 018—2009	刘自新	宁夏农林科学院畜牧兽医研究所
8	枸杞叶茶	企业标准	Q/NNS 001—2007	高治军	宁夏农林科学院园艺研究所（有限公司）

第五部分

授权专利

始终坚持应用导向,大力推进专利产业化,加快创新成果向现实生产力转化。党的十八大以来,先后取得授权专利1 300 余件,其中国内发明专利 229 件,涵盖了畜牧兽医、枸杞、农业生物技术、植物保护、农产品质量与安全等 11 个领域,授权专利数占全区总量三分之一以上。

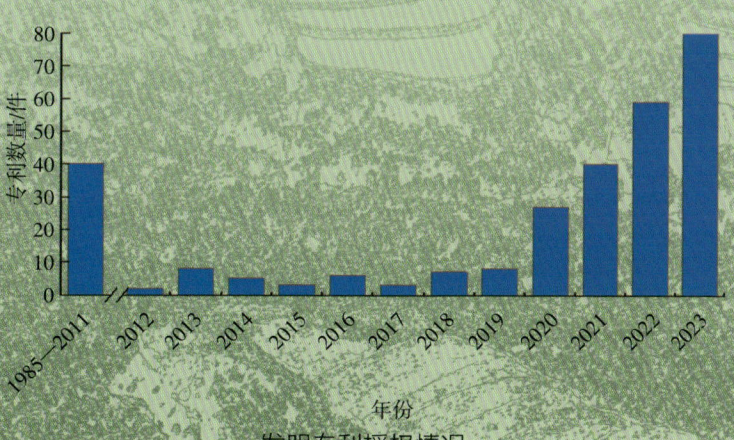

发明专利授权情况

国内发明专利

序号	专利名称	第一发明人	专利权人	专利号	授权公告年份
			畜牧兽医(17)		
1	一种基于基因分型鉴定滩羊与非滩羊的方法	马青	宁夏农林科学院动物科学研究所	ZL 2018 1 0409670.7	2023
2	一种免疫增强组合物及其应用	王建东	宁夏农林科学院动物科学研究所	ZL 2021 1 0717473.3	2023
3	一种牛支原体蛋白SBP-2及其应用	郭亚男	宁夏农林科学院动物科学研究所	ZL 2021 1 1109156.X	2023
4	动态杠杆式羊羔养殖用颗粒饲料精准定量下料设备	王秀琴	宁夏农林科学院动物科学研究所	ZL 2022 1 0648722.2	2023
5	一种密植作物深开沟寻墒抗旱穴播机	曹秀霞	宁夏农林科学院固原分院	ZL 2019 1 0270004.4	2023
6	两阶段短程分子蒸馏提取滩羊尾脂中共轭亚油酸的方法	于洋	宁夏农林科学院动物科学研究所	ZL 2019 1 1198387.5	2022
7	兽医用动物粪便采集装置	高海慧	宁夏农林科学院动物科学研究所	ZL 2020 1 1335049.4	2022
8	一种防治奶牛产后腹痛的中药组合物及其制备方法	黎玉琼	宁夏农林科学院动物科学研究所	ZL 2019 1 1389021.6	2021
9	一种超微粒子浓缩饲料及其制备方法	刘自新	宁夏农林科学院畜牧兽医研究所（有限公司）	ZL 2006 1 0101268.X	2009
10	一种超微粒子复合预混饲料及其制备方法	刘自新	宁夏农林科学院畜牧兽医研究所（有限公司）	ZL 2006 1 0101269.4	2009
11	一种超微粒子复合微量元素饲料及其制备方法	刘自新	宁夏农林科学院畜牧兽医研究所（有限公司）	ZL 2006 1 0101270.7	2009
12	一种超微粒子复合颗粒型全价饲料及其制备方法	刘自新	宁夏农林科学院畜牧兽医研究所（有限公司）	ZL 2006 1 0101271.1	2009
13	一种高蛋白复合型牛羊舔砖及其制备工艺	刘自新	宁夏农林科学院畜牧兽医研究所（有限公司）	ZL 2005 1 0088029.0	2007
14	一种矿物质复合型牛羊舔砖及其制备工艺	刘自新	宁夏农林科学院畜牧兽医研究所（有限公司）	ZL 2005 1 0088028.6	2007
15	一种高能量复合型牛羊舔砖及其制备工艺	刘自新	宁夏农林科学院畜牧兽医研究所（有限公司）	ZL 2005 1 0088026.7	2006
16	一种营养平衡复合型牛羊舔砖及其制备工艺	刘自新	宁夏农林科学院畜牧兽医研究所（有限公司）	ZL 2005 1 0088027.1	2006
17	牛环形泰勒氏虫裂殖体胶冻细胞苗生产工艺	张中行	宁夏农林科学院畜牧兽医研究所	569	1985

续表

序号	专利名称	第一发明人	专利权人	专利号	授权公告年份
枸杞(27)					
1	一种枸杞品种耐盐性的评价方法	秦小雅	宁夏农林科学院枸杞科学研究所	ZL 2021 1 0721811.0	2023
2	一种枸杞40K液相芯片及应用	赵建华	宁夏农林科学院枸杞科学研究所	ZL 2022 1 0273849.0	2023
3	一种基于靶向测序的枸杞S基因的快速分型鉴定方法	秦垦	宁夏农林科学院枸杞科学研究所	ZL 2021 1 0600975.8	2023
4	一种轻简化枸杞树形及其培养方法	何昕孺	宁夏农林科学院枸杞科学研究所	ZL 2021 1 1032062.7	2023
5	一种枸杞类胡萝卜素类代谢物的检测方法	赵建华	宁夏农林科学院枸杞科学研究所	ZL 2020 1 1454821.4	2023
6	基于质构仪测定枸杞果实硬度的方法	张波	宁夏农林科学院枸杞工程技术研究所	ZL 2020 1 1343514.9	2023
7	基于质构仪测定枸杞果柄拉力的方法	黄婷	宁夏农林科学院枸杞工程技术研究所	ZL 2020 1 1338664.0	2023
8	枸杞专用苗木定植机	石志刚	宁夏农林科学院枸杞工程技术研究所	ZL 2018 1 1097001.7	2023
9	枸杞采摘机用行走机构	石志刚	宁夏农林科学院枸杞工程技术研究所	ZL 2019 1 1418355.1	2023
10	一种滋养保湿亮肤水及其制备方法	刘兰英	宁夏农林科学院枸杞科学研究所	ZL 2022 1 0291200.1	2023
11	基于三维点云扫描技术构建枸杞果实表型组数据库的方法	戴国礼	宁夏农林科学院枸杞工程技术研究所	ZL 2019 1 0899378.2	2023
12	一种枸杞组织的代谢组学数据库建立方法及应用	赵建华	宁夏农林科学院枸杞工程技术研究所	ZL 2020 1 0610953.5	2021
13	一种枸杞枝条硬度的测量方法	戴国礼	宁夏农林科学院枸杞工程技术研究所	ZL 2018 1 1512625.0	2021
14	一种美白修复面膜及其制备方法	曹有龙	宁夏农林科学院枸杞工程技术研究所	ZL 2018 1 1469866.1	2020
15	一种用于构建枸杞DNA指纹图谱的引物组合以及应用和方法	曹有龙	宁夏农林科学院枸杞工程技术研究所	ZL 2016 1 1169209.6	2019

续表

序号	专利名称	第一发明人	专利权人	专利号	授权公告年份
16	一种鲜食枸杞果实的品质综合测定方法	赵建华	宁夏农林科学院枸杞工程技术研究所	ZL 2017 1 0278828.7	2019
17	一种枸杞甜菜碱含量的测定方法	刘兰英	宁夏农林科学院	ZL 2016 1 0147099.7	2019
18	一种老桩枝条发根制作枸杞盆景的方法	黄 婷	宁夏农林科学院枸杞工程技术研究所	ZL 2018 1 0317031.8	2019
19	一种提取枸杞中的玉米黄质及其衍生物的方法	闫亚美	宁夏农林科学院枸杞工程技术研究所	ZL 2016 1 0768879.3	2018
20	一种采用酶解法利用枸杞鲜果制备枸杞鲜颗粒冲剂的方法	曹有龙	宁夏农林科学院枸杞工程技术研究所	ZL 2016 1 1015870.1	2018
21	一种利用新鲜黑果枸杞制备黑果枸杞果酒的方法	闫亚美	宁夏农林科学院枸杞工程技术研究所	ZL 2017 1 0526674.9	2018
22	一种宁夏枸杞的盆栽方法	赵建华	宁夏农林科学院	ZL 2015 1 0068015.6	2017
23	一种黑果枸杞片剂	曹有龙	宁夏农林科学院	ZL 2014 1 0706802.4	2016
24	一种枸杞叶黄素HSCCC分离制备方法	刘兰英	宁夏农林科学院	ZL 2014 1 0819646.2	2016
25	一种枸杞蜂花粉片剂	曹有龙	宁夏农林科学院	ZL 2012 1 0170334.4	2013
26	一种枸杞保健酒	曹有龙	宁夏农林科学院	ZL 2010 1 0595471.3	2012
27	枸杞鲜汁饮料的生产工艺	刘兰英	宁夏农林科学院	ZL 2008 1 0182155.6	2012
		林业与草业（8）			
1	一种冬小麦农田地力培肥方法	董立国	宁夏农林科学院荒漠化治理研究所	ZL 2022 1 0276724.3	2023
2	一种观赏桃树嫁接装置	许 浩	宁夏农林科学院荒漠化治理研究所	ZL 2021 1 0271500.9	2023
3	一种提高蒙古冰草种子繁育的技术方法	季 波	宁夏农林科学院林业与草地生态研究所	ZL 2022 1 0766302.4	2023
4	一种物理-化学-生物联用固沙结构及方法	温学飞	宁夏农林科学院荒漠化治理研究所	ZL 2021 1 0698375.X	2023
5	华北落叶松林缘更新调查方法	郭永忠	宁夏农林科学院荒漠化治理研究所	ZL 2021 1 0508338.8	2022
6	一种测定草本植物对土壤团聚体发育影响的方法	万海霞	宁夏农林科学院荒漠化治理研究所	ZL 2019 1 0610996.0	2022

续表

序号	专利名称	第一发明人	专利权人	专利号	授权公告年份
7	智能自动间歇分区段喷雾育苗设备	王占军	宁夏农林科学院荒漠化治理研究所	ZL 2018 1 1082426.0	2021
8	模拟物质在土壤中随水运移规律的装置及测定方法	董立国	宁夏农林科学院荒漠化治理研究所	ZL 2018 1 1506383.4	2021
农业生物技术（21）					
1	一种与马铃薯淀粉含量相关的KASP标记的开发及应用	巩 檑	宁夏农林科学院农业生物技术研究中心	ZL2022 1 1140511.4	2023
2	一种膜荚黄芪的工厂化组培快繁方法	郭生虎	宁夏农林科学院农业生物技术研究中心	ZL 2021 1 0454520.X	2022
3	一种获得高含量亚油酸水稻株系的方法	陈晓军	宁夏农林科学院农业生物技术研究中心	ZL 2021 1 0204207.0	2022
4	一种玉米耐盐基因及其应用	朱永兴	宁夏农林科学院农业生物技术研究中心	ZL 2021 1 0547158.0	2022
5	一种马铃薯疮痂病抗性鉴定方法	聂峰杰	宁夏农林科学院农业生物技术研究中心	ZL 2020 1 0919587.1	2022
6	一种马铃薯KNOX转录因子StKNOX1基因、编码蛋白及其应用	甘晓燕	宁夏农林科学院农业生物技术研究中心	ZL 2020 1 0635204.8	2022
7	马铃薯液泡膜单糖转运蛋白StTMT2基因的应用	巩 檑	宁夏农林科学院农业生物技术研究中心	ZL 2020 1 0708958.1	2021
8	一种诱导马铃薯生成试管薯的液体培养基、培养方法及应用	刘 璇	宁夏农林科学院农业生物技术研究中心	ZL 2019 1 0880053.X	2021
9	马铃薯液泡膜单糖转运蛋白StTMT2基因在提高植物糖含量中的应用	巩 檑	宁夏农林科学院农业生物技术研究中心	ZL 2020 1 1559640.8	2021
10	马铃薯液泡膜单糖转运蛋白StTMT2基因在提高植物光合速率中的应用	巩 檑	宁夏农林科学院农业生物技术研究中心	ZL 2020 1 1559639.5	2021
11	管花肉苁蓉高效寄生的方法	宋玉霞	宁夏农林科学院	ZL 2016 1 0265737.5	2020
12	一种马铃薯GATA转录因子及其克隆方法与应用	甘晓燕	宁夏农林科学院农业生物技术研究中心	ZL 2017 1 1441863.2	2020

续表

序号	专利名称	第一发明人	专利权人	专利号	授权公告年份
13	一种诱导桃儿七体细胞胚发生的方法	郭生虎	宁夏农林科学院农业生物技术研究中心	ZL 2017 1 0837774.3	2019
14	一种利用花药培养获得马铃薯双单倍体植株的方法及其培养基	宋玉霞	宁夏农林科学院农业生物技术研究中心	ZL 2017 1 0501531.2	2019
15	一种以鸡头黄精鳞茎为外植体的种苗快速繁殖方法	郭生虎	宁夏农林科学院	ZL 2016 1 1072907.4	2018
16	一种快速遗传转化苜蓿的方法	张 丽	宁夏农林科学院	ZL 2015 1 0677664.6	2018
17	小麦单穗脱粒机	吕学莲	宁夏农林科学院	ZL 2015 1 0905741.9	2018
18	一种利用野生稻资源创制粳型水稻新种质的育种方法	李树华	宁夏农林科学院	ZL 2014 1 0051828.X	2016
19	一种大型喷灌机种植水稻方法	朱永兴	宁夏农林科学院	ZL 2013 1 0695887.6	2015
20	一种含苦参碱和伏毛铁棒锤生物碱的植物源复配杀虫剂及其制备方法	郭生虎	宁夏农林科学院	ZL 2013 1 0272940.1	2014
21	一种沼液复合型杀菌液的制备方法及其应用	郭生虎	宁夏农林科学院	ZL 2010 1 0272421.1	2014
农林经济与信息技术(4)					
1	枸杞固体施肥机智能监测设备及固体施肥监测方法	陈学东	宁夏农林科学院农业经济与信息技术研究所	ZL 2020 1 0426465.9	2023
2	基于日光阴阳温室的食用菌智能栽培系统及管理方法	陈学东	宁夏农林科学院农业经济与信息技术研究所	ZL 2022 1 0925252.X	2023
3	智能一体化食用菌栽培系统	陈学东	宁夏农林科学院农业经济与信息技术研究所	ZL 2020 1 1467531.3	2022
4	一种筛选富硒香菇固体菌种的方法以及装置	任怡莲	宁夏农林科学院农业经济与信息技术研究所	ZL 2021 1 0228399.9	2022
植物保护(55)					
1	一种用于防治压砂西瓜枯萎病的木霉复合生物菌剂及其应用	康萍芝	宁夏农林科学院植物保护研究所	ZL 2021 1 0714218.3	2023
2	竹叶防风在生物防治方面的应用及其生物防治药剂与制备方法	刘 畅	宁夏农林科学院植物保护研究所	ZL 2021 1 1190624.0	2023

续表

序号	专利名称	第一发明人	专利权人	专利号	授权公告年份
3	一种用于生产有机肥的粉碎造粒装置	王喜刚	宁夏农林科学院植物保护研究所	ZL 2022 1 0054744.6	2023
4	一种草原蝗虫调控方法	张蓉	宁夏农林科学院植物保护研究所	ZL 2020 1 1431960.5	2023
5	一种含硅藻土的矿物源农药制剂及其应用	王芳	宁夏农林科学院植物保护研究所	ZL 2020 1 0834191.7	2023
6	基于动物粪便便于控制发酵进程且能降温迅速的发酵装置	王喜刚	宁夏农林科学院植物保护研究所	ZL 2022 1 0056102.X	2023
7	一种粗脊蚜茧蜂羽化率检测系统及其使用方法	何嘉	宁夏农林科学院植物保护研究所	ZL 2021 1 1404070.X	2023
8	一种粗脊蚜茧蜂养殖装置及方法	何嘉	宁夏农林科学院植物保护研究所	ZL 2021 1 1403559.5	2023
9	一种蹄粗角萤叶甲引诱剂及一种诱芯及其制备方法	陈宏灏	宁夏农林科学院植物保护研究所	ZL 2022 1 0008063.6	2023
10	一株娄彻链霉菌及在枸杞病害防控中的应用	何嘉	宁夏农林科学院植物保护研究所	ZL 2022 1 1517575.1	2023
11	一种基于哈茨木霉菌 M-17 厚垣孢子的可湿性粉剂组合物、制备方法及应用	王喜刚	宁夏农林科学院植物保护研究所	ZL 2021 1 0127802.9	2022
12	一种防治稻瘟病的嗜碱假单胞菌菌株、菌剂及其应用	沙月霞	宁夏农林科学院植物保护研究所	ZL 2020 1 1108551.1	2022
13	一种防治玉米茎基腐病的微生物菌剂 M2 及其制备方法	沙月霞	宁夏农林科学院植物保护研究所	ZL 2020 1 0188163.2	2022
14	一种用于盐碱地玉米茎基腐病防治的微生物菌剂 JF 及其制备方法	沙月霞	宁夏农林科学院植物保护研究所	ZL 2020 1 0197306.6	2022
15	一种防治稻瘟病的荧光假单胞菌及其应用	沙月霞	宁夏农林科学院植物保护研究所	ZL 2019 1 0695393.5	2022
16	一种耐盐碱的木霉菌菌株、分离筛选方法、培养方法、应用及使用方法	郭成瑾	宁夏农林科学院植物保护研究所	ZL 2018 1 1565773.9	2022
17	南木香在生物防治方面的应用及其生物防治药剂与制备方法	刘畅	宁夏农林科学院植物保护研究所	ZL 2021 1 1104702.0	2022
18	砂蓝刺头在杀虫杀螨方面的用途及其生物防治药剂和制备方法	刘畅	宁夏农林科学院植物保护研究所	ZL 2020 1 1516684.2	2022
19	万寿菊挥发物石竹素防治枸杞蚜虫的应用	刘畅	宁夏农林科学院植物保护研究所	ZL 2021 1 0164502.8	2022

续表

序号	专利名称	第一发明人	专利权人	专利号	授权公告年份
20	一种杀虫的博洛塔绢蒿精油及其应用	刘 畅	宁夏农林科学院植物保护研究所	ZL 2021 1 1220027.8	2022
21	粘毛蒿在生物防治方面的用途及其生物防治药剂和制备方法	刘 畅	宁夏农林科学院植物保护研究所	ZL 2021 1 0709338.4	2022
22	一种杀虫的华北米蒿精油及其应用	刘 畅	宁夏农林科学院植物保护研究所	ZL 2021 1 1219978.3	2022
23	中亚紫菀木在生物防治方面的应用及其生物防治药剂与制备方法	刘 畅	宁夏农林科学院植物保护研究所	ZL 2021 1 1210431.7	2022
24	马兰在生物防治领域的用途及其生防药剂、制备方法及杀虫方法	刘 畅	宁夏农林科学院植物保护研究所	ZL 2021 1 0941727.X	2022
25	细叶苦荬菜在防治西花蓟马或木虱方面的用途及其生物农药与制备方法	刘 畅	宁夏农林科学院植物保护研究所	ZL 2021 1 1305745.5	2022
26	含万寿菊挥发物的蚜虫防控组合物及其应用	刘 畅	宁夏农林科学院植物保护研究所	ZL 2019 1 0202924.2	2021
27	一种防治玉米茎基腐病的微生物菌剂 M1 及其应用	沙月霞	宁夏农林科学院植物保护研究所	ZL 2020 2 0188730.4	2021
28	一种有利于盐碱地玉米生长的微生物菌剂 YF 及其应用	沙月霞	宁夏农林科学院植物保护研究所	ZL 2020 1 0198243.6	2021
29	苜蓿切叶蜂的人工繁育方法	张 蓉	宁夏农林科学院植物保护研究所	ZL 2017 1 0816187.6	2021
30	万寿菊挥发物对-α-二甲基苏合香烯防治枸杞蚜虫的应用	刘 畅	宁夏农林科学院植物保护研究所	ZL 2021 1 0164499.X	2021
31	一种分离内生木霉真菌的专用培养基及其制备方法与应用	康萍芝	宁夏农林科学院植物保护研究所	ZL 2018 1 1144137.9	2021
32	万寿菊挥发物 β-环高柠檬醛防治枸杞蚜虫的应用	刘 畅	宁夏农林科学院植物保护研究所	ZL 2021 1 0163736.0	2021
33	一种枸杞实蝇性信息素及其提取方法和应用	何 嘉	宁夏农林科学院植物保护研究所	ZL 2020 1 0848966.6	2021
34	一种提高农药生物活性的纳米助剂的应用	王 芳	宁夏农林科学院植物保护研究所	ZL 2020 1 0834127.9	2021
35	苜蓿切叶蜂寄生蜂的诱杀方法	张 蓉	宁夏农林科学院植物保护研究所	ZL 2017 1 0816162.3	2021
36	一株防治稻瘟病的贝莱斯芽孢杆菌及其应用	沙月霞	宁夏农林科学院植物保护研究所	ZL 2018 1 1222797.4	2020
37	一株防治稻瘟病的枯草芽孢杆菌及其应用	沙月霞	宁夏农林科学院植物保护研究所	ZL 2018 1 1222831.8	2020
38	一株防治稻瘟病的解淀粉芽孢杆菌 S170	沙月霞	宁夏农林科学院植物保护研究所	ZL 2017 1 1171899.3	2019

续表

序号	专利名称	第一发明人	专利权人	专利号	授权公告年份
39	一株防治稻瘟病的短小芽孢杆菌 S9	沙月霞	宁夏农林科学院植物保护研究所	ZL 2017 1 1171896.X	2019
40	用于分离青霉菌的培养基	沈瑞清	宁夏农林科学院植物保护研究所	ZL 2015 1 0331342.6	2018
41	一种防治枸杞蓟马的植物源农药	张蓉	宁夏农林科学院植物保护研究所	ZL 2014 1 0598813.5	2017
42	一种甘草胭脂蚧化学引诱剂	张蓉	宁夏农林科学院植物保护研究所	ZL 2013 1 722248.4	2016
43	乳浆大戟植物杀虫水乳剂	张蓉	宁夏农林科学院植物保护研究所	ZL 2011 1 384518.6	2014
44	金雀花碱·苦参碱杀虫水乳剂	王芳	宁夏农林科学院植物保护研究所	ZL 2011 1 384514.8	2014
45	马铃薯拌种剂	沈瑞清	宁夏农林科学院植物保护研究所	ZL 2011 1 293694.9	2013
46	一种防治设施蔬菜土传病害的钩状木霉生物制剂	康萍芝	宁夏农林科学院	ZL 2011 1 0354442.2	2013
47	一种基于物理隔离的防治枸杞害虫的制剂及其使用方法	李锋	宁夏农林科学院	ZL 2011 1 0118920.X	2013
48	一种新垦农田防治小麦全蚀病的土壤调节剂及其制备方法和使用方法	沈瑞清	宁夏农林科学院植物保护研究所	ZL 2009 1 117603.9	2011
49	小檗碱吡虫啉水剂	张蓉	宁夏农林科学院植物保护研究所	ZL 2008 1 182156	2011
50	小檗碱阿维菌素水剂	张蓉	宁夏农林科学院植物保护研究所	ZL 2008 1 182144.8	2011
51	苦参碱毒死稗水剂	张蓉	宁夏农林科学院植物保护研究所	ZL 2008 1 182154.1	2011
52	多异瓢虫的人工繁殖方法	张蓉	宁夏农林科学院植物保护研究所	ZL 2009 1 117620.2	2011
53	药材五谷虫工厂化养殖加工的方法	张宗山	宁夏农林科学院植物保护研究所	ZL 00 1 18429.6	2004
54	种除草尿素及生产方法	马骏生	宁夏农林科学院植物保护研究所	95102559	1996
55	微型专用调查器	灵提多	宁夏农林科学院植物保护研究所	92101479	1993

续表

序号	专利名称	第一发明人	专利权人	专利号	授权公告年份
农产品质量与安全（22）					
1	一种改善干红葡萄酒香气的方法	张 静	宁夏农产品质量标准与检测技术研究所	ZL 2022 1 0870615.4	2023
2	一种多功能枸杞加工用筛选风干设备及其使用方法	开建荣	宁夏农产品质量标准与检测技术研究所	ZL 2022 1 0895980.0	2023
3	一种基于植物乳杆菌和酿酒酵母的混菌发酵工艺	张 静	宁夏农产品质量标准与检测技术研究所	ZL 2021 1 0189042.4	2023
4	一种底物添加氨基酸并基于葡萄汁有孢汉逊酵母的发酵工艺	葛 谦	宁夏农产品质量标准与检测技术研究所	ZL 2021 1 0314715.4	2023
5	一种基于路西塔尼亚红冬孢锁掷孢酵母和酿酒酵母的混菌发酵工艺	苟春林	宁夏农产品质量标准与检测技术研究所	ZL 2021 1 0189046.2	2023
6	一种滩羊毛皮洗皮干燥一体设备	王晓静	宁夏农产品质量标准与检测技术研究所	ZL 2022 1 1327646.1	2023
7	一种基于浅白隐球酵母和酿酒酵母的混菌发酵工艺	路 洁	宁夏农产品质量标准与检测技术研究所	ZL 2021 1 0188934.2	2023
8	一种基于美极梅奇酵母和酿酒酵母的混菌发酵工艺	路 洁	宁夏农产品质量标准与检测技术研究所	ZL 2021 1 0188937.6	2023
9	一种基于葡萄汁有孢汉逊酵母和酿酒酵母的混菌发酵工艺	赵丹青	宁夏农产品质量标准与检测技术研究所	ZL 2021 1 0189028.4	2023
10	一种基于酵母 Naganishia albida 和酿酒酵母的混菌发酵工艺	王晓菁	宁夏农产品质量标准与检测技术研究所	ZL 2021 1 0189024.6	2023
11	一种基于泽普林假丝酵母和酿酒酵母的混菌发酵工艺	王晓菁	宁夏农产品质量标准与检测技术研究所	ZL 2021 1 0189044.3	2023
12	一种枸杞酸含量的电化学检测方法	石 欣	宁夏农产品质量标准与检测技术研究所	ZL 2021 1 1253340.1	2023
13	一株高产香气物质的浅白隐球酵母 Cryptococcus albidus 菌株 YN14 及其应用	王晓菁	宁夏农产品质量标准与检测技术研究所	ZL 2021 1 0088808.X	2022
14	一株高产香气物质的浅白隐球菌 Naganishia albida 菌株 YC22 及其应用	王晓菁	宁夏农产品质量标准与检测技术研究所	ZL 2021 1 0089467.8	2022

续表

序号	专利名称	第一发明人	专利权人	专利号	授权公告年份
15	一种枸杞中β-胡萝卜素的检测方法	张锋锋	宁夏农产品质量标准与检测技术研究所	ZL 2021 1 0122951.6	2022
16	一种高产香气物质的路西塔尼亚红冬孢锁掷孢酵母菌株QTX26及其应用	葛 谦	宁夏农产品质量标准与检测技术研究所	ZL 2021 1 0090760.6	2022
17	一种葡萄酒产地识别方法及其识别系统	葛 谦	宁夏农产品质量标准与检测技术研究所	ZL 2021 1 0458103.2	2022
18	一株酵母 *Papiliotrema laurentii* 菌株 HSP22 及其应用	葛 谦	宁夏农产品质量标准与检测技术研究所	ZL 2021 1 0089004.1	2022
19	一种底物添加氨基酸并基于克拉通酵母的发酵工艺	葛 谦	宁夏农产品质量标准与检测技术研究所	ZL 2021 1 0330452.6	2022
20	一株产香气物质的克拉通覆膜孢酵母菌株 YC30 及其应用	葛 谦	宁夏农产品质量标准与检测技术研究所	ZL 2021 1 0089216.X	2022
21	一株产香气物质的葡萄汁有孢汉逊酵母菌株 QTX22 及其应用	葛 谦	宁夏农产品质量标准与检测技术研究所	ZL 2021 1 0090851.X	2022
22	一株产香气物质的克鲁维毕赤酵母 *Pichia kluyveri* 菌株 HSP11 及其应用	葛 谦	宁夏农产品质量标准与检测技术研究所	ZL 2021 1 0090793.0	2021
园艺(29)					
1	一种菌种培养基分装的装置	王海霞	宁夏农林科学院园艺研究所	ZL 2022 1 1329138.7	2023
2	一种光皮甜瓜的套袋栽培方法	田 梅	宁夏农林科学院园艺研究所	ZL 2022 1 0253853.0	2023
3	黄花菜套种西瓜的种植方法	高晶霞	宁夏农林科学院园艺研究所	ZL 2022 1 0297353.7	2023
4	果树种植辅助系统及管理方法	贾永华	宁夏农林科学院园艺研究所	ZL 2022 1 0551756.X	2023
5	一种桃树用人工授粉器	岳海英	宁夏农林科学院园艺研究所	ZL 2022 1 0404152.2	2023
6	一种露地西瓜履带采摘及收集封装设备	郭 松	宁夏农林科学院园艺研究所	ZL 2022 1 0531790.0	2023
7	检测用鲜食枣预处理装置	李 慧	宁夏农林科学院园艺研究所	ZL 2021 1 0871278.6	2023

续表

序号	专利名称	第一发明人	专利权人	专利号	授权公告年份
8	一种卷帘机精准限位控制系统及使用方法	黄岳	宁夏农林科学院园艺研究所	ZL2021 1 1646696.1	2023
9	葡萄清土机	许泽华	宁夏农林科学院种质资源研究所	ZL 2019 1 0527414.2	2023
10	一种温室自动卷膜装置	岳海英	宁夏农林科学院园艺研究所	ZL 2022 1 156830.4	2023
11	一种羊肚菌栽培装置及栽培方法	张丽娟	宁夏农林科学院园艺研究所	ZL 2021 1 0979803.6	2023
12	一种微生物菌剂、生物有机肥及其制备方法	冯海萍	宁夏农林科学院园艺研究所	ZL 2022 1 1240583.6	2023
13	一种西北地区葡萄不下架、免埋土越冬栽培的方法	许泽华	宁夏农林科学院园艺研究所	ZL 2022 1 0838995.3	2023
14	一种简易西瓜滴灌水净化装置	郭松	宁夏农林科学院种质资源研究所	ZL 2020 1 0574387.7	2022
15	除湿蓄热降温大棚	谢华	宁夏农林科学院 宁夏新起点现代农业装备有限公司	ZL 2017 1 0839081.8	2022
16	黄花菜种植用施肥装置	高晶霞	宁夏农林科学院园艺研究所	ZL 2021 1 0333597.1	2022
17	方便采摘灵武长枣的支撑架	李慧	宁夏农林科学院园艺研究所	ZL 2021 1 0036297.7	2022
18	一种西瓜营养土栽培基质块的配方及制作方法	郭松	宁夏农林科学院种质资源研究所	ZL 2020 1 0574386.2	2022
19	功能膜装置的应用方法	李晓龙	宁夏农林科学院园艺研究所	ZL 2021 1 0802129.4	2022
20	一种聚水集肥的垄作瓜类种植自动化沟渠注水装置	郭松	宁夏农林科学院种质资源研究所	ZL 2019 1 1004642.8	2021
21	一种果树大枝修剪方法及修剪用装置	贾永华	宁夏农林科学院种质资源研究所	ZL 2019 1 0461979.5	2021
22	一种引黄灌区设施桃树的栽培方法	岳海英	宁夏农林科学院	ZL 2017 1 0356795.3	2020
23	一种果树枝条发酵料的制备方法及含有制备的发酵料的果蔬栽培和育苗基质	曲继松	宁夏农林科学院	ZL 2017 1 0866438.1	2020
24	一种压砂地西瓜甜瓜优质高效生产方法	刘声锋	宁夏农林科学院	ZL 2017 1 0353203.2	2020
25	枣树定植当年嫁接栽培方法	李百云	宁夏农林科学院	ZL 2014 1 0210107.9	2016
26	利用枸杞枝条生产蔬菜栽培基质和育苗基质的方法	曲继松	宁夏农林科学院种质资源研究所	ZL 2012 1 0165495.4	2013

续表

序号	专利名称	第一发明人	专利权人	专利号	授权公告年份
27	用葡萄枝条生产栽培或育苗基质的方法	梁玉文	宁夏农林科学院种质资源研究所	ZL 2011 1 0262586.5	2013
28	利用柠条生产蔬菜栽培基质和育苗基质的方法	郭文忠	宁夏农林科学院种质资源研究所	ZL 2009 1 0117609.6	2011
29	一种带果梗鲜枸杞酒及其酿制方法	王振平	宁夏农林科学院农副产品贮藏加工研究所	ZL 96 1 22224.7	1996
农业资源与环境（21）					
1	单环 β-内酰胺类化合物、单环内酰胺类化合物盐及其制备方法	高原雨	宁夏农林科学院农业资源与环境研究所	ZL 2020 1 0502376.8	2023
2	单环 β-内酰胺化合物及其制备方法和应用	纪静雯	宁夏农林科学院农业资源与环境研究所	ZL 2020 1 0499790.8	2023
3	一种采用 U 型装置进行节水灌溉的方法及 U 型装置	张学军	宁夏农林科学院农业资源与环境研究所	ZL 2019 1 0200195.7	2023
4	一种提取西北半干旱灌溉区农田淋溶水的抽水装置	张学军	宁夏农林科学院农业资源与环境研究所	ZL 2017 1 0723871.X	2023
5	一种玉米点播穴位精准定点装置及其穴位定点方法	张学军	宁夏农林科学院农业资源与环境研究所	ZL 2019 1 0197953.4	2023
6	一种土壤修复重力式土壤筛分装置	郭鑫年	宁夏农林科学院农业资源与环境研究所	ZL 2022 1 0063627.6	2023
7	一种用于处理奶牛养殖废水的微生物菌剂及有机肥的制备方法	郭鑫年	宁夏农林科学院农业资源与环境研究所	ZL 2022 1 1390528.5	2023
8	提高盐碱土氮素利用的微生物菌剂及施用方法和制备装置	李凤霞	宁夏农林科学院农业资源与环境研究所	ZL 2020 1 0741668.7	2023
9	一种肥料循环加热快速溶解装置	雷金银	宁夏农林科学院农业资源与环境研究所	ZL 2017 1 00986372	2023
10	一种重度土壤盐渍提取用检测成分的采样直通插管机构	吴 霞	宁夏农林科学院农业资源与环境研究所	ZL 2020 1 05319023	2023
11	一种 2-吡唑苯胺与 1,3-二羰基化合物合成吡唑并喹啉衍生物的方法	汤 冬	宁夏农林科学院农业资源与环境研究所	ZL 2022 1 0104371.9	2023

续表

序号	专利名称	第一发明人	专利权人	专利号	授权公告年份
12	采用秸秆生物反应堆的香椿种植方法	尹志荣	宁夏农林科学院农业资源与环境研究所	ZL 2021 1 1082724.1	2023
13	水稻ALS突变型基因及其蛋白在抗除草剂方面的应用	王 坚	宁夏农林科学院农作物研究所	ZL 2022 1 0118629.0	2023
14	一种可调节播种施肥间距和深度的播种机	王 芳	宁夏农林科学院农业资源与环境研究所	ZL 2019 1 1161712.0	2022
15	一种玉米秸秆还田的加工设备	张学军	宁夏农林科学院农业资源与环境研究所	ZL 2017 1 0723254.X	2022
16	一种酸催化2-吡唑苯胺衍生物与醚合成吡唑并喹啉化合物的方法	母养秀	宁夏农林科学院农业资源与环境研究所	ZL 2022 1 0104349.4	2022
17	用于玉米试验田播种用双链式开沟机	雷金银	宁夏农林科学院农业资源与环境研究所	ZL 2018 1 0925165.8	2021
18	石灰性土壤专用氨基酸复合液体肥及其制备方法	纪立东	宁夏农林科学院农业资源与环境研究所	ZL 2017 1 0294903.9	2020
19	冬小麦缓释肥及其制备方法	赵天成	宁夏农林科学院	ZL2013100766542.2	2013
20	盐碱地枸杞覆膜节水抑盐栽培方法	张永宏	宁夏农林科学院	ZL201210090357.4	2013
21	蔬菜滴灌专用液体复合肥及其制备方法	杨建国	宁夏农林科学院	ZL200610005641.1	2008
农作物(11)					
1	一种鲜食菜用毛豆不间断采摘的栽培方法	罗瑞萍	宁夏农林科学院农作物研究所	ZL 2020 1 1417625.X	2023
2	一种水稻栽培方法	王 昕	宁夏农林科学院农作物研究所	ZL 2021 1 1436974.0	2023
3	用于鉴定小麦春化基因VRN-D4的试剂盒及其专用成套引物对	陈东升	宁夏农林科学院农作物研究所	ZL 2019 1 0098019.7	2022
4	折叠式农用喷雾臂	冯伟东	宁夏农林科学院农作物研究所	ZL 2015 1 0318875.0	2022
5	一种基于蔓生饲草大豆提高青贮玉米饲料品质的方法	连金番	宁夏农林科学院农作物研究所	ZL 2021 1 0833851.4	2022

续表

序号	专利名称	第一发明人	专利权人	专利号	授权公告年份
6	枸杞采摘机	王平	宁夏农林科学院农作物研究所	ZL 2016 1 1127720.X	2022
7	一种制种菠菜套种大豆的高产种植方法	赵志刚	宁夏农林科学院农作物研究所	ZL 2018 1 0115791.0	2020
8	一种利用大豆雄性不育材料选育春大豆新品种的方法	赵志刚	宁夏农林科学院农作物研究所	ZL 2017 1 0541578.1	2020
9	用于鉴别宁夏水稻品种的引物组合物及其应用	马静	宁夏农林科学院农作物研究所	ZL 2015 1 0059800.5	2017
10	自走式水稻大棚育秧联合作业机	冯伟东	宁夏农林科学院	ZL 2013 1 0569329.5	2016
11	用于检测小麦抗旱性的引物及其应用	陈东升	宁夏农林科学院农作物研究所	ZL 2013 1 0381510.3	2015
旱作农业(14)					
1	农田用集雨保墒器	陈智君	宁夏农林科学院固原分院	ZL 2018 1 0584701.2	2023
2	一种密植作物深开沟寻墒抗旱穴播机	曹秀霞	宁夏农林科学院固原分院	ZL 2019 1 0270004.4	2023
3	一种艾草栽培用松土机及其使用方法	张新学	宁夏农林科学院固原分院	ZL 2022 1 1108296.X	2023
4	一种用于旱地马铃薯起垄覆膜膜面集雨高效栽培的专用机	张国辉	宁夏农林科学院固原分院	ZL 2020 1 0901879.2	2023
5	一种旱地两年三熟高效种植方法	杨琳	宁夏农林科学院固原分院	ZL 2020 1 0541073.7	2022
6	百合定点栽植设备	杨彩玲	宁夏农林科学院固原分院	ZL 2021 1 0232029.2	2022
7	高成活率雏鸡保育室	蔡翠翠	宁夏农林科学院固原分院	ZL 2021 1 0376757.0	2022
8	一种马铃薯主食化品种水肥一体化补水、施肥方法	余帮强	宁夏农林科学院固原分院	ZL 2020 1 0320156.3	2021
9	一种六盘山黄牛circR-UQCC1基因及其过表达载体、构建方法和应用	蔡翠翠	宁夏农林科学院固原分院	ZL 2019 1 0854968.3	2021
10	高质高效便捷鱼鳞坑造林整地方法	余萍	宁夏农林科学院固原分院	ZL 2017 1 0838215.4	2021
11	香荚蒾轻简化育苗方法	余治家	宁夏农林科学院固原分院	ZL 2016 1 1250432.3	2020
12	欧洲花楸设施播种育苗方法	余萍	宁夏农林科学院固原分院	ZL 2016 1 1216288.1	2020
13	一种提高胡麻籽硒含量的施肥方法及其胡麻籽生产方法	安维太	宁夏农林科学院固原分院	ZL 2013 1 0026070.X	2015
14	一种控制胡麻株高和株冠结构的方法	曹秀霞	固原市农业科学研究所	ZL 2013 1 0064078.5	2014

国际专利

序号	专利名称	授权国家（组织）	第一发明人	专利权人	专利号	年份
1	一种香蒲堆肥用生物发酵剂及其制备方法与应用	比利时	洪瑜	宁夏农林科学院农业资源与环境研究所	BE20225783	2023
2	MICROBIAL AGENT YF FAVORABLE FOR	美国	沙月霞	宁夏农林科学院植物保护研究所	US11700856B2	2023
3	一种防治牛产后腹痛的中药组合物及其制备方法	卢森堡	黎玉琼	宁夏农林科学院动物科学研究所	LU504023	2023
4	DIRECT SOWING PLANTING METHOD FOR TROLLIUS CHINENSIS（NEDERLAND）	荷兰	郭生虎	宁夏农林科学院农业生物技术研究中心	2032039	2023
5	FEED ADDITIVE CONTAINING TROLLIUS CHINENSIS BUNGE AND FEED（NEDERLAND）	荷兰	陈虞超	宁夏农林科学院农业生物技术研究中心	2031078	2023
6	盐碱地稻田退水环沟循环利用系统及方法	荷兰	洪瑜	宁夏农林科学院农业资源与环境研究所	NL2033208B1	2023
7	一种提高胡麻抗倒伏能力的方法	荷兰	曹秀霞	宁夏农林科学院固原分院	2032360	2023
8	一种富硒亚麻籽油及其制备方法	荷兰	曹秀霞	宁夏农林科学院固原分院	2029646	2022
9	NOVEL CARBIMIDATE SUBSTITUTED BICYCLIC COMPOUNDS AND THEIR USE AS BETA-LACTAMASE INIBITORS	国际	杨志祥	宁夏农林科学院	WO2023060369A1	2023
10	AMIDINE SUBSTITUTED BICYCLIC COMPOUNDS, THEIR PREPARATION, THEIR USE AS ANTIBACTERIAL ANGENTS AND BETA-LACTAMASE INHIBITORS	PCT	杨志祥	宁夏农林科学院	WO2022047790A1	2022
11	BETA-LACTAMASE INHIBITORS AND THEIR PREPARATION	PCT	杨志祥	宁夏农林科学院	WO2022047603A1	2022
12	β-LACTAM COMPOUNDS, THEIR PREPARATION AND USE AS ANTIBACTERIAL AGENTS	PCT	杨志祥	宁夏农林科学院	WO2022027439A1	2022

续表

序号	专利名称	授权国家（组织）	第一发明人	专利权人	专利号	年份
13	NOVEL MONOBACTAM COMPOUNDS, THEIR PREPARATION AND USE AS ANTIBACTERIAL AGENTS	PCT	杨志祥	宁夏农林科学院	WO2022011626A1	2022
14	一种富锌胡麻籽的生产方式	南非	曹秀霞	宁夏农林科学院固原分院	202108605	2022
15	一种小麦田间根系采集装置	南非	张维军	宁夏农林科学院农作物研究所	202110517080.8	2022
16	ACHEMICAL CONTROL AND LODGING PREVENTION METHOD FOR DENSELY PLANTED	卢森堡	赵 健	宁夏农林科学院农作物研究所	LU502277	2022
17	SULFONYLAMIDINE SUBSTITUTED COMPOUNDS AND THEIR USE AS BETA-LACTAMASE INHIBITORS	PCT	杨志祥	宁夏农林科学院	WO2022233281A1	2021
18	METHOD FOR EXTRACTING ALKALOIDS FROM CYNANCHUM KOMAROVII AL. ILJINSKI	澳大利亚	李越鲲	宁夏农林科学院枸杞科学研究所	2021101965	2021
19	A METHOD FOR SCREENING A GRNA TARGET SEQUENCE CONTAINING A PROTOSPACER ADJACENT MOTIF（PAM）STRUCTURE BASED ON A CHARACTER SLICING TECHNOLOGY AND APPLICATION THEREOF	澳大利亚	樊云芳	宁夏农林科学院枸杞科学研究所	2021100248	2021
20	CONVEYOR TYPE FERTILIZER DISTRIBUTOR FOR WOLFBERRY	荷兰	石志刚	宁夏农林科学院枸杞工程技术研究所	2026913	2021
21	CHAIN TRENCHER FOR WOLFBERRY	荷兰	石志刚	宁夏农林科学院枸杞工程技术研究所	2026863	2021
22	NOVEL HIGH-EFFECIENT FOLDING PLANT PROTECTION MACHINE FOR WOLFBERRY WITH TWO WIND PROOF WINGS	荷兰	石志刚	宁夏农林科学院枸杞工程技术研究所	2026862	2021
23	PLANTING MACHINE FOR WOLFBERRY	荷兰	石志刚	宁夏农林科学院枸杞工程技术研究所	2026897	2021

续表

序号	专利名称	授权国家（组织）	第一发明人	专利权人	专利号	年份
24	OFFSET SINGLE-KNIFE FURROWING MACHINE FOR WOLFBERRY	荷兰	万 如	宁夏农林科学院	2026995	2021
25	FRONT SPLAYED BACKFILLER FOR WOLFBERRY	荷兰	万 如	宁夏农林科学院	2026971	2021
26	DOUBLE-SIDED WEEDING MACHINE EQUIPPED WITH GRASS-CUTTING TOOTHED	荷兰	石志刚	宁夏农林科学院	2026962	2021
27	A LYCIUM RUTHENICUM ANTHER CULTURE SYSTEM	卢森堡	罗 青	宁夏农林科学院枸杞科学研究所	LU102357	2021
28	CREMA E COMPOSIZIONE SBIANCANTE E RIPARATRICE DELLA PELLE AGLI ESTRATTI DI NESPOLA	意大利	刘兰英	宁夏农林科学院枸杞科学研究所	A61k897	2021
29	A METHOD FOR PREDICTING YILED AND QUALITY OF THE ALFALFA GRASS	南非	杨天辉	宁夏农林科学院动物科学研究所	202107353	2021
30	SEMINATRICE DI PRECISIONE AD INTERRAMENTO PROFONDO, CON RILEVAMENTO DELL'UMIDITÀ DEL SUOLO E RESISTENZA ALLA SICCITÀ PER COLTURE DENSAMENTE PIANTATE	意大利	曹秀霞	宁夏农林科学院固原分院	A01C718	2021
31	黏重盐碱地用碳基土壤改良剂	意大利	纪立东	宁夏农林科学院农业资源与环境研究所	102020000023302	2020
32	METHOD FOR SOWING AND RAISING SEEDLINGS OF EUONYMUS PHELLOMANUS	澳大利亚	余治家	宁夏农林科学院固原分院	2020102264	2020
33	CHEMICAL EGULATION METHOD FOR INCREASING LODGINGRESISTANCE CAPABILITY AND YIELD OF FLAX BY MEANS OF UNICONAZOLE	澳大利亚	曹秀霞	宁夏农林科学院固原分院	2020101689	2020

续表

序号	专利名称	授权国家（组织）	第一发明人	专利权人	专利号	年份
34	PRODUCTION METHOD OF SELENIUM-ENRICHDE PERILLA FRUTESCENS SEEDS	澳大利亚	杨崇庆	宁夏农林科学院固原分院	2020101873	2020
35	LLYCIUM BARBARUM PLANTING METHOD IN STRONGLY SALINE-ALKALI SOIL	澳大利亚	何 军	宁夏农林科学院枸杞科学研究所	2020101993	2020
36	GREENHOUSE BIOREACTOR SYSTEM	澳大利亚	高晶霞	宁夏农林科学院种质资源研究所	2020100880	2020
37	PEPPER PLANTING METHOD FOR OVERCOMING CONTINUOUS CROPPING OBSTACLES IN A GREENHOUSE	澳大利亚	高晶霞	宁夏农林科学院种质资源研究所	2020100875	2020
38	一种防治枸杞根腐病土壤生态调控方法	澳大利亚	何 嘉	宁夏农林科学院植物保护研究所	2020101883	2020
39	一种枸杞蓟马的生态防控方法	澳大利亚	何 嘉	宁夏农林科学院植物保护研究所	2020101890	2020
40	一种枸杞花青素喷雾粉胶囊的制备方法	澳大利亚	刘兰英	宁夏农林科学院枸杞科学研究所	2020101467	2020
41	一种枸杞花青素面膜制备方法	澳大利亚	曹有龙	宁夏农林科学院枸杞科学研究所	2020102418	2020
42	一种黑果枸杞芽茶制备方法	澳大利亚	李晓莺	宁夏农林科学院枸杞科学研究所	2020102238	2020
43	LYCIUM RUTHENICUM MURR ANTHER CULTURE MEDIUM	澳大利亚	罗 青	宁夏农林科学院枸杞科学研究所	2020101326	2020
44	LLYCIUM BARBARUM ORCHARD GRASS PLANTING METHOD	澳大利亚	曹有龙	宁夏农林科学院枸杞科学研究所	2020101714	2020

第六部分

DI LIU BU FEN

专 著

　　收录的 178 部专著目录清单，集中展现了建院以来在农林科研领域的深厚积累与卓越成果，不仅体现了科研人员的辛勤付出和智慧结晶，更是对农林科技事业发展作出的重要贡献。我国近代农业昆虫学奠基人，著名农业昆虫家吴福桢，在我院工作期间，用十年时间基本查清了宁夏农业昆虫的种类、分布及生活习性并编撰《宁夏农业昆虫图志》，培养了一大批杰出植保人才，对我国农业昆虫学事业作出了卓越贡献。

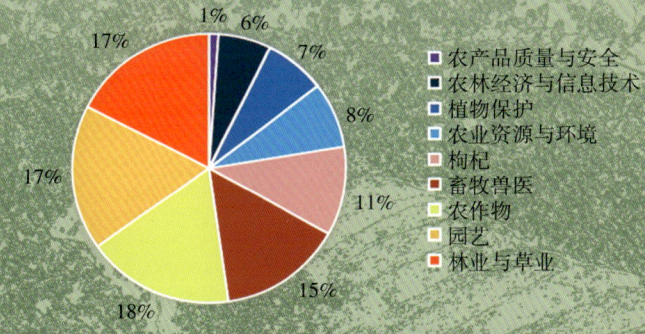

不同学科领域专著出版情况

专 著

序号	著作名称	主要作者	作者单位	出版时间	出版社名称
畜牧兽医（26）					
1	肉牛常见人畜共患病防治指南	王建东	宁夏农林科学院动物科学研究所	2023	阳光出版社
2	肉牛常见病诊疗技术指南	梁小军	宁夏农林科学院动物科学研究所	2022	阳光出版社
3	肉牛规范化养殖技术	梁小军	宁夏农林科学院动物科学研究所	2022	阳光出版社
4	肉牛养殖常见问题解答	梁小军	宁夏农林科学院动物科学研究所	2020	阳光出版社
5	中国草地资源现状与区域分析（参编）	杨天辉	宁夏农林科学院动物科学研究所	2017	科学出版社
6	肉牛高效养殖实用技术	李聚才	宁夏农林科学院草畜中心	2009	科学技术文献出版社
7	宁夏南部山区草畜产业发展研究	李颖康	宁夏农林科学院畜牧兽医研究所	2006	宁夏人民出版社
8	肉羊饲养与疾病防治	许 斌	宁夏农林科学院畜牧兽医研究所	2005	宁夏人民出版社
9	宁夏经济简史（合著）	刘自新	宁夏农林科学院畜牧兽医研究所	2005	西北农林科技大学出版社
10	萨福克的养殖与利用	达文政	宁夏农林科学院畜牧兽医研究所	2004	金盾出版社
11	常用畜禽生物药品使用指南	李颖康	宁夏农林科学院畜牧兽医研究所	1999	中国农业出版社
12	软饮料工艺学	庞其艳	宁夏农林科学院畜牧兽医研究所	1996	宁夏人民出版社
13	农村实用技术	孙淑云	宁夏农林科学院畜牧兽医研究所	1995	宁夏人民出版社
14	兔体寄生虫	李作民	宁夏农林科学院畜牧兽医研究所	1994	宁夏人民出版社
15	庭院经济与技术	黄润森	宁夏农林科学院畜牧兽医研究所	1993	宁夏人民出版社
16	黄土高原优良能源草的选择和开发利用研究	张国荣	宁夏农林科学院畜牧兽医研究所	1992	陕西人民出版社
17	中国优秀科技图书要览	刘升林	宁夏农林科学院畜牧兽医研究所	1990	辽宁人民出版社
18	滩羊生态地理研究	许百善	宁夏农林科学院畜牧兽医研究所	1989	科学出版社
19	宁夏草原植被及牧草种植	刘升林	宁夏农林科学院畜牧兽医研究所	1989	宁夏人民出版社

续表

序号	著作名称	主要作者	作者单位	出版时间	出版社名称
20	液态全乳代乳品在牛饲养中的应用	达文政	宁夏农林科学院畜牧兽医研究所	1988	新疆人民出版社
21	畜禽饲料手册	黄润森	宁夏农林科学院畜牧兽医研究所	1986	宁夏人民出版社
22	中国兽医针灸学	李汝舟	宁夏农林科学院畜牧兽医研究所	1984	山西人民出版社
23	黄牛冷冻精液制作及配种技术	汤治	宁夏农林科学院畜牧兽医研究所	1980	宁夏人民出版社
24	牛环形泰勒焦虫病的研究	张中珩	宁夏农林科学院畜牧兽医研究所	1980	宁夏人民出版社
25	大家畜疾病治疗	张枋	宁夏农林科学院畜牧兽医研究所	1975	宁夏人民出版社
26	宁夏滩羊	崔重九	宁夏农林科学院畜牧兽医研究所	1973	宁夏人民出版社
		枸杞(19)			
1	WOLFBERRY(GOJI)	曹有龙 闫亚美	宁夏农林科学院枸杞科学研究所	2022	阳光出版社
2	枸杞篱架栽培	田建文	宁夏农林科学院枸杞科学研究所	2022	阳光出版社
3	枸杞SSR标杞开发及种质资源指纹图谱	安巍	宁夏农林科学院枸杞科学研究所	2022	中国农业科学技术出版社
4	枸杞佳肴	曹有龙	国家枸杞工程技术研究中心	2019	宁夏人民出版社
5	枸杞良种良法配套栽培规范化机械化综合生产技术	石志刚	宁夏农林科学院枸杞工程技术研究所	2018	阳光出版社
6	中国枸杞种质资源	曹有龙	国家枸杞工程技术研究中心	2014	中国林业出版社
7	枸杞栽培学	曹有龙	国家枸杞工程技术研究中心	2013	阳光出版社
8	话说枸杞—农业知识轻松学	王亚军	宁夏枸杞工程技术研究中心	2012	宁夏教育出版社
9	枸杞种质资源描述规范和数据标准	石志刚	宁夏枸杞工程技术研究中心	2012	中国林业出版社
10	枸杞不同种质的nrDANTIS序列分析研究	石志刚	宁夏枸杞工程技术研究中心	2012	中国林业出版社
11	药用植物育种学——枸杞	安巍	宁夏枸杞工程技术研究中心	2011	中国农业出版社

续表

序号	著作名称	主要作者	作者单位	出版时间	出版社名称
12	宁夏枸杞	李丁仁	宁夏枸杞工程技术研究中心	2011	宁夏人民出版社
13	设施果树生产技术大全	李丁仁	宁夏枸杞工程技术研究中心	2010	宁夏人民出版社
14	枸杞栽培技术	安巍	宁夏枸杞工程技术研究中心	2009	宁夏人民出版社
15	无公害蔬菜露地反季节栽培与间套复种技术	李丁仁	宁夏枸杞工程技术研究中心	2008	宁夏人民出版社
16	中国作物及其野生近缘植物枸杞	安巍	宁夏枸杞工程技术研究中心	2008	中国农业出版社
17	无公害蔬菜栽培与采后处理技术	李丁仁	宁夏枸杞工程技术研究中心	2006	宁夏人民出版社
18	枸杞高产栽培技术	钟鉎元	宁夏枸杞工程技术研究中心	2002	金盾出版社
19	枸杞高产栽培与育种	李润淮	宁夏枸杞工程技术研究中心	1994	宁夏人民出版社
林业与草业(31)					
1	宁夏榛子引种与栽培技术研究	左忠	宁夏农林科学院林业与草地研究所	2023	中国农业科学技术出版社
2	宁夏藜麦种植研究	温淑红	宁夏农林科学院林业与草地研究所	2023	阳光出版社
3	优良牧草抗旱性研究	季波	宁夏农林科学院林业与草地研究所	2022	阳光出版社
4	干旱风沙区主要造林树种土壤水分动态监测与评价	左忠	宁夏农林科学院林业与草地研究所	2022	中国农业科学技术出版社
5	宁夏退耕还林工程生态效益监测研究与评价	潘占兵	宁夏农林科学院林业与草地研究所	2022	中国农业科学技术出版社
6	柠条林的经营和可持续利用研究	温学飞	宁夏农林科学院林业与草地研究所	2022	阳光出版社
7	宁夏草地资源图集	谢高地 蒋齐	宁夏农林科学院林业与草地研究所	2022	中国林业出版社
8	柠条研究与利用	温学飞	宁夏农林科学院荒漠化治理研究所	2020	中国农业科学技术出版社
9	宁夏栽培中药材	李明	宁夏农林科学院荒漠化治理研究所	2019	阳光出版社
10	黄土丘陵区土壤抗冲性研究思考	马璠	宁夏农林科学院荒漠化治理研究所	2019	宁夏人民教育出版社

续表

序号	著作名称	主要作者	作者单位	出版时间	出版社名称
11	化学固沙关键技术研究与应用	温学飞	宁夏农林科学院荒漠化治理研究所	2018	中国农业科学技术出版社
12	宁夏土地沙漠化动态监测及预警机制研究	温学飞	宁夏农林科学院荒漠化治理研究所	2018	中国农业科学技术出版社
13	黄土丘陵区土壤团聚体研究思考	马璠	宁夏农林科学院荒漠化治理研究所	2018	宁夏人民教育出版社
14	柠条资源生态保护与应用技术研究论文集	温学飞 左忠 潘占兵	宁夏农林科学院荒漠化治理研究所	2018	阳光出版社
15	宁南山区小流域土壤质量评价研究——基于R语言	董立国	宁夏农林科学院荒漠化治理研究所	2017	宁夏人民教育出版社
16	宁夏引黄灌区农田防护林体系优化研究	左忠	宁夏农林科学院荒漠化治理研究所	2016	宁夏人民教育出版社
17	细沟侵蚀实验简明教程	马璠	宁夏农林科学院荒漠化治理研究所	2014	宁夏人民教育出版社
18	压砂地衰退机制及生态系统综合评价	蒋齐	宁夏农林科学院荒漠化治理研究所	2013	阳光出版社
19	中国沙漠·沙地·沙生植物（参编）	左忠	宁夏农林科学院荒漠化治理研究所	2013	中国农业科学技术出版社
20	罗布麻生理生态学研究（参编）	张清云	宁夏农林科学院荒漠化治理研究所	2012	科学出版社
21	宁夏宜林地立地类型划分及造林适应性评价研究	张源润	宁夏农林科学院荒漠化治理研究所	2012	阳光出版社
22	甘草研究	蒋齐	宁夏农林科学院荒漠化治理研究所	2009	宁夏人民出版社
23	实用植物组织培养技术教程（参编）	任玉芬	宁夏农林科学院林业研究所	1996	甘肃科学技术出版社
24	市场紧缺中药材种植技术（参编）	于卫平	宁夏农林科学院林业研究所	1994	北京农业大学出版社
25	毛乌素沙地乔灌木立地质量评价（参编）	王北	宁夏农林科学院林业研究所	1993	中国林业出版社
26	白榆种源选择研究（参编）	马国骅	宁夏农林科学院林业研究所	1993	陕西科学技术出版社
27	宁夏盐池草地农业系统研究（参编）	王北	宁夏农林科学院林业研究所	1992	甘肃科学技术出版社
28	宁夏林业大事记（参编）	马国骅	宁夏农林科学院林业研究所	1990	宁夏人民出版社
29	多元统计分析方法及其应用	孙德祥 何尚仁	宁夏农林科学院林业研究所	1989	宁夏人民出版社

续表

序号	著作名称	主要作者	作者单位	出版时间	出版社名称
30	宁夏主要造林树种形态解剖图集	冯显逵	宁夏农林科学院林业研究所	1989	宁夏人民出版社
31	宁夏六盘山贺兰山木本植物图鉴	冯显逵	宁夏农林科学院林业研究所	1979	宁夏人民出版社
农林经济与信息技术（11）					
1	乡村产业振兴之路径与实践：基于宁夏的研究与探索	温淑萍	宁夏农林科学院农业经济与信息技术研究所	2022	阳光出版社
2	宁夏粮食生产经济效益及发展战略	张治华	宁夏农林科学院农业经济与信息技术研究所	2019	阳光出版社
3	宁夏高端精品农业培育发展研究	张治华	宁夏农林科学院农业经济与信息技术研究所	2019	阳光出版社
4	宁夏农事活动历	孙尚贤 孙元德 李 健	宁夏农林科学院农业科技信息研究所 宁夏农林科学院林业研究所	1998	宁夏人民出版社
5	宁夏中长期食物发展战略研究	邝经邦 孙尚贤	宁夏农林科学院农业科技情报研究所	1993	宁夏人民出版社
6	宁夏南部山区农业问题综合研究	邝经邦 谢守栋	宁夏农林科学院农业科技情报研究所	1992	宁夏人民出版社
7	宁夏农村经济研究	邝经邦	宁夏农林科学院农业科技情报研究所	1989	宁夏人民出版社
8	宁夏农业发展战略研究	邝经邦	宁夏农林科学院农业科技情报研究所	1989	宁夏人民出版社
9	宁夏人才与智力现状及其对策研究	邝经邦	宁夏农林科学院农业科技情报研究所	1988	宁夏人民出版社
10	沙棘资源及其利用	陈渐宁 郭德威	宁夏农林科学院农业科技情报研究所	1984	宁夏人民出版社
11	氮肥增效剂译丛 1~2	薛克俊	宁夏农林科学院农业科技情报研究室	1974	宁夏人民出版社
植物保护（13）					
1	宁夏农作物病害	沈瑞清 郭成瑾 张丽荣	宁夏农林科学院植物保护研究所	2018	宁夏人民出版社
2	宁夏草原昆虫原色图鉴	张 蓉	宁夏农林科学院植物保护研究所	2014	中国农业科学技术出版社
3	葡萄栽培（贮藏保鲜）与葡萄酒酿造	王国珍	宁夏农林科学院植物保护研究所	2006	宁夏人民出版社

续表

序号	著作名称	主要作者	作者单位	出版时间	出版社名称
4	宁夏自然灾害防灾减灾重大问题研究农牧业生物灾害（自然卷）	张 怡	宁夏农林科学院植物保护研究所	2005	宁夏人民出版社
5	玉米、高粱、谷子病虫害诊断与防治	沈瑞清	宁夏农林科学院植物保护研究所	2005	金盾出版社
6	宁夏农业昆虫图志·第三集	高兆宁 杨彩霞	宁夏农林科学院植物保护研究所	1999	中国农业出版社
7	宁夏农业昆虫实录	高兆宁	宁夏农林科学院植物保护研究所	1993	天则出版社
8	枸杞研究	高兆宁	宁夏农林科学院植物保护研究所	1989	宁夏人民出版社
9	中国农业百科全书·昆虫卷	高兆宁	宁夏农林科学院植物保护研究所	1985	中国农业出版社
10	宁夏农业昆虫图志·第二集	高兆宁 吴福桢 郭予元	宁夏农林科学院植物保护研究所	1982	宁夏人民出版社
11	中国农作物病虫害	高兆宁	宁夏农林科学院植物保护研究所	1979	中国农业出版社
12	宁夏农业昆虫图志·第一集（修订本）	吴福桢 高兆宁	宁夏农林科学院植物保护研究所	1976	中国农业出版社
13	宁夏农业昆虫图志·第一集	吴福桢 高兆宁	宁夏农林科学院植物保护研究所	1966	中国农业出版社
农产品质量与安全(2)					
1	宁夏贺兰山东麓酿酒葡萄产品质量与产地环境影响评价研究	牛 艳	宁夏农产品质量标准与检测技术研究所	2022	中国农业科学技术出版社
2	胡麻油研究	牛 艳	宁夏农产品质量标准与检测技术研究所	2020	中国农业科学技术出版社
园艺(31)					
1	宁夏绿色、优质、安全农产产区构建路径研究	王劲松	宁夏农林科学院园艺研究所	2023	中国言实出版社
2	宁夏露地冷凉蔬菜高产高效生产的理论与技术研究	冯海萍	宁夏农林科学院园艺研究所	2022	阳光出版社
3	北方特色果品采后生理与贮藏保鲜研究	田建文	宁夏农林科学院	2022	中国农业科学技术出版社
4	宁夏西甜瓜栽培技术	郭 松	宁夏农林科学院园艺研究所	2020	宁夏人民出版社
5	拱棚辣椒栽培技术试验研究	高晶霞	宁夏农林科学院园艺研究所	2020	阳光出版社
6	拱棚辣椒高产优质栽培技术	高晶霞	宁夏农林科学院园艺研究所	2020	阳光出版社

续表

序号	著作名称	主要作者	作者单位	出版时间	出版社名称
7	宁夏瓜菜"十三五"全产业链项目研发关键技术	谢 华	宁夏农林科学院园艺研究所	2020	阳光出版社
8	宁南冷凉地区设施瓜菜栽培技术	郭守金	宁夏农林科学院种质资源研究所	2014	阳光出版社
9	图说苹果郁闭园改造技术	王春良	宁夏农林科学院种质资源研究所	2013	金盾出版社
10	宁南冷凉蔬菜栽培技术	刘声锋	宁夏农林科学院种质资源研究所	2013	宁夏出版社
11	西甜瓜生产技术400题解读大全	刘声锋	宁夏农林科学院种质资源研究所	2011	宁夏人民出版社
12	枣树优质高效生产技术	魏天军	宁夏农林科学院种质资源研究所	2009	宁夏人民出版社
13	无公害压砂瓜栽培技术	刘声锋	宁夏农林科学院种质资源研究所	2008	宁夏人民出版社
14	设施瓜菜无公害生产应用技术	郭文忠	宁夏农林科学院种质资源研究所	2007	宁夏人民出版社
15	宁夏中卫市无公害设施蔬菜技术与推广	谢 华	宁夏农林科学院种质资源研究所	2006	宁夏人民出版社
16	宁夏吴忠市优质奶牛疫病监测预报与防制技术示范	康晓冬	宁夏农林科学院种质资源研究所	2006	宁夏人民出版社
17	蔬菜生产技术大全	李 爽	宁夏农林科学院蔬菜花卉研究所	2001	中国农业出版社
18	中国大白菜	李 爽	宁夏农林科学院蔬菜研究所	1998	中国农业出版社
19	中国蔬菜品种目录·第2册	姜明仙	宁夏农林科学院蔬菜研究所	1998	气象出版社
20	中国传统蔬菜图谱	李 爽	宁夏农林科学院蔬菜研究所	1996	浙江科学技术出版社
21	桃树矮化密植	喻菊芳 张一鸣	宁夏农林科学院园艺研究所	1994	陕西科学技术出版社
22	节能日光温室蔬菜栽培技术	李 爽	宁夏农林科学院蔬菜研究所	1994	宁夏人民出版社
23	露地蔬菜栽培技术	李 爽	宁夏农林科学院蔬菜研究所	1994	宁夏人民出版社
24	中国蔬菜品种志	姜明仙	宁夏农林科学院蔬菜研究所	1994	农业出版社
25	苹果早果高产优质栽培	张一鸣 王世平	宁夏农林科学院园艺研究所	1992	陕西科学技术出版社
26	中国蔬菜品种目录·第1册	姜明仙	宁夏农林科学院蔬菜研究所	1991	万国出版社

续表

序号	著作名称	主要作者	作者单位	出版时间	出版社名称
27	西北蔬菜保护地栽培	李爽	宁夏农林科学院蔬菜研究所	1988	天则出版社
28	蔬菜良种繁育和采种技术	姜明仙 李海燕	宁夏农林科学院蔬菜研究所	1986	宁夏人民出版社
29	蔬菜病虫害及其防治	李爽	宁夏农林科学院蔬菜研究所	1980	宁夏人民出版社
30	怎样栽培和贮藏大白菜	李爽	宁夏农林科学院蔬菜研究所	1977	宁夏人民出版社
31	蔬菜栽培技术	李爽	宁夏农林科学院蔬菜研究所	1972	宁夏人民出版社
\multicolumn{6}{c}{农业资源与环境（14）}
1	宁夏菜田面源污染监测和绿色防控技术研究与应用	张学军	宁夏农林科学院农业资源与环境研究所	2022	阳光出版社
2	玉米化肥农药减施增效绿色生产技术	赵营	宁夏农林科学院农业资源与环境研究所	2021	中国农业出版社
3	宁夏畜禽养殖粪污资源化循环利用技术	纪立东	宁夏农林科学院农业资源与环境研究所	2020	中国农业科学技术出版社
4	宁夏黄土丘陵区脆弱生态系统恢复及可持续管理	蔡进军	宁夏农林科学院农业资源与环境研究所	2020	科学出版社
5	盐碱地土壤微生物多样性特征研究	李凤霞	宁夏农林科学院农业资源与环境研究所	2015	阳光出版社
6	宁夏农业信息化理论与实践	周涛	宁夏农林科学院农业资源与环境研究所	2015	阳光出版社
7	枸杞鲜果干制的理论和技术	朱建宁	宁夏农林科学院农业资源与环境研究所	2014	宁夏人民教育出版社
8	半干旱黄土丘陵区退化生态系统恢复技术与模式	李生宝	宁夏农林科学院	2011	科学出版社

续表

序号	著作名称	主要作者	作者单位	出版时间	出版社名称
9	宁夏南部山区生态农业建设技术研究	李生宝	宁夏农林科学院	2006	宁夏人民出版社
10	化肥农药使用技术	李友宏	宁夏农林科学院土壤肥料研究所	1998	宁夏人民出版社
11	黄河大柳树水利枢纽灌区土地资源开发	梅成瑞	宁夏农林科学院土壤肥料研究所	1996	科学出版社
12	城郊土地人口承载力系统动力学应用研究	隋玉柱	宁夏农林科学院土壤肥料研究所	1992	山东地图出版社
13	多元分析方法及其应用	孙德祥 何尚仁	宁夏农林科学院土壤肥料研究所	1989	宁夏人民出版社
14	合理施肥	吴祖堂	宁夏农林科学院土壤肥料研究所	1974	宁夏人民出版社
	农作物（31）				
1	宁夏稻田杂草识别及绿色防控	马洪文	宁夏农林科学院农作物研究所	2023	阳光出版社
2	宁夏胡麻育种及栽培管理技术研究	曹秀霞	宁夏农林科学院固原分院	2021	阳光出版社
3	宁夏直播稻田杂草防控技术	马洪文	宁夏农林科学院农作物研究所	2020	阳光出版社
4	农业技术应用与水稻种植	马　静	宁夏农林科学院农作物研究所	2020	吉林科学技术出版社
5	宁夏水稻直播栽培技术问答	殷延勃	宁夏农林科学院农作物研究所	2020	阳光出版社
6	宁夏大豆品种与栽培技术	连金番	宁夏农林科学院农作物研究所	2020	阳光出版社
7	宁夏大豆研究	赵志刚	宁夏农林科学院农作物研究所	2019	阳光出版社
8	宁夏水稻主要病虫草害识别与防治	殷延勃	宁夏农林科学院农作物研究所	2019	阳光出版社
9	大豆优质高效技术知识答疑	罗瑞萍	宁夏农林科学院农作物研究所	2018	阳光出版社
10	宁夏大豆高产高效栽培技术	赵志刚 罗瑞萍	宁夏农林科学院农作物研究所	2017	阳光出版社
11	北方春玉米规模生产	李少昆 王永宏	宁夏农林科学院农作物研究所	2015	中国农业出版社
12	宁夏玉米栽培	王永宏	宁夏农林科学院农作物研究所	2014	中国农业科学出版社
13	中国小麦品种区划与高产优质栽培（撰写第七章）	袁汉民	宁夏农林科学院	2012	中国农业出版社

续表

序号	著作名称	主要作者	作者单位	出版时间	出版社名称
14	宁夏小麦、水稻、玉米高产栽培技术（二作）	张振海	宁夏农林科学院农作物研究所	2012	宁夏人民出版社
15	西北灌溉玉米·田间种植手册（四作）	王永宏	宁夏农林科学院农作物研究所	2011	中国农业出版社
16	北方旱作玉米·田间种植手册（四作）	王永宏	宁夏农林科学院农作物研究所	2011	中国农业出版社
17	北方春玉米·田间种植手册（四作）	王永宏	宁夏农林科学院农作物研究所	2011	中国农业出版社
18	高产玉米栽培关键技术	许志斌	宁夏农林科学院	2009	宁夏人民出版社
19	宁夏水稻优质高效栽培技术答疑	马洪文	宁夏农林科学院农作物研究所	2009	宁夏人民出版社
20	宁夏油料作物	安维太	宁夏农林科学院固原分院	2009	宁夏人民出版社
21	优势特色农作物种植新技术——青贮玉米种植与加工利用技术	王永宏	宁夏农林科学院农作物研究所	2007	宁夏人民出版社
22	优势特色农作物种植新技术——特用型玉米种植技术	王永宏	宁夏农林科学院农作物研究所	2007	宁夏人民出版社
23	宁夏农业综合开发灌区玉米栽培技术	许志斌	宁夏农林科学院	2007	宁夏人民出版社
24	实践的研究与研究的实践	王玉琳	宁夏农林科学院农作物研究所	2000	宁夏人民出版社
25	中国小麦品种志（宁夏部分）（1983—1993年）	袁汉民	宁夏农林科学院农作物研究所	1995	中国农业出版社
26	中国小麦遗传资源目录（1987—1993年）	袁汉民	宁夏农林科学院农作物研究所	1995	中国农业出版社
27	中国稻种资源目录1、2集 宁夏稻种资源	冯中华	宁夏农林科学院农作物研究所	1990	中国农业出版社
28	宁夏水稻育种与栽培	陈冠五	宁夏农林科学院农作物研究所	1978	宁夏人民出版社
29	宁夏灌区春小麦育种与栽培技术	赵仲修	宁夏农林科学院农作物研究所	1977	宁夏人民出版社
30	多种、种好小油菜	马学飞	宁夏回族自治区农业科学研究所	1977	宁夏人民出版社
31	宁夏灌区一年两熟栽培技术	汤子均	宁夏农林科学院农作物研究所	1976	宁夏人民出版社

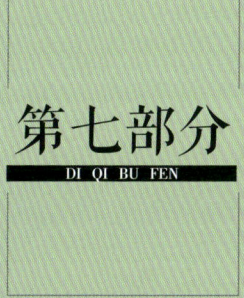

第七部分

高质量论文

  树立"从严治院、开放办院、自由发展"的理念,聚焦黄河流域生态保护和高质量发展先行区建设、种业振兴行动、自治区"六特"产业发展以及"三农"工作战略谋划,开展科学研究,加强技术攻关,先后发表高质量论文 1 109 篇,近四年在 SCI、EI 等高水平学术期刊发表 157 篇,有效提升了宁夏农林科学院的学术影响力。

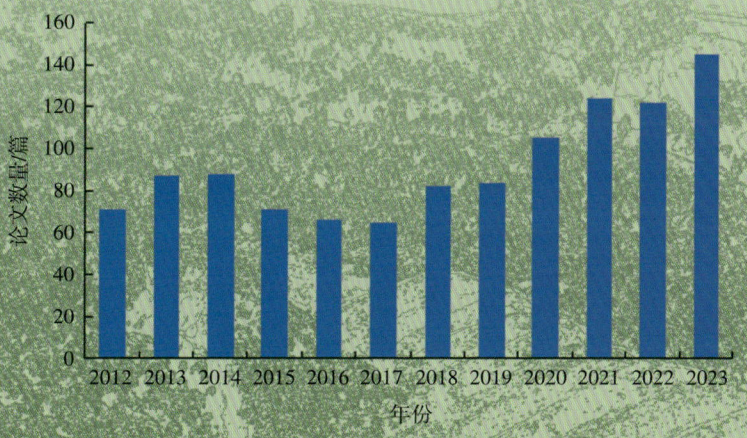

高质量论文发表情况

中文期刊刊发论文

序号	第一(通信)作者	论文名称	刊物名称	出版时间	单位
1	米 佳	中压制备色谱法分离黑果枸杞中2个矮牵牛素花色苷及其对胰脂肪酶的抑制活性	食品科学	2023	宁夏农林科学院枸杞科学研究所
2	吴 霞	宁夏黄土丘陵区农田土壤细菌海拔分布特征	环境科学	2023	宁夏农林科学院农业资源与环境研究所
3	高旭红	杏鲍菇和香菇固态发酵小麦秸秆对其营养价值的影响	动物营养学报	2023	宁夏农林科学院动物科学研究所
4	高旭红	独活茎叶对西门塔尔杂交牛生长性能、血清生化指标、免疫和抗氧化指标的影响	中国饲料	2023	宁夏农林科学院动物科学研究所
5	王建东	基于代谢组学探讨犊牛失明原因	西南农业学报	2023	宁夏农林科学院动物科学研究所
6	王建东	基于RNA-Seq技术研究枸杞多糖对环磷酰胺致雏鸡免疫抑制的拮抗机制	畜牧兽医学报	2023	宁夏农林科学院动物科学研究所
7	王建东	基于转录组测序分析枸杞多糖对免疫抑制雏鸡脾脏基因表达的影响	南方农业学报	2023	宁夏农林科学院动物科学研究所
8	王建东	饲粮粗蛋白水平对产后安格斯母牛生长性能、血清生化指标及繁殖性能的影响	饲料研究	2023	宁夏农林科学院动物科学研究所
9	王建东	产气荚膜梭菌多重TaqMan荧光定量PCR检测方法的建立	中国兽医科学	2023	宁夏农林科学院动物科学研究所
10	侯鹏霞	氨基酸锌对哺乳期犊牛生长性能、血清生化、免疫指标及粪便微生物含量的影响	中国畜牧杂志	2023	宁夏农林科学院动物科学研究所
11	郭亚男	2020—2021年宁夏地区牛支原体血清流行病学调查与分析	黑龙江畜牧兽医	2023	宁夏农林科学院动物科学研究所
12	郭亚男	宁夏地区规模化奶牛场泌乳奶牛急性乳房炎病原的分离及耐药性分析	黑龙江畜牧兽医	2023	宁夏农林科学院动物科学研究所
13	马丽娜	饲粮蛋白水平对断奶犊牛生长性能、血清指标、瘤胃发酵参数及微生物组成的影响	饲料研究	2023	宁夏农林科学院动物科学研究所
14	马丽娜	日粮精粗比对哺乳期犊牛生长性能、瘤胃发酵参数及细菌菌群结构的影响	饲料研究	2023	宁夏农林科学院动物科学研究所
15	张俊丽	不同添加剂对干谷草秸秆发酵品质与营养价值的影响	饲料研究	2023	宁夏农林科学院动物科学研究所

续表

序号	第一（通信）作者	论文名称	刊物名称	出版时间	单位
16	张俊丽	藜麦秸秆微贮替代全株青贮玉米对西杂育肥牛生产性能、营养物质表观消化率及血清指标的影响	畜牧与饲料科学	2023	宁夏农林科学院动物科学研究所
17	张俊丽	纤维素酶、乳酸菌对干糜草发酵品质与营养价值的影响	饲料研究	2023	宁夏农林科学院动物科学研究所
18	张俊丽	不同处理方式对红花秸秆发酵品质与营养价值的影响	饲料研究	2023	宁夏农林科学院动物科学研究所
19	张俊丽	不同添加剂对板蓝根茎叶发酵品质与营养价值的影响	中国饲料	2023	宁夏农林科学院动物科学研究所
20	施 安	不同品种肉牛肌内脂肪沉积相关基因比较研究	动物营养学报	2023	宁夏农林科学院动物科学研究所
21	施 安	慢性冷热应激对繁殖母牛血清指标的影响	中国饲料	2023	宁夏农林科学院动物科学研究所
22	王晓春	盐碱地紫花苜蓿根际土壤细菌群落多样性分析	北方园艺	2023	宁夏农林科学院动物科学研究所
23	黎玉琼	宁夏银川地区奶牛毕氏肠微孢子虫的感染情况与基因型鉴定	中国寄生虫与寄生虫病杂志	2023	宁夏农林科学院动物科学研究所
24	黎玉琼	2014—2022年宁夏不同地区奶牛艾美尔球虫病流行病学调查	畜牧与兽医	2023	宁夏农林科学院动物科学研究所
25	黎玉琼	宁夏部分地区奶牛贾第鞭毛虫分子流行病学调查	黑龙江畜牧兽医	2023	宁夏农林科学院动物科学研究所
26	梁晓婕	枸杞根系发育及地上生长对不同施氮量的响应	西北农业学报	2023	宁夏农林科学院枸杞科学研究所
27	梁晓婕	不同篱架树形及采摘期对宁夏枸杞新品系果实品质的影响	北方园艺	2023	宁夏农林科学院枸杞科学研究所
28	樊云芳	枸杞马铃薯纺锤块茎类病毒的鉴定	植物病理学报	2023	宁夏农林科学院枸杞科学研究所
29	张 波	不同单株枸杞芽叶茶风味品质分析（录用）	食品工业科技	2023	宁夏农林科学院枸杞科学研究所
30	何昕孺	篱架栽培条件下修剪方式对枸杞生长结实的影响	经济林研究	2023	宁夏农林科学院枸杞科学研究所
31	何昕孺	36份宁夏枸杞果实品质性状与SSR遗传多样性关联分析	西南农业学报	2023	宁夏农林科学院枸杞科学研究所
32	黄 婷	外源喷施铜、硒对枸杞果实品质及其耐储性的影响	经济林研究	2023	宁夏农林科学院枸杞科学研究所
33	戴国礼	枸杞属种质资源主要农艺学性状遗传多样性分析	分子植物育种	2023	宁夏农林科学院枸杞科学研究所

续表

序号	第一（通信）作者	论文名称	刊物名称	出版时间	单位
34	戴国礼	48份黑果枸杞种质主要表型和品质性状的遗传多样性研究	河北农业科学	2023	宁夏农林科学院枸杞科学研究所
35	王亚军	黄果枸杞新品种'宁农杞5号'	园艺学报	2023	宁夏农林科学院枸杞科学研究所
36	王占军	5种豆科牧草抗旱性研究与评价	草业学报	2023	宁夏农林科学院林业与草地生态研究所
37	马斌	2016—2021年宁夏中药材种植及种子种苗生产现状	中国现代中药	2023	宁夏农林科学院林业与草地生态研究所
38	马斌	播期对红花生理特性、产量及品质的影响	中国中药杂志	2023	宁夏农林科学院林业与草地生态研究所
39	王月玲	宁南黄土区典型林分林下草本植被根系分布特征	北方园艺	2023	宁夏农林科学院林业与草地生态研究所
40	王月玲	宁南黄土区典型林草地土壤水分年际动态变化特征	北方园艺	2023	宁夏农林科学院林业与草地生态研究所
41	韩新生	不同时间尺度山杏树干液流密度对环境因子的响应	西北林学院学报	2023	宁夏农林科学院林业与草地生态研究所
42	韩新生	六盘山西侧华北落叶松林密度对生长和林分蓄积的影响	甘肃农业大学学报	2023	宁夏农林科学院林业与草地生态研究所
43	韩新生	立地因子和盖度对宁南黄土区中庄小流域玉米土壤水分的影响	水土保持研究	2023	宁夏农林科学院林业与草地生态研究所
44	李浩霞	枸杞实时荧光定量RT-qPCR内参基因筛选与验证	江苏农业科学	2023	宁夏农林科学院林业与草地生态研究所
45	庞丹波	贺兰山东坡不同海拔梯度土壤酶化学计量特征研究	生态学报	2023	宁夏农林科学院林业与草地生态研究所
46	庞丹波	贺兰山东坡不同海拔土壤微生物群落特征及其影响因素	应用生态学报	2023	宁夏农林科学院林业与草地生态研究所
47	吴旭东	降水对荒漠草原地上生物量稳定性的影响	草业学报	2023	宁夏农林科学院林业与草地生态研究所

续表

序号	第一(通信)作者	论文名称	刊物名称	出版时间	单位
48	田 英	宁夏银川平原沙化土地不同人工林土壤质量评价	生态学报	2023	宁夏农林科学院林业与草地生态研究所
49	韩新生	不同天气条件下山杏树干液流速率对环境因子变化的响应	西南林业大学学报（自然科学）	2023	宁夏农林科学院林业与草地生态研究所
50	温学飞	霉菌毒素在发酵全混合日粮中的动态变化研究	饲料研究	2023	宁夏农林科学院林业与草地生态研究所
51	朱金霞	不同配方的外源营养袋对羊肚菌产量及经济效益的影响	中国食用菌	2023	宁夏农林科学院农业生物技术研究中心
52	朱金霞	不同干燥方式对黄伞子实体营养品质及抗氧化活性的影响	中国食用菌	2023	宁夏农林科学院农业生物技术研究中心
53	何 嘉	基于多指标成分比较不同微生物菌剂对枸杞子品质的影响	中国实验方剂学杂志	2023	宁夏农林科学院植物保护研究所
54	马建华	基于不同有机肥施用量下土壤真菌结构和功能预测	华北农学报	2023	宁夏农林科学院植物保护研究所
55	魏淑花	宁夏四类草原蝗虫优势种和指示种及其对不同植被群落的响应	草地学报	2023	宁夏农林科学院植物保护研究所
56	王 颖	苜蓿切叶蜂种群数量对苜蓿结荚率和产量的影响	植物保护学报	2023	宁夏农林科学院植物保护研究所
57	何 嘉	蓟马的分子鉴定和种群遗传学研究进展	植物保护学报	2023	宁夏农林科学院植物保护研究所
58	王 颖	6种杀虫剂对燕麦蚜虫的田间防效及在燕麦上的残留消解动态	农药	2023	宁夏农林科学院植物保护研究所
59	郭成瑾	不同种衣剂对春小麦茎基腐病的防效及对产量的影响	中国植保导刊	2023	宁夏农林科学院植物保护研究所
60	吴 燕	氟啶虫酰胺、噻螨酮和烯唑醇在枸杞上的残留安全性分析	农药	2023	宁夏农产品质量标准与检测技术研究所
61	王彩艳	基于矿物元素指纹技术的西北地区枸杞产地判别分析	经济林研究	2023	宁夏农产品质量标准与检测技术研究所
62	开建荣	基于稀土元素和稳定同位素指纹的枸杞道地性表征	食品安全质量检测学报	2023	宁夏农产品质量标准与检测技术研究所
63	杨春霞	叶面喷施和滴灌条件下增施微肥对春小麦微量元素和产量的影响	河南农业科学	2023	宁夏农产品质量标准与检测技术研究所

续表

序号	第一(通信)作者	论文名称	刊物名称	出版时间	单位
64	葛谦	基于文献计量学可视化分析非酿酒酵母研究现状	中外葡萄与葡萄酒	2023	宁夏农产品质量标准与检测技术研究所
65	李彩虹	基于正交偏最小二乘法判别分析宁夏和河北产区市售马瑟兰葡萄酒理化特征和抗氧化能力	食品与发酵工业	2023	宁夏农产品质量标准与检测技术研究所
66	高晶霞	不同砧穗组合对辣椒根系活力及产量的响应	西北农业学报	2023	宁夏农林科学院园艺研究所
67	高晶霞	适宜宁夏冷凉区种植的娃娃菜品种评比试验	植物生理学报	2023	宁夏农林科学院园艺研究所
68	裴红霞	辣椒核雄性不育系pby-1形态学及生理生化特性分析	新疆农业科学	2023	宁夏农林科学院园艺研究所
69	于蓉	西瓜新品种'宁农科6号'	园艺学报	2023	宁夏农林科学院园艺研究所
70	徐美隆	不同砧木对欧李嫁接成活及果实品质的影响	核农学报	2023	宁夏农林科学院园艺研究所
71	牛锐敏	酿酒葡萄种质资源果实品质性状的分析与评价	中外葡萄与葡萄酒	2023	宁夏农林科学院园艺研究所
72	李百云	不同土壤改良措施对富士苹果生长、果实品质和土壤肥力的影响	中国果树	2023	宁夏农林科学院园艺研究所
73	李百云	早熟灵武长枣果实糖代谢酶与早熟的相关性	江苏农业科学	2023	宁夏农林科学院园艺研究所
74	赵云霞	日光温室高品质耐低温樱桃番茄品种的筛选评价	北方园艺	2023	宁夏农林科学院园艺研究所
75	桑婷	宁夏蔬菜育苗产业现状与发展建议	北方园艺	2023	宁夏农林科学院园艺研究所
76	周丽娜	添加物与C/N协同调控柠条复配基质对番茄幼苗生长发育的影响	北方园艺	2023	宁夏农林科学院农业资源与环境研究所
77	高晶霞	宁夏南部拱棚辣椒连作对土壤主要理化性质的影响研究	西北农业大学报	2023	宁夏农林科学院园艺研究所
78	沈甜	外源激素对"赤霞珠"葡萄果实品质的影响	中外葡萄与葡萄酒	2023	宁夏农林科学院园艺研究所
79	黄小晶	贺兰山东麓红葡萄酒颜色差异分析	食品发酵与工业	2023	宁夏农林科学院园艺研究所
80	李慧	腐殖酸有机肥对灵武长枣光合荧光参数及果实品质的影响	经济林研究	2023	宁夏农林科学院园艺研究所

续表

序号	第一（通信）作者	论文名称	刊物名称	出版时间	单位
81	冯海萍	施磷对宁南山区花椰菜产量、磷素利用效率及平衡的影响	北方园艺	2023	宁夏农林科学院园艺研究所
82	高晶霞	不同熟期黄花菜品种引进筛选试验	山西农业大学学报（自然科学版）	2023	宁夏农林科学院园艺研究所
83	高晶霞	黄花菜品种主要农艺性状之间的相关性和主成分分析	湖南农业大学学报	2023	宁夏农林科学院园艺研究所
84	杨冬艳	日光温室番茄东西垄向模式下群体光环境及产量分布特征	中国农机化学报	2023	宁夏农林科学院园艺研究所
85	杨冬艳	番茄秸秆不同还田方式对黄瓜和西瓜幼苗生长的影响	北方园艺	2023	宁夏农林科学院园艺研究所
86	赵云霞	樱桃番茄新品种'宁樱2号'	园艺学报	2023	宁夏农林科学院园艺研究所
87	王 旭	农田排水沟水灌溉对土壤盐碱及稻谷重金属的影响研究	人民黄河	2023	宁夏农林科学院农业资源与环境研究所
88	李 磊	玉米秸秆还田对盐碱地土壤碳平衡和真菌群落多样性的影响	农业环境科学学报	2023	宁夏农林科学院农业资源与环境研究所
89	尹志荣	水肥耦合对设施番茄土壤水分、养分运移及产量和水分利用效率影响	灌溉排水学报	2023	宁夏农林科学院农业资源与环境研究所
90	樊丽琴	不同淋洗水-改良材料对银北灌区碱化盐土盐分离子的影响	土壤通报	2023	宁夏农林科学院农业资源与环境研究所
91	吴 霞	基于文献计量的土壤健康评价研究进展可视化分析	土壤	2023	宁夏农林科学院农业资源与环境研究所
92	陈 刚	叶面喷施外源铁对日光温室番茄产量和品质的影响	广东农业科学	2023	宁夏农林科学院农业资源与环境研究所
93	吴 霞	银川平原农田土壤细菌群落结构与驱动因子分析	干旱区资源与环境	2023	宁夏农林科学院农业资源与环境研究所
94	何进尚	返青期水氮耦合对宁夏灌区早熟冬小麦物质积累、氮素运移及产量的影响	江苏农业科学	2023	宁夏农林科学院农作物研究所
95	王 昕	宁夏优质稻育种历程、问题及展望	中国稻米	2023	宁夏农林科学院农作物研究所
96	亢 玲	宁夏春小麦种质资源淀粉糊化特性研究	东北农业科学	2023	宁夏农林科学院农作物研究所

续表

序号	第一(通信)作者	论文名称	刊物名称	出版时间	单位
97	曾燕霞	NCG对母牛繁殖性能、血清指标及激素分泌的影响	饲料研究	2023	宁夏农林科学院固原分院
98	陈志龙	安格斯母牛日粮中添加N-氨甲酰谷氨酸(NCG)对犊牛生长性能、血清生化指标及免疫指标的影响	饲料研究	2023	宁夏农林科学院固原分院
99	陈彩锦	草种质资源遗传多样性研究进展	草地学报	2023	宁夏农林科学院固原分院
100	王正安	华北落叶松人工林的林木生长经营效果——以宁夏回族自治区固原市原州区为例	水土保持通报	2023	宁夏农林科学院固原分院
101	王晓军	滴灌灌水量对秦艽土壤水分含量的影响	人民黄河	2023	宁夏农林科学院固原分院
102	佘 萍	基于AHP的5种枸子的观赏性综合评价	分子植物育种	2023	宁夏农林科学院固原分院
103	余帮强	马铃薯航天育种材料在不同生态区域产量性状的变化	种子	2023	宁夏农林科学院固原分院
104	吴利晓	不同菊芋品种块茎和根系分布特征分析	中国瓜菜	2023	宁夏农林科学院固原分院
105	钱爱萍	不同除草剂组合在胡麻田的应用效果	中国植保导刊	2023	宁夏农林科学院固原分院
106	杨治伟	种植密度对胡麻抗倒性和产量的影响	中国农学通报	2023	宁夏农林科学院固原分院
107	王 斐	密度对不同生态区青贮玉米生物产量和品质指标的影响	饲料研究	2023	宁夏农林科学院固原分院
108	聂峰杰	沙冬青叶部病害病原菌分离鉴定及其防治研究	中国农学通报	2023	宁夏农林科学院农业生物技术研究中心
109	赵子丹	基于矿物元素技术的宁夏不同产地红枣的判别分析	经济林研究	2023	宁夏农产品质量标准与检测技术研究所
110	郭亚男	宁夏部分地区羊呼吸系统疾病病原调查分析	动物医学进展	2023	宁夏农林科学院动物科学研究所
111	侯鹏霞	氨基酸锌对新生犊牛血清生理生化、免疫、抗氧化指标及粪便微生物含量的影响	中国畜牧杂志	2023	宁夏农林科学院动物科学研究所
112	蔡进军	宁夏黄土梁状丘陵区稀疏人工林分枯落物持水特征	林业科学	2022	宁夏农林科学院农业资源与环境研究所
113	张维军	宁夏小麦种质资源粒重基因KASP标记检测及验证	植物遗传资源学报	2022	宁夏农林科学院农作物研究所

续表

序号	第一(通信)作者	论文名称	刊物名称	出版时间	单位
114	陈丽	水稻垩白QTL位点qCG5的定位分析	植物遗传资源学报	2022	宁夏农林科学院农作物研究所
115	李苗	不同生育期水分胁迫对枸杞耗水特性及果实品质的影响	北方园艺	2022	宁夏农林科学院农业生物技术研究中心
116	孔德杰	麦豆长期轮作下秸秆还田对土壤碳氮组分及作物产量的影响	干旱地区农业研究	2022	宁夏农林科学院农业生物技术研究中心
117	王敬东	水稻萌发和幼苗生长对外源物质调节的响应	中国农学通报	2022	宁夏农林科学院农业生物技术研究中心
118	田莉	沙米复配代餐粉的配方优化与蛋白质营养评价	食品工业科技	2022	宁夏农林科学院农业生物技术研究中心
119	雷金银	马铃薯加工废水灌溉农田土壤肥力特征及其对施肥的响应	土壤	2022	宁夏农林科学院农业资源与环境研究所
120	李磊	有机肥氮替代化肥氮对盐碱地玉米氮素利用率及土壤理化性质的影响	西北农业学报	2022	宁夏农林科学院农业资源与环境研究所
121	刘晓彤	减施氮肥与添加秸秆对设施黄瓜-茄子轮作土壤硝态氮累积与淋失的影响	中国土壤与肥料	2022	宁夏农林科学院农业资源与环境研究所
122	赵营	黄河宁夏段泥沙和灌淤土团聚体速效氮磷分布特征	中国土壤与肥料	2022	宁夏农林科学院农业资源与环境研究所
123	司海丽	生物有机肥对宁夏盐碱地土壤养分和生物学特性的影响	土壤	2022	宁夏农林科学院农业资源与环境研究所
124	孙娇	施肥对宁夏主要类型土壤-微生物-胞外酶化学计量特征的影响	西北农林科技大学学报(自然科学版)	2022	宁夏农林科学院农业资源与环境研究所
125	季波	翻耕补播措施对宁夏荒漠草原土壤碳氮储量的影响	中国草地学报	2022	宁夏农林科学院荒漠化治理研究所
126	季波	7种禾本科牧草抗旱性研究与评价	草业学报	2022	宁夏农林科学院荒漠化治理研究所
127	任小玢	气候变化和人为活动在宁夏草地变化中的相对作用	生态学报	2022	宁夏农林科学院荒漠化治理研究所
128	包杨梅	硼肥对宁夏压砂地金银花产量及绿原酸含量的影响	北方园艺	2022	宁夏农林科学院林业与草地生态研究所

续表

序号	第一（通信）作者	论文名称	刊物名称	出版时间	单位
129	黎玉琼	宁夏部分地区奶牛场犊牛腹泻病原调查分析	动物医学进展	2022	宁夏农林科学院动物科学研究所
130	王建东	宁夏部分地区肉用母牛流产的病原血清学调查分析	动物医学进展	2022	宁夏农林科学院动物科学研究所
131	王建东	基于代谢组学技术研究枸杞多糖对雏鸡免疫抑制的拮抗机制	动物营养学报	2022	宁夏农林科学院动物科学研究所
132	王建东	日粮添加酵母硒对绵羊的生长性能、组织硒沉积和免疫功能的影响	畜牧与兽医	2022	宁夏农林科学院动物科学研究所
133	王 锦	饲粮中添加黄花菜茎叶青贮对滩羊瘤胃菌群多样性的影响	动物营养学报	2022	宁夏农林科学院动物科学研究所
134	王 锦	柠条发酵饲料对宁夏滩羊生长性能及瘤胃微生物区系的影响	动物营养学报	2022	宁夏农林科学院动物科学研究所
135	马丽娜	不同月龄滩羊背最长肌组织的基因表达谱分析	中国畜牧杂志	2022	宁夏农林科学院动物科学研究所
136	王晓春	混合盐碱胁迫对紫花苜蓿的生长和生理指标的影响	中国农学通报	2022	宁夏农林科学院动物科学研究所
137	张久盘	牛LATS2基因启动子克隆及转录调控分析	江苏农业学报	2022	宁夏农林科学院动物科学研究所
138	高旭红	不同灵芝菌株发酵小麦秸秆对纤维降解及营养成分变化影响	动物营养学报	2022	宁夏农林科学院动物科学研究所
139	高旭红	黄芩茎叶对西门塔尔杂交牛生长性能及血清生化、免疫和抗氧化指标的影响	动物营养学报	2022	宁夏农林科学院动物科学研究所
140	米 佳	枸杞脂溶性物质的中试提取、成分分析及主要类胡萝卜素单体的制备	食品工业科技	2022	宁夏农林科学院枸杞科学研究所
141	李晓莺	不同限根栽培对枸杞果实性状及营养品质的影响	食品工业	2022	宁夏农林科学院枸杞科学研究所
142	禄 璐	枸杞原浆品质分析与评价标准构建	食品工业科技	2022	宁夏农林科学院枸杞科学研究所
143	梁晓婕	不同种质黄果枸杞数量性状及其颜色差异比较	北方园艺	2022	宁夏农林科学院枸杞科学研究所
144	何昕孺	枸杞光合特性评价及高光效指标筛选	西北农业学报	2022	宁夏农林科学院枸杞科学研究所
145	袁海静	宁夏陕西野生苦味枸杞调查及其化学成分分析	植物遗传资源学报	2022	宁夏农林科学院枸杞科学研究所
146	曹有龙	黑果枸杞花色苷Pt3G对前列腺癌LNCaP和PC-3细胞增殖与凋亡的影响	科学通报	2022	宁夏农林科学院枸杞科学研究所

续表

序号	第一(通信)作者	论文名称	刊物名称	出版时间	单位
147	王喜刚	宁夏马铃薯晚疫病病菌交配型和生理小种研究	植物保护	2022	宁夏农林科学院植物保护研究所
148	沙月霞	生物菌剂撒施对宁夏石嘴山盐碱地微生物群落结构的影响	中国农学通报	2022	宁夏农林科学院植物保护研究所
149	沙月霞	微生物菌剂浸种联合生物菌肥防控玉米茎腐病的应用效果	玉米科学	2022	宁夏农林科学院植物保护研究所
150	郭成瑾	育苗基质添加复配微生物菌剂对番茄生长及根腐病发生的影响	北方园艺	2022	宁夏农林科学院植物保护研究所
151	刘畅	蒙古蒿挥发油对三种主要枸杞害虫的控制作用	中国生物防治学报	2022	宁夏农林科学院植物保护研究所
152	沙月霞	生物菌剂对土壤微生物群落结构和功能的影响	农业环境科学学报	2022	宁夏农林科学院植物保护研究所
153	魏淑花	白纹雏蝗卵胚胎发育阶段划分与滞育解除	植物保护学报	2022	宁夏农林科学院植物保护研究所
154	张治科	宁夏地区新发农业入侵生物番茄潜叶蛾的发生危害及防控	中国瓜菜	2022	宁夏农林科学院植物保护研究所
155	杨冬艳	日光温室纸膜覆盖下不同种植模式对番茄产量及根系分布的影响	北方园艺	2022	宁夏农林科学院园艺研究所
156	李娴	盐胁迫对枸杞枝条基质茄子幼苗生长及气体交换参数的影响	北方园艺	2022	宁夏农林科学院园艺研究所
157	沈甜	架形对赤霞珠酿酒葡萄内源激素的影响	北方园艺	2022	宁夏农林科学院园艺研究所
158	李晓龙	苹果花期抗寒能力判定指标解析	果树学报	2022	宁夏农林科学院园艺研究所
159	张丽娟	柠条复配基质对散叶莴苣幼苗及成株生长发育的影响	北方园艺	2022	宁夏农林科学院园艺研究所
160	张丽娟	不同氮素剂量对沙质土壤设施韭菜生长发育及品质的影响	北方园艺	2022	宁夏农林科学院园艺研究所
161	冯海萍	宁夏南部山区夏播胡萝卜品种筛选及综合评价	中国瓜菜	2022	宁夏农林科学院园艺研究所
162	李慧	不同时间采收的灵武长枣果实品质综合评价	经济林研究	2022	宁夏农林科学院园艺研究所
163	杨冬艳	垄距对日光温室东西垄向栽培番茄光环境的影响	北方园艺	2022	宁夏农林科学院园艺研究所
164	王志强	西瓜数量性状遗传距离及杂种优势分析	中国农学通报	2022	宁夏农林科学院园艺研究所
165	曹少娜	生物质炭与氮肥配施对雨养娃娃菜水肥土及经济效益的影响	中国瓜菜	2022	宁夏农林科学院固原分院

续表

序号	第一(通信)作者	论文名称	刊物名称	出版时间	单位
166	张倩男	基于主成分分析法的甘蓝机械化移栽模式综合评价	北方园艺	2022	宁夏农林科学院固原分院
167	张倩男	松花菜机械化移栽配套提质增效栽培技术	北方园艺	2022	宁夏农林科学院固原分院
168	杨军学	糜子不同性状对光周期的响应及综合评价	西北农业学报	2022	宁夏农林科学院固原分院
169	葛谦	宁夏贺兰山东麓不同产地'赤霞珠'葡萄酒挥发性香气物质特征分析	中国酿造	2022	宁夏农产品质量标准与检测技术研究所
170	牛艳	枸杞果实中乙唑螨腈检测方法研究	保鲜与加工	2022	宁夏农产品质量标准与检测技术研究所
171	杨静	丁氟螨酯在枸杞上的储藏稳定性和残留消解研究	保鲜与加工	2022	宁夏农产品质量标准与检测技术研究所
172	李彩虹	基于矿质元素的我国不同产地葡萄酒的判别分析	食品与发酵工业	2022	宁夏农产品质量标准与检测技术研究所
173	李彩虹	超高效液相色谱–质谱联用快速测定玉米及其产品中11种生物毒素	食品与发酵工业	2022	宁夏农产品质量标准与检测技术研究所
174	王建东	饲喂枸杞枝条颗粒饲料对肉牛增重和一些免疫指标的影响	动物医学进展	2022	宁夏农林科学院动物科学研究所
175	王建东	过瘤胃脂肪对产后肉母牛生长性能、血清指标及繁殖性能的影响	动物营养学报	2022	宁夏农林科学院动物科学研究所
176	高海慧	宁夏地区犊牛腹泻型产ESBLs大肠杆菌的筛选及相关基因型分析	动物医学进展	2022	宁夏农林科学院动物科学研究所
177	高海慧	宁夏地区牛源产与非产ESBLs大肠埃希氏菌耐药性差异分析	动物医学进展	2022	宁夏农林科学院动物科学研究所
178	侯鹏霞	枸杞枝条发酵饲料对肉牛育肥效果及免疫性能的影响	中国饲料	2022	宁夏农林科学院动物科学研究所
179	马丽娜	滩羊C1H3orf33和CNV14基因拷贝数变异与生长性状的关联研究	中国畜牧杂志	2022	宁夏农林科学院动物科学研究所
180	杨文静	欧李高效再生体系的建立	中国农学通报	2022	宁夏农林科学院农业生物技术研究中心

续表

序号	第一(通信)作者	论文名称	刊物名称	出版时间	单位
181	宋玉霞	响应面法优化肉苁蓉咀嚼片配方及品质检测	食品工业	2022	宁夏农林科学院农业生物技术研究中心
182	孔德杰	不同施肥水平对长期麦豆轮作体积土壤氮素及产量的影响	西北农业学报	2022	宁夏农林科学院农业生物技术研究中心
183	张 伟	不同基质配方对裂褶菌菌丝生长影响研究	食品研究与开发	2022	宁夏农产品质量标准与检测技术研究所
184	佘 萍	华北落叶松人工林地表处理措施对当年幼苗密度的影响	林业科学	2021	宁夏农林科学院固原分院
185	罗 青	枸杞粉及其多糖对环磷酰胺致免疫低下小鼠及肠道菌群的调节作用	食品科学	2021	宁夏农林科学院枸杞科学研究所
186	李晓莺	限根栽培下四个枸杞品种(系)的形态及光合特性比较	北方园艺	2021	宁夏农林科学院枸杞科学研究所
187	黄 婷	枸杞鲜果感官品质与理化特性相关性分析	食品研究与开发	2021	宁夏农林科学院枸杞科学研究所
188	佘 萍	催芽、覆盖对楤木种子萌发和生长的影响	经济林研究	2021	宁夏农林科学院固原分院
189	陈彩锦	基于GGE双标图对苜蓿品种丰产性和稳定性综合评价	草地学报	2021	宁夏农林科学院固原分院
190	王正安	不同造林方式对宁南山区樟子松抗旱造林效果的影响	水土保持通报	2021	宁夏农林科学院固原分院
191	王秉龙	不同能蛋水平日粮对安格斯公牛生长性能及血清生化指标的影响	饲料工业	2021	宁夏农林科学院固原分院
192	邵千顺	不同生态区域旱地冬小麦品种(系)产量及适应性初步研究	干旱地区农业研究	2021	宁夏农林科学院固原分院
193	杨崇庆	国内外燕麦生产及品种选育技术研究进展	麦类作物学报	2021	宁夏农林科学院固原分院
194	张晓娟	萝卜机械化精量播种栽培技术	北方园艺	2021	宁夏农林科学院固原分院
195	杨彩玲	有机肥和钾肥配施对固原冷凉地区百合生长的影响	中国土壤与肥料	2021	宁夏农林科学院固原分院
196	杨彩玲	百合在固原冷凉地区引种的适应性	北方园艺	2021	宁夏农林科学院固原分院
197	曹少娜	生物质炭对雨养旱作区娃娃菜生长及水肥利用效率的影响	中国土壤与肥料	2021	宁夏农林科学院固原分院

续表

序号	第一(通信)作者	论文名称	刊物名称	出版时间	单位
198	张倩男	甘蓝机械化移栽及配套栽培技术	中国瓜菜	2021	宁夏农林科学院固原分院
199	王晓军	长期轮作与施肥对马铃薯土壤养分和产量的影响	中国瓜菜	2021	宁夏农林科学院固原分院
200	赵营	宁南山区春玉米施肥现状及减施潜力	玉米科学	2021	宁夏农林科学院农业资源与环境研究所
201	王海廷	喷灌施肥对露地菜心产量及土壤氮素淋失的影响	中国瓜菜	2021	宁夏农林科学院农业资源与环境研究所
202	纪立东	生物炭对土壤理化性质和玉米生长的影响	干旱地区农业研究	2021	宁夏农林科学院农业资源与环境研究所
203	雷晓婷	马铃薯淀粉加工废水灌溉对土壤质量及玉米生长的影响	中国农学通报	2021	宁夏农林科学院农业资源与环境研究所
204	雷金银	灌溉制度对贺兰山东麓酿酒葡萄生长、产量及品质的影响	灌溉排水学报	2021	宁夏农林科学院农业资源与环境研究所
205	柳骁桐	炭基肥连续两年施用对土壤质量的影响	北方园艺	2021	宁夏农林科学院农业资源与环境研究所
206	纪立东	生物炭输入对砾石土水肥保蓄及酿酒葡萄产量、品质的影响	中国土壤与肥料	2021	宁夏农林科学院农业资源与环境研究所
207	尹志荣	覆沙对盐碱地土壤水盐运移及枸杞生长和产量的影响	西北农业学报	2021	宁夏农林科学院农业资源与环境研究所
208	冒辛平	外源性碳磷输入对宁夏灌淤土磷素变化的影响	中国土壤与肥料	2021	宁夏农林科学院农业资源与环境研究所
209	尹志荣	滴灌灌水量对枸杞土壤水分及养分迁移特征的影响	水土保持研究	2021	宁夏农林科学院农业资源与环境研究所
210	孙娇	生物炭与秸秆还田对风沙土壤-微生物-胞外酶化学计量特征的影响	草业学报	2021	宁夏农林科学院农业资源与环境研究所

续表

序号	第一(通信)作者	论文名称	刊物名称	出版时间	单位
211	孙 娇	添加秸秆及生物炭对风沙土有机碳及其活性组分的影响	土壤	2021	宁夏农林科学院农业资源与环境研究所
212	雷金银	马铃薯加工废水灌溉农田对土壤肥力特征及其对施肥的影响	土壤	2021	宁夏农林科学院农业资源与环境研究所
213	高海慧	奶牛犊牛腹泻源大肠埃希氏菌耐药情况及LEE相关基因的检测	动物医学进展	2021	宁夏农林科学院动物科学研究所
214	马吉锋	甘蔗粕对育肥牛生长性能、肉品质、血液生化指标及抗氧化性能的影响	饲料工业	2021	宁夏农林科学院动物科学研究所
215	马吉锋	酵母细胞壁多糖对滩羊生长性能、免疫及抗氧化指标的影响	饲料工业	2021	宁夏农林科学院动物科学研究所
216	侯鹏霞	限制哺乳对安格斯犊牛生长性能、血清免疫与抗氧化指标以及母牛繁殖性能的影响	动物营养学报	2021	宁夏农林科学院动物科学研究所
217	施 安	N-氨甲酰谷氨酸对滩羊乏情期诱导同期发情效果的影响	中国饲料	2021	宁夏农林科学院动物科学研究所
218	马小明	饲粮中添加不同比例的地椒对滩羊生长性能、屠宰性能及肉品质的影响	动物营养学报	2021	宁夏农林科学院动物科学研究所
219	杨宇为	不同精粗比对淘汰母牛生产性能及血液生化指标的影响	饲料工业	2021	宁夏农林科学院动物科学研究所
220	王东清	留茬高度对小叶锦鸡儿光合生理和生长特征的影响	水土保持通报	2021	宁夏农林科学院荒漠化治理研究所
221	王东清	留茬高度对小叶锦鸡儿叶片部分光合指标及土壤水分的影响	植物资源与环境学报	2021	宁夏农林科学院荒漠化治理研究所
222	吴旭东	降水水平对荒漠草原生物土壤结皮碳、氮和微生物的影响	草业学报	2021	宁夏农林科学院荒漠化治理研究所
223	许 浩	宁夏黄土丘陵区山杏沙棘混交优势及其机理	北方园艺	2021	宁夏农林科学院荒漠化治理研究所
224	季 波	宁夏天然草地植被碳储量特征及构成	应用生态学报	2021	宁夏农林科学院荒漠化治理研究所
225	王月玲	宁南黄土区典型林地土壤抗冲性及相关物理性质	水土保持研究	2021	宁夏农林科学院荒漠化治理研究所
226	季 波	宁夏典型天然草地土壤团聚体稳定性及其有机碳分布特征	生态学报	2021	宁夏农林科学院荒漠化治理研究所
227	季 波	不同补播配置模式对宁夏荒漠草原土壤有机碳和全氮储量的影响	中国草地学报	2021	宁夏农林科学院荒漠化治理研究所

续表

序号	第一(通信)作者	论文名称	刊物名称	出版时间	单位
228	王月玲	宁南黄土区植被恢复方式对土壤粒度特征的影响	水土保持通报	2021	宁夏农林科学院荒漠化治理研究所
229	沈甜	酿酒葡萄抗寒性评价及分类	中外葡萄与葡萄酒	2021	宁夏农林科学院种质资源研究所
230	黄小晶	基于主成分分析评价整形方式对不同成熟期'梅鹿辄'葡萄品质的影响	北方园艺	2021	宁夏农林科学院种质资源研究所
231	郭松	宁夏引黄灌区大棚西瓜膜下滴灌水肥耦合效应研究	中国瓜菜	2021	宁夏农林科学院种质资源研究所
232	牛锐敏	砧木对霞多丽和美乐葡萄生长、果实产量和品质的影响	华北农学报	2021	宁夏农林科学院种质资源研究所
233	李慧	基于主成分和灰色关联度分析的鲜食枣果实品质评价	经济林研究	2021	宁夏农林科学院种质资源研究所
234	冯海萍	补灌水平对宁南山区露地青花菜产量、品质及耕层水分动态的影响	中国瓜菜	2021	宁夏农林科学院种质资源研究所
235	郭松	生物菌复合基质对压砂地土壤墒情及西瓜产量的影响	中国瓜菜	2021	宁夏农林科学院种质资源研究所
236	高晶霞	辣根素水乳剂对连作辣椒生长及土壤酶活性的影响	江苏农业学报	2021	宁夏农林科学院种质资源研究所
237	高晶霞	不同作物秸秆腐解对连作辣椒生长及根际环境的影响	西北农业学报	2021	宁夏农林科学院种质资源研究所
238	高晶霞	不同连作年限下辣椒的光合特性与果实品质	北方园艺	2021	宁夏农林科学院种质资源研究所
239	牛锐敏	贺兰山东麓赤霞珠葡萄果实成熟进程及品质差异分析	食品工业科技	2021	宁夏农林科学院种质资源研究所
240	沈甜	灌水量对'赤霞珠'酿酒葡萄根际土壤微生物多样性的影响	经济林研究	2021	宁夏农林科学院种质资源研究所
241	徐美隆	山葡萄砧木对'黑比诺'葡萄耐旱寒的影响研究	中外葡萄与葡萄酒	2021	宁夏农林科学院种质资源研究所
242	冯学梅	宁夏日光温室葡萄一年两熟栽培管理技术	中外葡萄与葡萄酒	2021	宁夏农林科学院种质资源研究所
243	郭松	不同滴灌频率对西瓜生长特征及品质的影响	中国瓜菜	2021	宁夏农林科学院种质资源研究所
244	赵子丹	马铃薯中烯酰吗啉、氟吡菌胺及其代谢物BAM的残留检测与储藏稳定性研究	保鲜与加工	2021	宁夏农产品质量标准与检测技术研究所

续表

序号	第一(通信)作者	论文名称	刊物名称	出版时间	单位
245	赵子丹	水稻中呋虫胺及其代谢物残留的快速检测与储藏稳定性	食品工业	2021	宁夏农产品质量标准与检测技术研究所
246	刘霞	枸杞中螺螨酯的测定及其贮存稳定性研究	保鲜与加工	2021	宁夏农产品质量标准与检测技术研究所
247	葛谦	贺兰山东麓产区不同单品种葡萄酒风味物质特征分析	食品与发酵工业	2021	宁夏农产品质量标准与检测技术研究所
248	杨静	噁唑酰草胺及其代谢物在水稻上的残留检测方法和储藏稳定性研究	保鲜与加工	2021	宁夏农产品质量标准与检测技术研究所
249	开建荣	基于矿物元素技术的中宁不同产区枸杞的判别分析	食品与发酵工业	2021	宁夏农产品质量标准与检测技术研究所
250	开建荣	中宁枸杞中矿物元素在生长期的动态变化研究	食品与发酵工业	2021	宁夏农产品质量标准与检测技术研究所
251	李彩虹	基于矿物元素技术的品种、产区葡萄酒的判别分析	食品与发酵工业	2021	宁夏农产品质量标准与检测技术研究所
252	马斯霜	小麦主要品质性状研究进展	中国农学通报	2021	宁夏农林科学院农业生物技术研究中心
253	朱永兴	盐胁迫下玉米离子变化及转录组分析	中国农学通报	2021	宁夏农林科学院农业生物技术研究中心
254	陈晓军	基于基因编辑技术创制高亚油酸水稻材料	中国农业科学	2021	宁夏农林科学院农业生物技术研究中心
255	沙月霞	嗜碱假单胞菌 Ej2 对稻瘟病的防治及植物内源激素的影响	中国农业科学	2021	宁夏农林科学院植物保护研究所
256	王芳	硅藻土对不同品种枸杞生长安全性评价	北方园艺	2021	宁夏农林科学院植物保护研究所
257	魏淑花	白纹雏蝗抗寒特性和高温耐受力及其机制	植物保护学报	2021	宁夏农林科学院植物保护研究所
258	魏淑花	宁夏不同区域欧李园昆虫群落多样性	浙江农林大学学报	2021	宁夏农林科学院植物保护研究所
259	朱猛蒙	宁夏草原蝗虫适生区和分布区划分	植物保护学报	2021	宁夏农林科学院植物保护研究所

续表

序号	第一(通信)作者	论文名称	刊物名称	出版时间	单位
260	宋双	不同酿酒葡萄品种对小新壳梭孢(N.parvum)的抗性评价及抗性相关酶研究	中外葡萄与葡萄酒	2021	宁夏农林科学院植物保护研究所
261	张华普	斑衣蜡蝉在葡萄上的危害及防治措施	中外葡萄与葡萄酒	2021	宁夏农林科学院植物保护研究所
262	沈瑞清	哈茨木霉M-17固体发酵产物浸提液对镰刀菌的抑制作用	西北农业学报	2021	宁夏农林科学院植物保护研究所
263	禄璐	气调包装对枸杞鲜果品质的影响	食品工业	2021	宁夏农林科学院枸杞科学研究所
264	张波	42份枸杞种质资源的物候特征	经济林研究	2021	宁夏农林科学院枸杞科学研究所
265	高海慧	奶牛犊牛腹泻源大肠埃希氏菌耐药情况及LEE相关基因的检测	动物医学进展	2021	宁夏农林科学院动物科学研究所
266	惠建	小麦成株期白粉病抗性位点的QTL定位	植物遗传资源学报	2021	宁夏农林科学院农业生物技术研究中心
267	沙月霞	微生物菌剂拌土对盐碱地玉米茎基腐病的预防及促生效果	中国农学通报	2021	宁夏农林科学院植物保护研究所
268	李聚才	肉用绵羊舍饲最佳畜群结构优化方案的选择	畜牧与兽医	2021	宁夏农林科学院动物科学研究所
269	孙娇	宁杞7号周年干物质与氮磷钾累积动态特征	西北农林科技大学学报(自然科学版)	2021	宁夏农林科学院农业资源与环境研究所
270	冯海萍	生物有机肥配施化肥对宁南山区露地娃娃菜生长及土壤养分的影响	中国瓜菜	2020	宁夏农林科学院种质资源研究所
271	冯海萍	不同青花菜品种在宁南山区的适应性综合评价	种子	2020	宁夏农林科学院种质资源研究所
272	王旭	种植方式和灌溉定额对碱化盐土及紫穗槐生长的影响	农业工程学报	2020	宁夏农林科学院农业资源与环境研究所
273	雷金银	耕作措施对缓坡耕地土壤养分分布及肥料利用率的影响	农业工程学报	2020	宁夏农林科学院农业资源与环境研究所
274	吴旭东	降雨对荒漠草原生物土壤结皮化学计量的影响	农业工程学报	2020	宁夏农林科学院荒漠化治理研究所
275	郭生虎	甘草根中黄酮类化合物的提取、分离与衍生化及其抑菌活性研究	植物资源与环境学报	2020	宁夏农林科学院农业生物技术研究中心

续表

序号	第一(通信)作者	论文名称	刊物名称	出版时间	单位
276	朱金霞	两种宁夏枸杞鲜果中多酚氧化酶的酶学特性及其影响因子研究	植物生理学报	2020	宁夏农林科学院农业生物技术研究中心
277	朱金霞	农作物秸秆主要化学组成及还田后对土壤质量提升影响的研究进展	北方园艺	2020	宁夏农林科学院农业生物技术研究中心
278	聂峰杰	沙米生长特性调查及遗传多样性分析	干旱地区农业研究	2020	宁夏农林科学院农业生物技术研究中心
279	贺奇	宁夏六盘山国家级自然保护区蝴蝶多样性调查	植物保护学报	2020	宁夏农林科学院农作物研究所
280	亢玲	宁夏春小麦种质资源Wx基因分子鉴定及其分布	麦类作物学报	2020	宁夏农林科学院农作物研究所
281	洪瑜	基于养分专家系统的侧深施肥技术对宁夏引黄灌区水稻产量与养分利用的影响	水土保持学报	2020	宁夏农林科学院农业资源与环境研究所
282	樊丽琴	不同水质淋洗与改良剂施用对银北灌区碱化盐土水盐运移的影响	水土保持学报	2020	宁夏农林科学院农业资源与环境研究所
283	李磊	氮肥减施与有机肥/秸秆配施对银北盐碱地土壤肥力指标及玉米产量的影响	土壤通报	2020	宁夏农林科学院农业资源与环境研究所
284	郭鑫年	宁夏引黄灌区氮肥减量对温室辣椒光合特性、产量及品质的影响	北方园艺	2020	宁夏农林科学院农业资源与环境研究所
285	沈婧丽	滴灌条件下不同改良模式对碱化土壤性质和枸杞产量的影响	江苏农业学报	2020	宁夏农林科学院农业资源与环境研究所
286	尹志荣	不同滴灌量枸杞田间土壤水分运移特征	西北农业学报	2020	宁夏农林科学院农业资源与环境研究所
287	赵营	缓/控释肥条施对春玉米产量、吸氮量与氮平衡的影响	中国土壤与肥料	2020	宁夏农林科学院农业资源与环境研究所
288	樊丽琴	种植方式对宁夏银北灌区盐碱地土壤水热盐及玉米生长的影响	土壤通报	2020	宁夏农林科学院农业资源与环境研究所
289	李磊	银北盐碱地土壤微生物特性及油葵产量对种植方式的响应	土壤通报	2020	宁夏农林科学院农业资源与环境研究所

续表

序号	第一(通信)作者	论文名称	刊物名称	出版时间	单位
290	樊丽琴	不同培肥措施对银北灌区土壤盐碱特性、玉米生长及产量指标的影响	中国土壤与肥料	2020	宁夏农林科学院农业资源与环境研究所
291	季波	人工干预对宁夏荒漠草原土壤有机碳固存的影响	干旱区资源与环境	2020	宁夏农林科学院荒漠化治理研究所
292	周源	模拟水分胁迫及复水对宁夏贺兰山油松种子萌芽的影响	西北林学院学报	2020	宁夏农林科学院荒漠化治理研究所
293	万海霞	宁夏南部黄土丘陵区典型草本根系分布特征	水土保持研究	2020	宁夏农林科学院荒漠化治理研究所
294	左忠	不同修剪方式对平欧杂种榛生长与光合特性的影响	北方园艺	2020	宁夏农林科学院荒漠化治理研究所
295	温学飞	柠条生长季平茬对根系贮藏营养物质的影响	中国农学通报	2020	宁夏农林科学院荒漠化治理研究所
296	季波	宁夏典型温性天然草地固碳特征	应用生态学报	2020	宁夏农林科学院荒漠化治理研究所
297	吴旭东	降水梯度对荒漠草原优势植物叶片功能性状的影响	生态学报	2020	宁夏农林科学院荒漠化治理研究所
298	王占军	土壤丛枝菌根真菌与宁夏主要草原类型植被群落分布间的相互关系研究	草业学报	2020	宁夏农林科学院荒漠化治理研究所
299	王喜刚	宁夏回族自治区马铃薯镰刀菌根腐病病原菌的分离鉴定与致病性测定	植物保护学报	2020	宁夏农林科学院植物保护研究所
300	郭成瑾	哈茨木霉协同秸秆对马铃薯黑痣病及根际土壤微生态的影响	核农学报	2020	宁夏农林科学院植物保护研究所
301	宋双	有机葡萄生产中病虫害防治方法综述	中外葡萄与葡萄酒	2020	宁夏农林科学院植物保护研究所
302	王芳	5种药剂对枸杞棉蚜室内毒力及田间防效	植物保护	2020	宁夏农林科学院植物保护研究所
303	郭松	压砂地中晚熟西瓜主要性状的遗传效应及其配合力分析	中国瓜菜	2020	宁夏农林科学院种质资源研究所
304	李晓龙	宁夏地区果园生草对土壤温、湿度及天敌数量的影响	北方园艺	2020	宁夏农林科学院种质资源研究所
305	黄小晶	不同整形方式对'梅鹿辄'葡萄酒品质及CIELAB色空间特征的影响	食品与发酵工业	2020	宁夏农林科学院种质资源研究所
306	牛锐敏	砧木对'赤霞珠'葡萄生长和果实品质的影响	西北林学院学报	2020	宁夏农林科学院种质资源研究所
307	李慧	宁夏压砂地枣园土壤肥力的层次-关联度分析	中国果树	2020	宁夏农林科学院种质资源研究所

续表

序号	第一(通信)作者	论文名称	刊物名称	出版时间	单位
308	曲继松	不同光谱条件对越冬型拱棚韭菜生长发育及产量品质的影响	西北农业学报	2020	宁夏农林科学院种质资源研究所
309	曲继松	宁夏日光温室越冬茬樱桃番茄栽培适应性的比较	北方园艺	2020	宁夏农林科学院种质资源研究所
310	黄小晶	叶片黄化对'赤霞珠'葡萄光合及叶绿素荧光特性的影响	经济林研究	2020	宁夏农林科学院种质资源研究所
311	沈甜	不同灌水量对贺兰山东麓葡萄生长和品质的影响	灌溉排水学报	2020	宁夏农林科学院种质资源研究所
312	沈甜	基于层次-关联度和主成分分析的无核鲜食葡萄品质评价	食品工业科技	2020	宁夏农林科学院种质资源研究所
313	冯海萍	基于主成分分析的宁南山区露地栽培小型甘蓝品种的综合评价	中国瓜菜	2020	宁夏农林科学院种质资源研究所
314	梁晓婕	宁夏枸杞根系生长发育特征研究	西北农业学报	2020	宁夏农林科学院枸杞科学研究所
315	米佳	超声波辅助酶法提取黑果枸杞花色苷的工艺优化及其稳定性研究	食品科技	2020	宁夏农林科学院枸杞科学研究所
316	闫亚美	黑果枸杞花色苷的肥胖干预作用研究进展	食品科学技术学报	2020	宁夏农林科学院枸杞科学研究所
317	闫亚美	不同枸杞叶茶中黄酮、多酚及氨基酸组成分析	食品研究与开发	2020	宁夏农林科学院枸杞科学研究所
318	马吉锋	柠条与玉米芯添加比例对西杂牛增重和血液生化指标的影响研究	饲料工业	2020	宁夏农林科学院动物科学研究所
319	马丽娜	芯片技术在畜禽育种中的应用研究进展	中国畜牧兽医	2020	宁夏农林科学院动物科学研究所
320	马小明	滩羊不同生长发育阶段屠宰性能、肉品质特性比较研究	肉类研究	2020	宁夏农林科学院动物科学研究所
321	杨宇为	三种马铃薯秧饲料在肉牛瘤胃中降解规律的比较	饲料工业	2020	宁夏农林科学院动物科学研究所
322	高海慧	犊牛腹泻源大肠杆菌耐药情况及HPI相关基因的检测	中国畜牧兽医	2020	宁夏农林科学院动物科学研究所
323	岳彩娟	滩羊和湖羊背最长肌全基因组甲基化差异分析	中国畜牧兽医	2020	宁夏农林科学院动物科学研究所
324	侯鹏霞	氨基酸锌对滩湖杂羊生长性能、血清激素、免疫及抗氧化指标的影响	动物营养学报	2020	宁夏农林科学院动物科学研究所

续表

序号	第一(通信)作者	论文名称	刊物名称	出版时间	单位
325	侯鹏霞	饲粮添加氨基酸锌对育肥羊屠宰性能、肉品质及血液和组织中微量元素含量的影响	动物营养学报	2020	宁夏农林科学院动物科学研究所
326	赵正伟	中草药添加剂对滩羊生长、免疫性能及肉品质的影响	中国畜牧杂志	2020	宁夏农林科学院动物科学研究所
327	李聚才	宁夏六盘山区饲用高粱和高丹草品选及种植方式研究	中国草地学报	2020	宁夏农林科学院动物科学研究所
328	杨 静	基于HPLC-MS/MS技术测定枸杞中螺虫乙酯及其代谢物残留的方法	北方园艺	2020	宁夏农产品质量标准与检测技术研究所
329	赵子丹	马铃薯中氟啶胺和霜脲氰残留的同步检测与储藏稳定性	保鲜与加工	2020	宁夏农产品质量标准与检测技术研究所
330	陈 翔	产地土壤重金属对贺兰山东麓酿酒葡萄的影响及风险评估	中国酿造	2020	宁夏农产品质量标准与检测技术研究所
331	开建荣	红枸杞、黑枸杞和黄枸杞中49种无机元素比较研究	食品与发酵工业	2020	宁夏农产品质量标准与检测技术研究所
332	余帮强	不同施氮量对马铃薯新品种'宁薯16号'生长的影响	中国瓜菜	2020	宁夏农林科学院固原分院
333	吴利晓	莴笋复种甘蓝一年两熟高效栽培技术	中国瓜菜	2020	宁夏农林科学院固原分院
334	孙玉琴	宁南半干旱区饲用高粱品种生产性能和营养价值比较研究	草地学报	2020	宁夏农林科学院固原分院
335	蔡翠翠	固原鸡品种选育和杂交改良的基本思路和关键措施	中国畜牧杂志	2020	宁夏农林科学院固原分院
336	田建文	肉桂油复合涂膜对鲜切菠萝蜜果苞贮藏期间品质的影响	食品与机械	2020	宁夏农林科学院
337	何建龙	哈巴湖国家级自然保护区固沙林地土壤颗粒分形特征	干旱地区农业研究	2020	宁夏农林科学院荒漠化治理研究所
338	何昕孺	枸杞不同品系的光合特性及光响应模型拟合研究	中国农学通报	2020	宁夏农林科学院枸杞科学研究所
339	闫亚美	黑果枸杞花色苷提取物对胰脂肪酶活性的影响	食品科学	2020	宁夏农林科学院枸杞科学研究所
340	周 旋	枸杞提取液主要成分含量与体外抗氧化活性相关性	食品工业	2020	宁夏农林科学院枸杞科学研究所
341	白海波	春小麦抗旱耐热性QTL分析	麦类作物学报	2020	宁夏农林科学院农业生物技术研究中心

续表

序号	第一(通信)作者	论文名称	刊物名称	出版时间	单位
342	王敬东	PEG胁迫下春小麦萌发期抗旱指标的遗传力	中国农学通报	2020	宁夏农林科学院农业生物技术研究中心
343	姜彩鸽	贺兰山东麓葡萄灰霉病菌对不同类型杀菌剂抗药性水平的评价	中国农业科技导报	2020	宁夏农林科学院植物保护研究所
344	王喜刚	宁夏马铃薯镰刀菌根腐病病原菌的ISSR标记体系建立及遗传多样性分析	植物保护学报	2020	宁夏农林科学院植物保护研究所
345	开建荣	氢化物发生-原子荧光光谱法直接测定大米中的无机硒和有机硒	食品科技	2020	宁夏农产品质量标准与检测技术研究所
346	开建荣	宁夏不同地区、不同品种枸杞中元素含量差异分析	食品与发酵工业	2020	宁夏农产品质量标准与检测技术研究所
347	杨春霞	宁夏产区不同品种枸杞中总酚含量分析	食品研究与开发	2020	宁夏农产品质量标准与检测技术研究所
348	高海慧	我国牛隐孢子虫感染情况及危险因素研究进展	中国兽医学报	2020	宁夏农林科学院动物科学研究所
349	高海慧	宁夏部分地区奶牛犊牛隐孢子虫感染情况调查	中国兽医学报	2020	宁夏农林科学院动物科学研究所
350	王建东	枸杞多糖、黄芪多糖和蜂胶多糖对小鼠免疫效果的对比实验	动物医学进展	2020	宁夏农林科学院动物科学研究所
351	朱金霞	快速批量化测定紫薯块根中总花青素含量	北方园艺	2019	宁夏农林科学院农业生物技术研究中心
352	陈晓军	3种米香基因型鉴定方法比较研究	中国农学通报	2019	宁夏农林科学院农业生物技术研究中心
353	王永宏	宁夏引/扬黄灌区玉米密植高产低水分粒收技术模式探索	玉米科学	2019	宁夏农林科学院农作物研究所
354	张维军	宁夏小麦种质资源穗发芽抗性鉴定及相关分子标记的有效性评价	麦类作物学报	2019	宁夏农林科学院农作物研究所
355	金建新	基于AquaCrop模型的马铃薯灌溉制度优化研究	西北农业学报	2019	宁夏农林科学院农业资源与环境研究所

续表

序号	第一(通信)作者	论文名称	刊物名称	出版时间	单位
356	金建新	西藏地区干旱指标的时空演变	水土保持研究	2019	宁夏农林科学院农业资源与环境研究所
357	赵营	减量施氮与秸秆添加对设施菜田 N_2O 的减排效应	土壤	2019	宁夏农林科学院农业资源与环境研究所
358	雷金银	生物培肥及 AMF 菌对马铃薯连作土壤微生物特征及产量的影响	中国土壤与肥料	2019	宁夏农林科学院农业资源与环境研究所
359	雷金银	耕作措施对宁南山区缓坡耕地土壤团聚体特征及作物产量的影响	干旱地区农业研究	2019	宁夏农林科学院农业资源与环境研究所
360	郭鑫年	宁夏回族自治区扬黄灌区密植高产玉米磷素吸收利用特征及适宜用量分析	中国农业大学学报	2019	宁夏农林科学院农业资源与环境研究所
361	郭鑫年	钾肥用量对水稻钾素分配累积、钾肥利用效率及平衡的影响	中国土壤与肥料	2019	宁夏农林科学院农业资源与环境研究所
362	樊丽琴	平罗县不同地下水位分布区地下水埋深变化特征分析	灌溉排水学报	2019	宁夏农林科学院农业资源与环境研究所
363	张永宏	宁夏引黄灌区菜田利用地下水喷灌对土壤水盐动态的影响	土壤通报	2019	宁夏农林科学院农业资源与环境研究所
364	刘汝亮	控释氮肥全量基施对宁夏引黄灌区水稻氮素利用效率和淋失的影响	水土保持学报	2019	宁夏农林科学院农业资源与环境研究所
365	洪瑜	5 种浮床植物对宁夏引黄灌区稻田退水中氮磷的去除效果	环境工程学报	2019	宁夏农林科学院农业资源与环境研究所
366	李磊	秸秆还田对盐碱地土壤物理性质、酶活性及油葵产量的影响	西北农业学报	2019	宁夏农林科学院农业资源与环境研究所
367	刘晓彤	不同施肥管理模式对番茄-黄瓜轮作体系土壤氮素流失及蔬菜产量的影响	中国农学通报	2019	宁夏农林科学院农业资源与环境研究所
368	王占军	干旱风沙区沙柳灌木生物量可加性动态模型构建	东北林业大学学报	2019	宁夏农林科学院荒漠化治理研究所
369	李浩霞	枸杞己糖激酶基因 *LbHXK* 的克隆及表达分析	西北植物学报	2019	宁夏农林科学院荒漠化治理研究所

续表

序号	第一(通信)作者	论文名称	刊物名称	出版时间	单位
370	韩新生	六盘山半干旱区华北落叶松林土壤水分时空变化与影响因素	水土保持学报	2019	宁夏农林科学院荒漠化治理研究所
371	杜建民	苜蓿草田地下滴灌适宜冬灌量研究	干旱区农业研究	2019	宁夏农林科学院荒漠化治理研究所
372	王月玲	宁南山区不同年限撂荒梯田土壤碳氮磷化学计量特征	水土保持研究	2019	宁夏农林科学院荒漠化治理研究所
373	万海霞	宁夏南部黄土丘陵区典型草本群落根系垂直分布特征与土壤团聚体的关系	水土保持研究	2019	宁夏农林科学院荒漠化治理研究所
374	杜玉宁	宁夏黄瓜新品种及主栽品种对白粉病的抗性评价	中国瓜菜	2019	宁夏农林科学院植物保护研究所
375	朱猛蒙	苜蓿蓟马空间动态与作物布局关系研究	宁夏农林科技	2019	宁夏农林科学院植物保护研究所
376	沈瑞清	新疆马铃薯镰刀菌根腐病发生危害调查及病原菌鉴定	西北农业学报	2019	宁夏农林科学院植物保护研究所
377	沙月霞	芽孢杆菌浸种对水稻内生细菌群落结构的影响	生态学报	2019	宁夏农林科学院植物保护研究所
378	沙月霞	防治稻瘟病假单胞菌的筛选及效果评价	中国生物防治学报	2019	宁夏农林科学院植物保护研究所
379	宋双	多异瓢虫对葡萄斑叶蝉的捕食作用	中外葡萄与葡萄酒	2019	宁夏农林科学院植物保护研究所
380	王志强	砂田西瓜连作障碍研究进展	中国瓜菜	2019	宁夏农林科学院种质资源研究所
381	王志强	西瓜种质资源枯萎病抗性鉴定	北方园艺	2019	宁夏农林科学院种质资源研究所
382	于蓉	宁夏压砂地嫁接西瓜栽培技术	中国瓜菜	2019	宁夏农林科学院种质资源研究所
383	曲继松	复配基质对茄子幼苗生长和光合参数的影响	中国瓜菜	2019	宁夏农林科学院种质资源研究所
384	杨冬艳	溶磷菌和解钾菌对拱棚连作辣椒生长及土壤养分含量的影响	北方园艺	2019	宁夏农林科学院种质资源研究所
385	高晶霞	拱棚辣椒水肥一体化技术试验研究	灌溉排水学报	2019	宁夏农林科学院种质资源研究所
386	李晓龙	性信息素迷向丝对不同果树梨小食心虫的防控效果	植物保护	2019	宁夏农林科学院种质资源研究所
387	黄小晶	不同施肥处理对风沙地'赤霞珠'葡萄叶片黄化的影响	北方园艺	2019	宁夏农林科学院种质资源研究所
388	梁晓婕	黄果枸杞果实中主要功效成分的比较研究	西北林学院学报	2019	宁夏农林科学院枸杞科学研究所

续表

序号	第一(通信)作者	论文名称	刊物名称	出版时间	单位
389	梁晓婕	宁夏枸杞果实形态特征与气象因子的相关性	北方园艺	2019	宁夏农林科学院枸杞科学研究所
390	禄璐	枸杞总黄酮提取工艺优化及其体外抗氧化活性分析	食品工业科技	2019	宁夏农林科学院枸杞科学研究所
391	赵建华	枸杞己糖激酶基因 $LbHXK$ 的克隆及表达分析	西北植物学报	2019	宁夏农林科学院枸杞科学研究所
392	李晓莺	黑果枸杞芽茶香气成分及营养成分	食品工业	2019	宁夏农林科学院枸杞科学研究所
393	米佳	枸杞蜂花粉多糖超声波提取工艺优化及抗氧化活性分析	食品科学技术学报	2019	宁夏农林科学院枸杞科学研究所
394	黄婷	基于主成分分析的枸杞鲜果品质评价核心指标筛选	北方园艺	2019	宁夏农林科学院枸杞科学研究所
395	何昕孺	枸杞果柄分离力与果实、果柄形态及内源激素含量间的关系	经济林研究	2019	宁夏农林科学院枸杞科学研究所
396	尹跃	黑果枸杞转录组SSR信息分析及分子标记开发	浙江农林大学学报	2019	宁夏农林科学院枸杞科学研究所
397	李越鲲	不同种质黄果枸杞黄酮组分差异性	食品工业	2019	宁夏农林科学院枸杞科学研究所
398	王亚军	不同成熟阶段枸杞果实中糖分含量的变化规律研究	干旱区资源与环境	2019	宁夏农林科学院枸杞科学研究所
399	尹跃	枸杞种间杂交F1群体的SSR鉴定及遗传分析	西北农业学报	2019	宁夏农林科学院枸杞科学研究所
400	侯鹏霞	1岁龄滩湖F2代产肉性能及肉品质研究	饲料研究	2019	宁夏农林科学院动物科学研究所
401	侯鹏霞	枸杞各部位营养成分分析	饲料研究	2019	宁夏农林科学院动物科学研究所
402	马吉锋	不同粗饲料组合的体外发酵效果研究	饲料研究	2019	宁夏农林科学院动物科学研究所
403	马吉锋	饲喂枸杞多糖对架子牛免疫球蛋白水平和细胞因子分泌的影响	畜牧与兽医	2019	宁夏农林科学院动物科学研究所
404	马丽娜	三代测序技术及其应用研究进展	中国畜牧兽医	2019	宁夏农林科学院动物科学研究所
405	张俊丽	不同蛋白营养水平精补料对黄渠桥羊羔肉氨基酸含量的影响	饲料研究	2019	宁夏农林科学院动物科学研究所
406	李聚才	不同梯度有机硒饲粮对羔羊肉及内脏组织硒沉积的影响	肉类研究	2019	宁夏农林科学院动物科学研究所
407	王锦	增强子预测及靶向测序技术研究进展	中国畜牧兽医	2019	宁夏农林科学院动物科学研究所

续表

序号	第一(通信)作者	论文名称	刊物名称	出版时间	单位
408	施安	不同蛋白营养水平精补料对黄渠桥羔羊生长育肥性能的影响	饲料研究	2019	宁夏农林科学院动物科学研究所
409	开建荣	贺兰山东麓酿酒葡萄质量安全及营养成分分析	中国酿造	2019	宁夏农产品质量标准与检测技术研究所
410	牛艳	烹饪方式对胡麻油不饱和脂肪酸的影响	粮食与油脂	2019	宁夏农产品质量标准与检测技术研究所
411	陈翔	中温结合乙醇处理对枯草芽孢杆菌芽孢皮层裂解酶活性及结构的影响	食品与发酵工业	2019	宁夏农产品质量标准与检测技术研究所
412	张炜	硫包衣尿素用量对旱作区胡麻生长及产量性状的影响	中国土壤与肥料	2019	宁夏农林科学院固原分院
413	杨琳	水旱兼用冬小麦新品种——宁冬16号	麦类作物学报	2019	宁夏农林科学院固原分院
414	张晓娟	宁夏南部山区春菠菜机械化栽培技术	中国瓜菜	2019	宁夏农林科学院固原分院
415	张晓娟	芹菜机械化精播丰产栽培技术	中国瓜菜	2019	宁夏农林科学院固原分院
416	余帮强	不同补水量对'宁薯16号'水分利用和产量的影响	中国瓜菜	2019	宁夏农林科学院固原分院
417	赵丹青	宁夏不同产区、不同品种藜麦的主要营养成分和矿物元素含量分析	粮食与油脂	2019	宁夏农产品质量标准与检测技术研究所
418	聂峰杰	西北地区马铃薯疮痂病病原菌鉴定及其生物学特性	植物保护学报	2019	宁夏农林科学院农业生物技术研究中心
419	白海波	高产抗逆春小麦新品种——宁春56号	麦类作物学报	2019	宁夏农林科学院农业生物技术研究中心
420	吕学莲	籼粳稻杂交衍生RIL系的苗期抗旱性评价	植物遗传资源学报	2019	宁夏农林科学院农业生物技术研究中心
421	王喜刚	宁夏马铃薯田间杂草种类及其群落特征	植物保护	2019	宁夏农林科学院植物保护研究所
422	郭生虎	桃儿七愈伤组织培养体系的建立及鬼臼毒素含量测定	中国农学通报	2018	宁夏农林科学院农业生物技术研究中心

续表

序号	第一(通信)作者	论文名称	刊物名称	出版时间	单位
423	巩檑	模拟干旱胁迫下马铃薯 StNCED1 表达量及与 ABA 含量的相关性分析	植物遗传资源学报	2018	宁夏农林科学院农业生物技术研究中心
424	李苗	盐胁迫对橡胶草生长及生理指标的影响	北方园艺	2018	宁夏农林科学院农业生物技术研究中心
425	朱金霞	施氮量对宁夏扬黄灌区紫薯产量性能及品质的影响	北方园艺	2018	宁夏农林科学院农业生物技术研究中心
426	王坚	粳稻优势生态型不同世代恢复系的恢复效果	西北植物学报	2018	宁夏农林科学院农作物研究所
427	陈东升	宁夏小麦 Glu-A3 与 Glu-B3 位点等位变异组成分析	西北农业学报	2018	宁夏农林科学院农作物研究所
428	王坚	利用粳型杂种优势群转育恢复系各代遗传效应研究	西北农林科技大学学报（自然科学版）	2018	宁夏农林科学院农作物研究所
429	王坚	宁夏主要水稻品种(系)Rf-1 基因位点多态性分析	西北植物学报	2018	宁夏农林科学院农作物研究所
430	党根友	灌水对宁春50籽粒干物质积累、产量及水分利用效率的影响	麦类作物学报	2018	宁夏农林科学院农作物研究所
431	张双喜	不同化学试剂和处理方式加倍小麦单倍体植株的效果	中国农业科学	2018	宁夏农林科学院农作物研究所
432	陈丽	西北干旱区杂草稻品质性状分析	西北农业学报	2018	宁夏农林科学院农作物研究所
433	陈丽	杂草稻功能型品质形状分析	植物遗传资源学报	2018	宁夏农林科学院农作物研究所
434	赵如浪	宁夏宜机收玉米品种的初步筛选	玉米科学	2018	宁夏农林科学院农作物研究所
435	赵营	枸杞树不同器官氮磷钾吸收规律及其合理施肥初探	中国农学通报	2018	宁夏农林科学院农业资源与环境研究所
436	刘晓彤	不同施肥管理模式对番茄-黄瓜轮作体系土壤氮素流失及蔬菜产量的影响	中国农学通报	2018	宁夏农林科学院农业资源与环境研究所
437	赵营	NPK用量对露地西兰花产量、养分累积及肥料效率的影响	中国农学通报	2018	宁夏农林科学院农业资源与环境研究所

续表

序号	第一(通信)作者	论文名称	刊物名称	出版时间	单位
438	郭鑫年	复合微生物肥对宁南旱地马铃薯产量及品质的影响	中国农学通报	2018	宁夏农林科学院农业资源与环境研究所
439	郭鑫年	宁夏中部干旱带土壤肥力综合评价——以同心县为例	干旱区资源与环境	2018	宁夏农林科学院农业资源与环境研究所
440	郭鑫年	宁夏扬黄灌区密植高产玉米磷素吸收利用特征及适宜用量分析	中国农业大学学报	2018	宁夏农林科学院农业资源与环境研究所
441	何进勤	施肥对马铃薯淀粉废水灌溉农田的培肥效应	中国农学通报	2018	宁夏农林科学院农业资源与环境研究所
442	尹志荣	不同灌溉量对不同品种枸杞生长、产量和品质的影响	灌溉排水学报	2018	宁夏农林科学院农业资源与环境研究所
443	刘汝亮	不同类型肥料对东北地区稻田氮磷损失和水稻产量的影响	灌溉排水学报	2018	宁夏农林科学院农业资源与环境研究所
444	刘汝亮	控释氮肥侧条施用对东北地区水稻产量和氮肥损失的影响	水土保持学报	2018	宁夏农林科学院农业资源与环境研究所
445	洪瑜	控释肥在宁夏灌淤土中的氮素释放特征研究	中国土壤与肥料	2018	宁夏农林科学院农业资源与环境研究所
446	郭鑫年	施磷对宁夏引黄灌区水稻产量及氮、磷吸收利用及氮素残留的影响	水土保持研究	2018	宁夏农林科学院农业资源与环境研究所
447	左忠	干旱风沙区农田防护林网空间风速与地表风蚀特征	农业工程学报	2018	宁夏农林科学院荒漠化治理研究所
448	左忠	宁夏中部干旱带不同自然地貌风蚀沙粒粒径特征研究	西北林学院学报	2018	宁夏农林科学院荒漠化治理研究所
449	安钰	放牧对荒漠草原土壤和优势植物生态化学计量特征的影响	草业学报	2018	宁夏农林科学院荒漠化治理研究所
450	韩新生	土地利用方式对表层土壤水稳性团聚体的影响	干旱区资源与环境	2018	宁夏农林科学院荒漠化治理研究所
451	韩新生	宁南黄土丘陵区3种典型林分的结构与水文影响比较	水土保持学报	2018	宁夏农林科学院荒漠化治理研究所
452	吴旭东	沙质草地植物群落及土壤质地对补播和翻耕措施的响应	干旱地区农业研究	2018	宁夏农林科学院荒漠化治理研究所

续表

序号	第一(通信)作者	论文名称	刊物名称	出版时间	单位
453	俞鸿千	VOR、CVOR指数在宁夏干旱风沙区荒漠草原健康评价中的应用——以盐池县为例	草地学报	2018	宁夏农林科学院荒漠化治理研究所
454	王东清	宁夏沙漠化土地动态监测研究	中国农学通报	2018	宁夏农林科学院荒漠化治理研究所
455	左 忠	不同机械中耕处理对人工栽培甘草生长特性的影响研究	中国农学通报	2018	宁夏农林科学院荒漠化治理研究所
456	沙月霞	防治稻瘟病芽胞杆菌的筛选及效果评价	中国生物防治学报	2018	宁夏农林科学院植物保护研究所
457	张治科	宁夏辣椒花期西花蓟马的空间分布特征研究	西北农林科技大学学报（自然科学版）	2018	宁夏农林科学院植物保护研究所
458	宋 双	贺兰山东麓葡萄霜霉病菌致病力分析	北方园艺	2018	宁夏农林科学院植物保护研究所
459	王喜刚	宁夏马铃薯主栽品种对黑痣病的抗性鉴定	植物保护	2018	宁夏农林科学院植物保护研究所
460	张丽荣	木霉制剂在西瓜土壤中定殖能力及其对根际土壤微生物区系的影响	北方园艺	2018	宁夏农林科学院植物保护研究所
461	宋 双	葡萄霜霉病菌长期保存方法的研究	中外葡萄与葡萄酒	2018	宁夏农林科学院植物保护研究所
462	康萍芝	尖孢镰刀菌黄瓜专化型生物学特性研究	北方园艺	2018	宁夏农林科学院植物保护研究所
463	张华普	葡萄缺节瘿螨危害特点和防治措施	中外葡萄与葡萄酒	2018	宁夏农林科学院植物保护研究所
464	陈宏灏	甘草胭珠蚧卵有效积温及若虫化学防治研究	植物保护	2018	宁夏农林科学院植物保护研究所
465	李永梅	基于水肥一体化的配方施肥对枸杞产量及品质的影响	北方园艺	2018	宁夏农林科学院农业经济与信息技术研究所
466	许泽华	不同架型对玉泉营"美乐"葡萄的营养生长及品质的影响	北方园艺	2018	宁夏农林科学院种质资源研究所
467	张丽娟	不同制剂对茖葱种子发芽和直接分化不定芽诱导的影响	中国瓜菜	2018	宁夏农林科学院种质资源研究所
468	张丽娟	驯化栽培中遮荫处理对长白山茖葱生长发育的影响	北方园艺	2018	宁夏农林科学院种质资源研究所
469	郭 松	防治压砂西瓜枯萎病的药剂筛选研究	中国农学通报	2018	宁夏农林科学院种质资源研究所
470	王志强	8个西瓜亲本材料主要农艺性状配合力和遗传力分析	西北农业学报	2018	宁夏农林科学院种质资源研究所

续表

序号	第一(通信)作者	论文名称	刊物名称	出版时间	单位
471	牛锐敏	盐胁迫对葡萄砧木生长和叶绿素荧光特性的影响	北方园艺	2018	宁夏农林科学院种质资源研究所
472	赵云霞	不同甜瓜砧木品种对薄皮甜瓜的生长及品质的影响	北方园艺	2018	宁夏农林科学院种质资源研究所
473	高晶霞	嫁接砧木对拱棚连作辣椒生长发育、产量及品质的影响	北方园艺	2018	宁夏农林科学院种质资源研究所
474	高晶霞	微生物菌剂对拱棚连作辣椒生长、产量及品质的影响	北方园艺	2018	宁夏农林科学院种质资源研究所
475	高晶霞	辣椒不同种质资源种子萌发期耐低温性评价	北方园艺	2018	宁夏农林科学院种质资源研究所
476	曲继松	灌水量对外置保温被塑料拱棚越冬茬韭菜产量与品质的影响	北方园艺	2018	宁夏农林科学院种质资源研究所
477	冯海萍	氮素水平对日光温室枸杞枝条基质栽培西瓜生长及生理指标的影响	河南农业大学学报	2018	宁夏农林科学院种质资源研究所
478	曲继松	枸杞枝条复配基质对番茄幼苗生长和光合的影响	西北农林科技大学学报（自然科学版）	2018	宁夏农林科学院种质资源研究所
479	闫亚美	黑果枸杞花色苷纳米颗粒的制备及其对氧化低密度脂蛋白诱导的人脐静脉融合细胞氧化损伤的保护作用	食品科学	2018	宁夏农林科学院枸杞科学研究所
480	赵建华	枸杞木糖异构酶基因 $LbxylA$ 的克隆、原核表达及多克隆抗体的制备	食品科学	2018	宁夏农林科学院枸杞科学研究所
481	禄璐	正交试验设计优化喷雾干燥工艺制备枸杞鲜颗粒冲剂	食品科技	2018	宁夏农林科学院枸杞科学研究所
482	赵建华	枸杞果糖激酶基因 $LbFRK7$ 的克隆及表达分析	西北植物学报	2018	宁夏农林科学院枸杞科学研究所
483	梁晓婕	不同枸杞品种(系)的根系生长特征初探	北方园艺	2018	宁夏农林科学院枸杞科学研究所
484	闫亚美	枸杞类胡萝卜素研究及深加工产品研发进展	食品工业科技	2018	宁夏农林科学院枸杞科学研究所
485	马吉锋	发酵酒糟对淘汰母牛育肥性能、血液生化及免疫指标影响的研究	饲料工业	2018	宁夏农林科学院动物科学研究所
486	开建荣	2种消解方法-原子吸收分光光度法检测大米粉中铜、锌、镉含量	食品科技	2018	宁夏农产品质量标准与检测技术研究所
487	牛艳	胡麻油品质影响因子的探讨研究	中国调味品	2018	宁夏农产品质量标准与检测技术研究所

续表

序号	第一(通信)作者	论文名称	刊物名称	出版时间	单位
488	葛谦	赤霞珠葡萄酒酿造过程中花色苷及颜色参数变化规律	中国酿造	2018	宁夏农产品质量标准与检测技术研究所
489	王芳	宁夏不同品种藜麦中维生素 B_1 和 B_2 含量分析	食品研究与开发	2018	宁夏农产品质量标准与检测技术研究所
490	张炜	二氯吡啶酸防除胡麻田刺儿菜的药效及安全性评价	植物保护	2018	宁夏农林科学院固原分院
491	邵千顺	宁夏南部山区冬小麦抗旱指标鉴定研究	干旱地区农业研究	2018	宁夏农林科学院固原分院
492	王建东	枸杞多糖免疫增效剂对滩羊抗体水平和细胞因子分泌的影响	动物医学进展	2018	宁夏农林科学院动物科学研究所
493	王建东	枸杞多糖免疫增效剂对产蛋后期蛋鸡抗体水平和细胞因子分泌的影响	动物医学进展	2018	宁夏农林科学院动物科学研究所
494	王建东	枸杞多糖免疫增效剂对围产期奶牛抗体水平和细胞因子分泌的影响	动物医学进展	2018	宁夏农林科学院动物科学研究所
495	李树华	春小麦穗部性状的主基因+多基因遗传分析	中国农学通报	2017	宁夏农林科学院农业生物技术研究中心
496	朱永兴	春小麦田间盐胁迫下的农艺性状表现研究	中国农学通报	2017	宁夏农林科学院农业生物技术研究中心
497	白海波	小麦重组自交系(RILs)群体碳同位素分辨率的QTL分析	西北植物学报	2017	宁夏农林科学院农业生物技术研究中心
498	白海波	灌水量对宁夏春小麦光合特性及产量构成因素的影响	中国农学通报	2017	宁夏农林科学院农业生物技术研究中心
499	马静	不同粒形宁夏水稻种质遗传多样分析	河北农业大学学报	2017	宁夏农林科学院农作物研究所
500	佘奎军	玉米胞质雄性不育材料PH6WCcms-LK18的鉴定与分析（录用）	西北农业学报	2017	宁夏农林科学院农作物研究所
501	王睿	缓/控释肥侧条施用对水稻产量与农学性状的影响	中国农学通报	2017	宁夏农林科学院农业资源与环境研究所
502	李凤霞	氮肥减量配施微生物菌剂对灌淤土花椰菜产量及土壤微生物的影响	水土保持研究	2017	宁夏农林科学院农业资源与环境研究所

续表

序号	第一(通信)作者	论文名称	刊物名称	出版时间	单位
503	赵 营	秸秆还田量对水旱轮作作物产量和土壤肥力的影响	土壤通报	2017	宁夏农林科学院农业资源与环境研究所
504	樊丽琴	脱硫石膏施用下宁夏盐化碱土水盐运移特征	水土保持学报	2017	宁夏农林科学院农业资源与环境研究所
505	张永宏	灌溉方式对土壤水盐运移及油葵产量的影响	中国农学通报	2017	宁夏农林科学院农业资源与环境研究所
506	纪立东	滴灌施肥对加工番茄产量和品质的影响	灌溉排水学报	2017	宁夏农林科学院农业资源与环境研究所
507	刘汝亮	引黄灌区不同肥料类型和施肥技术对稻田氮磷流失的影响	灌溉排水学报	2017	宁夏农林科学院农业资源与环境研究所
508	洪 瑜	长期配施有机肥对灌淤土春玉米产量及氮素利用的影响	水土保持学报	2017	宁夏农林科学院农业资源与环境研究所
509	何进勤	马铃薯覆膜方式对土壤氮磷钾养分与产量的影响	中国土壤与肥料	2017	宁夏农林科学院农业资源与环境研究所
510	金建新	利用hydrus-模型优质玉米膜下滴灌灌溉制度研究	灌溉排水学报	2017	宁夏农林科学院农业资源与环境研究所
511	金建新	宁夏典型土壤持水性能及收缩特征	水土保持研究	2017	宁夏农林科学院农业资源与环境研究所
512	郭鑫年	栽培方式与施磷量对水稻养分累积、分配及磷素平衡的影响	中国土壤与肥料	2017	宁夏农林科学院农业资源与环境研究所
513	雷金银	1980—2015年宁夏农作物种植结构时空变化特征分析	干旱区资源与环境	2017	宁夏农林科学院农业资源与环境研究所
514	蔡进军	华北驼绒藜和四翅滨藜对干旱胁迫的生理反应	西北农业学报	2017	宁夏农林科学院荒漠化治理研究所
515	张清云	宁夏中部干旱带沙地人工甘草不同种植密度土壤水分时空变化及产量性状分析	水土保持研究	2017	宁夏农林科学院荒漠化治理研究所
516	左 忠	TOPSIS法综合评价宁夏中部干旱带五种风蚀环境抗风蚀性能	中国农学通报	2017	宁夏农林科学院荒漠化治理研究所

续表

序号	第一(通信)作者	论文名称	刊物名称	出版时间	单位
517	王 芳	宁夏地区枸杞蚜虫抗药性测定	西北农林科技大学学报(自然科学版)	2017	宁夏农林科学院植物保护研究所
518	沙月霞	生物农药在稻瘟病防治中的应用及前景分析	植物保护	2017	宁夏农林科学院植物保护研究所
519	张 蓉	宁夏引黄灌区不同紫花苜蓿品种比较	西北农林科技大学学报(自然科学版)	2017	宁夏农林科学院植物保护研究所
520	魏淑花	豌豆蚜在6个不同抗性苜蓿品种上取食行为的EPG分析	草业科学	2017	宁夏农林科学院植物保护研究所
521	李 锋	基于GIS与地统计学宁夏枸杞主产区不同树龄土壤肥力特征研究	北方园艺	2017	宁夏农林科学院植物保护研究所
522	冯海萍	枸杞枝条发酵木质纤维素降解与微生物群落多样性研究	农业机械学报	2017	宁夏农林科学院种质资源研究所
523	桑 婷	不同砧木对日光温室秋冬茬嫁接西瓜产量品质及叶绿素荧光特性的影响	东北农业大学学报	2017	宁夏农林科学院种质资源研究所
524	张丽娟	不同剂量外源纤维素酶对设施土壤生物活性与番茄生长的影响	植物营养与肥料学报	2017	宁夏农林科学院种质资源研究所
525	冯海萍	苦豆子茎秆粉基质发酵中碳素及氮素的变化	西北农业学报	2017	宁夏农林科学院种质资源研究所
526	王志强	不同整枝方式对西瓜产量的影响	中国瓜菜	2017	宁夏农林科学院种质资源研究所
527	王志强	西瓜主蔓和果实生长发育数学模型的研究	北方园艺	2017	宁夏农林科学院种质资源研究所
528	高晶霞	宁夏地区优良牛角椒引进适应性试验	北方园艺	2017	宁夏农林科学院种质资源研究所
529	颜秀娟	宁夏羊角椒雄性不育两用系物质代谢的差异	北方园艺	2017	宁夏农林科学院种质资源研究所
530	冯海萍	宁夏南部山区玛咖的营养成分分析	山西农业大学学报(自然科学版)	2017	宁夏农林科学院种质资源研究所
531	米 佳	枸杞色泽与其类胡萝卜素含量和组成的相关性	食品科学	2017	宁夏农林科学院枸杞科学研究所
532	禄 璐	壳聚糖-山梨酸钾复合涂膜对鲜果枸杞保鲜品质的影响	食品工业科技	2017	宁夏农林科学院枸杞科学研究所
533	赵建华	不同果色枸杞鲜果品质性状分析及综合评价	中国农业科学	2017	宁夏农林科学院枸杞科学研究所
534	尹 跃	枸杞品种SSR荧光指纹图谱构建及遗传关系分析	西北林学院学报	2017	宁夏农林科学院枸杞科学研究所

续表

序号	第一(通信)作者	论文名称	刊物名称	出版时间	单位
535	樊云芳	TP-MI3-SSR技术在枸杞遗传多样性研究中的应用	西北农业学报	2017	宁夏农林科学院枸杞科学研究所
536	闫亚美	枸杞蜂花粉主要化学成分与抗氧化作用	食品科学	2017	宁夏农林科学院枸杞科学研究所
537	闫亚美	枸杞芽茶与叶茶的化学成分和抗氧化活性分析	食品工业科技	2017	宁夏农林科学院枸杞科学研究所
538	米佳	皂化对枸杞类胡萝卜素组成的影响	食品工业	2017	宁夏农林科学院枸杞科学研究所
539	袁海静	宁夏野生枸杞(*Lycium barbarum* L.)苦味性状研究	植物遗传资源学报	2017	宁夏农林科学院枸杞科学研究所
540	高婷	秋季刈割时期对不同秋眠性苜蓿品种生产性能的影响	中国草地学报	2017	宁夏农林科学院动物科学研究所
541	谢秀兰	羊奇异变形杆菌的分离鉴定及药敏试验	动物医学进展	2017	宁夏农林科学院动物科学研究所
542	谢秀兰	宁夏部分地区腹泻羔羊源大肠埃希菌的分离鉴定与药敏试验	动物医学进展	2017	宁夏农林科学院动物科学研究所
543	谢秀兰	宁夏不同绵羊品种中绵羊肺炎支原体的调查	中国兽医杂志	2017	宁夏农林科学院动物科学研究所
544	马丽娜	基于酶切的简化基因组测序在绵羊品种进化关系研究中的应用	畜牧与兽医	2017	宁夏农林科学院动物科学研究所
545	王晓薇	滩羊"两年三产"营养水平的研究	畜牧与兽医	2017	宁夏农林科学院动物科学研究所
546	高海慧	奶牛子宫内膜炎源性大肠埃希菌药敏试验与耐药基因检测	动物医学进展	2017	宁夏农林科学院动物科学研究所
547	杨天辉	黄土高原13种栽培牧草营养成分NIRS模型分析	草业科学	2017	宁夏农林科学院动物科学研究所
548	杨春霞	葡萄酒酿造过程中有机酸变化规律研究	中国酿造	2017	宁夏农产品质量标准与检测技术研究所
549	杨春霞	黑果枸杞与红果枸杞氨基酸含量的差异性研究	食品研究与开发	2017	宁夏农产品质量标准与检测技术研究所
550	赵子丹	HPLC测定黑果枸杞中花青素的成分及含量	食品研究与开发	2017	宁夏农产品质量标准与检测技术研究所
551	开建荣	不同压砂地龄土壤肥力及硒砂瓜品质分析	北方园艺	2017	宁夏农产品质量标准与检测技术研究所

续表

序号	第一(通信)作者	论文名称	刊物名称	出版时间	单位
552	葛谦	贺兰山东麓酿酒葡萄成熟过程中花色苷组分含量及其主成分分析	北方园艺	2017	宁夏农产品质量标准与检测技术研究所
553	杨崇庆	叶面喷施烯效唑对旱地胡麻抗倒性和产量性状的影响	干旱地区农业研究	2017	宁夏农林科学院固原分院
554	谢秀兰	羊奇异变形杆菌的分离鉴定与药敏试验	动物医学进展	2017	宁夏农林科学院动物科学研究所
555	朱金霞	不同激素浓度对橡胶草不同器官直接分化再生苗的影响研究	中国农学通报	2016	宁夏农林科学院农业生物技术研究中心
556	董建力	基于性状和分子标记的小麦抗旱近等基因系的分离	中国农学通报	2016	宁夏农林科学院农业生物技术研究中心
557	郭生虎	百合科十二卷属玉露的组培快繁关键技术研究	中国农学通报	2016	宁夏农林科学院农业生物技术研究中心
558	聂峰杰	RT-PCR技术对宁夏马铃薯脱毒种薯病毒检测的研究	植物保护	2016	宁夏农林科学院农业生物技术研究中心
559	石磊	植物中的水平基因转移	植物学报	2016	宁夏农林科学院农业生物技术研究中心
560	程永芳	马铃薯高效遗传转化受体体系的建立	西北农业学报	2016	宁夏农林科学院农业生物技术研究中心
561	朱金霞	利用酶标仪快速批量测定橡胶草中菊糖的含量	食品工业科技	2016	宁夏农林科学院农业生物技术研究中心
562	关雅静	葡萄酒共发酵体系中不同酵母菌种中相互影响	北方园艺	2016	宁夏农林科学院农业生物技术研究中心
563	孙建昌	宁夏杂草稻的遗传多样性及亲缘关系分析	植物遗传资源学报	2016	宁夏农林科学院农作物研究所
564	马静	宁夏水稻品种微卫星标记数据库的建立	植物遗传资源学报	2016	宁夏农林科学院农作物研究所
565	樊丽琴	脱硫石膏施用下宁夏龟裂碱土水盐运移特征	中国土壤与肥料	2016	宁夏农林科学院农业资源与环境研究所

续表

序号	第一(通信)作者	论文名称	刊物名称	出版时间	单位
566	赵营	几种聚氨酯包膜尿素的氮素释放特征研究	中国土壤与肥料	2016	宁夏农林科学院农业资源与环境研究所
567	赵营	灌淤土农田土壤有机碳及碳库管理指数对施肥措施的响应	干旱地区农业研究	2016	宁夏农林科学院农业资源与环境研究所
568	尹志荣	稻作条件下不同施肥模式对原土盐碱地的改良培肥效应	土壤通报	2016	宁夏农林科学院农业资源与环境研究所
569	金建新	基于CROPWAT模型的宁南灌区春玉米非充分灌溉制度研究	西北农业学报	2016	宁夏农林科学院农业资源与环境研究所
570	纪立东	不同滴药处理对设施瓜菜生长发育及土壤特性的影响	北方园艺	2016	宁夏农林科学院农业资源与环境研究所
571	刘汝亮	生物炭对引黄灌区水稻产量和氮素淋失的影响	水土保持学报	2016	宁夏农林科学院农业资源与环境研究所
572	纪立东	滴灌施肥对加工番茄产量、品质的影响	灌溉排水学报	2016	宁夏农林科学院农业资源与环境研究所
573	刘汝亮	引黄灌区肥料类型和施肥技术对稻田氮磷流失的影响	灌溉排水学报	2016	宁夏农林科学院农业资源与环境研究所
574	张永宏	灌溉方式对土壤水盐运移和油葵产量的影响	中国农学通报	2016	宁夏农林科学院农业资源与环境研究所
575	王月玲	半干旱黄土丘陵区不同整地方式下退化草地植物群落恢复特征	水土保持通报	2016	宁夏农林科学院荒漠化治理研究所
576	韩新生	六盘山叠叠沟华北落叶松人工林地上生物量的分配特征	西北林学院学报	2016	宁夏农林科学院荒漠化治理研究所
577	蔡进军	黄土丘陵区不同土地利用方式土壤微生物功能多样性特征	生态环境学报	2016	宁夏农林科学院荒漠化治理研究所
578	蔡进军	宁夏黄土丘陵区苜蓿土壤水分的时空变异特征	水土保持研究	2016	宁夏农林科学院荒漠化治理研究所
579	魏淑花	豌豆蚜为害对苜蓿品种酶活性和营养物质的影响	草业科学	2016	宁夏农林科学院植物保护研究所
580	马建华	宁夏主栽苜蓿品种(系)对豌豆蚜的抗性评价	草业学报	2016	宁夏农林科学院植物保护研究所

续表

序号	第一(通信)作者	论文名称	刊物名称	出版时间	单位
581	张治科	西花蓟马气味结合蛋白的cDNA克隆、序列分析及时空表达	中国农业科学	2016	宁夏农林科学院植物保护研究所
582	姜彩鸽	不同葡萄品种对灰霉病菌胁迫的响应	西北农业学报	2016	宁夏农林科学院植物保护研究所
583	李锋	营养液温度调控对设施越夏水耕栽培生菜产量与品质的影响	北方园艺	2016	宁夏农林科学院植物保护研究所
584	曲继松	宁夏两种韭菜拱棚内环境冬季日变化比较研究	北方园艺	2016	宁夏农林科学院种质资源研究所
585	曲继松	宁夏引黄灌区冬季拱棚韭菜栽培适应性比较	北方园艺	2016	宁夏农林科学院种质资源研究所
586	曲继松	宁南冷凉区域花椰菜栽培适应性比较研究	北方园艺	2016	宁夏农林科学院种质资源研究所
587	杨冬艳	宁夏日光温室基质栽培不同菜豆品种适应性种植比较	北方园艺	2016	宁夏农林科学院种质资源研究所
588	张丽娟	根域容积限制对矮生观赏番茄生长发育的影响	北方园艺	2016	宁夏农林科学院种质资源研究所
589	赵云霞	宁夏设施春茬薄皮甜瓜品种筛选试验	北方园艺	2016	宁夏农林科学院种质资源研究所
590	朱倩楠	旱作区域日光温室礼品西瓜栽培适应性比较研究	北方园艺	2016	宁夏农林科学院种质资源研究所
591	朱倩楠	中部干旱带日光温室厚皮甜瓜栽培适应性比较研究	北方园艺	2016	宁夏农林科学院种质资源研究所
592	田梅	露地薄皮甜瓜新品种比较	北方园艺	2016	宁夏农林科学院种质资源研究所
593	王春良	苹果园几种鸟雀驱避技术效果研究	北方园艺	2016	宁夏农林科学院种质资源研究所
594	高晶霞	低温弱光对不同辣椒品系生长发育及光合特性的影响	北方园艺	2016	宁夏农林科学院种质资源研究所
595	魏天军	平衡施肥对旱地"同心圆枣"产量与品质的影响	北方园艺	2016	宁夏农林科学院种质资源研究所
596	闫亚美	黑果枸杞多酚体外抗氧化活性研究	食品工业科技	2016	宁夏农林科学院枸杞科学研究所
597	闫亚美	黑果枸杞中一种花色苷类物质的分离纯化及抗氧化活性	食品科学	2016	宁夏农林科学院枸杞科学研究所
598	王亚军	5种枸杞的果实性状及主要营养成分	森林与环境学报	2016	宁夏农林科学院枸杞科学研究所
599	何昕孺	限根栽培对枸杞根域温度、生物量积累及营养元素吸收的影响	西北农业学报	2016	宁夏农林科学院枸杞科学研究所
600	秦垦	宁夏枸杞白粉病有机防治初探	北方园艺	2016	宁夏农林科学院枸杞科学研究所

续表

序号	第一（通信）作者	论文名称	刊物名称	出版时间	单位
601	秦垦	电导法结合Logistic方程鉴定不同枸杞种质的耐热性研究	西北农业学报	2016	宁夏农林科学院枸杞科学研究所
602	刘兰英	枸杞果实不同发育阶段主要活性成分变化研究	食品研究与开发	2016	宁夏农林科学院枸杞科学研究所
603	马吉锋	妊娠期日粮不同营养水平对母牛及其犊牛的影响	畜牧与兽医	2016	宁夏农林科学院动物科学研究所
604	谢秀兰	绵羊SP-A基因实时荧光定量RT-PCR检测方法的建立及应用	中国兽医科学	2016	宁夏农林科学院动物科学研究所
605	高婷	宁夏同一生态区不同立地条件对苜蓿生产性能的影响	中国草地学报	2016	宁夏农林科学院动物科学研究所
606	李彩虹	宁夏道地甘草重金属残留特征及污染风险评价	北方园艺	2016	宁夏农产品质量标准与检测技术研究所
607	李彩虹	宁夏道地黄芪重金属残留特征及污染评价	北方园艺	2016	宁夏农产品质量标准与检测技术研究所
608	牛艳	施硒对宁夏枸杞硒含量及品质的影响	北方园艺	2016	宁夏农产品质量标准与检测技术研究所
609	杨春霞	基于离子交换-电导检测法对酿酒葡萄中有机酸含量进行分析	分析测试学报	2016	宁夏农产品质量标准与检测技术研究所
610	杨春霞	贺兰山东麓酿酒葡萄中有机酸含量分析	食品科技	2016	宁夏农产品质量标准与检测技术研究所
611	杨春霞	黑果枸杞与红果枸杞氨基酸含量差异性研究	食品研究与开发	2016	宁夏农产品质量标准与检测技术研究所
612	赵子丹	黑果枸杞花色苷研究进展	食品工业	2016	宁夏农产品质量标准与检测技术研究所
613	万海霞	固原地区胡麻田昆虫群落组成及多样性研究	中国农学通报	2016	宁夏农林科学院固原分院
614	王秉龙	不同播期与种植方式对旱地西瓜产量及土壤水分利用的影响	北方园艺	2016	宁夏农林科学院固原分院
615	石志刚	不同施肥量对枸杞'0909'叶片氮、磷、钾含量及抗性影响	北方园艺	2016	宁夏农林科学院
616	李云翔	宁夏主要枸杞产区施肥现状与土壤养分特征	干旱地区农业研究	2016	宁夏农林科学院

续表

序号	第一(通信)作者	论文名称	刊物名称	出版时间	单位
617	李云翔	宁夏主要枸杞产地土壤环境质量现状与评价	中国土壤与肥料	2016	宁夏农林科学院
618	戴国礼	不同枸杞品种(系)需冷量及需热量的初步研究	西南农业学报	2016	宁夏农林科学院枸杞科学研究所
619	陈虞超	新型植物激素脚金内酯的研究进展	中国农学通报	2015	宁夏农林科学院农业生物技术研究中心
620	李 苗	查尔酮合成酶基因及其分子进化研究进展	中国农学通报	2015	宁夏农林科学院农业生物技术研究中心
621	甘晓燕	SRAP和SSR标记对马铃薯遗传多样性的差异分析	中国农学通报	2015	宁夏农林科学院农业生物技术研究中心
622	张 丽	3种检测方法在脱毒马铃薯种薯病毒检测中的应用及检测效果比较	西北农业学报	2015	宁夏农林科学院农业生物技术研究中心
623	陈晓军	马铃薯甜菜碱醛基因 $PoBADH$ 的克隆与进化分析	核农学报	2015	宁夏农林科学院农业生物技术研究中心
624	朱永兴	杨树多基因遗传转化体系的建立及优化	中国农学通报	2015	宁夏农林科学院农业生物技术研究中心
625	朱永兴	ABA响应植物盐胁迫的机制研究进展	中国农学通报	2015	宁夏农林科学院农业生物技术研究中心
626	朱永兴	不同小麦品种芽期耐盐性鉴定研究	中国农学通报	2015	宁夏农林科学院农业生物技术研究中心
627	董建力	春小麦旗叶长度、宽度及叶绿素含量QTL分析	麦类作物学报	2015	宁夏农林科学院农业生物技术研究中心
628	董建力	不同水分条件下春小麦碳同位素分辨率遗传分析和QTL定位	麦类作物学报	2015	宁夏农林科学院农业生物技术研究中心
629	郭生虎	桃儿七不同外植体愈伤组织诱导研究	中国农学通报	2015	宁夏农林科学院农业生物技术研究中心
630	党根友	灌水模式对春小麦光合性能和干物质生产的影响	麦类作物学报	2015	宁夏农林科学院农作物研究所

续表

序号	第一(通信)作者	论文名称	刊物名称	出版时间	单位
631	周丽娜	培肥措施对侵蚀坡耕地春玉米产量与土壤养分的影响	干旱地区农业研究	2015	宁夏农林科学院农业资源与环境研究所
632	洪瑜	不同双氰胺用量对稻田土壤氮素淋失的影响	水土保持学报	2015	宁夏农林科学院农业资源与环境研究所
633	樊丽琴	淋洗水质和水量对宁夏龟裂碱土水盐运移的影响	水土保持学报	2015	宁夏农林科学院农业资源与环境研究所
634	赵营	缓/控释肥在土壤中的氮素释放特征及其对春玉米氮吸收的影响	中国农学通报	2015	宁夏农林科学院农业资源与环境研究所
635	赵营	施肥对水旱轮作作物产量、土壤无机氮残留及氮素平衡的影响	土壤通报	2015	宁夏农林科学院农业资源与环境研究所
636	刘汝亮	长期配施有机肥对宁夏引黄灌区水稻产量和稻田氮素淋失及平衡特征的影响	农业环境科学学报	2015	宁夏农林科学院农业资源与环境研究所
637	梁锦秀	宁南旱地垄覆沟作对土壤水分及马铃薯产量的影响	灌溉排水学报	2015	宁夏农林科学院农业资源与环境研究所
638	梁锦秀	覆膜条件下不同密度对宁南旱地马铃薯产量及水分利用效率的影响	水土保持研究	2015	宁夏农林科学院农业资源与环境研究所
639	梁锦秀	氮磷钾肥配施对宁南旱区马铃薯产量和水分利用效率的影响	中国农学通报	2015	宁夏农林科学院农业资源与环境研究所
640	梁锦秀	氮磷钾用量对宁南旱地马铃薯产量及水肥利用效率的影响	中国土壤与肥料	2015	宁夏农林科学院农业资源与环境研究所
641	王长军	淡灰钙土条件下不同配比施肥对油葵及土壤养分效应研究	中国农学通报	2015	宁夏农林科学院农业资源与环境研究所
642	纪立东	滴灌施肥条件下设施甜瓜需水、需肥规律及土壤盐分空间变异研究	北方园艺	2015	宁夏农林科学院农业资源与环境研究所
643	罗健航	有机无机肥配施对宁夏引黄灌区露地菜田土壤氨挥发的影响	干旱地区农业研究	2015	宁夏农林科学院农业资源与环境研究所

续表

序号	第一(通信)作者	论文名称	刊物名称	出版时间	单位
644	温学飞	化学固沙剂对退化沙地植物多样性与微生物多样性的影响	中国农学通报	2015	宁夏农林科学院荒漠化治理研究所
645	季波	宁夏贺兰山主要森林树种的含碳率分析	水土保持通报	2015	宁夏农林科学院荒漠化治理研究所
646	张清云	不同钙肥施用量对乌拉尔甘草产量及品质的影响	水土保持通报	2015	宁夏农林科学院荒漠化治理研究所
647	安钰	宁夏荒漠草原优势植物生长及生物量分配对放牧干扰的响应	西北植物学报	2015	宁夏农林科学院荒漠化治理研究所
648	韩新生	六盘山叠叠沟华北落叶松人工林地上生物量的坡面变化	林业科学	2015	宁夏农林科学院荒漠化治理研究所
649	温淑红	宁南黄土丘陵区旱作苜蓿地土壤综合肥力质量评价	水土保持研究	2015	宁夏农林科学院荒漠化治理研究所
650	温淑红	宁南黄土丘陵区不同生态恢复模式对土壤养分的影响	水土保持通报	2015	宁夏农林科学院荒漠化治理研究所
651	董立国	宁南山区保护性农业措施对冬小麦农田休闲期土壤水分的影响	水土保持通报	2015	宁夏农林科学院荒漠化治理研究所
652	王月玲	宁南半干旱黄土丘陵区土壤水分的演变特征	水土保持通报	2015	宁夏农林科学院荒漠化治理研究所
653	张华普	食芽象甲在宁夏枣园的发生危害及风险分析	中国果树	2015	宁夏农林科学院植物保护研究所
654	张华普	同心圆枣主要病虫害综合防控技术	中国果树	2015	宁夏农林科学院植物保护研究所
655	王芳	藜芦碱对枸杞蚜虫室内活性测定及安全性评价	北方园艺	2015	宁夏农林科学院植物保护研究所
656	张治科	西花蓟马化学感受蛋白的cDNA克隆、时空表达分析及组织定位	昆虫学报	2015	宁夏农林科学院植物保护研究所
657	康萍芝	宁夏红枣叶斑病病原菌鉴定及室内药剂筛选	北方园艺	2015	宁夏农林科学院植物保护研究所
658	康萍芝	土壤放线菌分离杂菌抑制方法研究	北方园艺	2015	宁夏农林科学院植物保护研究所
659	刘晓丽	有机枸杞病虫害可持续技术防控方案	北方园艺	2015	宁夏农林科学院植物保护研究所
660	沙月霞	吡虫啉对枸杞土壤微生物群落功能多样性的影响	西北农业学报	2015	宁夏农林科学院植物保护研究所
661	张学俭	基于RS与像元二分模型的近20a宁夏植被覆盖研究	水土保持通报	2015	宁夏农林科学院农业经济与信息技术研究所
662	牛锐敏	7个无核葡萄品种在宁夏银川引种试验	中国果树	2015	宁夏农林科学院种质资源研究所

续表

序号	第一(通信)作者	论文名称	刊物名称	出版时间	单位
663	牛锐敏	植物生长调节剂对"夏黑"和"丽红宝"葡萄品质的影响	北方园艺	2015	宁夏农林科学院种质资源研究所
664	牛锐敏	"夏黑"葡萄在银川地区的引种表现及栽培技术	北方园艺	2015	宁夏农林科学院种质资源研究所
665	牛锐敏	砧木对酿酒葡萄生长和结果状况的影响	中外葡萄与葡萄酒	2015	宁夏农林科学院种质资源研究所
666	岳海英	设施桃树主干型整形修剪技术研究	北方园艺	2015	宁夏农林科学院种质资源研究所
667	颜秀娟	宁夏羊角椒雄性不育基因ISSR的分子标记	北方园艺	2015	宁夏农林科学院种质资源研究所
668	高晶霞	生物菌剂对西瓜生长发育及产量的相关性研究	北方园艺	2015	宁夏农林科学院种质资源研究所
669	李晓龙	膏体迷向剂对苹果园梨小、桃小食心虫的防效	植物保护	2015	宁夏农林科学院种质资源研究所
670	曲继松	纤维素酶对柠条粉基质化静态堆腐发酵效果的影响	西北农业学报	2015	宁夏农林科学院种质资源研究所
671	曲继松	根域体积限制对芹菜幼苗生长和气体交换及叶绿素荧光参数的影响	西北植物学报	2015	宁夏农林科学院种质资源研究所
672	曲继松	根域限制对柠条基质黄瓜幼苗生长及气体交换参数的影响	江苏农业学报	2015	宁夏农林科学院种质资源研究所
673	冯海萍	外源微生物对苦参基质化发酵腐熟效果的影响	农业机械学报	2015	宁夏农林科学院种质资源研究所
674	冯海萍	氮源类型与配比对柠条粉基质化发酵品质的影响	农业机械学报	2015	宁夏农林科学院种质资源研究所
675	冯海萍	枸杞枝条基质化发酵工艺及参数优化	农业工程学报	2015	宁夏农林科学院种质资源研究所
676	冯海萍	接种微生物菌剂对枸杞枝条基质化发酵品质的影响	环境科学学报	2015	宁夏农林科学院种质资源研究所
677	冯海萍	温度处理对不同种源玛咖发芽特性的影响	北方园艺	2015	宁夏农林科学院种质资源研究所
678	曲 玲	枸杞抗炭疽病菌毒素愈伤组织变异体的离体筛选及其防御酶活性研究	西北林学院学报	2015	宁夏农林科学院枸杞科学研究所
679	王亚军	枸杞间作耐盐作物种植模式的昆虫多样性特征	西北农业学报	2015	宁夏农林科学院枸杞科学研究所
680	石志刚	深色有隔内生真菌对枸杞的接种效应	北方园艺	2015	宁夏农林科学院枸杞科学研究所

续表

序号	第一(通信)作者	论文名称	刊物名称	出版时间	单位
681	赵建华	枸杞酸性转化酶基因的克隆与表达	江苏农业学报	2015	宁夏农林科学院枸杞科学研究所
682	王晓静	宁夏不同压砂地龄土壤养分对西砂瓜品质的影响	北方园艺	2015	宁夏农产品质量标准与检测技术研究所
683	王晓菁	铁、锌喷施对宁夏枸杞中有效成分、微量元素含量的影响	北方园艺	2015	宁夏农产品质量标准与检测技术研究所
684	李建国	枸杞芽茶栽培技术研究	北方园艺	2015	宁夏农林科学院枸杞研究所
685	马金平	二维码追溯技术在葡萄栽培及葡萄酒上的研究与应用	北方园艺	2015	宁夏农林科学院枸杞研究所
686	雷建武	枸杞中类胡萝卜素及体外抗氧化活性研究	食品工业	2015	宁夏农林科学院
687	门惠琴	固氮菌对枸杞生长发育的影响	北方园艺	2015	宁夏农林科学院
688	白小军	宁夏果树产区梨小食心虫的发生规律	西北农业学报	2014	宁夏农林科学院
689	白小军	种植及翻压绿肥对设施土壤养分及微生物区系的影响	北方园艺	2014	宁夏农林科学院
690	白小军	宁夏小麦品种慢锈基因 Lr34/Yr18 的分子检测	麦类作物学报	2014	宁夏农林科学院
691	李冬	生物炭改良剂对小白菜生长及低质土壤氮磷利用的影响	环境科学学报	2014	宁夏农林科学院
692	宋玉霞	农杆菌介导的梭梭 $BADH$ 基因转化玉米的研究	中国农学通报	2014	宁夏农林科学院农业生物技术研究中心
693	张丽	新疆大叶紫花苜蓿 $BADH$ 基因转化体系的研究	草地学报	2014	宁夏农林科学院农业生物技术研究中心
694	朱金霞	水稻田土壤 N_2O 和 CO_2 排放日变化规律及最佳观测时间的确定	中国农学通报	2014	宁夏农林科学院农业生物技术研究中心
695	朱金霞	氮肥对宁夏地区水稻田 N_2O 排放的影响	西北农业学报	2014	宁夏农林科学院农业生物技术研究中心
696	朱金霞	甘草中甘草苷、甘草酸及总黄酮的测定及其含量相关性研究	北方园艺	2014	宁夏农林科学院农业生物技术研究中心

续表

序号	第一（通信）作者	论文名称	刊物名称	出版时间	单位
697	李树华	春小麦碳同位素分辨率等性状的遗传分析	麦类作物学报	2014	宁夏农林科学院农业生物技术研究中心
698	郭生虎	乌拉尔甘草毛状根的诱导及离体培养	中国农学通报	2014	宁夏农林科学院农业生物技术研究中心
699	甘晓燕	梭梭糖基转移酶基因克隆及序列分析	西北农业学报	2014	宁夏农林科学院农业生物技术研究中心
700	甘晓燕	梭梭液泡膜焦磷酸酶 $HaVVP$ 基因克隆及序列分析	西北农业学报	2014	宁夏农林科学院农业生物技术研究中心
701	巩 檑	梭梭 NAC 转录因子 $HaNAC1$ 克隆及序列分析	西北农业学报	2014	宁夏农林科学院农业生物技术研究中心
702	赵如浪	宁夏高产玉米群体产量构成及生长特性研究	玉米科学	2014	宁夏农林科学院农作物研究所
703	张维军	氮肥和密度对宁冬 11 号分蘖成穗及产量的影响	西北农业学报	2014	宁夏农林科学院农作物研究所
704	张维军	肥密水平对'宁冬 11 号'灌浆特性及籽粒产量的影响	中国农学通报	2014	宁夏农林科学院农作物研究所
705	何进尚	宁夏引黄灌区大豆农艺及产量性状分析	西北农业学报	2014	宁夏农林科学院农作物研究所
706	党根友	灌水次数对春小麦耗水特性及产量的影响	西北农业学报	2014	宁夏农林科学院农作物研究所
707	张永宏	盐碱地水稻保苗控灌技术集成研究	土壤通报	2014	宁夏农林科学院农业资源与环境研究所
708	柯 英	宁夏灌区不同类型农田土壤氮素积累与迁移特征	农业资源与环境学报	2014	宁夏农林科学院农业资源与环境研究所
709	洪 瑜	不同畦灌方式对冬小麦土壤水分和水分利用效率的影响	干旱地区农业研究	2014	宁夏农林科学院农业资源与环境研究所
710	雷金银	不同类型植物耐盐特性对脱硫废弃物的响应及其耐盐指数综合评价	中国生态农业学报	2014	宁夏农林科学院农业资源与环境研究所
711	雷金银	加工番茄连作对土壤质量的影响	土壤通报	2014	宁夏农林科学院农业资源与环境研究所

续表

序号	第一(通信)作者	论文名称	刊物名称	出版时间	单位
712	尹志荣	枸杞微咸水滴灌土壤水盐运移特征及产量研究	中国土壤与肥料	2014	宁夏农林科学院农业资源与环境研究所
713	赵 营	宁夏引黄灌区春小麦施肥现状与评价	麦类作物学报	2014	宁夏农林科学院农业资源与环境研究所
714	张学军	引黄灌区设施菜田硝态氮淋失的季节性特征	农业环境科学学报	2014	宁夏农林科学院农业资源与环境研究所
715	梁锦秀	施肥对淡灰钙土春玉米产量和土壤水盐运移的影响	水土保持研究	2014	宁夏农林科学院农业资源与环境研究所
716	周丽娜	覆膜方式对坡耕地春玉米产量、土壤水分和养分的影响	中国农学通报	2014	宁夏农林科学院农业资源与环境研究所
717	温学飞	7种化学固沙剂固结层的基本特征研究	中国农学通报	2014	宁夏农林科学院荒漠化治理研究所
718	温学飞	7种化学固沙剂固化沙体的基本特征	西北农业学报	2014	宁夏农林科学院荒漠化治理研究所
719	季 波	宁夏贺兰山自然保护区青海云杉林的有机碳储量	草业科学	2014	宁夏农林科学院荒漠化治理研究所
720	蒋 齐	野生甘草自然更新研究进展	北方园艺	2014	宁夏农林科学院荒漠化治理研究所
721	蒋 齐	温度和光照对不同预处理野生甘草种子萌发和幼苗生长的影响	水土保持研究	2014	宁夏农林科学院荒漠化治理研究所
722	蒋 齐	PEG胁迫下野生甘草种子萌发和幼苗生长	草业科学	2014	宁夏农林科学院荒漠化治理研究所
723	马建华	阿维菌素、单甲脒盐酸盐不同配比对槐木虱的室内联合毒力测定	北方园艺	2014	宁夏农林科学院植物保护研究所
724	张丽荣	石灰氮对设施番茄根际土壤微生物数量及产量和枯萎病的影响	西北农业学报	2014	宁夏农林科学院植物保护研究所
725	姜彩鸽	设施葡萄上蓟马种群消长规律和空间分布研究	植物保护	2014	宁夏农林科学院植物保护研究所
726	张丽娟	EM施入方式对宁夏中部干旱带设施土壤环境的影响	西北农业学报	2014	宁夏农林科学院种质资源研究所
727	张丽娟	微生物菌肥对黄河上游地区设施土壤微生物及酶活性的影响	中国土壤与肥料	2014	宁夏农林科学院种质资源研究所

续表

序号	第一(通信)作者	论文名称	刊物名称	出版时间	单位
728	窦云萍	宁夏引黄灌区"红富士"苹果果实品质分析	北方园艺	2014	宁夏农林科学院种质资源研究所
729	冯海萍	典型旱作区不同田间持水量对塑料拱棚春茬番茄光合生理特性的影响	江苏农业学报	2014	宁夏农林科学院种质资源研究所
730	李 程	沙漠日光温室礼品西瓜沙培品种适应性筛选研究	北方园艺	2014	宁夏农林科学院种质资源研究所
731	李 程	沙漠温室全空间循环生态立体种植中生菜品种筛选试验	北方园艺	2014	宁夏农林科学院种质资源研究所
732	曲继松	宁夏干旱区槽式温室冬季内环境日变化初步研究	北方园艺	2014	宁夏农林科学院种质资源研究所
733	曲继松	根域体积限制对芹菜幼苗生长和气体交换及叶绿素荧光参数的影响	西北植物学报	2014	宁夏农林科学院种质资源研究所
734	李百云	宁夏枣品种育性研究	中国果树	2014	宁夏农林科学院种质资源研究所
735	颜秀娟	宁夏羊角椒雄性不育与膜脂过氧化和保护酶的关系初步研究	北方园艺	2014	宁夏农林科学院种质资源研究所
736	牛锐敏	贺兰山东麓葡萄干物质积累及养分吸收量研究	中外葡萄与葡萄酒	2014	宁夏农林科学院种质资源研究所
737	岳海英	宁夏甜樱桃引种试验及其日光温室栽培技术	北方园艺	2014	宁夏农林科学院种质资源研究所
738	岳海英	"秦光3号"油桃引种表现及设施栽培技术	北方园艺	2014	宁夏农林科学院种质资源研究所
739	王志强	宁夏灌区露地早熟西瓜栽培技术	中国瓜菜	2014	宁夏农林科学院种质资源研究所
740	王志强	西瓜种质资源果实主要数量性状的主成分分析	东北农业大学学报	2014	宁夏农林科学院种质资源研究所
741	王志强	西瓜种质资源11个数量性状的分级评价指标探讨	河北农业大学学报	2014	宁夏农林科学院种质资源研究所
742	王海霞	枸杞枝屑作为平菇栽培基质配方优化试验研究	北方园艺	2014	宁夏农林科学院种质资源研究所
743	于 蓉	网纹甜瓜新品种比较试验	北方园艺	2014	宁夏农林科学院种质资源研究所
744	于 蓉	宁夏压砂瓜产业发展现状与可持续发展对策	中国瓜菜	2014	宁夏农林科学院种质资源研究所
745	于 蓉	西北压砂瓜高效优质简约化栽培模式	中国瓜菜	2014	宁夏农林科学院种质资源研究所

续表

序号	第一(通信)作者	论文名称	刊物名称	出版时间	单位
746	贾永华	宁夏灌区苹果栽培优势及战略选择	北方园艺	2014	宁夏农林科学院种质资源研究所
747	裴红霞	作物秸秆与防渗措施交互作用对辣椒生长生理指标的影响	西北农业学报	2014	宁夏农林科学院种质资源研究所
748	裴红霞	不同灌水下限对沙培芦笋生长及品质的影响	北方园艺	2014	宁夏农林科学院种质资源研究所
749	裴红霞	宁夏不同二代节能日光温室小气候对比分析	北方园艺	2014	宁夏农林科学院种质资源研究所
750	裴红霞	五种不同防渗承载模式对沙培樱桃番茄生长生理指标的影响	北方园艺	2014	宁夏农林科学院种质资源研究所
751	郭松	压砂地小型西瓜果实主要数量性状配合力分析	北方园艺	2014	宁夏农林科学院种质资源研究所
752	杨冬艳	不同类型砧木嫁接对西瓜苗期若干性状的影响	中国瓜菜	2014	宁夏农林科学院种质资源研究所
753	高晶霞	不同催芽温度对辣椒幼苗生长指标的相关性研究	北方园艺	2014	宁夏农林科学院种质资源研究所
754	许泽华	交替控灌对宁夏苹果生长的影响	北方园艺	2014	宁夏农林科学院种质资源研究所
755	冯学梅	葡萄反季节盆栽技术研究	北方园艺	2014	宁夏农林科学院种质资源研究所
756	冯学梅	宁夏设施李子优质高效栽培技术	北方园艺	2014	宁夏农林科学院种质资源研究所
757	黄莉	宁夏早熟西瓜套作向日葵栽培技术	中国瓜菜	2014	宁夏农林科学院种质资源研究所
758	曹有龙	枸杞鲜果类胡萝卜素超声提取工艺优化及光稳定性	食品研究与开发	2014	宁夏农林科学院枸杞科学研究所
759	闫亚美	黑果枸杞与5种果蔬中花色苷组成及体外抗氧化活性比较	食品工业科技	2014	宁夏农林科学院枸杞科学研究所
760	罗青	温度及暗培养对枸杞花药胚状体诱导的影响	北方园艺	2014	宁夏农林科学院枸杞科学研究所
761	张波	不同产区宁夏枸杞果实的主成分分析与综合评价	西北农业学报	2014	宁夏农林科学院枸杞科学研究所
762	张波	不同产区宁夏枸杞品质分析比较	北方园艺	2014	宁夏农林科学院枸杞科学研究所
763	闫亚美	不同产地野生黑果枸杞资源果实多酚组成分析	中国农业科学	2014	宁夏农林科学院枸杞科学研究所
764	康迎春	HPLC法测定枸杞鲜果中主要类胡萝卜素组成	食品工业	2014	宁夏农林科学院枸杞科学研究所

续表

序号	第一(通信)作者	论文名称	刊物名称	出版时间	单位
765	王晓静	甜瓜采后致病菌交链菌的防治方法研究	北方园艺	2014	宁夏农产品质量标准与检测技术研究所
766	康晓冬	宁夏地区奶牛乳房炎源性放射根瘤菌的分离鉴定与药敏分析	动物医学进展	2014	宁夏农林科学院草畜工程技术研究中心
767	谢秀兰	奶牛乳房炎金黄色葡萄球菌8种毒力基因的PCR检测	中国畜牧兽医	2014	宁夏农林科学院草畜工程技术研究中心
768	买自珍	半干旱区不同覆膜时期、方式与膜色对农田土壤水分及马铃薯水分利用效率的影响	干旱地区农业研究	2014	宁夏农林科学院固原分院
769	佘 萍	氮、磷、钾不同用量对圆葱干物质积累及产量的影响	北方园艺	2014	宁夏农林科学院固原分院
770	曹秀霞	硼肥对旱地胡麻生长及产量的影响	北方园艺	2014	宁夏农林科学院固原分院
771	李永梅	宁夏水资源需求量的BP神经网络预测	水资源与水工程学报	2014	宁夏农林科学院农业经济与信息技术研究所
772	梅宁安	发酵餐厨剩余物、餐厨剩余物饲喂肉仔鸡有效性安全性试验	饲料工业	2014	宁夏农林科学院畜牧研究所
773	杨春霞	宁夏设施土壤盐分离子组成及含量变化特点	西北农业学报	2014	宁夏农产品质量标准与检测技术研究所
774	张 蓉	宁夏天然草原蝗虫生物多样性及其对生境的指示作用	草业科学	2014	宁夏农林科学院植物保护研究所
775	李 冬	宁夏南部山区覆膜穴播压沙西芹高效栽培技术研究	北方园艺	2013	宁夏农林科学院
776	杜慧莹	宁夏西甜瓜产业技术发展现状与对策研究	北方园艺	2013	宁夏农林科学院
777	李树华	春小麦碳同位素分辨率与冠层温度的相关性研究	麦类作物学报	2013	宁夏农林科学院农业生物技术研究中心
778	白海波	不同灌水条件下春小麦不同器官碳同位素分辨率与产量的相关性	麦类作物学报	2013	宁夏农林科学院农业生物技术研究中心
779	张 丽	宁夏引进美国黑核桃生物学特性的研究	西北林学院学报	2013	宁夏农林科学院农业生物技术研究中心

续表

序号	第一(通信)作者	论文名称	刊物名称	出版时间	单位
780	巩 檑	农作物旱胁迫响应相关转录因子的研究进展	中国农学通报	2013	宁夏农林科学院农业生物技术研究中心
781	甘晓燕	转梭梭 $HaPrxQ$ 基因拟南芥植株的获得与检测	中国农学通报	2013	宁夏农林科学院农业生物技术研究中心
782	吴明朝	梭梭属2种植物线粒体基因组的提取	中国农学通报	2013	宁夏农林科学院农业生物技术研究中心
783	郭生虎	伏毛铁棒锤生物总碱的杀虫活性研究	中国农学通报	2013	宁夏农林科学院农业生物技术研究中心
784	朱永兴	拟南芥 SOS 基因家族与植物耐盐性研究进展	中国农学通报	2013	宁夏农林科学院农业生物技术研究中心
785	朱永兴	枸杞道地性与其根基微生物的研究进展	中国农学通报	2013	宁夏农林科学院农业生物技术研究中心
786	郑国保	灌水频率对枸杞品质、产量和耗水特性的影响	中国农学通报	2013	宁夏农林科学院农业生物技术研究中心
787	王敬东	宁夏优质水稻品种 D10 高效再生体系的建立	中国农学通报	2013	宁夏农林科学院农业生物技术研究中心
788	吕学莲	水稻耐盐种质的鉴定评价	中国农学通报	2013	宁夏农林科学院农业生物技术研究中心
789	张 丽	6个紫花苜蓿栽培品种高效再生体系的建立	西北农业学报	2013	宁夏农林科学院农业生物技术研究中心
790	杨丽丽	冬枣 SRAP 扩增体系的优化	西北农业学报	2013	宁夏农林科学院农业生物技术研究中心
791	陈虞超	梭梭属两种植物的根结构和成分	植物生理学报	2013	宁夏农林科学院农业生物技术研究中心
792	聂峰杰	宁夏引进美国黑核桃实生苗培育及栽培技术研究	北方园艺	2013	宁夏农林科学院农业生物技术研究中心

续表

序号	第一(通信)作者	论文名称	刊物名称	出版时间	单位
793	马 静	基于SSR标记的宁夏水稻遗传多样性分析	植物遗传资源学报	2013	宁夏农林科学院农作物研究所
794	李 新	不同类型玉米耐密性分析及对主要性状的影响	西北农业学报	2013	宁夏农林科学院农作物研究所
795	孙建昌	宁夏水稻粒形变化对品质的影响	西北农业学报	2013	宁夏农林科学院农作物研究所
796	马洪文	利用数量性状构建粳稻核心种质的方法比较	西北农业学报	2013	宁夏农林科学院农作物研究所
797	孙建昌	基于SSR标记的云南地方稻种群体内遗传多样性分析	中国水稻科学	2013	宁夏农林科学院农作物研究所
798	袁汉民	宁夏引黄灌区麦稻水旱轮作二熟制双免耕的土壤培肥效应	麦类作物学报	2013	宁夏农林科学院农作物研究所
799	王永宏	高产春玉米源库特征及其关系	中国农业科学	2013	宁夏农林科学院农作物研究所
800	党根友	高产条件下两个特殊年份春小麦耗水特性和水分利用效率的差异	西北农业学报	2013	宁夏农林科学院农作物研究所
801	党根友	灌水对不同春小麦品种产量形成及水分利用效率的影响	麦类作物学报	2013	宁夏农林科学院农作物研究所
802	何进勤	宁夏旱作农区不同品种马铃薯栽培模式研究	西北农业学报	2013	宁夏农林科学院农业资源与环境研究所
803	赵 营	宁夏灌区不同类型农田土壤氮素累积与迁移特征	农业资源与环境学报	2013	宁夏农林科学院农业资源与环境研究所
804	冒辛平	沙培甜椒养分吸收规律研究	北方园艺	2013	宁夏农林科学院农业资源与环境研究所
805	刘汝亮	缓释肥侧条施肥技术对水稻产量和氮素平衡的影响	农业资源与环境学报	2013	宁夏农林科学院农业资源与环境研究所
806	张永宏	宁夏灌区盐碱地水稻丰产高效技术集成研究	土壤通报	2013	宁夏农林科学院农业资源与环境研究所
807	罗 昀	施钾对压砂西瓜产量和品质的影响	北方园艺	2013	宁夏农林科学院农业资源与环境研究所
808	李凤霞	宁夏引黄灌区不同盐化程度土壤酶活性及微生物多样性研究	水土保持学报	2013	宁夏农林科学院农业资源与环境研究所

续表

序号	第一(通信)作者	论文名称	刊物名称	出版时间	单位
809	蔡进军	贺兰山自然保护区灰榆林碳储量研究	水土保持通报	2013	宁夏农林科学院荒漠化治理研究所
810	刘 华	宁夏荒漠草原种子雨研究	水土保持研究	2013	宁夏农林科学院荒漠化治理研究所
811	董立国	宁夏黄土丘陵区冬小麦农田土壤呼吸特征及影响因素分析	干旱区资源与环境	2013	宁夏农林科学院荒漠化治理研究所
812	董立国	黄土丘陵区土地利用格局与生态系统服务价值分析——以中庄流域为例	水土保持研究	2013	宁夏农林科学院荒漠化治理研究所
813	王占军	宁夏环香山地区压砂地土壤微生物结构及功能多样性研究	水土保持通报	2013	宁夏农林科学院荒漠化治理研究所
814	王占军	宁夏环香山地区压砂地土壤水分特征曲线及入渗速率的特征分析	土壤通报	2013	宁夏农林科学院荒漠化治理研究所
815	郭永忠	BGA土壤调理剂对土壤结构及养分的影响	西北农业学报	2013	宁夏农林科学院荒漠化治理研究所
816	朱猛蒙	苜蓿草地害虫-天敌典型相关及生态位分析	草业学报	2013	宁夏农林科学院植物保护研究所
817	魏淑花	温度对沙蒿金叶甲生长发育和繁殖的影响	昆虫学报	2013	宁夏农林科学院植物保护研究所
818	魏淑花	盐池县典型草原优势天敌对蝗虫种群的控制作用	草业科学	2013	宁夏农林科学院植物保护研究所
819	张 蓉	盐池县典型草原蝗虫发生与植被群落的关系	草业科学	2013	宁夏农林科学院植物保护研究所
820	刘晓丽	枸杞木虱种群动态及其垂直分布特性研究	北方园艺	2013	宁夏农林科学院植物保护研究所
821	康萍芝	不同微生物菌剂对设施瓜菜根围土壤微生物的生态效应及其促生防病作用	北方园艺	2013	宁夏农林科学院植物保护研究所
822	姜彩鸽	40%烯酰吗啉.嘧菌酯悬浮剂防治葡萄霜霉病田间药效试验	北方园艺	2013	宁夏农林科学院植物保护研究所
823	张 怡	压砂地甜瓜白粉病药剂防治试验	北方园艺	2013	宁夏农林科学院植物保护研究所
824	黄 岳	无刺槐不同地膜覆盖硬枝扦插育苗技术	北方园艺	2013	宁夏农林科学院种质资源研究所
825	曲继松	遮荫对荃葱光合作用和叶绿素荧光特性的影响	西北农业学报	2013	宁夏农林科学院种质资源研究所
826	曲继松	生物质资源柠条在宁夏地区园艺基质栽培上的开发利用现状	北方园艺	2013	宁夏农林科学院种质资源研究所

续表

序号	第一(通信)作者	论文名称	刊物名称	出版时间	单位
827	冯海萍	柠条发酵粉复配鸡粪基质对黄瓜光合指标和产量的影响	西北农林科技大学学报（自然科学版）	2013	宁夏农林科学院种质资源研究所
828	冯海萍	宁夏干旱风沙区日光温室番茄优化施肥技术	西北农业学报	2013	宁夏农林科学院种质资源研究所
829	冯海萍	宁夏旱作区春季露地爬地冬瓜高产栽培技术	北方园艺	2013	宁夏农林科学院种质资源研究所
830	岳海英	不同负载量对酿酒葡萄果实品质的影响	北方园艺	2013	宁夏农林科学院种质资源研究所
831	张丽娟	不同施氮量对黄河上游地区设施芹菜产量及土壤中NO_3^--N残留的影响	西北农业学报	2013	宁夏农林科学院种质资源研究所
832	李百云	应用AFLP标记分析枣品种亲缘关系	西北农业学报	2013	宁夏农林科学院种质资源研究所
833	赵云霞	日光温室蔬菜沙培技术研究进展	北方园艺	2013	宁夏农林科学院种质资源研究所
834	裴红霞	风沙土不同防渗处理对辣椒生育及生理指标的影响	北方园艺	2013	宁夏农林科学院种质资源研究所
835	牛锐敏	一氧化氮对"宁冠"苹果的保鲜效应	北方园艺	2013	宁夏农林科学院种质资源研究所
836	李晓龙	复合式膏体迷向剂对梨小、桃小食心虫的防控效果研究	植物保护	2013	宁夏农林科学院种质资源研究所
837	郭 松	压砂地西瓜水肥耦合模型及优化组合方案	北方园艺	2013	宁夏农林科学院种质资源研究所
838	于 蓉	宁夏露地无籽西瓜新品种比较试验	北方园艺	2013	宁夏农林科学院种质资源研究所
839	于 蓉	西瓜新品种'宁农科3号'	园艺学报	2013	宁夏农林科学院种质资源研究所
840	田 梅	压砂地不同西瓜品种光合作用日变化研究	北方园艺	2013	宁夏农林科学院种质资源研究所
841	王志强	用AMMI双标图分析西瓜品种的产量稳定性及试点分辨力	干旱地区农业研究	2013	宁夏农林科学院种质资源研究所
842	王志强	西瓜种质资源种子性状的遗传多样性和相关性分析	中国农学通报	2013	宁夏农林科学院种质资源研究所
843	王志强	压砂地西瓜新品种的丰产性和稳产性分析	中国农学通报	2013	宁夏农林科学院种质资源研究所
844	梁玉文	宁夏日光温室枇杷果实品质分析研究试验	北方园艺	2013	宁夏农林科学院种质资源研究所
845	高晶霞	不同嫁接方法对茄子生长发育及产量的影响	西北园艺	2013	宁夏农林科学院种质资源研究所

续表

序号	第一(通信)作者	论文名称	刊物名称	出版时间	单位
846	高晶霞	不同育苗基质对番茄穴盘苗生长的影响	北方园艺	2013	宁夏农林科学院种质资源研究所
847	袁海静	中国枸杞种质资源主要形态学性状调查与聚类分析	植物遗传资源学报	2013	宁夏农林科学院枸杞科学研究所
848	赵建华	干旱胁迫对宁夏枸杞叶片蔗糖代谢及光合特性的影响	西北植物学报	2013	宁夏农林科学院枸杞科学研究所
849	何 军	三个枸杞品种花粉直感效应研究	北方园艺	2013	宁夏农林科学院枸杞科学研究所
850	李彦龙	枸杞胼胝质酶基因克隆及在雄性不育材料中的表达分析	西北植物学报	2013	宁夏农林科学院枸杞科学研究所
851	闫亚美	超微粉碎处理对枸杞蜂花粉组织形态学影响研究	食品工业	2013	宁夏农林科学院枸杞科学研究所
852	樊云芳	十种枸杞属植物叶片解剖结构比较研究	北方园艺	2013	宁夏农林科学院枸杞科学研究所
853	牛 艳	土壤因子与宁夏枸杞中牛磺酸含量的变化关系	北方园艺	2013	宁夏农产品质量标准与检测技术研究所
854	王晓静	"玉金香"甜瓜采后主要病害病原菌生物学特性研究	北方园艺	2013	宁夏农产品质量标准与检测技术研究所
855	李彩虹	氢化物发生-原子荧光法测定土壤中砷、汞的方法	西北农业学报	2013	宁夏农产品质量标准与检测技术研究所
856	马 菁	松材线虫病对马尾松蒸腾速率和光谱特征的影	东北林业大学学报	2013	宁夏农林科学院农业经济与信息技术研究所
857	马金平	黑果枸杞苗木快速繁育及建园技术	北方园艺	2013	宁夏农林科学院枸杞研究所
858	马金平	酿酒葡萄老龄园区改造及丰产栽培技术研究	北方园艺	2013	宁夏农林科学院枸杞研究所
859	张 丽	宁夏引进黑核桃果实产量及品质分析	西北农业学报	2012	宁夏农林科学院农业生物技术研究中心
860	张 丽	葡萄脱毒培养与病毒检测技术研究进展	北方园艺	2012	宁夏农林科学院农业生物技术研究中心
861	张 丽	5个酿酒葡萄品种组织培养及再生体系的建立	中国农学通报	2012	宁夏农林科学院农业生物技术研究中心

续表

序号	第一(通信)作者	论文名称	刊物名称	出版时间	单位
862	甘晓燕	梭梭 Na^+/H^+ 逆向转运蛋白基因克隆及分析	西北植物学报	2012	宁夏农林科学院农业生物技术研究中心
863	甘晓燕	梭梭过氧还蛋白基因（$PrxQ$）克隆与序列分析	西北农业学报	2012	宁夏农林科学院农业生物技术研究中心
864	陈虞超	外源信号物质对肉苁蓉种子萌发与吸器形成的影响	植物生理学报	2012	宁夏农林科学院农业生物技术研究中心
865	陈虞超	外源信号物质对肉苁蓉种子萌发与吸器形成内源激素水平变化的影响	植物生理学报	2012	宁夏农林科学院农业生物技术研究中心
866	陈虞超	肉苁蓉人工控制离体寄生关键技术研究	西北植物学报	2012	宁夏农林科学院农业生物技术研究中心
867	郑国保	不同灌溉定额对枸杞土壤水分动态变化规律的影响	西北农业学报	2012	宁夏农林科学院农业生物技术研究中心
868	郭生虎	乌拉尔甘草毛状根的诱导及培养体系的建立	西北农业学报	2012	宁夏农林科学院农业生物技术研究中心
869	石 磊	双元植物表达载体PCAMBIA2300-$HaBADH$-$HaCMO$的构建及转化	西北农林科技大学学报（自然科学版）	2012	宁夏农林科学院农业生物技术研究中心
870	吕学莲	导入普通野生稻 DNA 的水稻变异种质的耐盐性鉴定	中国农学通报	2012	宁夏农林科学院农业生物技术研究中心
871	周晓燕	梭梭 EF-hand $CaBP$ 基因克隆及序列分析	西北农业学报	2012	宁夏农林科学院农业生物技术研究中心
872	周晓燕	转甜菜碱醛脱氢酶基因宁夏粳稻幼苗生理研究	中国农学通报	2012	宁夏农林科学院农业生物技术研究中心
873	袁汉民	宁夏国外小麦种质资源考察、引进和利用	植物遗传资源学报	2012	宁夏农林科学院农作物研究所
874	魏亦勤	高产优质春小麦新品种宁春50号	麦类作物学报	2012	宁夏农林科学院农作物研究所
875	杨国虎	玉米主要数量性状对单株产量的效应	西北农业学报	2012	宁夏农林科学院农作物研究所

续表

序号	第一(通信)作者	论文名称	刊物名称	出版时间	单位
876	王坚	OsGA20ox2 不同长度 RNAi 片段对水稻株高等农艺性状的遗传效应	作物学报	2012	宁夏农林科学院农作物研究所
877	张维军	氮肥运筹对宁冬 11 号地上部分干物质积累运转及产量的影响	西北农业学报	2012	宁夏农林科学院农作物研究所
878	杨建国	BGA 土壤调理剂在风沙土上的施用效果研究	中国农学通报	2012	宁夏农林科学院农业资源与环境研究所
879	罗昀	施钾对宁夏引黄灌区甘蓝产量及品质影响	西北农业学报	2012	宁夏农林科学院农业资源与环境研究所
880	赵营	施肥对水旱轮作作物产量、氮素吸收与土壤肥力的影响	中国土壤与肥料	2012	宁夏农林科学院农业资源与环境研究所
881	何进勤	宁夏设施与露地土壤理化性状对比	西北农业学报	2012	宁夏农林科学院农业资源与环境研究所
882	刘汝亮	育秧箱全量施肥对水稻产量和氮素流失的影响	应用生态学报	2012	宁夏农林科学院农业资源与环境研究所
883	刘汝亮	氮肥后移对引黄灌区水稻产量和氮素淋溶损失的影响	水土保持学报	2012	宁夏农林科学院农业资源与环境研究所
884	尹志荣	宁夏银北盐碱地枸杞节水技术改良	西北农业学报	2012	宁夏农林科学院农业资源与环境研究所
885	张永宏	盐碱地水稻丰产高效技术集成研究	土壤通报	2012	宁夏农林科学院农业资源与环境研究所
886	洪瑜	宁夏引黄灌区春小麦畦灌试验研究	干旱区资源与环境	2012	宁夏农林科学院农业资源与环境研究所
887	李凤霞	银川平原不同类型盐渍化土壤酶活性及其与土壤养分间相关分析研究	干旱区资源与环境	2012	宁夏农林科学院农业资源与环境研究所
888	李凤霞	不同改良措施对宁夏盐碱地土壤微生物及苜蓿生物量的影响	中国农学通报	2012	宁夏农林科学院农业资源与环境研究所

续表

序号	第一(通信)作者	论文名称	刊物名称	出版时间	单位
889	李凤霞	不同改良措施对银川平原盐碱地土壤性质及酶活性的影响	水土保持研究	2012	宁夏农林科学院农业资源与环境研究所
890	纪立东	宁南丘陵区苜蓿草地土壤水分时空变异特征研究	中国农学通报	2012	宁夏农林科学院农业资源与环境研究所
891	纪立东	BGA土壤调剂在盐碱障碍型土壤上的应用效果研究	中国农学通报	2012	宁夏农林科学院农业资源与环境研究所
892	王东清	干旱胁迫下红麻和大麻状罗布麻水分生理及光合作用特征研究	西北植物学报	2012	宁夏农林科学院荒漠化治理研究所
893	王东清	干旱胁迫对两种罗布麻渗透调节物质积累和保护酶活性的影响	干旱区资源与环境	2012	宁夏农林科学院荒漠化治理研究所
894	许浩	黄土丘陵区降雨、土壤水分和苗木成活率的关系	水土保持研究	2012	宁夏农林科学院荒漠化治理研究所
895	潘占兵	黄土高原土壤旱化研究综述	水土保持研究	2012	宁夏农林科学院荒漠化治理研究所
896	王占军	宁夏干旱风沙区不同密度人工柠条林营建对土壤环境质量的影响	西北农业学报	2012	宁夏农林科学院荒漠化治理研究所
897	郭成瑾	牛心朴子提取物抑菌效果研究	北方园艺	2012	宁夏农林科学院植物保护研究所
898	郭成瑾	宁夏南部山区马铃薯晚疫病菌寄生适合度测定	植物保护	2012	宁夏农林科学院植物保护研究所
899	张丽荣	不同生物制剂对黄瓜土壤微生物数量及发病率和产量的影响	北方园艺	2012	宁夏农林科学院植物保护研究所
900	马建华	不同蔬菜种植模式对设施栽培土壤微生物和枯萎病发生的影响	北方园艺	2012	宁夏农林科学院植物保护研究所
901	刘声锋	西瓜新品种宁农科1号的选育及其产量、品质和抗病性评价	西北农业学报	2012	宁夏农林科学院种质资源研究所
902	魏天军	提高宁夏旱砂地幼龄枣树坐果率的技术研究	北方园艺	2012	宁夏农林科学院种质资源研究所
903	窦云萍	苹果园土壤养分状况对"红富士"苹果果实品质的影响	北方园艺	2012	宁夏农林科学院种质资源研究所
904	牛锐敏	几个酿酒葡萄品种在广夏第三种植基地的栽培表现	北方园艺	2012	宁夏农林科学院种质资源研究所
905	冯海萍	栽培模式对柠条复合基质栽培有机番茄生长发育的影响	北方园艺	2012	宁夏农林科学院种质资源研究所

续表

序号	第一(通信)作者	论文名称	刊物名称	出版时间	单位
906	曲继松	节水减氮对黄河上游地区设施菜田氮素时空分布的影响	北方园艺	2012	宁夏农林科学院种质资源研究所
907	曲继松	发酵柠条粉混配基质对辣椒幼苗生长发育的影响	江苏农业学报	2012	宁夏农林科学院种质资源研究所
908	曲继松	混配柠条复合基质对茄子幼苗生长发育的影响	西北农业学报	2012	宁夏农林科学院种质资源研究所
909	杨冬艳	套种三叶草对日光温室樱桃番茄生长及根际土壤环境的影响	西北农业学报	2012	宁夏农林科学院种质资源研究所
910	岳海英	果桑绿枝扦插影响因素研究	北方园艺	2012	宁夏农林科学院种质资源研究所
911	王海霞	宁夏天然草地气象环境质量与草地初级生产力的关系	北方园艺	2012	宁夏农林科学院种质资源研究所
912	高晶霞	辣椒自交系叶绿素及光合特性的研究	北方园艺	2012	宁夏农林科学院种质资源研究所
913	李百云	宁夏旱砂地枣瓜间作栽培技术研究	北方园艺	2012	宁夏农林科学院种质资源研究所
914	何 军	便携式枸杞采摘机对枸杞树的要求	北方园艺	2012	宁夏农林科学院枸杞科学研究所
915	曲 玲	枸杞遗传转化研究进展	北方园艺	2012	宁夏农林科学院枸杞科学研究所
916	曲 玲	枸杞炭疽病菌滤液对枸杞愈伤组织生长及分化的影响	北方园艺	2012	宁夏农林科学院枸杞科学研究所
917	赵建华	干旱胁迫对宁夏枸杞生长及果实糖分积累的影响	植物生理学报	2012	宁夏农林科学院枸杞科学研究所
918	秦 垦	鲜干两用枸杞新品种'宁杞5号'	园艺学报	2012	宁夏农林科学院枸杞科学研究所
919	秦 垦	制干用枸杞新品种'宁杞7号'	园艺学报	2012	宁夏农林科学院枸杞科学研究所
920	尹 跃	枸杞MYB103转录因子的生物信息学分析	北方园艺	2012	宁夏农林科学院枸杞科学研究所
921	张 艳	枸杞中高效氯氰菊酯的残留动态研究	中国农学通报	2012	宁夏农产品质量标准与检测技术研究所
922	张 艳	吡虫啉在枸杞中的残留动态	西北农业学报	2012	宁夏农产品质量标准与检测技术研究所
923	牛 艳	宁夏枸杞富硒条件及富硒效应的研究	中国农学通报	2012	宁夏农产品质量标准与检测技术研究所

续表

序号	第一（通信）作者	论文名称	刊物名称	出版时间	单位
924	李聚才	宁夏肉牛杂交改良群体肌肉生长抑制素基因多态性分析	中国畜牧兽医	2012	宁夏农林科学院草畜工程技术研究中心
925	谢秀兰	羊丝状支原体簇环介导等温扩增检测方法的建立	中国畜牧兽医	2012	宁夏农林科学院草畜工程技术研究中心
926	马金平	2个抗寒酿酒葡萄品种在宁夏贺兰山东麓引种试验	北方园艺	2012	宁夏农林科学院枸杞研究所
927	田生昌	种稻对周围旱地土壤盐分和土壤水分含量的影响	西北农业学报	2012	宁夏农林科学院盐改站
928	田生昌	宁夏银北引黄灌区灌淤土壤养分丰缺状况研究	中国农学通报	2012	宁夏农林科学院盐改站

英文期刊刊发论文

序号	第一(通信)作者	论文名称	刊物名称	出版时间	单位
1	杨天辉	Genome-Wide Transcriptomic Analysis Identifies Candidate Genes Involved in Jasmonic Acid-Mediated Salt Tolerance of Alfalfa	PeerJ	2023	宁夏农林科学院动物科学研究所
2	王建东	Whole Genome Sequence of Mycoplasma Ovipneumoniae Strain NXNK 2203 Isolated from Hu Sheep in Ningxia Province, China	Microbiol Resour Announc	2023	宁夏农林科学院动物科学研究所
3	巩 櫑	Identification of Single Nucleotide Polymorphism in *StCWIN*1 and Development of Kompetitive Allele-Specific PCR (KASP) Marker Associated with Tuber Traits in Potato	Plant Growth Regulation	2023	宁夏农林科学院农业生物技术研究中心
4	张 丽	Regenerative Plantlets with Improved Agronomic Characteristics Caused by Anther Culture of Tetraploid Potato (*Solanum tuberosum* L.)	PeerJ	2023	宁夏农林科学院农业生物技术研究中心
5	郭生虎	Transcriptome Analysis Reveals Differentially Expressed Genes Involved in Somatic Embryogenesis and Podophyllotoxin Biosynthesis of *Sinopodophyllum hexandrum* (Royle) T.S.Ying	Protoplasma	2023	宁夏农林科学院农业生物技术研究中心
6	周文卿	Temporal and Habitat Dynamics of Soil Fungal Diversity in Gravel-Sand Mulching Watermelon Fields in the Semi-Arid Loess Plateau of China	Microbiology Spectrum	2023	宁夏农林科学院植物保护研究所
7	魏淑花	Identification of Spatial Distribution and Drivers for Grasshopper Populations Based on Geographic Detectors	Ecological Indicators	2023	宁夏农林科学院植物保护研究所
8	王 琛	Construction and Evolution Analysis of Agricultural Development Sy Based on Multi-party Symbiosis Model	European Review of Agricultural Economic	2023	宁夏农林科学院农业经济与信息技术研究所

续表

序号	第一（通信）作者	论文名称	刊物名称	出版时间	单位
9	张俊丽	Effect of Replacing Whole-plant Corn Silage with Daylily on the Growth Performance, Slaughtering Performance, Muscle Amino Acid Composition and Blood Composition of Tan Sheep	Animals	2023	宁夏农林科学院动物科学研究所
10	李越鲲	Effects of Nitrogen Input on Soil Bacterial Community Structure and Soil Nitrogen Cycling in the Rhizosphere Soil of *Lycium barbarum* L	Frontiers in Microbiology	2023	宁夏农林科学院枸杞科学研究所
11	石志刚	Transcriptomics and Metabolomics Reveal the Critical Genes of Carotenoid Biosynthesis and Color Formation of Goji (*Lycium barbarum* L.) Fruit Ripening	Plants	2023	宁夏农林科学院枸杞科学研究所
12	禄 璐 米 佳	Inhibitory Effects of the Anthocyanins from Lycium Ruthenicum Murray on Angiotensin-I-Converting Enzyme: in Vitro and Molecular Docking Studies	Journal of the Science of Food and Agriculture	2023	宁夏农林科学院枸杞科学研究所
13	段淋渊	Integrated Analysis of Transcriptome and Metabolome Reveals New Insinghts into the Molecular Mechanism Underlying the Color Differences in Wolfberry (*Lycium barbarum*)	Agronomy	2023	宁夏农林科学院枸杞科学研究所
14	张渌淘	Phosphine and Selenoether Peri-substituted Acenaphthenes and Their Transition Metal Complexes: Structural and NMR Investigations	Inorganic Chemistry	2023	宁夏农林科学院枸杞科学研究所
15	刘王锁	The Complete Chloroplast Genome Sequence of Vincetoxicum Mongolicum (Apocynaceae), a Perennial Medicinal Herb	Genetics and Molecular Biology	2023	宁夏农林科学院林业与草地生态研究所
16	陈 丽	QTL Analysis of Drought Tolerance Traits in Rice During the Vegetative Growth Period	Euphytica	2023	宁夏农林科学院农作物研究所
17	王 坚	Panicle-Cloud: An Open and AI-powered Cloud Computing Platform for Quantifying Rice Panicles from Drone-Collected Imagery to Enable the Classification of Yield Production in Rice	Plant Phenomics	2023	宁夏农林科学院农作物研究所

续表

序号	第一（通信）作者	论文名称	刊物名称	出版时间	单位
18	石　欣	Lycium Species and Variety Recognition Technology Based on Electrochemical Sensing of Leaf Signals	Notulae Botanicae Horti Agrobotanici Cluj-Napoca	2023	宁夏农产品质量标准与检测技术研究所
19	葛　谦	Effects of Seven Sterilization Methods on the Functional Characteristics and Color of Yan 73 (Vitis vinifera) Grape Juice	Foods	2023	宁夏农产品质量标准与检测技术研究所
20	张锋锋	Comparative Analysis of the GATA Transcription Factors in Five Solanaceae Species and Their Responses to Salt Stress in Wolfberry (Lycium barbarum L.)	Genes	2023	宁夏农产品质量标准与检测技术研究所
21	田　梅	Effects of Watermelon Cropping Management on Soil Bacteria and Fungi Biodiversity	Agriculture	2023	宁夏农林科学院园艺研究所
22	岳海英	Genomic Colinearity and Transcriptional Regulatory Networks of BES1 Gene Family in Horticultural Plants Particularly Kiwifruit and Peach	Horticulturae	2023	宁夏农林科学院园艺研究所
23	高晶霞	Daylily Intercropping: Effects on Soil Nutrients, Enzyme Activities, and Microbial Community Structure	Frontiers in Plant Science	2023	宁夏农林科学院园艺研究所
24	李晓龙	Comparative Transcriptomes Reveal Molecular Mechanisms of Apple Blossoms of Different Tolerance Genotypes to Chilling Injury	Open Life Sciences	2023	宁夏农林科学院园艺研究所
25	周朋娟	Electrochemical Cyclization of α, β-Alkynic Hydrazones and Primary Amines for the Synthesis of 3-Alkynyltriazoles	Asian J. Org. Chem.	2023	宁夏农林科学院农业资源与环境研究所
26	刘汝亮	Controlled-release Urea Application and Optimized Nitrogen Applied Strategy Reduced Nitrogen Leaching and Maintained Grain Yield of Paddy Fields in Northwest China	Frontiers in Plant Science	2023	宁夏农林科学院农业资源与环境研究所
27	张学军	Evaluating the Effects of Sustainable Chemical and Organic Fertilizers with Water Saving Practice on Corn Production and Soil Characteristics	Phyton-International Journal of Experimental Botany	2023	宁夏农林科学院农业资源与环境研究所

续表

序号	第一（通信）作者	论文名称	刊物名称	出版时间	单位
28	何丽丽	Facile and Improved Synthesis of the 2-O-b-D-Glucopyranosyl-L-Ascorbic Acid	Tetrahedron Letters	2023	宁夏农林科学院农业资源与环境研究所
29	姜 瑞	Electrochemical Cyclization of Hydrazones and Amidines To Access Trisubstituted 1,2,4-Triazoles	Synlett	2023	宁夏农林科学院农业资源与环境研究所
30	刘晓彤	Assessment of Nutrient Leaching Losses and Crop Uptake with Organic Fertilization, Water Saving Practices and Reduced Inorganic Fertilize	Phyton-International Journal of Experimental Botany	2023	宁夏农林科学院农业资源与环境研究所
31	郭亚男	Development of a Recombinase Polymerase Amplification Combined with Lateral Flow Dipstick Assay for Detection of Bovine Viral Diarrhea Virus	Journal of Biotech Research	2023	宁夏农林科学院动物科学研究所
32	郭亚男	Type Identification and Histopathological Analysis of Clostridium Perfringens Type D Infection in Suffolk Rams	Journal of Biotech Research	2023	宁夏农林科学院动物科学研究所
33	郭亚男	Epidemiological Investigation of Six Diarrhea Pathogens in the Main Beef Cattle Breeding Areas in Ningxia, China	Journal of Biotech Research	2023	宁夏农林科学院动物科学研究所
34	王 芳	Nutrients in 'Opal' Apples and Key Metabolites in Delayed Browning of Their Pulps Were Analyzed Based on Comparative Omics	Food Science and Technology	2023	宁夏农产品质量标准与检测技术研究所
35	孔德杰	Long-Term Wheat-Soybean Rotation and the Effect of Straw Retention on the Soil Nutrition Content and Bacterial Community	Agronomy	2022	农业生物技术研究中心
36	惠 建	A pleiotropic QTL increased economic water use efficiency in bread wheat (Triticum aestivum L.)	Frontiers in Plant Science	2022	宁夏农林科学院农业生物技术研究中心
37	陈东升	Molecular Characterization and Distribution of Novel Alleles of the Vernalization Gene Vrn-A1 in Chinese Wheat (Triticum aestivum L.) Cultivars	The Crop Journal	2022	宁夏农林科学院农作物研究所

续表

序号	第一(通信)作者	论文名称	刊物名称	出版时间	单位
38	陈东升	Genome-Wide Identification and Characterization of the E2F/DP Transcription Factor Family in Triticum aestivum L.	Russian Journal of Plant Physiology	2022	宁夏农林科学院农作物研究所
39	佘奎军	Genome-Wide Identification, Evolution and Expressional	International Journal of Molecular Sciences	2022	宁夏农林科学院农作物研究所
40	蔡进军	Downregulation of miR156-targeted PvSPL6 in Switchgrass Delays Flowering and Increases Biomass Yield	Frontiers in Plant Science	2022	宁夏农林科学院农业资源与环境研究所
41	张学军	Long-Term Fertilizer Reduction in Greenhouse Tomato-Cucumber Rotation System to Assess N Utilization, Leaching, and Cost Efficiency	Sustainability	2022	宁夏农林科学院农业资源与环境研究所
42	汤 冬	Construction of Substituted Pyrazolo [4,3-c] Quinolines Via [5+1] Cyclization of Pyrazole-arylamines with Alcohols/Amines in One Pot	Journal of Heterocyclic Chemistry	2022	宁夏农林科学院农业资源与环境研究所
43	母养秀	Synthesis of Fused pyrazolo[4,3-c]quinolines through KI-Promoted Cyclization of Pyrazole-arylamines and Benzyl Bromide	Chemistry Select	2022	宁夏农林科学院农业资源与环境研究所
44	姜 瑞	Acid-promoted Synthesis of Pyrazolo[4,3-c]Quinoline Derivatives by Employing Pyrazole-arylamines and b-keto esters Via Cleavage of C-C Bonds	Synthetic Communications	2022	宁夏农林科学院农业资源与环境研究所
45	母养秀	Acid-catalyzed Synthesis of Pyrazolo[4,3-c]Quinolines from (1H-pyrazol-5-yl)Anilines and Ethers Via the Cleavage of C-O Bond	Tetrahedron	2022	宁夏农林科学院农业资源与环境研究所
46	汤 冬	Electrochemically Promoted Annulation of Aldehydes and Carbazates: Access to 2-alkoxy/aryloxy-5-substituted 1,3,4-oxadiazole and1,3,4-oxadiazol-2(3H)-one Derivatives	New Journal of Chemistry	2022	宁夏农林科学院农业资源与环境研究所

续表

序号	第一(通信)作者	论文名称	刊物名称	出版时间	单位
47	张 伟	Electrochemical Oxidation Intermolecular [3+2] Cycloaddition of N-tosylhydrazones and Quinolone Derivatives to Access Fused 1,2,4-Triazole Compounds	Tetrahedron Letters	2022	宁夏农林科学院农业资源与环境研究所
48	翟丽娟	Synthesis and Antibacterial Activities of Amidine Substituted Monocyclic β-Lactams	Medicinal Chemistry	2022	宁夏农林科学院农业资源与环境研究所
49	刘元柏	Substituted-amidine Derivatives of Diazabicyclooctane as Prospective β-lactamase Inhibitors	Chemical Monthly	2022	宁夏农林科学院农业资源与环境研究所
50	翟丽娟	Synthesis and β-lactamase Inhibition Activity of Imidates of Diazabicyclooctane	Russian Journal of Bioorganic Chemistry	2022	宁夏农林科学院农业资源与环境研究所
51	孙 健	Synergistic Antibacterial Activity of Meropenem and Imipenem in Combination with Diazabicyclooctane Derivatives	Russian Journal of General Chemistry	2022	宁夏农林科学院农业资源与环境研究所
52	杨志祥	Recent Developments to Cope the Antibacterial Resistance Via β-lactamase Inhibition	Molecules	2022	宁夏农林科学院农业资源与环境研究所
53	纪立东	Distribution of Antibiotic, Heavy Metals and Antibiotic Resistance Genes in Livestock and Poultry Feces from Different Scale of Farms in Ningxia, China	Journal of Hazardous Materials	2022	宁夏农林科学院农业资源与环境研究所
54	马 斌	Residual Effect of Bentonite-Humic Acid Amendment on Soil Health and Crop Performance 4-5 Years after Initial Application in a Dryland Ecosystem	Agronomy	2022	宁夏农林科学院林业与草地生态研究所
55	王占军	Characterization of the Complete Chloroplast Genome Sequence of Stipa Bungeana (Poaceae), an Important Forage Grass in the Temperate Steppe of Northern China	Mitochondrial DNA Part B Resources	2022	宁夏农林科学院林业与草地生态研究所
56	黎玉琼	Potential Prognostic Markers of Retained Placenta in Dairy Cows Identified by Plasma Metabolomicscoupled with Clinical Laboratory Indicators	Veterinary Quarterly	2022	宁夏农林科学院动物科学研究所

续表

序号	第一(通信)作者	论文名称	刊物名称	出版时间	单位
57	王　锦	Roles of MEF2A and HOXA5 in the Transcriptional Regulation of the Bovine FoxO1 Gene	Animal Biotechnology	2022	宁夏农林科学院动物科学研究所
58	杨天辉	In Silico Genome Wide Identification and Expression Analysis of the WUSC HEL-related Homeobox Gene Family in Medicago Sativa.	Genomics and Informatics	2022	宁夏农林科学院动物科学研究所
59	张久盘	Roles of MEF2A and MyoG in the Transcriptional Regulation of Bovine LATS2 Gene	Research in Veterinary Science	2022	宁夏农林科学院动物科学研究所
60	尹　跃	Genome-wide Identification and Analysis of the *BBX* Gene Family and Its Role in Carotenoid Biosynthesis in Wolfberry (*Lycium Barbarum* L.)	International Jorunal of Molecular Sciences	2022	宁夏农林科学院枸杞科学研究所
61	赵建华	Genetic Analysis of Fruit Traits in Wolfberry (*Lycium* L.) by the Major Gene Plus Polygene Model	Agronomy	2022	宁夏农林科学院枸杞科学研究所
62	李越鲲	Diversity and Spatiotemporal Dynamics of Fungal Communities in the Rhizosphere Soil of *Lycium Barbarum* L.: A New Insight into the Mechanism of Geoherb Formation	Archives of Microbiology	2022	宁夏农林科学院枸杞科学研究所
63	李越鲲	Dissipation Kinetics and Safety Evaluation of Flonicamid in Four Various Types of Crops	Molecules	2022	宁夏农林科学院枸杞科学研究所
64	梁晓婕	Widely-targeted Metabolic Profiling in *Lycium Barbarum* Fruits under Salt-alkaline Stress Uncovers Mechanism of Salinity Tolerance	Molecules	2022	宁夏农林科学院枸杞科学研究所
65	秦小雅	Metabolomic and Transcriptomic Analyses of *Lycium Barbarum* L. under Heat Stress	Sustainability	2022	宁夏农林科学院枸杞科学研究所
66	秦小雅	Metabolomic and Rranscriptomic Analysis of Lycium Chinese and L. Ruthenicum under Salinity Stress	BMC Plant Biology	2022	宁夏农林科学院枸杞科学研究所
67	刘兰英	Two Novel Sesquiterpenoid Glycosides from the Rhizomes of *Atractylodes Lancea*	Molecules	2022	宁夏农林科学院枸杞科学研究所

续表

序号	第一(通信)作者	论文名称	刊物名称	出版时间	单位
68	石志刚	Comprehensive Evaluation of Nitrogen use Efficiency of Different *Lycium Barbarum* L. Cultivars under Nitrogen Stress	Scientia Horticulturae	2022	宁夏农林科学院枸杞科学研究所
69	黄 婷	Bacterial Community Diversity on the Surface of Chinese Wolfberry Fruit and Its Potential for Biological Control	Food Science and Technology	2022	宁夏农林科学院枸杞科学研究所
70	张治科	Sensilla of the Western Flower Thrips, Frankliniella occidentalis (Pergande) (Thysanoptera, Thripidae).	Revista Brasileira de Entomologia	2022	宁夏农林科学院植物保护研究所
71	何 嘉	Positive Correlation of the Gene Rearrangements and Evolutionary Rates in the Mitochondrial Genomes of Thrips (Insecta: Thysanoptera)	Insects	2022	宁夏农林科学院植物保护研究所
72	石 欣	The Application of Electrochemical Oscillation Methods for Identification of Traditional Chinese Medicine Materials	Applied Sciences	2022	宁夏农产品质量标准与检测技术研究所
73	葛 谦	Comparative Study on the Impact on Mouse Livers of Different Amounts of Chinese Baijiu, Beer, and Wine Consumption	Food Science and Technology	2022	宁夏农产品质量标准与检测技术研究所
74	李晓龙	The Planting of Licorice Increased Soil Microbial Diversity and Affected the Growth and Development of Apple Trees	Communications in Soil Science and Plant Analysis	2022	宁夏农林科学院园艺研究所
75	李百云	Transcriptome Profiling and Identification of the Candidate Genes Involved in Early Ripening in Ziziphus Jujuba	Frontiers in Genetics	2022	宁夏农林科学院园艺研究所
76	李晓龙	Transcriptome Analysis Reveals Dual Action of Salicylic Acid Application in the Induction of Flowering in Malus Domestica	Plant Science	2022	宁夏农林科学院园艺研究所
77	李晓龙	Changes to Bacterial Communities and Soil Metabolites in an Apple Orchard as a Legacy Effect of Different Intercropping Plants and Soil Management Practices	Frontiers in Microbiology	2022	宁夏农林科学院园艺研究所

续表

序号	第一(通信)作者	论文名称	刊物名称	出版时间	单位
78	裴红霞	Proteomic Analysis of Differential Anther Development from Sterile/Fertile Lines in *Capsicum Annuum* L.	PeerJ	2022	宁夏农林科学院园艺研究所
79	徐美隆	The Genome of Prunus Humilis Provides New Insights to Drought Adaption and Population Diversity	DNA Research	2022	宁夏农林科学院园艺研究所
80	高晶霞	Influence of Companion Planting on Microbial Compositions and Their Symbiotic Network in Pepper Continuous Cropping Soil	Journal of Microbiology and Biotechnology	2022	宁夏农林科学院园艺研究所
81	马 菁	Soil Characteristic Changes and Quality Evaluation of Degraded Desert Steppe in Arid Windy Sandy Areas	PeerJ	2022	宁夏农林科学院农业经济与信息技术研究所
82	马婷慧	Foliar Application of Chelated Sugar Alcohol Calcium Fertilizer for Regulating the Growth and Quality of Wine Grapes	International Journal of Agricultural and Biological Engineering	2022	宁夏农林科学院农业资源与环境研究所
83	马婷慧	Root Transcriptome Profiles Of Grapevine Reveal Genetic Characters Respond To DifferentI Planting Locations	Fresenius Environmental Bulletin	2022	宁夏农林科学院农业资源与环境研究所
84	郭亚男	Composition and Function of Intestinal Microorganisms in Different Intestinal Sections of Liangfenghua Chickens of China Based on High-throughput Sequencing Technology	Journal of Biotech Research	2022	宁夏农林科学院动物科学研究所
85	安 巍	Biochar Production using Biogas Residue and Their Adsorption of Ammonium Nitrogen and Chemical Oxygen Demand in Wastewater	Biomass Conversion and Biorefinery	2021	宁夏农林科学院枸杞科学研究所
86	安 巍	Synthesis of a Ternary Microscopic Ball-shaped Micro-electrolysis Filler and Its Application in Wastewater Treatment	Separation and Purification Technology	2021	宁夏农林科学院枸杞科学研究所

序号	第一(通信)作者	论文名称	刊物名称	出版时间	单位
87	黄婷	Correlation Between the Storability and Fruit Quality of Fresh Goji Berries	Food Science and Technology	2021	宁夏农林科学院枸杞科学研究所
88	尹跃	Constructing the Wolfberry (*Lycium* spp.) Genetic Linkage Map using AFLP and SSR Markers	Journal of Integrative Agriculture	2021	宁夏农林科学院枸杞科学研究所
89	曹有龙	Wolfberry Genomes and the Evolution of *Lycium* (Solanaceae)	Communications Biology	2021	宁夏农林科学院枸杞科学研究所
90	米佳	The Main Anthocyanin Monomer of Lycium Ruthenicum Murray Induces Apoptosis Through the ROS/PTEN/PI3K/Akt/caspase 3 Signaling Pathway in Prostate Cancer DU-145 Cells	Food & Function	2021	宁夏农林科学院枸杞科学研究所
91	赵建华	A Consensus and Saturated Genetic Map Provides Insight into Genome Anchoring, Synteny of Solanaceae and Leaf-and Fruit-related QTLs in Wolfberry (*Lycium* Linn.)	BMC Plant Biology	2021	宁夏农林科学院枸杞科学研究所
92	禄璐	Analysis on Volatile Components of Co-fermented Fruit Wines by *Lycium Ruthenicum* Murray and Wine Grapes	Food Science and Technology	2021	宁夏农林科学院枸杞科学研究所
93	何军	Intercropping Wolfberry with Gramineae Plants Improves Productivity and Soil Quality	Scientia Horticulturae	2021	宁夏农林科学院枸杞科学研究所
94	安巍	Lycium Ruthenicum Anthocyanins Attenuate High-fat Diet Nduced Colonic Barrier Dysfunction and Inflammation in Mice by Modulating the Gut Microbiota	Molecular Nutrition & Food Research	2021	宁夏农林科学院枸杞科学研究所
95	安巍	Anthocyanins from the Fruits of *Lycium Ruthenicum* Murray Improve High-fat Diet-induced Insulin Resistance by Ameliorating Inflammation and Oxidative Stress in Mice.	Food & Function	2021	宁夏农林科学院枸杞科学研究所

续表

序号	第一(通信)作者	论文名称	刊物名称	出版时间	单位
96	万 鹏	The Distribution of a Missense Mutation in SDK1gene Across Native Chinese Breeds	Animal Biotechnology	2021	宁夏农林科学院固原分院
97	母养秀	Iodine-catalyzed Sulfuration of Isoquinolin-1(2H)-ones Applying Ethyl Sulfinates	New Journal of Chemistry	2021	宁夏农林科学院农业资源与环境研究所
98	汤 冬	Iodine-catalyzed Synthesis of Sulfonylisoxazoles from Sodium Sulfinatesandisoxazol-5(4H)-ones	Tetrahedron Letters	2021	宁夏农林科学院农业资源与环境研究所
99	孙 健	Iodine-mediated Sulfenylation of Imidazo[1,2 a]Pyridines with Ethyl Sulfinates	Synlett	2021	宁夏农林科学院农业资源与环境研究所
100	何丽丽	Substituted-Amidine Functionalized Monocyclic β-Lactams:Synthesis and In Vitro Antibacterial Profile.	Journal of Chemistry	2021	宁夏农林科学院农业资源与环境研究所
101	孙 健	Synthesis of Substituted-amidine Derivatives of Avibactam and Synergistic Antibacterial Activity with Meropenem	Mendeleev Communications	2021	宁夏农林科学院农业资源与环境研究所
102	Zafar Iqbal	β-Lactamase Inhibition Profile of New Amidine Substituted Diazabicyclooctanes	Beilstein Journal Organic Chemistry.	2021	宁夏农林科学院农业资源与环境研究所
103	高原雨	Amidine Derivatives of Avibactam:Synthesis and In Vitro β-Lactamase Inhibition Activity	ChemistrySelect	2021	宁夏农林科学院农业资源与环境研究所
104	Zaw Min Thu	Synthesis and Antibacterial Evaluation of New Monobactams	Bioorg. Med. Chem.	2021	宁夏农林科学院农业资源与环境研究所
105	纪静雯	Sulfonylamidine-substituted Derivatives of Avibactam: Synthesis and Antibacterial Activity	Journal of Heterocyclic Chemistry	2021	宁夏农林科学院农业资源与环境研究所
106	纪立东	The Shifts of Maize Soil Microbial Community and Netwoeks are Related to Soil Properties under Different Organic Feitilizers	Journal of Soil Science and Plant Nutrition	2021	宁夏农林科学院农业资源与环境研究所

续表

序号	第一(通信)作者	论文名称	刊物名称	出版时间	单位
107	李凤霞	Influence of Different Phytoremediation on Soil Microbial Diversity and Community Composition in Saline Alkaline Land	International Journal of Phytoremediation	2021	宁夏农林科学院农业资源与环境研究所
108	石 欣	Feasibility Study on the Geographical Indication of *Lycium Barbarum* Based on Electrochemical Fingerprinting Technique	International Journal of Electrochemical Science	2021	宁夏农产品质量标准与检测技术研究所
109	石 欣	First Investigation of Electrochemical Behavior and Detection of 2-O-(β-D-glucopyranosyl) Ascorbic Acid	International Journal of Electrochemical Science	2021	宁夏农产品质量标准与检测技术研究所
110	陈虞超	Synthesis and Evaluation of New Halogenated GR24 Analogs as Germination Promotors for *Orobanche Cumana*	Frontiers in Plant Science	2021	宁夏农林科学院农业生物技术研究中心
111	石 磊	Genome-wide Identification and Expression Profiling Analysis of WOX Aamily Protein-encoded Genes in Triticeae Species	International Journal of molecular sciences	2021	宁夏农林科学院农业生物技术研究中心
112	石 磊	The Gene *TaWOX*5 Overcomes Genotype Dependency in Wheat Genetic Transformation	Nature Plants	2021	宁夏农林科学院农业生物技术研究中心
113	黎玉琼	Plasma Metabolomics Reveals Pathogenesis of Retained Placenta in Dairy Cows	Front. Vet. Sci.	2021	宁夏农林科学院动物科学研究所
114	黎玉琼	Antimicrobial Resistance and Virulence Traits of Enterococcus Faecium Isolated from Clinical Bovine Mastitis in Ningxia, China	Vterinarski Arhiv	2021	宁夏农林科学院动物科学研究所
115	马小明	Transcriptome and Metabolome Analyses Reveal Muscle Changes in Tan Sheep (Ovisaries) at Different Ages	Livestock	2021	宁夏农林科学院动物科学研究所
116	张维军	Functional Gene Assessment of Bread Wheat: Breeding Implications in Ningxia Province	BMC Plant Biology	2021	宁夏农林科学院农作物研究所
117	王 坚	Classification of Rice Yield Using UAV-Based Hyperspectra Imagery and Lodging Feature	Plant Phenomics	2021	宁夏农林科学院农作物研究所

续表

序号	第一(通信)作者	论文名称	刊物名称	出版时间	单位
118	贺 奇	The Complete Mitochondrial Genome of Monolepta Hieroglyphica(Motschulsky)(Coleoptera: Chrysomelidae)	Mitochondrial DNA Part B Resources	2021	宁夏农林科学院农作物研究所
119	王 平	Maize/Faba Bean Intercropping with Rhizobial Inoculation in a Reclaimed Desert Soil Enhances Productivity and Symbiotic N_2 Fixation and Reduces Apparent N Losses	Soil & Tillage Researc	2021	宁夏农林科学院农作物研究所
120	田建文	ITRAQ-based Proteomic Analysis of Apple Buds Provides New Insights into Regulatory Mechanisms of Flowering in Response to Shoot Bending	Scientia Horticulturae	2021	宁夏农林科学院园艺研究所
121	高晶霞	Influence of Allyl Isothiocyanate on the Soil Microbial Community Structure and Composition During Pepper Cultivation	Journal of Microbiology and Biotechnology	2021	宁夏农林科学院园艺研究所
122	王建东	Antibody Detection and Genotyping of Bovine Viral Diarrhea Virus in the Dairy Farms in Ningxia, China	Journal of Biotech Research	2021	宁夏农林科学院动物科学研究所
123	安 巍	Dietary Whole Goji berry (*Lycium Barbarum*) Intake Improves Colonic Barrier Function by Altering Gut Microbiota Composition in Mice	Food Science and Technology	2020	宁夏农林科学院枸杞科学研究所
124	巩 檑	Ectopic Expression of *HaNAC1*, an ATAF Transcription Factor from *Haloxylon Ammodendron*, Improves Growth and Drought Tolerance in Transgenic Arabidopsis	Plant Physiology and Biochemistry	2020	宁夏农林科学院农业生物技术研究中心
125	孔德杰	Effect of Nitrogen Fertilizer on Soil CO_2 Emission Depends on Crop Rotation Strategy.	Sustainability	2020	宁夏农林科学院农业生物技术研究中心
126	母养秀	Ru-Catalyzed O-H Insertion of Sulfoxonium Ylide and Carboxylic Acid to Synthesize α-Acyloxy Ketones	Chemistry Select	2020	宁夏农林科学院农业资源与环境研究所

续表

序号	第一(通信)作者	论文名称	刊物名称	出版时间	单位
127	姜 瑞	Iron-Catalyzed Synthesis of Polyfunctional Pyridines from Ketoxime Carboxylates and Nitrones	Chemistry Select	2020	宁夏农林科学院农业资源与环境研究所
128	沙月霞	Screening and Application of Bacillus Strains Isolated from Nonrhizospheric Rice Soil for the Biocontrol of Rice Blast	Plant Pathology Journal	2020	宁夏农林科学院植物保护研究所
129	魏淑花	The Asymmetric Responses of Carabid Beetles to Steppe Fragmentation in Northwest China	Global Ecology and Conservation	2020	宁夏农林科学院植物保护研究所
130	高晶霞	Synerhistic Effects of Organic Fertilizer and Cornstraw on Microorganisms of Pepper Continuous Cropping Soil in China	Bioengineered	2020	宁夏农林科学院种质资源研究所
131	曲继松	Biochar Combined with Gypsum Reduces Both Nitrogen and Carbon Losses During Agricultural Waste Composting and Enhances Overall Compost Quality by Regulating Microbial Activities and Functions	Bioresource Technology	2020	宁夏农林科学院种质资源研究所
132	曲继松	Biochar Addition Combined with Daily Fertigation Improves Overall Soil Quality and Enhances Water-fertilizer Productivity of Cucumber in Alkaline Soils of a Semi-arid Region	Geoderma	2020	宁夏农林科学院种质资源研究所
133	赵建华	Transcriptomic and Metabolomic Analyses of *Lycium Ruthenicum* and *Lycium Barbarum* Fruits During Ripening	Scientific Reports	2020	宁夏农林科学院枸杞科学研究所
134	赵建华	Fruit Ripening in *Lycium Barbarum* and *Lycium Ruthenicum* is Associated with Distinct Gene Expression Patterns	FEBS Open Bio	2020	宁夏农林科学院枸杞科学研究所
135	赵建华	*Lycium Barbarum* Relieves Gut Microbiota Dysbiosis and Improves Colonic Barrier Function in Mice Following Antibiotic Perturbation	Journal of Functional Foods	2020	宁夏农林科学院枸杞科学研究所

续表

序号	第一(通信)作者	论文名称	刊物名称	出版时间	单位
136	王亚军	Changes in Metabolome and Nutritional Quality of *Lycium Barbarum* Fruits from Three Typical Growing Areas of China as Revealed by Widely Targeted Metabolomics	Metabolites	2020	宁夏农林科学院枸杞科学研究所
137	米 佳	The Effects of Ecological Factors on the Chemical Compounds in *Lycium Barbarum* L.	Acta Physiologiae Plantarum	2020	宁夏农林科学院枸杞科学研究所
138	曹有龙	Effects of Polysaccharides from Bee Collected Pollen of Chinese Wolfberry on Immune Response and Gut Microbiota Composition in Cyclophosphamide-treated Mice	Journal of Functional Foods	2020	宁夏农林科学院枸杞科学研究所
139	曹有龙	Antioxidant and Immunomodulatory Activities *in Vitro* of Polysaccharides from Bee Collected Pollen of Chinese Wolfberry	International Journal of Biological Macromolecules	2020	宁夏农林科学院枸杞科学研究所
140	石志刚	Impact of Phosphorus Fertilizer Level on the Yield and Metabolome of Goji Fruit	Scientific Reports	2020	宁夏农林科学院枸杞科学研究所
141	曹有龙	Transcriptome and Flavonoids Metabolomic Analysis Identifies Regulatory Networks and Hub Genes in Black and White Fruits of *Lycium Ruthenicum* Murray	Frontiers in Plant Science	2020	宁夏农林科学院枸杞科学研究所
142	曹有龙	Ultrasonic-assisted Extraction and High-speed Counter-current Chromatography Purification of Zeaxanthin Dipalmitate from the Fruits of *Lycium Barbarum* L.	Food Chemistry	2020	宁夏农林科学院枸杞科学研究所
143	曹有龙	Evaluation of Bioaccessibility of Zeaxanthin Dipalmitate from the Fruits of *Lycium Barbarum* in Oil-in-water Emulsions	Food Hydrocolloids	2020	宁夏农林科学院枸杞科学研究所
144	曹有龙	*LbNR*-derived Nitric Oxide Delays Lycium Fruit Coloration by Transcriptionally Modifying Flavonoid Biosynthetic Pathway	Frontiers in Plant Science	2020	宁夏农林科学院枸杞科学研究所

续表

序号	第一(通信)作者	论文名称	刊物名称	出版时间	单位
145	曹有龙	Ascorbic Acid Derivative 2-O-β-d-glucopyranosyl-L Ascorbic Acid from the Fruit of *Lycium Barbarum* Modulates Microbiota in the Small Intestine and Colon and Exerts an Immunomodulatory Effect on Cyclophosphamide-treated BALB/c Mice	Journal of Agricultural and Food Chemistry	2020	宁夏农林科学院枸杞科学研究所
146	马丽娜	Genome-wide SNPs and InDels Characteristics of Three Chinese Domestic Sheep Breeds from Different Ecoregions	Livestock Science	2020	宁夏农林科学院动物科学研究所
147	孔德杰	Soil Respiration from Fields under Three Crop Rotation Treatments and Three Straw Retention Treatments	PLOS ONE	2019	宁夏农林科学院农业生物技术研究中心
148	张双喜	Improvement of Three Commercial Spring Wheat Varieties for Powdery Mildew Resistance by Marker-assisted Selection	Crop Protection	2019	宁夏农林科学院农作物研究所
149	曹有龙	2-O-beta-D-glucopyranosyl-L-ascorbic Acid, an Ascorbic Acid Aerivative Isolated from the Fruits of *Lycium Barbarum* L., Modulates Gut Microbiota and Palliates Colitis in Dextran Sodium Sulfate-induced Colitis in Mice	Journal of Agricultural and Food Chemistry	2019	宁夏农林科学院枸杞科学研究所
150	曹有龙	Gut Microbiota Modulation and Anti-inflammatory Properties of Anthocyanins from the Fruits of *Lycium Ruthenicum* Murray in Dextran Sodium Sulfate-induced Colitis in Mice	Free Radical Biology and Medicine	2019	宁夏农林科学院枸杞科学研究所
151	曹有龙	Modulating Effects of Polysaccharides from the Fruits of Lycium Bararum on Immune Response and Gut Microbiota in Cyclophosphamide-treated Mice	Food & Function	2019	宁夏农林科学院枸杞科学研究所
152	王亚军	Evaluation of Nutrients and Related Environmental Factors for Wolfberry (*Lycium Barbarum*) Fruits Grown in the Different Areas of China	Biochemical Systematics and Ecology	2019	宁夏农林科学院枸杞科学研究所

续表

序号	第一(通信)作者	论文名称	刊物名称	出版时间	单位
153	石志刚	Impact of Nitrogen Fertilizer Levels on Metabolite Profiling of the *Lycium Barbarum* L. Fruit	Molecules	2019	宁夏农林科学院枸杞科学研究所
154	赵建华	A SNP-based High-density Genetic Map of Leaf and Fruit Related Quantitative Trait Loci in Wolfberry (*Lycium Linn.*)	Frontiers in Plant Science	2019	宁夏农林科学院枸杞科学研究所
155	赵建华	ABA Mediates Development-dependent Anthocyanin Biosynthesis and Fruit Coloration in Lycium Plants	BMC Plant Biology	2019	宁夏农林科学院枸杞科学研究所
156	闫亚美	Study on the Synergistic Protective Effect of *Lycium Barbarum* L. Polysaccharides and Zinc Sulfate on Chronic Alcoholic Liver Injury in Rats	Food Science & Nutrition	2019	宁夏农林科学院枸杞科学研究所
157	额尔和花	Genetic Polymorphism Association Analysis of SNPs on the Species Conservation Genes of Tan Sheep and Hu Sheep.	Trpoical Animal Health and Production	2019	宁夏农林科学院动物科学研究所
158	蔡翠翠	Differential Expression of ACTL8 Gene and Association Study of Its Variations with Growth Traits in Chinese Cattle	Animals	2019	宁夏农林科学院固原分院
159	蔡翠翠	Four Novel SNPs of MYO1A Gene Associated with Heat-Tolerance in Chinese Cattle	Animals	2019	宁夏农林科学院固原分院
160	李树华	Improvement of Salt Tolerance Using Wild Rice Gene	Frontiers in Plant Science	2018	宁夏农林科学院农业生物技术研究中心
161	陈晓军	The OsRR24/LEPTO1 Type-B Response Regulator is Essential for the Organization of Leptotene Chromosomes in Rice Meiosis	The Plant Cell	2018	宁夏农林科学院农业生物技术研究中心
162	张文银	Simultaneous Improvement and Genetic Dissection of Drought Tolerance Using Selecected Breeding Populations of Rice	Frontiers in Plant Science	2018	宁夏农林科学院农作物研究所
163	王 坚	Engineered Dwarf Male-Sterile Rice: A Promising Genetic Tool for Facilitating Recurrent Selection in Rice	Frontiers in Plant Science	2018	宁夏农林科学院农作物研究所

续表

序号	第一(通信)作者	论文名称	刊物名称	出版时间	单位
164	闫亚美	Effects of Anthocyanins from the Fruit of *Lycium Ruthenicum* Murray on Intestinal Microbiota	Journal of Functional Foods	2018	宁夏农林科学院枸杞科学研究所
165	闫亚美	Isolation, Characterization and Antitumor Effect on DU145 Cell of a Main Polysaccharide in Pollen of Chinese Wolfberry	Molecules	2018	宁夏农林科学院枸杞科学研究所
166	曹有龙	Simulated Digestion and Fermentation in Vitro by Human Gut Microbiota of Polysaccharides from Bee Collected Pollen of Chinese Wolfberry	Journal of Agricultural and Food Chemistry	2018	宁夏农林科学院枸杞科学研究所
167	曹有龙	In Vitro Digestion under Simulated Saliva, Gastric and Small Intestinal Conditions and Fermentation by Human Gut Microbiota of Polysaccharides from the Fruits of *Lycium Barbarum*	International Journal of Biological Macromolecules	2018	宁夏农林科学院枸杞科学研究所
168	陈晓军	Large-scale Prediction of MicroRNA-disease Associations by Combinatorial Prioritization Algorithm	Scientific Reports	2017	宁夏农林科学院农业生物技术研究中心
169	李晓龙	Mass Trapping of Apple Leafminer, Phyllonorycter Ringoniella with Sex Pheromone Traps in Apple Orchards	Journal of Asia-Pacific Entomology	2017	宁夏农林科学院种质资源研究所
170	赵建华	Physionlogical Response of Four Wolfberry(*Lycium Linn.*)Specise under Drought Sterss	Journal of Integrative Agriculture	2017	宁夏农林科学院枸杞科学研究所
171	马 青	Genome-wide Detection of Copy Number Variation in Chinese Indigenous Sheep Using an Ovine High-density 600 K SNP Array	Scientific Reports	2017	宁夏农林科学院动物科学研究所
172	赵丹青	Quantitative Determination of Solanine in Potato with Different Growing Periods in Different Areas of Ningxia	Advances in Engineering Research	2017	宁夏农产品质量标准与检测技术研究所
173	巩 檑	*LbCML*38 and *LbRH*52, Two Reference Genes Derived from RNA-Seq Aata Suitable for Assessing Gene Expression in *Lycium Barbarum* L.	Scientific Reports	2016	宁夏农林科学院农业生物技术研究中心

续表

序号	第一(通信)作者	论文名称	刊物名称	出版时间	单位
174	许 浩	Effects of ENSO on the Major Ion Record of a Qomolangma (Mount Everest) Ice Core	Annals of Glaciology	2016	宁夏农林科学院荒漠化治理研究所
175	巩 檑	Transcriptome Profiling of the Potato (Solanum Tuberosum L. Plant under Drought Stress and Water-Stimulus Conditions	PLOS ONE	2015	宁夏农林科学院农业生物技术研究中心
176	张治科	Identification, Expression Profiling and Fluorescence-Based Binding Assays of a Chemosensory Protein Gene from the Western Flower Thrips, Frankliniella Occidentalis	PLOS ONE	2015	宁夏农林科学院植物保护研究所
177	王 琛	E-commerce Pattern Analysis and Strategy of Tibet Lamp in Yanchi County	Computer Modelling & New Technologies	2014	宁夏农林科学院农业经济与信息技术研究所
178	杨国虎	Verification of QTL for Grain Starch Content and Its Genetic Correlation with Oil Content Using Two Connected RIL Populations in High-Oil Maize	PLOS ONE	2013	宁夏农林科学院农作物研究所
179	张双喜	Overexpression of TaHSF3 in Transgenic Arabidopsis to Enhances Tolerance Extreme Temperatures	PMB Reporter	2013	宁夏农林科学院农作物研究所
180	梁小军	Development of Taq Man MGB Fluorescent Real-time PCR Assay for the Rapid Detection of Chlamydia Psittaci in Cattle	Journal of Pure and Applied Microbiology	2013	宁夏农林科学院动物科学研究所
181	赵 营	Greenhouse Tomato-cucumber Yield and Soil N Leaching as Affected by Reducing N Rate and Adding Manure: a Case Study in the Yellow River Irrigation Region China	Nutrient Cycling in Agroecosystems	2012	宁夏农林科学院农业资源与环境研究所

后 记

经过全体编纂人员共同努力,反复修改、多次完善,完成了《宁夏农林科学院重大成果集》编纂和审校工作。

《宁夏农林科学院重大成果集》是《宁夏农林科学院科研成果集(2008—2018)》和《宁夏农林科学院重大科研成果汇编(1958—2008)》的承接和延续,收编了自1958年以来我院获奖科技成果、新品种、标准、授权专利、专著及党的十八大以来登记科技成果和高质量论文等。其中重要获奖科研成果部分以图文并茂形式简要介绍了成果的创新性和推广应用情况,其他部分以简表形式全面收集了科研成果名录。本集较为全面地展示了宁夏农林科学院在农林科技领域中的探索、创新和发展,在一定程度上见证了宁夏经济社会发展历程,为我们今后的研究和发展提供了重要的参考和借鉴。

本书由罗成虎、刘常青负责统稿,赵兵、刘炜负责协调。院属各单位、机关各处室有关负责人全力以赴搜集资料,参编人员加班加点撰写文稿,尽可能地确保资料全面系统、真实可靠。

在本书编辑过程中,先后多次组织院属各单位有关人员对收集成果简介、内容和图片进行了充实和优化,确保编纂质量。其间,刘炜、杜慧莹、石志刚、刘玉龙撰写了获奖科研成果简介,路洁、刘玉龙、杨炜迪、周旋、安钰、李苗、李娜、王喜刚、石欣、岳海英、尹志荣、杨乐、黄贵斌、王建东、任小玢、汤冬、李新、黄小晶、张瑞编纂了获奖科研成果、登记科研成果、新品种名录和标准、授权专利、专著、高质量论文名录清单,刘玉龙、来幸樑、罗鹏征绘制了篇内图表,刘炜、杜慧莹、柴雪峰、李昭、刘玉龙撰写了前言和后记。

整集的图文资料、成果名录的稽核由罗成虎、刘常青、赵兵、刘炜、杜慧莹、石志刚、王建东、王劲松、牛艳、关雅静、许浩、汤冬、李季、李新、张国辉、张治科、张维军、闫亚美、雷金银、路洁、刘玉龙等完成。

在本集编纂出版过程中,部分离退休科研前辈及院属单位有关工作人员提出了许多宝贵的修改意见,黄河出版传媒集团阳光出版社给予精心指导,在此,一并表示诚挚感谢!

编纂《宁夏农林科学院重大成果集》是一项浩繁、细致的工作,我们努力做到不遗余力。但由于收集成果时间跨度长、内容宽泛、类目繁杂、工作量大,本集阙如疏漏之处在所难免,敬请读者批评指正。

《宁夏农林科学院重大成果集》编纂委员会